Studien zur Frühgeschichte der Umweltphilosophie in Deutschland und Skandinavien

STUDIEN ZU LITERATUR, KULTUR UND UMWELT

Herausgegeben von
Hannes Bergthaller, Gabriele Dürbeck,
Robert Emmett, Serenella Iovino, Ulrike Plath

BAND 14

Kari Väyrynen

Studien zur Frühgeschichte der Umweltphilosophie in Deutschland und Skandinavien

PETER LANG
Berlin · Bruxelles · Chennai · Lausanne · New York · Oxford

Bibliografische Information der Deutschen Nationalbibliothek
Die Deutsche Nationalbibliothek verzeichnet diese Publikation in der Deutschen Nationalbibliografie; detaillierte bibliografische Daten sind im Internet über http://dnb.d-nb.de abrufbar.

Umschlagabbildung:
1755 Lisbon earthquake, Bildnummer 11740447, Science Photo Library
© Science Photo Library

ISSN 2365-645X
ISBN 978-3-631-93774-7 (Print)
ISBN 978-3-631-93775-4 (ePDF)
ISBN 978-3-631-93776-1 (ePUB)
DOI 10.3726/b23354

Verlegt durch Peter Lang GmbH, Berlin (Deutschland)

info@peterlang.com

Diese Publikation wurde begutachtet.

www.peterlang.com

Kontaktadresse nach EU-Produktsicherheitsverordnung: gpsr@peterlang.com

Inhaltsverzeichnis

Vorwort

Die vorliegende Sammlung von Aufsätzen und Reden fasst meine dreißigjährigen Untersuchungen zur Geschichte der Philosophie der Umwelt in der klassischen deutschen Philosophie von Kant bis Marx und in der skandinavischen Ökophilosophie zusammen. Im Jahr 2006 habe ich eine umfassende (die indische und chinesische Philosophie mit einbeziehende) Geschichte der Philosophie der Umwelt auf Finnisch veröffentlicht (*Ympäristöfilosofian historia maaäitimyytistä Marxiin*; auf Deutsch: „Geschichte der Philosophie der Umwelt von Mutter Erde bis Marx").[1] Die vorliegende Sammlung vertieft und erweitert die Analysen des wichtigsten Teils dieses Buches, der sich mit dem klassischen deutschen Idealismus, der Romantik und dem Marxismus befasst, mit Originalartikeln und einigen neuen Beiträgen. Insbesondere der klassische deutsche Idealismus und die Romantik wurden aus umweltphilosophischer Perspektive noch nicht gründlich erforscht. Ich hoffe, dass diese Sammlung einen ersten Schritt zur Neubewertung dieser entscheidenden Periode der Geschichte der Philosophie darstellen kann.

* * * * * * * * * * * *

Die Philosophie der Umwelt betrachtet die Geschichte der Philosophie aus einer neuen Perspektive, in der die metaphysischen und ethischen Voraussetzungen der traditionellen Philosophie fundamental infrage gestellt

---

1 Väyrynen, Kari: *Ympäristöfilosofian historia maaäitimyytistä Marxiin*. Eurooppalaisen filosofian seura: Tampere 2006.

werden. Die Wechselwirkungen zwischen Mensch und Natur, Kultur, Gesellschaft und Umwelt werden zu zentralen Fragen, die eine Neubewertung der Schwerpunkte der traditionellen Philosophie erforderlich machen. Insbesondere die klassische Metaphysik und Ethik sind weitgehend anthropozentrisch und isolieren den Menschen aus seinen natürlichen Bindungen, seiner Körperlichkeit und seinen komplexen Vernetzungen mit der Umwelt.

Aus diesem Grunde ist insbesondere die abendländische Philosophie zum Teil stark kritisiert worden. Alternative Denktraditionen wie die Mythologie, die Weisheit der Ureinwohner, die indische und chinesische Philosophie wurden dagegen als fruchtbar für die ökophilosophische Neubestimmung angesehen. Als Klassiker eines neuen, umweltfreundlichen Denkens wurden auch einige naturalistische und monistische Denker der abendländischen Theologie und Philosophie betrachtet, zum Beispiel Franz von Assisi und Spinoza. Die abendländische Tradition hat sich jedoch im Laufe der näheren Beschäftigung mit der Thematik als ziemlich komplex erwiesen: Es gibt auch materialistische, naturalistische und sogar biozentrische Denker, die eine Rehabilitierung verdienen. In meinem 2006 erschienenen Buch betone ich diese Komplexität der abendländischen Tradition und wende mich im Kern gegen eine zu wenig differenzierte Kritik des abendländischen Anthropozentrismus.

Welche besondere Bedeutung hat die klassische deutsche Philosophie – von Kant bis Marx – für die Philosophie der Umwelt? Die Aufklärung brach mit der religiösen Tradition, die den Menschen als Krone der Schöpfung sah und die Natur nur als leblose Materie, als bloßes Mittel für den Menschen betrachtete. Die naturalistische Tradition der Aufklärung wurde durch Immanuel Kant rezipiert und durch die naturalistische und pluralistische aristotelische Ontologie bereichert. Auch der radikale, umweltphilosophisch besonders interessante Pantheismus von Spinoza wurde schon durch den jungen Kant zu einer Inspirationsquelle für dessen Schüler (wie Herder) und Nachfolger (Schiller, die Romantiker, Fichte, Hegel).

Man muss mit Ernst Cassirer[2] betonen, dass die „tiefere Aufklärung" – Rousseau, Diderot, Kant – nicht im Gegensatz zur Romantik steht, sondern im Grunde eine holistische und vitalistische Ontologie entwickelt, in der die Idee einer komplexen Wechselwirkung von Mensch und Umwelt bereits

---

[2] Cassirer, Ernst: *Die Philosophie der Aufklärung*. Mohr: Tübingen 1932.

in Grundzügen vorhanden ist. Diese Bewegung hebt einerseits die einfache anthropozentrische Physikotheologie auf, akzeptiert aber andererseits nicht den einfachen mechanistischen Materialismus und progressiven Optimismus der populären Aufklärung (Holbach, Condorcet). Auf diese Weise bereiteten die deutschen Idealisten und Romantiker den Boden für Hegels dialektisches Gesamtbild des Menschen und der Natur sowie für die Entstehung des Marxismus, also die Ideen des jungen Marx und Engels.

Diese philosophische Bewegung begründet den Eigenwert der Natur auf vielfältige Weise. Die Natur wird nicht mehr nur als ökonomisch wertvolles Material begriffen: Sie besitzt auch intellektuelle, religiöse, ästhetische und vitale Werte, die sehr wichtig für die Kultur und Bildung des Menschen sind. Diese Werte haben auch gesellschaftliche und politische Bedeutung; durch das vielseitigere Bild des Menschen, das den *homo oeconomicus* der Konkurrenzgesellschaft infrage stellt, begründen sie sogar die spätere Kapitalismuskritik von Engels und Marx. In ihrer Dynamik und ihrer schönen, erhabenen Diversität wird die Natur als eine Sphäre der wirklichen Freiheit angesehen, die die schaffenden Kräfte der Menschen stützt und inspiriert. Diese Möglichkeit zur Freiheit ist nicht nur ein Privileg der Künstler, wie die Romantik betonte, sondern ein Bestandteil des nicht entfremdeten, authentischen Alltagslebens jedes Menschen. Die frühe marxistische Kritik an der Entfremdung stützt sich somit auf das kulturelle Erbe des deutschen Idealismus und der Romantik, wenn auch mit radikaldemokratischen Akzenten. Eine solche humanistische Grundlage, die auch die Natur miteinbezieht, ist auch heute noch aktuell, wenn man die ontologischen Grundlagen der *Environmental Humanities*, also umweltbezogenen Geistes- und Sozialwissenschaften, betrachten will.

* * * * * * * *

Die skandinavische Ökophilosophie[3] stützt sich weniger direkt auf das deutsche Erbe als der amerikanische Transzendentalismus (Emerson, Thoreau).

---

3 Im vorliegenden Buch wird Finnland ebenfalls zu Skandinavien gezählt, wie es besonders in Finnland üblich ist. Stattdessen ließe sich auch von „nordischen Ländern" sprechen. Der Begriff „Ökophilosophie" stammt von Arne Næss; er wird hier jedoch lediglich als Schlagwort benutzt, ohne die Philosophie von Næss als Vorbild zu betrachten.

Arne Næss bezieht sich auf Spinoza und Goethe und neigt in seiner „Tiefenökologie" (*deep ecology*) zu einem ähnlichen Holismus wie die Romantiker. Die philosophischen Grundlagen von Edward Westermarck und Georg Henrik von Wright in Finnland liegen im angloamerikanischen Positivismus und der analytischen Philosophie. Von Wright entwickelte seine umweltphilosophischen Thesen jedoch auf einer breiteren Grundlage: Er wurde bereits im Gymnasium von Oswald Spengler inspiriert und stützte sich später teilweise auf die Frankfurter Schule und den Marxismus. Diese radikalen deutschen Kritiker der abendländischen Zivilisation und kapitalistischen Konsumgesellschaft inspirieren sein umweltphilosophisches Denken. Deutsche Philosophie, Wissenschaft und Kultur dominierten in Finnland bis zum zweiten Weltkrieg. Es ist daher anzunehmen, dass von Wright seine humanistische Position vorwiegend unter diesem Einfluss ausbildete. Seine spätere theoretische Philosophie – Logik, Sprachphilosophie und Metaethik – ist davon unabhängig und umweltphilosophisch uninteressant.

Die Tierethik von Westermarck, der sich stärker auf die empiristische Philosophie, zum Beispiel Hume, und die Darwin'sche Evolutionstheorie stützte, wurde durch die deutsche Diskussion bereichert, vor allem Schopenhauer. Die Sympathieethik, auf die er seine Argumentation stützt, war auch für die Tierethik Kants (offenbar via Hume und Rousseau) von Bedeutung.[4] Es ist auch wichtig, daran zu erinnern, dass das Naturschutzdenken von Hugo Conwentz (1855–1922) am Anfang des 20. Jahrhunderts in Finnland und Schweden von zentraler Bedeutung war. Es lässt sich vermuten, dass Westermarck als radikaler politischer Denker die damals aktuelle Diskussion gekannt hat.

Westermarck und von Wright sind beide aufgeklärte Humanisten, die auch gesellschaftlich aktiv waren. Beide waren weniger radikale Naturalisten als Arne Næss und andere Tiefenökologen oder als der finnische Radikalökologe Pentti Linkola, der sich in seinem politischen Denken sogar ökofaschistischen Positionen annäherte. Man kann daher wohl sagen, dass Westermarck und von Wright Klassiker der *Environmental Humanities* sind.

Im vorliegenden Buch geht es im Kern um eine Neubestimmung der umweltbewussten Klassiker der Philosophie. Die zentralen hier behandelten

---

[4] Ich habe diese Zusammenhänge in meinem Buch von 2006 genauer analysiert (Väyrynen 2006, S. 194–218, 295–306).

Denker sind keine lange Zeit vergessenen Alleingänger wie die amerikanischen Klassiker der Ökophilosophie, David Thoreau oder Aldo Leopold, die heute als zentrale Klassiker des Umweltdenkens betrachtet werden. Es handelt sich vielmehr um seit Langem etablierte große Denker (darunter einige der größten überhaupt, wie Kant oder Hegel), die in der Philosophie der Umwelt jedoch noch nicht allgemein als Klassiker anerkannt sind. Meine Untersuchung unternimmt es, das Gesamtbild dieser Denker zu bereichern und insbesondere zu verhindern, dass sie als uninteressante Anthropozentriker stigmatisiert werden. Das Buch verdeutlicht, dass die Geschichte der Philosophie der Umwelt ein noch weitgehend zu wenig untersuchtes Feld ist. Ich hoffe, dass die vorliegende Sammlung weitere Untersuchungen in diese Richtung inspirieren wird.

* * * * * * * * * *

Noch einige Worte zu meinem persönlichen Hintergrund. Mein Interesse an der Philosophie der Umwelt entwickelte sich aus meiner Begegnung mit Umweltfragen Anfang der 1970er-Jahre, zuerst im Gymnasium, wo ich mich für indische Philosophie, Nietzsche, Spengler, Scheler und Marcuse interessierte. In meiner Studienzeit an der Universität Jyväskylä (1974–1980) beschäftigte ich mich mit Kant, Hegel und Marx, und der klassische deutsche Idealismus wurde bis heute zum zentralen Feld meiner Forschung. Um 1990 weckte der bereits erwähnte finnische Ökophilosoph Georg Henrik von Wright mein Interesse an der Philosophie der Umwelt. Durch ein Projekt der Finnischen Akademie an der Universität Oulu (1993–1995) begann ich, mich stärker in die Thematik zu vertiefen. Professor Timo Järvikoski und Dozent Jouko Jokisalo weckten damals mein Interesse an der marxistischen Ökologie. Meine Studien über die Philosophie der Geschichte, deren Grundlagen schon im Gymnasium durch die Lektüre von Spengler, Toynbee und von Wright gelegt wurden, weckten mein Interesse an Umweltgeschichte als radikal neues Paradigma der Geschichtsforschung. Der Geschichtsdozent Esa Ruuskanen hat in diesem Feld eng mit mir zusammengearbeitet.[5]

---

[5] Gemeinsam mit Esa habe ich ein Buch herausgegeben und vier Artikel veröffentlicht, zuletzt in *Rethinking History* 2017 und im *Bloomsbury Handbook of Big History and Environmental History* 2025 (Ruuskanen/Väyrynen 2017, 2025). Ich habe bereits 2004 einen ersten Artikel über die geschichtsphilosophischen Besonderheiten der Umweltgeschichte geschrieben (Väyrynen 2004).

Meine Position in der Philosophie der Umwelt wird einerseits durch das Forschungsgebiet geprägt, das im Englischen als *Environmental Humanities* bezeichnet wird.[6] Mein Hauptwerk über die globale – indische und chinesische Tradition mit einbeziehende – Geschichte der Philosophie der Umwelt[7] basiert auf einer Auffassung der Wechselwirkung von Mensch und Natur, in der ethische und ästhetische Werte, Geschichtlichkeit, spiritualistische Voraussetzungen der Weltreligionen und Umwelterziehung wichtige Dimensionen bilden. Das Buch kritisiert das zu einfache Bild eines totalen Anthropozentrismus der abendländischen Philosophie und geht tiefer auf die naturalistischen und humanistischen Traditionen ein, die eine fruchtbare Wechselwirkung mit der Natur und ihre tiefere Achtung betonen. Eine solche Einstellung ist bereits in der vorsokratischen Philosophie begründet. Die klassische deutsche Philosophie von Kant bis Marx bildete dann den eigentlichen Höhepunkt dieser Entwicklung einer positiveren Naturauffassung.

Andererseits betone ich die Zusammenarbeit mit den Gesellschaftswissenschaften. Die marxistische Ökologie war in diesem Bereich bahnbrechend und bietet noch heute fruchtbare Weiterentwicklungen, zuletzt in der kritischen Diskussion über das Anthropozän. Auch die Erziehungswissenschaften müssen eine breitere, ökosoziale Bildung als Ausgangspunkt einnehmen.[8] Natürlich muss man auch in der humanwissenschaftlichen Umweltforschung mit Naturwissenschaften arbeiten können, um die Gefahren des Anthropozentrismus zu vermeiden. Die Philosophie der Biologie und Ökologie, die Bedeutung der geschichtlichen Klimaforschung

---

[6] Literatur und Medien zum Beispiel werden in der neueren Forschung untersucht, siehe Dürbeck/Nesselhauf 2019. Andere humanistische Fächer wie Philosophie der Umwelt oder Umweltgeschichte entstanden bereits in den 1960er-Jahren.

[7] Väyrynen, Kari: *Ympäristöfilosofian historia maaäitimyytistä Marxiin* (*Geschichte der Philosophie der Umwelt von Mutter Erde zu Marx*). Eurooppalaisen filosofian seura: Tampere 2006.

[8] Meine Dissertation 1992 behandelte den Hegelschen Bildungsbegriff und seinen Einfluss in Finnland (zum Beispiel auf J. V. Snellman), und ich habe später auch seine Bedeutung für die Umwelterziehung skizziert (Väyrynen 2019).

und Geographie für die Umweltgeschichte, das Verhältnis von Mensch und Tier in der Geschichte und andere Forschungsbrennpunkte sind weitere philosophisch interessante Themen.

Die Philosophie der Umwelt ist zutiefst „konkret" im Sinne Hegels; sie versucht, eine „Einheit durch die Vielheit" dialektisch zu bestimmen. Erst eine solche, fundamental praktische und an Umweltproblemen orientierte Philosophie kann für die Lösung der theoretischen und praktischen Probleme der Umweltforschung etwas leisten. In diesem Feld ist es nicht möglich, ethischen und politischen Fragen aus dem Weg zu gehen und eine scheinbar neutrale Distanz behalten. Dialektische Philosophie ist eine Philosophie der Praxis, wie schon Hegel betonte (Marx, Gramsci und andere entwickelten diese Idee weiter), und eine solche Einstellung ist ein fruchtbarer Ausgangspunkt für die Lösung der Umweltfragen.

* * * * * * * *

Alle Übersetzungen der Artikel aus dem Finnischen und Englischen stammen von mir. Die bereits früher gedruckten deutschen Artikel wurden für das Buch leicht angepasst. Sprachlich haben meine Arbeit Mag. Phil. Kerstin Jokisalo, Ph.D. Georg Gangl und Felix Schoen betreut, der auch wertvolle inhaltliche Hinweise und Anmerkungen zum Text beigesteuert hat. Bei der Übersetzung der Artikel über Edvard Westermarck und Georg Henrik von Wright habe ich auch künstliche Intelligenz als Hilfsmittel benutzt. Ich danke allen Freunden, Kollegen und anonymen Referenten, die in verschiedenen Phasen meiner Arbeit nützliche Kommentare und Kritiken abgegeben haben. Ich danke dem Peter Lang Verlag für die Publikation meiner Arbeit in der Reihe *Studies in Literature, Culture, and the Environment / Studien zu Literatur, Kultur und Umwelt* und seinen Mitarbeitern für die wertvolle Unterstützung bei der Vorbereitung des Manuskripts für die Publikation. Reihenherausgeber Professor Hannes Bergthaller danke ich für wertvolle Kommentare in der letzten Phase der Vorbereitung des Manuskripts für die Publikation.

Oulu, im März 2026
Kari Väyrynen

Literaturverzeichnis

Cassirer, Ernst: *Die Philosophie der Aufklärung*. Mohr: Tübingen 1932.

Dürbeck, Gabriele/Nesselhauf, Jonas (Hrsg.): *Repräsentationsweisen des Anthropozän in Literatur und Medien*. Peter Lang: Berlin 2019.

Ruuskanen, Esa/Väyrynen, Kari: „The philosophy and theory of environmental history". In: Tucker, Avizier/Cernin, David (Hrsg.): *The Bloomsbury Handbook of the Historical Sciences and Big History*. Bloomsbury Academic: London 2025, S. 489–504.

Ruuskanen, Esa/Väyrynen, Kari: „Theory and Prospects of Environmental History". In: *Rethinking History* 21/2017, S. 456–473.

Väyrynen, Kari: „Ecological Wisdom as a Challenge for the Philosophy of Education". In: Heikkinen, Anja et al. (Hrsg.): *Disciplinary Struggles in Education*. Tampere University Press: Tampere 2019, S. 195–214.

Väyrynen, Kari: *Ympäristöfilosofian historia maaäitimyytistä Marxiin* (*Geschichte der Philosophie der Umwelt von Mutter Erde zu Marx*). Eurooppalaisen filosofian seura: Tampere 2006.

Väyrynen, Kari: „Zur Geschichtsphilosophie der Umweltgeschichte". In: Losurdo, Domenico/Tosel, André (Hrsg.): *Die Idee der historischen Epoche / L'idée d'époque historique*. Peter Lang: Frankfurt am Main 2004, S. 435–447.

Väyrynen, Kari: *Der Prozess der Bildung und Erziehung im finnischen Hegelianismus*. Societas Historica Finlandiae: Helsinki 1992.

Die Grundlegung der Mensch-Natur-Problematik bei Kant

Der junge Kant: Kein Recht auf Natur?[9]

Kant bestimmt bekanntlich die rechtsphilosophische Rolle der Natur in seinen ethischen und rechtsphilosophischen Hauptwerken als die Sphäre der „Sachen“. Die „Sachen“ sind, im Gegensatz zu „Personen“, bloße Mittel, keine Zwecke an sich selbst. Der Mensch ist keine Sache, also etwas, das bloß als Mittel gebraucht werden darf. Die Teilhaftigkeit an der Vernunft und der Autonomie heben den Menschen über die Sachen: Er ist ein Teil der „vernünftigen Naturen“ als Zwecke an sich selbst. Diese Zugehörigkeit zur reinen Vernunft – und damit zur Klasse „aller vernünftigen Wesen überhaupt“ – garantiert die Objektivität und Allgemeinheit seiner Zwecke gegenüber den nur „subjektiven“ Zwecken der empirischen Menschheit.[10] Die Personen haben auch Würde, die Sachen dagegen nur einen Preis. Die Würde hat kein tauschbares Äquivalent wie der Preis. Nur die Sittlichkeit und die Menschheit haben diese unermessliche innere Würde: „Treue im Versprechen“, „Wohlwollen aus Grundsätzen“ z. B. haben einen inneren Wert. Insbesondere „die Gesetzgebung selbst aber, die allen Werth bestimmt, muß eben darum eine Würde, d. i. unbedingten, unvergleichbaren Werth, haben [...]. Autonomie ist also der Grund der Würde der menschlichen und

---

9 Zuvor veröffentlicht in: Rohden, Valerio et al. (Hrsg.): *Recht und Frieden in der Philosophie Kants. Akten des X. Internationalen Kant-Kongresses*, Bd. 4. De Gruyter: Berlin & New York 2008, S. 745–752.

10 Kant, Immanuel: *Grundlegung zur Metaphysik der Sitten*. Akademie-Ausgabe (AA) 4, S. 435–437.

jeder vernünftigen Natur." Nur solche Wesen verdienen unsere Achtung.[11] Nicht einmal die erhabensten Objekte der Natur, „himmelhohe Berge, die Größe, Menge und Weite der Weltkörper, die Stärke und Geschwindigkeit mancher Thiere u. s. w." können Achtung erwecken, diese „Sachen" können nur verschiedene Neigungen und Affekte, Liebe, Furcht, Bewunderung oder Erstaunen erwecken.[12]

Durch diese Unterscheidung von Person und Sache wird die Benutzung der Natur legitimiert. Das bedeutet jedoch nicht, dass diese Benutzung keine moralischen Begrenzungen hätte: Die sogenannten indirekten Pflichten gegen uns selbst bestimmen das *Wie* im Fall der Benutzung der Natur. In der *Metaphysik der Sitten* werden insbesondere zwei Fälle hervorgehoben: die schönen Objekte der Natur und die Tiere. Wenn man die schönen Objekte der Natur zerstört, schwächt man dadurch „diejenige Stimmung der Sinnlichkeit, welche die Moralität sehr befördert, wenigstens dazu vorbereitet, nämlich etwas auch ohne Absicht auf Nutzen zu lieben (z. B. die schöne Krystallisationen, das unbeschreiblich Schöne des Gewächsreichs)". Die richtige Behandlung der Tiere ist moralisch noch wichtiger:

> In Ansehung des lebenden, obgleich vernunftlosen Theils der Geschöpfe ist die Pflicht der Enthaltung von gewaltsamer und zugleich grausamer Behandlung der Thiere der Pflicht des Menschen gegen sich selbst weit inniglicher entgegengesetzt, weil dadurch das Mitgefühl an ihrem Leiden im Menschen abgestumpft und dadurch eine der Moralität im Verhältnisse zu anderen Menschen sehr diensame natürliche Anlage geschwächt und nach und nach ausgetilgt wird.[13]

Kant nennt in diesem Zusammenhang Tierversuche als ein Beispiel für die schlechte Behandlung der Tiere.

Diese grundlegenden Distinktionen scheinen einwandfrei zu zeigen, dass Kants Auffassung der Natur anthropozentrisch ist. Dieses Bild über Kant ist in der Philosophie der Umwelt schon paradigmatisch geworden. Diese Auffassung ist besonders hinsichtlich der Kant'schen Ästhetik problematisch: Die schöne und erhabene Natur hat einen ästhetischen Wert, der nicht durch künstliche Kopien ersetzt werden kann. In diesem Sinn hat sie

---

[11] Ibid., S. 438–440.

[12] Kant, Immanuel: *Kritik der praktischen Vernunft*. AA 5, S. 76.

[13] Kant, Immanuel: *Metaphysik der Sitten*. AA 6, S. 443.

eine Würde, die unsere Achtung verdient. Diese Würde bezieht sich auf die innere Zweckmäßigkeit der Natur, die auch die Moralität des Menschen teleologisch antizipiert. Andererseits verhält die Ästhetik sich propädeutisch zur Moralität, ist also nicht moralisch irrelevant. Auch der unendliche Formenreichtum der Natur ist nach Kant wertvoll und bildet ein Kontinuum mit der Pluralität der menschlichen Kulturen. Die Philosophie der Umwelt hat solche tieferen Probleme in der Naturauffassung von Kant bis heute nicht genügend beachtet.[14]

Man könnte demnach jedoch sagen, dass Kant im Kontext der Rechtsphilosophie klar ein Anthropozentriker ist und bleibt. Die Natur hat rechtsphilosophisch gesehen keine Rechte und wir haben keine direkten Pflichten ihr gegenüber. Wertphilosophisch betrachtet muss man aber klar den Kontext der rechtsphilosophischen Diskussion im Verhältnis zu den ästhetischen Werten und der Moralität überhaupt genau bestimmen. Wie wir sahen, versucht Kant durch die indirekten Pflichten die Autonomie anderer Wertsphären zu garantieren und wenigstens die provisorischen Rechte der Natur anzuerkennen. Ein provisorisches Recht ist ein moralisches Recht, das noch nicht durch den Staatsvertrag legitimiert ist. In diesem Sinne könnte man bei Kant meiner Meinung nach auch über die Rechte der Natur sprechen. Ich will diese gewagte These in diesem Zusammenhang nicht genauer begründen aber ich will betonen, dass die Rechte und Pflichten materiell fließende, konventionelle und geschichtliche Kategorien sind. Kant ist sich dessen gut bewusst, wie man z. B. im Fall der Eigentumsrechte zeigen kann.[15]

Hinsichtlich der Natur als Ganzes sind aber die Auffassungen des jungen Kant in diesem Kontext besonders interessant. Ich glaube, dass diese Auffassungen auch nach der kritischen Wende für Kant von Bedeutung sind.

---

14 Nur in der deutschen Diskussion über Kant hat man dann und wann solche Probleme hervorgehoben, siehe z. B. Recki, Birgit: „Achtung vor der zweckmäßigen Natur. Die Erweiterung der kantischen Ethik durch die dritte Kritik". In: Gerhardt, Volker et al. (Hrsg.): *Kant und die Berliner Aufklärung. Akten des IX. Internationalen Kant-Kongresses*, Bd. III. De Gruyter: Berlin 2001, S. 296–304.

15 Cf. Väyrynen, Kari: „Weltbürgerrecht und Kolonialismuskritik bei Kant". In: Gerhardt, Volker et al. (Hrsg.): *Kant und die Berliner Aufklärung. Akten des IX. Internationalen Kant-Kongresses*, Bd. IV. De Gruyter: Berlin 2001, S. 302–309.

Der junge Kant scheint in der Frage über die Rechte der Natur gerade im Widerspruch mit dem älteren zu stehen.

Er vertrat damals klar eine naturo- oder biozentrische Position, die sogar mit den Auffassungen von Spinoza vergleichbar ist. Es bleibt die Aufgabe der weiteren Forschung, die mögliche Kontinuität des Kant'schen Denkens in dieser Hinsicht zu untersuchen. Ich konzentriere mich hier nur auf die frühen Auffassungen von Kant.

Kant war in seinen ersten Schriften naturwissenschaftlich orientiert. Er war besonders interessiert an Geologie und Kosmologie. Er verstand beide Disziplinen als natur*geschichtliche*: Neben seiner bekannten kosmologischen Nebularhypothese[16] nahm er u. a. auch an der damals breiten Diskussion über die Geschichte der Erde teil. Schon seine Schrift *Die Frage, ob die Erde veralte, physikalisch erwogen* (1754) behandelte kurz auch die Stellung des Menschen im Prozess der alternden oder sogar der sterbenden Erde. Kant war überzeugt, dass der Mensch keine Sonderstellung vor anderen Tieren oder Pflanzen hat, sondern auf gleiche Weise dem Naturgesetz – dass alles altern und sterben muss – unterworfen ist.[17] Er teilte also von Anfang an nicht die damals allgemein gängige physikotheologische Auffassung über die von Gott errichtete Sonderstellung des Menschen, die sein permanentes Wohl auf Erden garantiert.

Die Frage über die Stellung des Menschen im Kosmos wird bald ein immer wichtigerer Teil von Kants frühen Spekulationen. Dadurch kommen allmählich auch rechtsphilosophische und ethische Betrachtungen mit ins Spiel. Kant stellt schon in den Jahren 1755/56 klar die Frage, ob der Mensch ein Eigentumsrecht auf die Erde als Ganzes hat, was in der physikotheologischen Tradition stillschweigend vorausgesetzt war. Kant akzeptiert ein solches Recht nicht. Eine solche Auffassung ist seiner Meinung nach ein Beispiel für den grenzenlosen Egoismus des Menschen und daher moralisch nicht haltbar.

Das zentrale kosmologische Werk von Kant, *Allgemeine Naturgeschichte und Theorie des Himmels*, erschien im März 1755. In ihm wird die kosmologische Stellung des Menschen klar bestimmt, und auch ihre rechtlichen Konsequenzen werden kurz skizziert. In diesem Kontext ebenso wichtig

---

[16] Irrlitz, Gerd: *Kant Handbuch. Leben und Werk*. J. B. Metzler: Stuttgart 2002, S. 84–85.

[17] Kant, Immanuel: *Die Frage, ob die Erde veralte, physikalisch erwogen*. AA 1, S. 195 ff.

sind drei kleinere Schriften vom Jahre 1756 über das Erdbeben von Lissabon. Das Erdbeben war offenbar für Kant eine sehr wichtige Erscheinung: nicht nur naturwissenschaftlich, sondern weil es klar seine in der *Allgemeinen Naturgeschichte und Theorie des Himmels* entwickelte Auffassung über die kosmische Stellung des Menschen bestätigte. Nach Kant wurde die Kritik an der physikotheologischen Auffassung in Europa durch Voltaire (*Candide ou l'optimisme* 1759) und andere weiterverbreitet.

Wie ist die Stellung des Menschen in der Schrift *Allgemeine Naturgeschichte*? Es ist zunächst wichtig zu sehen, dass Kant schon zu Anfang des Werkes klar die physikotheologische Auffassung von der Natur verneint. Es ist überhaupt problematisch, in der Natur vorrangig Schönheit und Ziele zu sehen. Insbesondere ist aber die anthropozentrische Auffassung über den Menschen als höchstes Ziel der Schöpfung nicht haltbar: Z. B. entsteht der kühle Meereswind in den Tropen bloß mechanisch und ist nicht eine gute Tat Gottes für den Menschen.[18] Die Rolle Gottes wird aber nicht total ausgeschlossen: Gott bleibt doch der Erschaffer der Naturgesetze, obwohl jene nicht das Wohl des Menschen beabsichtigen. Kant will doch auf keinen Fall Atheist oder Epikureer sein.[19]

Die Kritik Kants erreicht ihren Höhepunkt im *Anhang* des Werkes, der der spekulativen Frage über die „Bewohner der Gestirne“ gewidmet ist. Dort wird die Stellung des Menschen sowohl in der Natur als auch in der Gruppe der „Vernunftwesen“ bestimmt. Der Mensch ist nach Kant nicht das einzige Vernunftwesen im Kosmos und eindeutig nicht das höchstentwickelte. Es ist wichtig zu bemerken, dass Kant auch später diese Auffassung vertritt, weil er immer über den Menschen als „das einzige Vernunftwesen auf der Erde“ spricht – also nicht als das einzige im Universum überhaupt!

In diesem Kontext gesehen, ist die selbstsichere Auffassung des Menschen über sich selbst als die Krone der Schöpfung nicht haltbar. Kant billigt „die satirische Vorstellung jenes witzigen Kopfes aus dem Haag“[20], die den Menschen mit Läusen vergleicht, die „die Wälder auf dem Kopfe eines Bettlers

---

18 Ibid., S. 222–224.

19 Ibid., S. 227–228.

20 Kant, Immanuel: *Allgemeine Naturgeschichte und Theorie des Himmels* (im Folgenden NTH). AA 1, S. 353. Kant bezieht sich offenbar auf die *Fable of the Bees* von Bernard de Mandeville.

bewohnen" und sich „als das Meisterstück der Schöpfung" ansehen.[21] Der Mensch denkt auf gleiche Weise:

> Der Mensch, welcher gleich unendlich weit [wie die Läuse – K. V.] von der obersten Stufe der Wesen absteht, ist so verwegen, von der Nothwendigkeit seines Daseins sich mit gleicher Einbildung zu schmeicheln. Die Unendlichkeit der Schöpfung faßt alle Naturen, die ihr überschwenglicher Reichthum hervorbringt, mit gleicher Nothwendigkeit in sich. Von der erhabensten Classe unter den denkenden Wesen bis zu dem verachtetesten Insect ist ihr kein Glied gleichgültig; und es kann keins fehlen, ohne daß die Schönheit des Ganzen, welche in dem Zusammenhange besteht, dadurch unterbrochen würde.[22]

Der Mensch ist also nicht der Gipfel der „großen Kette der Schöpfung".[23] Es gibt auf den anderen Planeten viel vernünftigere Wesen als ihn[24] und sowohl die Insekten als auch andere lebendige Wesen sind gleich wichtig für die schöne Totalität der Natur.

Die Auffassung von Kant ist daher überraschend nahe an Spinoza, wenn er auf folgende Weise zusammenfasst:

> So hängt denn alles in dem ganzen Umfange der Natur in einer ununterbrochenen Gradfolge zusammen durch die ewige Harmonie, die alle Glieder auf einander beziehend macht. Die Vollkommenheiten Gottes haben sich in unsern Stufen deutlich offenbart und sind nicht weniger herrlich in den niedrigsten Classen, als in den erhabnern.[25]

Auch die geistigen Wesen haben „eine nothwendige Abhängigkeit von der Materie"[26] und sind daher nur ein Teil der Natur. Kant überlegt sogar, was eigentlich unsere Vernünftigkeit leistet, und schreibt ziemlich pessimistisch über unsere Gattung:

> Wenn man das Leben der meisten Menschen ansieht: so scheint diese Creatur geschaffen zu sein, um wie eine Pflanze Saft in sich zu ziehen und zu wachsen, sein

---

21 Ibid.
22 Ibid., S. 353–354.
23 „Great chain of being" (Arthur Lovejoy)
24 NTH. AA 1, S. 359–360.
25 Ibid., S. 365.
26 Ibid., S. 364–365.

> Geschlecht fortzusetzen, endlich alt zu werden und zu sterben. Er erreicht unter allen Geschöpfen am wenigsten den Zweck seines Daseins, weil er seine vorzügliche Fähigkeiten zu solchen Absichten verbraucht, die die übrigen Creaturen mit weit minderen und doch weit sicherer und anständiger erreichen.[27]

Die traditionelle anthropozentrische Auffassung über die Stellung des Menschen im Kosmos ist daher nicht begründbar. Der Mensch ist nach Kant an die Notwendigkeiten der Natur genauso wie alle anderen Geschöpfe gebunden. Seine höheren Eigenschaften, Vernunft und Moralität, sind bei den meisten Menschen marginal und schwach. Sie verleiten oft sogar zu Korruption (Kriege u. a.) und daher kann Kant sogar behaupten, dass das instinktive Handeln der Tiere oft „sicherer und anständiger“ (vgl. oben) ist.

Können wir danach noch sagen, dass die Erde als Ganzes unser Eigentum ist? Diese Frage wird nicht direkt in dem Werk *Allgemeine Naturgeschichte* gestellt. Sie wird aber bald von Kant in den drei Artikeln von 1756 über das Erdbeben von Lissabon aufgeworfen. Seine Artikel beschränken sich nicht auf die naturwissenschaftliche Erklärung der Ursachen des Erdbebens, sondern betrachten auch die moralische Lehre des Erdbebens für die Menschheit. In diesem Kontext wird auch das Eigentumsrecht auf die Natur infrage gestellt.

Kant wiederholt zuerst seine Kritik der physikotheologischen Naturauffassung. Das Erdbeben schien seine frühere Auffassung endgültig zu bestätigen. Er schreibt:

> Die Natur hat nicht vergeblich einen Schatz von Seltenheiten überall zur Betrachtung und Bewunderung ausgebreitet [...] Selbst die fürchterliche Werkzeuge der Heimsuchung des menschlichen Geschlechts, die Erschütterungen der Länder, die Wuth des in seinem Grunde bewegten Meers, die feuerspeienden Berge, fordern den Menschen zur Betrachtung auf und sind [...] von Gott als eine richtige Folge aus beständigen Gesetzen in die Natur gepflanzt.[28]

Der Mensch hat daher „kein Recht [...] von den Naturgesetzen, die Gott angeordnet hat, lauter beqümliche Folgen zu erwarten“.[29] Wir haben also kein durch den Plan Gottes garantiertes Recht, die Natur als ein für uns zum Nutzen geschaffenes Mittel zu betrachten.

---

[27] Ibid., S. 356.

[28] Ibid., S. 431.

[29] Ibid.

Kant fasst den moralischen Wert des Erdbebens im zweiten Artikel (Kapitel „Von dem Nutzen der Erdbeben") zusammen. Das Erdbeben ist sowohl im intellektuellen als auch im moralischen Sinn nützlich: Wir können dadurch lernen, unsere Stellung in der Natur realistischer als früher zu beurteilen und unseren Egoismus zu bekämpfen. Der Mensch neigt egoistisch dazu, in der Natur nur Nutzwerte zu sehen:

> Nachdem wir einen widerrechtlichen Anspruch auf alle Annehmlichkeit des Lebens gemacht haben, so wollen wir keine Vortheile mit Unkosten erkaufen. Wir verlangen, der Erdboden soll so beschaffen sein: daß man wünschen könnte darauf ewig zu wohnen.[30]

Diese Hoffnung ist aber ohne Grund, wie die vielen Opfer von Lissabon bestätigen:

> Als Menschen, die geboren waren, um zu sterben, können wir es nicht vertragen, daß einige im Erdbeben gestorben sind, und als die hier Fremdlinge sind und kein Eigentum besitzen, sind wir untröstlich, daß Güter verloren worden, die in kurzem durch den allgemeinen Weg der Natur von selbst wären verlassen worden.[31]

Unser Eigentum, selbst unser Leben, ist nur ein Teil der materiellen Prozesse in der Natur, und daher haben wir kein ursprüngliches Eigentumsrecht an der Natur als Ganzes, wie viele Denker postuliert hatten. Kant akzeptiert also nicht die These von einem ursprünglich kollektiven Eigentumsrecht an der Natur, wie dies z. B. von Locke und Rousseau vertreten wurde. Auch später, in dem streng rechtsphilosophischen Kontext der *Metaphysik der Sitten*, akzeptiert er dieses Postulat nicht, sondern sieht alles Eigentum als privat.

Haben aber diese kosmologischen Theorien Kants eigentlich nichts mit der Frage des Eigentums zu tun? Man kann wohl postulieren, dass die in den Frühschriften formulierte allgemeine Stellung zur Frage Natur/Mensch auch später Tragfähigkeit hat. Das Eigentum ist für Kant ein durch den Vertrag bestimmter Wert, es ist also eine Konvention. Man kann aber nicht mit der Physikotheologie behaupten, dass die Natur als Ganzes für die Nutzung des

---

30 Ibid., S. 455.

31 Ibid., S. 456.

Menschen geschaffen sei. Kant ist diametral gegensätzlicher Meinung: Zum Beispiel zeigt sich durch das Erdbeben die richtige Ordnung der Dinge, die Natur fordert ihren Anteil zurück. Sie zeigt, dass unser Eigentum (unsere Existenz mit inbegriffen) immer nur geliehen ist.

Literaturverzeichnis

Fenves, Peter: *Late Kant. Towards Another Law of the Earth.* Routledge: New York & London 2003.

Irrlitz, Gerd: *Kant Handbuch. Leben und Werk.* J. B. Metzler: Stuttgart 2002.

Kant, Immanuel: *Gesammelte Schriften.* Akademie-Ausgabe (AA). Hrsg.: Preußische Akademie der Wissenschaften et al., Berlin 1900– .

Recki, Birgit: „Achtung vor der zweckmäßigen Natur – Die Erweiterung der kantischen Ethik durch die dritte Kritik". In: Gerhardt, Volker et al. (Hrsg.): *Kant und die Berliner Aufklärung. Akten des IX. Internationalen Kant-Kongresses*, Bd. III. De Gruyter: Berlin 2001, S. 296–304.

Väyrynen, Kari: „Weltbürgerrecht und Kolonialismuskritik bei Kant". In: Gerhardt, Volker et al. (Hrsg.): *Kant und die Berliner Aufklärung. Akten des IX. Internationalen Kant-Kongresses*, Bd. IV. De Gruyter: Berlin 2001, S. 302–309.

Kant und die Umweltwissenschaften[32]

Die Forschung zur Naturauffassung Kants ist durch eine generelle Tendenz der Wissenschaftsgeschichte bestimmt, Wissenschaften in positivistischer Tradition hierarchisch zu ordnen. Als am weitesten entwickelte Wissenschaft betrachtete der Positivismus die Physik; andere Naturwissenschaften wie Biologie und Geologie galten dagegen als theoretisch weniger ausgereift, und die Humanwissenschaften wurden auf dem untersten Niveau platziert. Diese hierarchische Sicht auf die Wissenschaften wirkte sich auch auf gängige Kant-Interpretationen aus[33] und ist ein Grund, weshalb die große Bedeutung Newtons für Kant betont wurde. Kant war allerdings weit vielseitiger und interessierte sich für ganz unterschiedliche Wissenschaften: Während seiner gesamten akademischen Laufbahn waren ihm zum Beispiel Geologie und Geographie wichtig. Diese Wissenschaften über die Erde (*Earth sciences*), zu denen auch Biologie und Ökologie zählen, sind heute ins Zentrum der wissenschaftlichen Diskussion gerückt, weil Umweltprobleme inzwischen zu Existenzfragen der Menschheit geworden sind; sie werden auch als „Umweltwissenschaften" bezeichnet.[34] Kant bezog sich auch mit dem Begriff „Naturgeschichte" auf diese Wissenschaften. Er betrachtete sie als außerordentlich wichtig und theoretisch interessant, gerade weil sie eine geschichtliche Perspektive auf die Entstehung der Dinge einnehmen.

Es ist daher dringend an der Zeit, ihnen im Denken Kants den gebührenden Stellenwert zurückzugeben. Bedauerlicherweise ist dies bisher noch nicht geschehen. So findet man etwa in den fast 700 veröffentlichten Vorträgen der internationalen Kant-Kongresse von Berlin (2000) und São Paulo (2005)

---

[32] Zuvor auf Finnisch veröffentlicht: „Kant ja ympäristötieteet". In: Oittinen, Vesa (Hrsg.): *Immanuel Kantin filosofia*. Gaudeamus: Helsinki 2013, S. 123–143.

[33] Ilya Prigogine und Isabelle Stengers z. B. unterstreichen die Einheit der Naturwissenschaften nach dem Modell der Physik im Denken Kants. Prigogine, Ilya/Stengers, Isabelle: *Dialog mit der Natur. Neue Wege naturwissenschaftlichen Denkens*. Piper: München 1981, S. 95. Solche Auslegungen stützen sich vorrangig auf die *Kritik der reinen Vernunft* und ignorieren die Wissenschaftstheorie in der *Kritik der Urteilskraft* sowie die vielen kleineren Schriften.

[34] Eine gute geschichtliche Einleitung zu den Umweltwissenschaften ist Bowler, Peter J.: *The Fontana History of The Environmental Sciences*, Fontana Press: London 1992.

weniger als zehn Vorträge zu Biologie und Umweltwissenschaften.[35] Bisher ist auch keine umfassende Monographie über diese Wissenschaften im Denken Kants erschienen, es existieren lediglich Spezialstudien zu einigen zentralen Themen, z. B. zur Geographie, weil Kant einer der anerkannten Klassiker dieser Wissenschaft ist.[36] Die gründlichste Darstellung der Rolle der Umweltwissenschaften bei Kant bleibt bis heute das umfangreiche Werk *Kant als Naturforscher* (1924/1925) von Erich Adickes, dessen zweiter Band das umweltwissenschaftlich zentrale Thema „Naturgeschichte der Erde und physische Geographie" behandelt.[37]

Die Newton'sche Physik hatte zweifellos sehr große Bedeutung für die physikalischen Untersuchungen Kants und seine „kritische Wende".[38] In der *Kritik der reinen Vernunft* basieren die Anschauungsformen von Raum und Zeit und die Kategorien des Verstandes auf der Physik. Daher ist es verständlich, dass Fragen der Physik und Mathematik wichtig für Kants theoretische Philosophie sind. Diese erkenntnistheoretisch wichtige Rolle der Physik erklärt andererseits die systematisch geringe Rolle der Umweltwissenschaften in der Kant-Forschung. Allerdings wurden die Ästhetik, Geschichtsphilosophie und Anthropologie bei Kant auch stärker untersucht als die Umweltwissenschaften. Wie wir sehen werden, gibt es Verbindungen zwischen der Geographie und diesen Wissensgebieten. Andere Umweltwissenschaften wie die Geologie spielen in Kants Klassifizierung der Wissenschaften eine geringere Rolle.

---

35 Siehe Gerhard, Volker/Horstmann, Rolf-Peter/Schumacher, Ralph (Hrsg.): *Kant und die Berliner Aufklärung. Akten des IX. Internationalen Kant-Kongresses*, Bd. I–V. De Gruyter: Berlin & New York 2001. Rohden, Valerio et al. (Hrsg.): *Recht und Frieden in der Philosophie Kants. Akten des X. Internationalen Kant-Kongresses*, Bd. I–IV. De Gruyter: Berlin & New York 2008.

36 May, J. A.: *Kant's Concept of Geography and its Relation to Recent Geographical Thought.* University of Toronto Press: Toronto & Buffalo 1970.

37 Adickes, Erich: *Kant als Naturforscher*, Bd. I und II. De Gruyter: Berlin 1924/1925; hier: Bd. II 1925, S. 316–482.

38 Schon der junge Kant bewunderte Newton. Sein erstes Werk von Bedeutung, *Allgemeine Naturgeschichte und Theorie des Himmels* (1755; im Folgenden NTH), basiert auf der Newtonschen Physik. Vgl. AA 1, S. 215–416. (Ich benutze im Folgenden die Akademie-Ausgabe von Kants Werken (AA): Kant, Immanuel: *Gesammelte Schriften*. Hrsg.: Preußische Akademie der Wissenschaften et al., Berlin 1900–.)

Dabei erzielte Kant in zahlreichen Umweltwissenschaften bedeutende wissenschaftliche Ergebnisse. Von Bedeutung waren zum Beispiel seine Untersuchungen in der Meteorologie: Kant erklärte als Erster korrekt die Entstehung der Passat- und Monsunwinde.[39] Noch größere Bedeutung hatte er für die Geographie, und er wird allgemein als Klassiker dieses Fachs anerkannt.[40] Viele Biologen schätzen Kant ebenfalls hoch ein.[41] Das Problem der Teleologie, das Kant in der *Kritik der Urteilskraft* behandelte, bleibt in der Philosophie der Biologie bis heute eine wichtige Frage. Weshalb also werden die Umweltwissenschaften in der heutigen Kantforschung unterbewertet? Sachliche Gründe gibt es hierfür nicht; offenbar handelt es sich immer noch um eine Folge der schwachen Stellung der Umweltwissenschaften in der klassischen positivistischen Klassifizierung der Wissenschaften. In Zukunft wird sich dies jedoch ändern, denn die Umweltwissenschaften werden das allgemeine Bild der Wissenschaften immer stärker bestimmen.

Die populäre Wissenschaftsgeschichte betont die Bedeutung bahnbrechender Erfindungen. Kant spielt darin ebenfalls eine Rolle: Häufig genannt wird zum Beispiel seine berühmte Nebularhypothese zur Entstehung der Planeten. Erwähnt wird diese Hypothese, ebenso wie Kants Spekulationen über Galaxien außerhalb der Milchstraße, zum Beispiel in der umweltgeschichtlich interessanten „Großen Geschichte“ (*big history*), die mit der Entstehung des Kosmos beginnt und sich mit der Entstehung der Planeten, des Lebens sowie der Evolution und Geschichte des Menschen beschäftigt.[42] Dank der genannten Hypothesen und Theorien besitzt Kant tatsächlich eine etablierte Stellung in der traditionellen Wissenschaftsgeschichte.

---

39 Adickes 1925, S. 339–345. Georg Hadley lieferte bereits 1735 eine Erklärung, blieb aber ohne Wirkung.

40 May 1970; Martin, Geoffrey J./Preston, E. James: *All Possible Worlds. A History of Geographical Ideas*. John Wiley & Sons: New York 1993, S. 109–111. Glacken, Clarence: *Traces on the Rhodian Shore. Nature and Culture in Western Thought from Ancient Times to the End of the Eighteenth Century*. University of California Press: Berkeley/Los Angeles/London 1967, S. 530–535.

41 Vgl. z. B. Mayr, Ernst: *This is Biology. The Science of the Living World*. Harvard University Press: Cambridge Mass. 1998.

42 Christian, David: *Maps of Time. An Introduction to Big History*. University of California Press: Berkeley 2005, S. 29–30, 60.

Ein besonderes Problem der Kantforschung ist die traditionelle Unterscheidung der „vorkritischen" und der „kritischen" (nach 1787) Phase seines Denkens. Die Forschung hat sich generell auf die „kritische" Phase konzentriert, weil diese für Kants philosophische Hauptwerke steht – die Kritiken der reinen und praktischen Vernunft sowie der Urteilskraft. Der „vorkritische" Kant wird bis heute weit weniger erforscht. Deshalb wurden auch viele seiner umweltwissenschaftlich interessanten Schriften wie die drei im Jahre 1756 verfassten Artikel über das Erdbeben von Lissabon kaum untersucht.[43] Dabei sind diese und andere „vorkritische" Schriften wegen ihres radikalen Monismus auch umweltphilosophisch sehr interessant, weil sie die traditionelle Sonderstellung des Menschen als „Krone der Schöpfung" kritisieren und eine radikal nicht-anthropozentrische Auffassung vertreten. In dieser Hinsicht stehen sie dem pantheistischen Monismus Spinozas nahe, der in der gegenwärtigen Philosophie der Umwelt rehabilitiert wurde und sogar bewundert wird.

Die heutige Umweltphilosophie hat Kant bisher kaum beachtet, da ihr seine früheren Schriften ebenfalls nicht bekannt sind. Sie betrachtet Kant daher als streng anthropozentrischen Denker. Das gilt selbst für die deutsche Umweltphilosophie. So behandelt zum Beispiel Karen Gloys gründliches philosophiegeschichtliches Werk *Das Verständnis der Natur* vorrangig die *Kritik der reinen Vernunft* und geht weder auf die Bedeutung seiner umweltwissenschaftlichen Studien noch auf die *Kritik der Urteilskraft* ein, die sich mit der Ästhetik und den Werten der Natur befasst.[44] In der angloamerikanischen Umweltphilosophie ist die Forschungslage in dieser Hinsicht noch schlechter. Das Denken Kants ist nie scharf dualistisch. Auch in seiner „kritischen" Phase betrachtet er den Menschen als organischer Teil der Natur. In dieser Hinsicht ist die dritte Kritik, die *Kritik der Urteilskraft*, zentral für die umweltphilosophisch relevante Auslegung der Philosophie Kants. Wir kehren zu dieser Frage weiter unten in diesem Artikel zurück.

---

[43] Auch in den ausführlichen Biographien werden sie nur kurz erwähnt, vgl. z. B. Irrlitz, Gerd: *Kant Handbuch. Leben und Werk*. J. B. Metzler: Stuttgart 2002, S. 87; Vorländer, Karl: *Immanuel Kant. Der Mann und das Werk*, Bd. 1–2., Fourier Verlag: Wiesbaden 2003 (1924), S. 106–108.

[44] Gloy, Karen: *Das Verständnis der Natur*, Bd. I–II. C. H. Beck: München 1995. Bd. I, S. 199–208, Bd. II, S. 187–188.

Im Folgenden untersuche ich Kants Auffassungen der Geologie, Geographie und Biologie aus einer umweltwissenschaftlichen Perspektive, die das Verhältnis des Menschen zur Natur betont. Diese Perspektive ist „spekulativ" im Sinne Kants – und auch Hegels. Wie schon Adickes betont, ist Kant weniger ein empirischer Naturforscher und weit mehr ein synthetischer Naturphilosoph – „ein mehr deduktiver und architektonisch-konstruktiver Geist".[45] Kant verbindet zudem naturphilosophische und humanistische Perspektiven. Er betrachtete es auch allgemeinphilosophisch als sehr nützlich, ein naturwissenschaftliches Gesamtbild der Welt zu entwickeln. Dabei kann insbesondere seine Auffassung der Geographie für eine humanistische Philosophie sehr nützlich sein, weil sie kulturelle, ökonomische und moralische Dimensionen dieses Fachgebiets betont. Physische Geographie ist in dieser Hinsicht weniger wichtig als Kulturgeographie. Für Kant war die zentrale Frage der Philosophie „Was ist der Mensch?", und die Geographie kann dazu wichtige „propädeutische" Perspektiven geben.

Geologie

Wie oben bereits betont, besitzt Kant eine beträchtliche historische Bedeutung für die Wissenschaften der Erde. Er war ein Klassiker der Geographie, lieferte aber auch wichtige Beiträge zur Geologie. Schon in frühen Jahren interessierten ihn die Entstehung und Entwicklung der Planeten und der Erde. Die geologische und geographische Beschreibung der Erde war auch eine wichtige Voraussetzung für die Analyse der materiellen Grundlagen des Lebens und des Menschen. Daher lässt sich sagen, dass in Kants frühen astronomischen und geologischen Forschungen bereits eine klare umweltwissenschaftliche Perspektive zum Ausdruck kommt.

Kants akademische Karriere begann mit diesen Fragen. In den Jahren 1754 bis 1756 verfasste er viele in dieser Hinsicht interessante Werke. Das bedeutendste ist die recht bekannte Abhandlung *Allgemeine Naturgeschichte und Theorie des Himmels* (1755). Für die Geologie noch relevanter sind der Aufsatz *Die Frage, ob die Erde veralte, physikalisch erwogen* und die drei Schriften über das Erdbeben in Lissabon von 1755. Obwohl sich die *Allgemeine Naturgeschichte* hauptsächlich mit Astronomie befasst, enthält sie ein eigentümliches, aber

[45] Adickes 1924, S. 40.

auch interessantes Kapitel über die Bewohner der Gestirne, in dem sich Kant spekulativ mit den planetarischen Voraussetzungen des Lebens und der Existenz intelligenter Lebewesen auf anderen Planeten auseinandersetzt. In den genannten Werken kritisiert Kant auch die traditionelle physikotheologische Theorie der Schöpfungsordnung, der zufolge der Mensch eine Sonderstellung als Krone der Schöpfung einnimmt. Kant teilt die Auffassung Spinozas über die Ebenbürtigkeit aller Gattungen und wendet sich gegen die anthropozentrische Metaphysik. In dieser Hinsicht nimmt er die gegenwärtige Umweltphilosophie vorweg.[46]

Kants entwickelt seine frühen Ansichten zur Geologie in den kleineren Abhandlungen aus den Jahren 1754–1756. Der Aufsatz *Die Frage, ob die Erde veralte, physikalisch erwogen* (1754) behandelt die biblische Frage der Verschlechterung der Erde nach der Sintflut. Wie Bowler ausführt, wurde Ende des 17. Jahrhunderts eine theoretische Formulierung dieser Auffassung von Thomas Burnet vorgelegt, der die Bibel in dieser Frage als glaubhafte Richtschnur betrachtete. Ursprünglich sei die Erde in einem paradiesischen Zustand gewesen – schön, harmonisch und eine gute Lebensumwelt für die Menschen. Die Sintflut habe dann alles verändert: Danach sei die Erde in schlechterem Zustand gewesen, ein „schmutziger Kleinplanet“[47] mit hässlichen und gefährlichen Bergen. Burnet wollte diese Veränderungen nicht durch die Vorsehung erklären, sondern natürliche Erklärungen finden und diese mit der Bibel in Einklang bringen. Diese Theorie des sich zurückziehenden Meeres wurde später in Anspielung an den römischen Meeresgott Neptun als Neptunismus bezeichnet. Leibniz unterstützte diese Theorie in seinem 1749 posthum veröffentlichten Werk *Protogaea*.[48] Auch Kant neigte teilweise zum Neptunismus, vertrat jedoch auch plutonistische Ideen.[49] Die Plutonisten glaubten, dass vulkanische Kräfte im Erdinneren die Hebung

---

[46] Vgl. meine Artikel über den jungen Kant sowie zu Kant und Herder im vorliegenden Buch. Auch Irrlitz 2002, S. 85 erwähnt Kants Verhältnis zum Pantheismus in diesen Schriften.

[47] Zitiert nach: Bowler, Peter J.: *Ympäristötieteiden historia*. Art House: Helsinki 1997, S. 117.

[48] Ibid., S. 119.

[49] Adickes 1925, S. 361–362.

von Landmassen verursachen. Diese Theorie wurde später dominant und nahm das moderne geologische Denken vorweg.[50]

Kants Artikel *Die Frage, ob die Erde veralte, physikalisch erwogen* lehnt die Autorität der biblischen Auffassung sofort ab. Laut Kant gibt es „keine Merkmale in der Offenbarung, woraus wir abnehmen können, ob die Erde anjetzt jung oder alt, als in der Blüthe ihrer Vollkommenheit, oder in dem Verfall ihrer Kräfte begriffen" sei.[51] Es sei jedoch sinnvoll zu fragen, wie sich die Strukturen der Erdoberfläche im Laufe der Jahrtausende verändert hätten. Besonders interessant sei die Frage, ob sich die Fruchtbarkeit der Erde verändert habe. Das sei jedoch eine schwierige Frage, weil die Tätigkeit des Menschen ein Teil dieses Prozesses sei: Durch seinen Fleiß könne er die Fruchtbarkeit der Erde verbessern oder durch seine Nachlässigkeit ganze Staatsgebiete verwüsten. In seinem Aufsatz überlässt Kant diese Frage Geschichtswissenschaftlern und konzentriert sich auf ihre naturgeschichtliche Seite.[52] Auch diese Frage sei wichtig für die Existenz der Menschheit.

Nach Kant sind sich die meisten Naturforscher einig, dass „die Fruchtbarkeit der Erde allmählig abnehme", sie „unbewohnter und wüst" werde und die gesamte Natur schließlich sterben werde. Als Grund nennt er das einfache Naturgesetz, dass alle Dinge älter werden und verschwinden. Dieses Gesetz zeige sich deutlich in der lebendigen Natur, doch auch die Erde werde – wenn auch später – verschwinden.[53]

Kant beschreibt anschließend genauer die Geschichte der Erde. Seiner Darstellung zufolge befand sie sich nach ihrer Entstehung aus dem ursprünglichen Chaos zuerst in flüssigem Zustand und wurde dann allmählich fester, beginnend mit der Oberfläche. Aufgrund von Erdbeben und Überschwemmungen verlief die Entwicklung anfangs unruhig, beruhigte sich dann aber allmählich. Die Elemente erreichten ein Gleichgewicht, sodass Leben – Kant spricht von „Fruchtbarkeit" – möglich wurde. Der Prozess, so Kant, verlief je nach Erdregion unterschiedlich. Die unteren

50 Bowler 1997, S. 122.

51 Kant, Immanuel: *Die Frage, ob die Erde veralte, physikalisch erwogen* (im Folgenden FEV). AA 1, S. 195–196.

52 Ibid., S. 195–197.

53 Ibid., S. 197–198.

Gebiete sind demnach jünger, die höheren scheinen älter und schwächer zu werden. Die Menschen bewohnten ursprünglich höhere Gegenden und wanderten von dort in andere Regionen. Ägypten etwa sei zunächst am Oberlauf des Nils besiedelt worden, erst später am Unterlauf und im Delta, die allmählich fruchtbarer wurden.[54] In seinen späteren Vorlesungen über *Physische Geographie* erklärt Kant, Tibet sei wahrscheinlich die Urheimat der Menschheit. Er spekuliert zudem, Kultur, Wissenschaften und Künste könnten dort geboren sind, da die hohe indische Gelehrsamkeit von dort stamme.[55] Kant nimmt hier im Sinne der Neptunisten an, dass das Meer ursprünglich fast die ganze Erde bedeckte und das Leben daher in den Gebirgen geboren sei. Als Beweis dieser Theorie nennt er die dort entdeckten Fossilien.[56] Zur damaligen Zeit waren die Kontinentalplatten und ihre Verschiebungen, die zur Entstehung der Gebirge und dem Aufstieg der Fossilien in höhere Gegenden führen, noch nicht bekannt.

Was verursacht das Altern der Erde? Kant nennt vier Theorien, von denen drei die Entwicklung auf erfahrbare Naturprozesse zurückführen und die vierte die Wirkung eines „allgemeinen Weltgeist[s]“[57] anführt. Die empirischen Theorien nennen Erosionsprozesse, die „Abspülung“ von Materialien (vor allem von Salz) ins Meer und das Überschwemmen des Landes durch das ansteigende Meer. Kant selbst hält die zweite Theorie für die glaubwürdigste. Dieser zufolge füllen Regen und Flüsse allmählich das Meer, sodass es niedriger gelegene Gebiete überflutet. Für die Fruchtbarkeit der Erde bedeutet die Abspülung des Salzes laut Kant keine Gefahr. Problematischer sind die Einebnung des Landes und die daraus folgenden Veränderungen in den Wachstumsverhältnissen.[58] Kants Sorge um den Erhalt der Fruchtbarkeit ist umweltwissenschaftlich bemerkenswert, auch wenn er den Einfluss der menschlichen Tätigkeit auf die Erosion noch nicht bedenkt. Langfristig sind ihm zufolge ein Rückgang und letztlich das Ende der Fruchtbarkeit schon aufgrund natürlicher Prozesse wahrscheinlich. Durch Naturkatastrophen, Kometen oder heftige Erdbeben könne das

---

54 Ibid., S. 199–200.
55 Kant, Immanuel: *Physische Geographie* (im Folgenden PG). AA 9, S. 228.
56 Ibid., S. 298.
57 FEV. AA 1, S. 203.
58 Ibid., S. 202–210.

Ende der Erde allerdings natürlich auch schon bald eintreten.[59] In seinem Artikel zur *Frage, ob die Erde veralte*, beschäftigt sich Kant aber nicht näher mit diesen Alternativen.

Das bedeutendste naturwissenschaftliche Werk des jungen Kant ist die *Allgemeine Naturgeschichte und Theorie des Himmels* (1755). Es beschäftigt sich mit der Entstehung und den Strukturen des Universums und des Sonnensystems. Die Erde wird nicht behandelt, Ideen zum Ende aller Dinge werden im kosmologischen Kontext jedoch auch hier formuliert. Der Mensch, so Kant, nimmt in der Ordnung der Natur keine Sonderstellung ein, sondern ist vergänglich wie die Blumen und Insekten, die in einer kalten Nacht erfrieren. Luftverschmutzung, Erdbeben und Überschwemmungen hätten bereits ganze Völker vernichtet, das sei für die Natur aber gleichgültig. Auf gleiche Weise „verlassen ganze Welten und Systemen den Schauplatz, nachdem sie ihre Rolle ausgespielt haben." Das sei in der unendlichen Natur jedoch ganz normal, und wir müssten es ruhig akzeptieren.[60]

Kant entwickelt das Thema der Naturkatastrophen und der natürlichen Grenzen des Menschen weiter in seinen drei Artikeln über das Erdbeben von Lissabon. Das Erdbeben zog 1755–1756 wie eine Welle von den Alpen nach Island, zusammen mit einem Tsunami vernichtete es Lissabon und dessen Hafen. In den drei Artikeln kritisiert Kant vor allem die traditionell christliche physikotheologische Weltauffassung, die den Menschen als Krönung der Schöpfung ansah. Die Vorstellung, die Natur wäre für den Menschen geschaffen, ist nach Kant sowohl theoretisch als auch moralisch unhaltbar und unterstützt nur den menschlichen Egoismus. Wir sollten vielmehr, so Kant, eine bescheidenere Haltung gegenüber der unendlichen und allmächtigen Natur einnehmen.

Auf die recht komplizierten Erklärungen Kants zu den Ursachen der Erdbeben gehe ich hier nicht näher ein, weil sie lediglich historisch interessant und für die heutige Diskussion der Umweltwissenschaften nicht von Bedeutung sind.

Kant verfasste später noch weitere geologische Untersuchungen. Seine Vorlesungen *Physische Geographie* nehmen zum Teil die Themen aus den

59 Ibid., S. 213.

60 NTH. AA 1, S. 318–319.

1750er-Jahren wieder auf. So behandelt Kant hier zum Beispiel die astronomischen Verhältnisse der Erde, den Einfluss des Wassers auf ihre Oberfläche, die Entstehung der Gebirge usw. Umweltwissenschaftlich interessant sind die Betrachtungen über die Geschichte der Erde[61] – Kant nennt hier auch die Tätigkeit des Menschen als eine Ursache für die Veränderungen der Erdoberfläche. Der Mensch dämmt Flüsse und Meer, trocknet Moore, schlägt Wälder nieder und verändert dadurch das Klima vieler Länder.[62] Kant verfasste 1785 zudem einen Artikel Über *die Vulkane im Monde*.[63]

Wenn man Kants Bedeutung für die Geschichte der Geologie zusammenfasst, kann man Erich Adickes zustimmen, dass Kant – wie auch viele seiner Zeitgenossen – eher ein „architektonisch-konstruktiver" als ein empirischer Naturforscher war und dass er fantasievolle Spekulationen über die Erde entwickelte. Andererseits hatte er auch treffende Ideen, wie seine Gedanken über die Erosion und den Einfluss der Flüsse auf die Erdoberfläche.[64] Umweltwissenschaftlich und -philosophisch gesehen sind auch seine Betrachtungen über die Stellung des Menschen im Kosmos und auf der Erde wichtig. Als einer der Ersten nimmt er sogar die in der modernen Umweltphilosophie formulierten Kritiken am Anthropozentrismus vorweg. Eine vergleichbare Kritik entwickelte in der frühen Neuzeit eigentlich nur Spinoza. Der junge Kant ist in dieser Hinsicht zum Teil sogar interessanter als der spätere der „drei Kritiken".

Geographie

Der Anfang des 18. Jahrhunderts war eine eher statische Periode in der Entwicklung der Geographie. Eine allgemeine Theorie der Geographie wurde dann hauptsächlich in Deutschland entwickelt, und Kant, der schon seit 1756 Vorlesungen über Geographie hielt, spielte in dieser Entwicklung eine zentrale Rolle. Die Schwierigkeit, eine Synthese der Geographie zu entwickeln, bestand laut Bowler darin, dass die menschlichen Dimensionen der

---

[61] „Vierter Abschnitt. Geschichte der großen Veränderungen, welche die Erde ehedeß erlitten hat und noch erleidet", PG. AA 9, S. 296–305.

[62] Ibid., S. 298.

[63] Kant, Immanuel: *Über die Vulkane im Monde*. AA 9, S. 67–76. Vgl. auch Adickes 1925, S. 364–369.

[64] Adickes 1925, S. 370–372.

Geographie eher als Aspekt der Geschichte denn als Teil der Wissenschaft angesehen wurden. Erst Kant durchbrach diese Tradition und bereitete etwa den Weg für die Arbeiten von Alexander von Humboldt am Ende des 18. Jahrhunderts, der wiederum die Entwicklung der Umweltwissenschaften am Anfang des 19. Jahrhunderts tiefgreifend prägte.[65] Humboldt folgte den Forderungen Kants, anstelle der beschreibenden Taxonomie von Carl von Linné vertieft die Naturgeschichte zu erforschen.[66]

Kant hat nie eine systematische Darstellung der Geographie verfasst, aber zahlreiche Vorlesungen darüber gehalten – in den Jahren 1756 bis 1797 insgesamt 48. Er hatte eine hohe Meinung von der Geographie als Wissenschaft, weil sie über die philosophisch zentrale Frage „Was ist der Mensch?" empirisch sehr vielseitig informierte. Als eigenständige wissenschaftliche Disziplin etablierte sich die Geographie in Deutschland jedoch erst nach Kant, die erste Professur wurde 1820 eingerichtet. Kant gehörte weltweit zu den ersten Gelehrten, die Vorlesungen über Geographie hielten. Nur die Geographen Anton Friedrich Büsching aus Göttingen und J. M. Franz aus den USA begannen ihre Vorlesungen zum Thema bereits ein paar Jahre früher.[67]

Welche Art von Wissenschaft war die Geographie laut Kant? Er betonte häufig ihren synthetischen und architektonischen Charakter, den sie mit der Philosophie teilte. Gleichzeitig war sie ein wichtiges Fach aus praktischer Sicht. Zusammenfassend lässt sich sagen, dass die Geographie nach Kant ein intellektuell, moralisch und ästhetisch vielfältiges Gesamtbild über den Menschen und seine natürliche Umgebung vermittelt. Gerade aus diesem Grund ist sie auch eine zentrale Umweltwissenschaft. Es ist nicht überraschend, dass die Geographen des 20. Jahrhunderts die moderne Umweltforschung vorwegnahmen. So hat zum Beispiel ein Geograph eine der besten Geschichten des westlichen Umweltdenkens verfasst.[68]

---

65 Bowler 1997, S. 108–109.

66 Nicolson, Malcolm: „Alexander von Humboldt and the Geography of Vegetation". In: Cunningham, Andrew/Jardine, Nicholas (Hrsg.): *Romanticism and the Sciences*. Cambridge University Press: Cambridge, S. 169–170. Zu Linné siehe Bowler 1997, S. 154–157.

67 May 1970, S. 3–4.

68 Glacken 1967.

Kants *Vorlesungen* über die physische Geographie wurden erstmals 1802 von Friedrich Rink veröffentlicht.[69] Die Edition von Rink ist aus quellenkritischer Sicht jedoch problematisch. Wie Erich Adickes feststellte, edierte Rink die Vorlesungen „ganz unwissenschaftlich" und nahm zahlreiche problematische stilistische und inhaltliche Veränderungen vor, sodass das Ergebnis minderwertig ist.[70] Es ist daher unsicher, wie treu die Vorlesungen in dieser Ausgabe Kants eigene Auffassungen widerspiegeln. Sie bleiben zum Beispiel in vielen einzelnen Fragen inhaltlich widersprüchlich. So lässt sich daraus etwa nicht sicher entnehmen, ob Kant ein Rassist war oder nicht.[71] Es ist deshalb notwendig, die von Kant selbst publizierten Werke und Artikel zu geographischen Fragen zu konsultieren. Wie J.A. May betont, ist es auch vorzuziehen, die theoretischen Hauptlinien zu betonen, also die Philosophie der Geographie.[72] Ich konzentriere mich daher wie May auf die Grundprinzipien der Geographie und ihr Verhältnis zu anderen Wissenschaften.

Wie oben erwähnt, ist die Geographie nicht nur eine physische, also naturwissenschaftliche, sondern vor allem auch eine humanwissenschaftliche Disziplin. Ihre zentralen Fragen sind daher der Mensch und die Vielzahl menschlicher Kulturen auf der Erde. Geographie beantwortet die zentrale philosophische Frage „Was ist der Mensch?" auf empirischer Ebene. Die Geographie ist eigentlich ein Fach, das Natur- und Humanwissenschaften kombiniert. Die physische Geographie bildet die naturwissenschaftliche Grundlage, auf der die anderen Gebiete der Geographie aufbauen. Neben der physischen Geographie zählt Kant fünf weitere Teilgebiete auf: die mathematische, moralische, politische, mercantilische und theologische Geographie. Die Geographie als Ganzes ist also vorwiegend eine Humanwissenschaft. Die moralische Geographie, so Kant, schildert Sitten und Charaktere der

---

69 Der Begriff *Physische* Geographie ist terminologisch ein wenig irreführend, weil Kant eigentlich kulturgeographisch denkt, Menschen und Völker anthropologisch beschreibt. Daher ist es vorzuziehen, mit May (1970) von Geographie als solcher zu sprechen (*geography*).

70 Adickes 1925, S. 373–375.

71 Mit der Problematik des Rassismus bei Kant habe ich mich bereits früher beschäftigt, siehe Väyrynen, Kari: „Kant ja Hotentottien oikeudet" (Kant und die Rechte der Hottentotten). In: Isaksson, Pekka/Jokisalo, Jouko (Hrsg.): *Eriarvoisuus, valistuksen lupaus ja rasismi*. Historiallinen arkisto 112. SHS: Helsinki 1999, S. 121–146.

72 May 1970, S. 15–16.

Menschen in verschiedenen Kulturen, besonders das Verhältnis zwischen unterschiedlichen Moralauffassungen und Glaubensvorstellungen. Die politische Geographie untersucht das Verhältnis von Gesetzen und Staatsverfassungen zu Klima- und Umweltfaktoren. Die ökonomische Geographie behandelt lokale Wirtschaftsformen und den internationalen Handelsverkehr. Die theologische Geographie schließlich behandelt die Einwirkung der Umwelt auf die Unterschiede der Religionen.[73] Aus dieser Einteilung geht klar hervor, dass Umweltfaktoren in vielen Bereichen der Geographie eine zentrale Bedeutung besitzen.

Erich Adickes nennt noch zwei weitere von Kant erwähnte Fachgebiete: die natürliche Geographie, die sich mit den Naturprodukten in verschiedenen Kontinenten befasst, und die Geographie der Moden, die Kant jedoch als nicht besonders wichtig betrachtete.[74] In den Vorlesungen erwähnt Kant zudem eine „litterarische" Geographie, bezeichnet sie aber nicht genauer.[75] Zusammenfassend kann man sagen, dass Kant das Gesamtgebiet der Geographie in einer Weise definiert, die der modernen Regional- und Kulturgeographie entspricht, welche die lokalen kulturellen Praktiken und die Wechselwirkung zwischen Natur und Kultur betont.

Trotz der Vielzahl der genannten Gebiete legen die Vorlesungen den Schwerpunkt auf die physische Geographie. Diese Tatsache erklärt sich nach Adickes daraus, dass die Edition von Rink vorrangig auf den älteren Materialien Kants aus den 1750er-Jahren basiert.[76] In den 1760er-Jahren plante Kant jedoch, die humanwissenschaftlichen Aspekte der Geographie stärker hervorzuheben. 1765 beabsichtigte er, den physisch-geographischen Teil in den Vorlesungen zu kürzen und die moralische und politische Geographie stärker hervorzuheben. Er wollte die Verbindung der Geographie zur Psychologie, Moralphilosophie und Geschichtswissenschaft stärker betonen. Wie Adickes feststellt, wollte er vorrangig „den Menschen als Natur- und Kulturwesen kennen lehren und die Geschichte der Völker und Staaten aus den Naturgegebenheiten verständlich machen".[77]

---

73 PG. AA 9, S. 164–165.
74 Adickes 1925, S. 398–399.
75 PG. AA 9, S. 161.
76 Adickes 1925, S. 373.
77 Ibid., S. 380–381.

Kants Vorstellung von der Geographie als Ganzes wird in seinem Vorlesungsplan für 1765/1766 beschrieben.[78] Er betont dort, dass die Geographie in ihrem weitesten Verständnis die Entwicklung der praktischen Vernunft vorbereitet. Dabei erklärt er, zu Beginn seiner akademischen Laufbahn habe er mehr die physische Geographie betont, seine Betrachtungen danach jedoch auf die moralische und politische Geographie erweitert, die „noch gemeinnütziger sind".[79]

Wie bestimmt Kant das Verhältnis der drei zentralen Gebiete der Geographie zueinander? (a) Das Hauptinteresse der physischen Geographie liegt einerseits auf den seltenen Naturphänomenen, andererseits auf dem Einfluss der Natur auf Handel und Gewerbe und damit auf die Staaten. Physische Geographie ist eine Voraussetzung aller Geschichtsbetrachtung. Ohne sie bleibt Geschichte laut Kant eine bloße Märchenerzählung. (b) In der moralischen Geographie betrachtet man die Diversität der menschlichen Natur und Moral auf der ganzen Erde. Kant zufolge handelt es sich dabei um „eine sehr wichtige und eben so reizende Betrachtung, ohne welche man schwerlich allgemeine Urtheile vom Menschen fällen kann".[80] Dabei ist es wesentlich, eine vergleichende geschichtliche und kulturelle Betrachtung der Sitten vorzunehmen und so „eine große Karte des menschlichen Geschlechts" zu erhalten. (c) Die politische Geographie beurteilt den Zustand von Nationen und Staaten. Hier sind die kontingenten geschichtlichen Tatsachen sekundär und man muss sich eher darauf konzentrieren, was den unveränderlichen Grund bildet, „nämlich die Lage ihrer Länder, die Producte, Sitten, Gewerbe, Handlung und Bevölkerung" der Länder.[81]

Wie lässt sich die Rolle der Geographie in der Klassifikation der Wissenschaften bei Kant zusammenfassen? Die Geographie hat erstens eine „propädeutische" Aufgabe. Diese hat zwei Aspekte: Einerseits ist sie naturwissenschaftlich, andererseits anthropologisch. Die physische Geographie ist der erste Teil des Wissens über die Welt, eine Propädeutik für das Wissen

---

78 Kant, Immanuel: *M. Immanuel Kants Nachricht von der Einrichtung seiner Vorlesungen in dem Winterhalbenjahre von 1765–1755*. AA 2, S. 303–313.

79 Ibid., S. 312.

80 Ibid.

81 Ibid., S. 312–313.

über die Welt. Das andere, anthropologische Teil des Wissens über die Welt beschäftigt sich mit dem Menschen.[82]

Was bedeutet die Propädeutik im geographischen Zusammenhang? Erich Adickes zufolge sieht Kant die Geographie als pädagogisch wichtige Wissenschaft, weil sie den empirischen Verstand vielseitig entwickle. Kant betonte diese Rolle in seinem Vorlesungsplan für das Wintersemester 1765/1766: Die Geographie habe sogar für die Philosophie eine propädeutische Rolle. Laut Friedrich Hahn erscheint die Geographie bei Kant sogar als „Bildungswissenschaft ersten Ranges". Wie Adickes hervorhebt, beschreibt auch Emil Arnoldt präzise den Leitgedanken Kants, wenn er betont, dass erst die empirische Diversität der Erde, das empirische Seelenleben der Menschen, die vielen Vorstellungen über die Gottheit und wirklichen Sitten der Völker die Betrachtung des Wesens dieser Gegenstände begründen. Bloße Spekulation ohne dieses empirische Fundament bliebe fraglich.[83] Man kann daher wohl sagen, dass Kant die Geographie als eine Art Gegengift zu einer weltfremden Pedanterie sah. Ein Pedant beherrscht nur den scholastischen und handwerklichen Gebrauch des Wissens, während das eigentliche Ziel des Weltwissens in der freien Anwendung des Wissens bestehen sollte.[84] Kant ist der Auffassung, dass die Geographie durch ihre Konzentration auf den menschlichen Kontext verschiedener Fragen die praktischen Interessen der Wissenschaften, Religionen, Sitten, Staatsverfassungen usw. empirisch offenlegt. Es ist hier nützlich, daran zu erinnern, dass Kant den Primat der praktischen Vernunft und die Verbundenheit alles Wissens mit Interessen betonte.[85] Die Geographie besitzt in dieser Hinsicht eine interessante Vermittlerrolle zwischen Natur- und Humanwissenschaften und genereller zwischen Natur und Kultur. Sie ist wegweisend für die Umweltwissenschaften, weil sie den Dualismus Natur- vs. Humanwissenschaften überbrücken muss.

Eine geschichtliche Besonderheit muss hier ebenfalls hervorgehoben werden. In der Zeit Kants wurde Geographie im Schulunterricht nicht behandelt, ihre Grundlagen mussten daher in den Universitäten vermittelt werden.[86]

---

82 PG. AA 9, S. 156–157.

83 Adickes 1925, S. 382–383.

84 PG. AA 9, S. 386.

85 Kant, Immanuel: *Kritik der praktischen Vernunft.* AA 5, S. 119–121.

86 Adickes 1925, S. 384.

Das war für Kant aber nicht der wichtigste Grund für seine zahlreichen Vorlesungen zu diesem Thema. Wichtiger war ihre propädeutische Rolle: In gleicher Weise wie Philosophie und Geschichte ist Geographie ein für die Allgemeinbildung zentrales Fach.

Besonders hebt Kant dabei die synthetische und architektonische Rolle der Geographie hervor. Im besten Fall, erklärt er, bildet Geographie ein ganzheitliches System des empirischen Wissens. Sie unterscheidet sich damit von einem „Aggregat", also einer Sammlung isolierter Fakten. Die Idee einer Architektonik des Wissens unterstreicht, dass das Ganze die Bedeutung der einzelnen Teile bestimmt, es ist mehr als die bloße Summe der Teile.[87] Obwohl die Naturwissenschaften häufig als System (*systema naturae*) bezeichnet würden, seien sie sachlich vielmehr Aggregate der Natur: „Eigentlich haben wir noch gar kein *Systema naturae*."[88] Geographie und Geschichte seien dagegen ganzheitliche Naturbeschreibungen – die Geschichte eine Beschreibung der Zeit, die Geographie eine „Beschreibung dem Raume nach". Man kann, so Kant, die Geschichte auch als „continuirliche Geographie" bezeichnen. Beide Gebiete zusammen decken den gesamten Bereich unseres Wissens ab, die Geographie hinsichtlich des Raumes, die Geschichte hinsichtlich der Zeit.[89] Kant weist der Geographie daher eine außerordentlich wichtige Rolle im Gesamtgefüge des menschlichen Wissens zu. Sie ist nicht vorrangig eine Hilfswissenschaft, wie sie damals generell begriffen wurde,[90] sondern eine zentrale, allgemeinbildende Wissenschaft wie die Philosophie und Geschichte.

Auch die praktische Bedeutung der Geographie muss hervorgehoben werden, wenn man über ihre architektonische und systematische Bedeutung reflektiert. Kant betont in der *Kritik der reinen Vernunft*, systematisches Wissen unterstütze die wesentlichen Ziele der Vernunft. Diese Ziele seien nicht empirische, rein „technische" Ziele, sondern beträfen das Innere, Apriorische des Menschen.[91] Daher sei der Endzweck der Vernunft, „die ganze Bestimmung

---

87 PG. AA 9, S. 158. Der Begriff der Architektonik wird systematisch in der *Kritik der reinen Vernunft* (im Folgenden KrV) A832–851 definiert. Das atomistische Aggregat wird dort auch als „Rhapsodie" bezeichnet, KrV A832.

88 PG. AA 9, S. 160.

89 Ibid., S. 159–163.

90 Vgl. Adickes 1925, S. 387.

91 KrV A832–834.

des Menschen" zu verstehen. Diese Aufgabe sei primär moralphilosophisch, ziele aber letzten Endes noch höher, auf eine Vereinigung der Naturgesetze und Moralgesetze zu einem philosophischen System.[92] Es ist in diesem Kontext auch interessant, dass Kant häufig geographische Metaphern zur Bezeichnung der Philosophie gebraucht: Diese bietet zum Beispiel Orientierung im Denken, sie erobert Gebiete, zieht Grenzen, findet neue Länder, überschreitet stürmische Meere der Illusionen oder wandert nomadisch wie ein Skeptiker umher.[93]

Auf welche Weise ist die Geographie eine propädeutische Tätigkeit, die dieses höchste Interesse der Vernunft vorbereitet? Kant weist in diesem Zusammenhang auf die vielen nützlichen Aspekte der Geographie hin: Sie organisiert unter anderem zweckmäßig unsere Erkenntnisse, amüsiert uns und „gewährt reichen Stoff zu gesellschaftlichen Unterhaltungen". Sie ist vorteilhaft für die Bildung des gesunden Menschenverstands und fördert darüber hinaus die Zeitungslektüre, die nach Kant im zivilisierten England sogar bei den unteren Gesellschaftsklassen üblich ist.[94] Die Geographie ist daher eine vielseitige und allgemeinbildende Wissenschaft, die konkret den Interessen der Vernunft dient.

Die letzte und höchste Frage in dieser Hinsicht ist die der architektonischen Versöhnung der Natur- und Moralgesetze. Kant hielt es für wichtig, die Abhängigkeit der Völker von der Natur und die Auswirkung dieser Abhängigkeit auf die bürgerliche Verfassung zu untersuchen.[95] Auf höchstem Niveau geht er dieser Frage in seinem Begriff des Weltbürgerrechts nach, mit dem er die Rechte lokaler Kulturen gegenüber dem europäischen Kolonialismus verteidigt.[96] Es ist offensichtlich, dass sich die politische Ethik des reifen Kant in der Schrift *Zum ewigen Frieden* und der *Metaphysik der*

---

92 Ibid., A840.

93 Günzel, Stephan: „Die philosophische Geographie Kants". In: Gerhardt, Volker et al. (Hrsg.): *Kant und die Berliner Aufklärung. Akten des IX. Internationalen Kant-Kongresses*, Bd. IV. Walter de Gruyter: Berlin & New York 2001, S. 533–536.

94 PG. AA 9, S. 165, 163.

95 Adickes 1925, S. 404–405.

96 Väyrynen, Kari: „Weltbürgerrecht und Kolonialismuskritik bei Kant". In: Gerhardt, Volker/Horstmann, Rolf-Peter/Schumacher, Ralph (Hrsg.): *Kant und die Berliner Aufklärung. Akten des XI. Internationalen Kant-Kongresses*, Bd. IV. Walter de Gruyter: Berlin & New York 2001.

Sitten auf eine geographische Grundlage stützt. Kant achtet die kulturelle Vielheit, lokale, naturgebundene Ökonomien und die unterschiedlichen Eigentumsrechte, die sich aus besonderen naturgebundenen Erwerbszweigen ergeben. Es ist gerade die Geographie, die uns lehrt, den Wert der lokalen Autonomie zu respektieren und in den internationalen Verhältnissen lediglich Besuchsrechte zu erlauben.[97]

Durch die Anerkennung der lokalen Verhältnisse verbindet die Geographie auch Moral und Natur miteinander. Hier werden klar die Grenzen der „rigoristischen" Tendenzen von Kants Moralphilosophie aufgehoben. So kann es je nach Ort moralisch richtig sein, in Notsituationen einen Menschen zu töten. In Lappland, sagt Kant, betrachte man es sogar als „ausgezeichnete Liebespflicht", wenn ein Sohn seinen auf der Jagd verwundeten Vater töte.[98] Im bevölkerungsreichen China sei man frei, sein Kind zu töten, wenn es zur Last geworden sei.[99] In den Vorlesungen verurteilt Kant diese Praktiken nicht, obwohl die geschilderte chinesische Praxis nach heutigen Kriterien moralisch natürlich unhaltbar wäre. Die für Lappland beschriebene Tat wäre eigentlich Sterbehilfe und damit moralisch akzeptierbar. Aus Sicht der Kantforschung ist es bemerkenswert, dass Kant in solchen Fällen deutlich von seinem moralischen Rigorismus abweicht und einen besonnenen Relativismus zeigt.

Zusammenfassend lässt sich sagen, dass die Geographie für Kant eine zentrale, allgemeinbildende Wissenschaft ist. In dieser Hinsicht ist sie mit der Geschichte und Philosophie vergleichbar. Durch ihre Verbindung von Mensch und Natur in der Forschung kommt sie den heutigen Umweltwissenschaften nahe. Ihre propädeutische Funktion bringt sie den philosophischen Fragen der Moralität und der Menschheit nahe. Die Geographie strebt zudem nach einem holistischen Gesamtwissen über die zentralen Strukturen von Welt und Mensch; in dieser Hinsicht ist sie mehr als naiv-empirische Forschung. Andererseits ist sie keine reine Spekulation und spricht daher über die für den Menschen wichtigen Themen konkreter als die theoretische Philosophie.

---

97 Ibid.

98 PG. AA 9, S. 164.

99 Ibid., S. 381.

Biologie

Kant war schon früh davon überzeugt, dass physikalische Erklärungen nicht ohne Weiteres auf die Biologie anwendbar sind. Schon seine ersten philosophischen Texte betonen, dass man Bewegung nicht allein durch mechanische Kräfte erklären kann. In der Schrift *Gedanken von der wahren Schätzung der lebendigen Kräfte* (1747) erklärt er, dass man im Anschluss an Leibniz annehmen muss, dass es innere organische Kräfte gibt, die nicht auf die mechanischen Kräfte reduzierbar sind. Die Dynamik der Dinge ist demnach zum Teil aus ihren eigenen inneren Kraftquellen erklärbar (*vis insita*). Kant glaubt sogar, dass die sogenannten toten Kräfte zum Leben erwachen können – „Lebendigwerdung oder Vivification".[100] In der *Allgemeinen Naturgeschichte und Theorie des Himmels* (1755) betont er, dass man die organische Natur nicht mechanisch erklären kann. Die Kenntnis der „wahren innern Beschaffenheit des Objects" bleibt hier unerreichbar. Es ist nicht möglich, „die Erzeugung eines einzigen Krauts oder einer Raupe aus mechanischen Gründen deutlich und vollständig" zu erklären.[101]

Kant blieb dieser antireduktionistischen Auffassung auch später treu. Auch die umfassenderen Betrachtungen in der *Kritik der Urteilskraft* gehen davon aus, dass die klassische Physik die Phänomene der lebendigen Natur nicht erklären könne. Kant erklärt, es sei „ganz gewiß, daß wir die organisierten Wesen und deren innere Möglichkeit nach bloß mechanischen Principien der Natur nicht einmal zureichend kennen lernen, viel weniger uns erklären können". Die lebendige Natur sei ein so schwieriger Gegenstand der Forschung, dass auch zukünftig kein Newton geboren werde, der „die Erzeugung eines Grashalms nach Naturgesetzen [...] begreiflich machen werde".[102]

Wie könnte man dieses Problem angehen? Nach Kant ist es doch nicht ganz unmöglich, wie schon seine Kritik der mechanistischen Erklärungen zeigt. In der *Kritik der Urteilskraft* sucht er in der Tat Ideen, die die Untersuchung der organischen Natur heuristisch leiten können. Er kritisiert kausale Erklärungen und beschäftigt sich mit Fragen der Teleologie und des Holismus

[100] Kant, Immanuel: *Gedanken von der wahren Schätzung der lebendigen Kräfte*. AA 1, S. 136–141.

[101] Ibid., S. 230.

[102] Kant, Immanuel: *Kritik der Urteilskraft* (im Folgenden KdU). AA 5, § 75.

der Organismen.[103] Im Folgenden werfe ich einen kurzen Blick auf diese Ideen und ihre Bedeutung für die empirische Forschung.

Da die lebendige Natur weit komplexer als die physikalische Natur ist, müssen wir für ihre Beschreibung eigene theoretische Begriffe und Analogien benutzen, die es ermöglichen, die Besonderheiten der Organismen zu erklären. Weil der Mensch selbst ein Teil der organischen Natur ist, können wir einige solcher Begriffe, die unsere Tätigkeit beschreiben, analog auf anderen Lebewesen anwenden. Der Begriff der Teleologie ist in dieser Hinsicht zentral. Er öffnet den Weg zur Kritik der mechanistischen Kausalität: In der praktischen Zwecksetzung folgen Ursache und Wirkung nicht notwendig zeitlich aufeinander. Kant bemerkt, dass zum Beispiel ein Haus eine Ursache für Mieteinnahmen und umgekehrt die „Vorstellung von diesem möglichen Einkommen die Ursache der Erbauung des Hauses" sein kann. Im ersten Fall kann man von Realursachen, im zweiten von idealen oder Endursachen (*nexus finalis*) sprechen.[104] Kant bemerkt weiter: „ein Ding existirt als Naturzweck, *wenn es von sich selbst* (obgleich in zwiefachem Sinne) *Ursache und Wirkung ist*" (alle Kursivierungen: KV).[105] Dieses Verhältnis von Kausalitäten beschreibt er am Beispiel eines Baums. Ein Baum zeugt einen anderen Baum „nach einem bekannten Naturgesetze". Der erzeugte Baum ist aber von derselben Gattung und so „erzeugt er sich selbst der *Gattung* nach, in der er einerseits als Wirkung, andrerseits als Ursache [...] sich als Gattung beständig erhält".[106] Mechanische Erklärungen sind also für materielle Teilprozesse des Organismus verwendbar, können teleologische Prozesse jedoch nicht erklären.

Die andere Besonderheit der Organismen ist ihre Ganzheitlichkeit. Ein Organismus ist mehr als die Summe seiner Teile. Diese Besonderheit ist mit seiner Zweckmäßigkeit verbunden: „Zu einem Dinge als Naturzwecke wird nun *erstlich* erfordert, daß die Theile [...] nur durch ihre Beziehung

---

103 Beide Ideen werden noch heute in der Philosophie der Biologie und Ökologie diskutiert. So basiert z. B. die Diskussion über funktionale Erklärungen auf dem Problem der Teleologie, vgl. Sintonen, Matti (Hrsg.): *Biologian filosofian näkökulmia*. Gaudeamus: Helsinki 1998. Die Ökologie betont natürlich die Gesamtheit der Ökosysteme.

104 KdU. AA 5, § 65.

105 Ibid., § 64.

106 Ibid.

auf das Ganze möglich sind."[107] Das bedeutet, dass die Bedeutung der Teile und Teilprozesse aus ihrem Verhältnis zu den gattungsmäßigen Zielen des Organismus resultiert. Kant erklärt: „Denn das Ding selbst ist ein Zweck, folglich unter einem Begriffe oder einer Idee befaßt, die alles, was in ihm enthalten sein soll, a priori bestimmen muß." Diese holistische und zweckmäßige Tätigkeit geschieht durch eine „*bildende* Kraft", weil ein „organisiertes Wesen [...] nicht bloß Maschine" ist, die nur „bewegende Kraft" hat. Die bildende Kraft organisiert also aktiv und zielstrebig ihr Material, um die Gattung fortzupflanzen – hier wirkt „eine sich fortpflanzende bildende Kraft".[108] Der Prozess des Lebens beruht somit bei Kant auf einer aktiven und zielstrebigen Bildung organischer Materie gemäß der Information einer Gattung. In mechanischen Ganzheiten hingegen ist die Bewegung der Materie unveränderlich, wie bei einer Maschine. Man kann eine Maschine auseinandernehmen und wieder zusammensetzen, einen lebendigen Organismus dagegen nicht.

Kant beschreibt den teleologischen Prozess der Organismen noch mit einigen interessanten Analogien. Traditionell wurde die Besonderheit des Lebens außer mit mechanistischen Modellen (als Maschinerie) auch mit zwei Analogien zu erklären versucht, dem „Analogon der Kunst" und dem „Analogon des Lebens". Kant hielt beide Modelle für problematisch. Die Analogie mit der Kunst setzt nach Kant einen außernatürlichen und vernünftigen Künstler voraus, aber berücksichtigt nicht, dass die organische Natur „sich vielmehr selbst [organisirt]". Diese Selbstorganisation erfolgt auch in der Wechselwirkung mit der Umgebung – „mit schicklichen Abweichungen, die die Selbsterhaltung nach den Umständen erfordert". Die zweite Analogie, das „Analogon des Lebens", kommt laut Kant „dieser unerforschlichen Eigenschaft" vielleicht etwas näher, aber auch sie vereinfacht das Problem ihm zufolge zu stark, da sie entweder einen Hylozoismus (eine lebendige Materie) oder eine seelische Wirkung auf die Materie voraussetzt. Die Frage bleibt nach Kant also offen. Am ehesten geeignet, „die Nachforschung über Gegenstände dieser Art zu leiten", ist ein „regulativer Begriff" der inneren Zweckmäßigkeit, die "die Nachforschung über Gegenstände dieser Art zu leiten" kann.[109] Er kann ein besseres Bild über die Funktionen des Organischen

---

[107] Ibid., § 65.
[108] Ibid.
[109] Ibid., § 65.

als die mechanistischen Modelle geben, allerdings keine letztgültige Antwort. Kant betont, dass die menschliche Erkenntnis hier an ihre Grenzen stößt.

Die Idee der Zweckmäßigkeit ist also bei Kant ein wichtiges heuristisches Forschungsprinzip.[110] Sie ist ein Begriff der „reflektierenden Urteilskraft", der die Deutung der empirischen Erscheinungen unterstützt. Wir können jedoch nicht wissen, ob sie ein objektives Prinzip der Natur ist. Die reflektierende Urteilskraft ist klar von der „bestimmenden Urteilskraft" zu unterscheiden. Diese ist ein Prinzip der nomologisch-deduktiven Erklärungen, um einen Ausdruck der gegenwärtigen Wissenschaftstheorie zu benutzen. In der bestimmenden Urteilskraft ist „das Allgemeine (die Regel, das Princip, das Gesetz) gegeben" und „das Besondere [wird] darunter subsumiert". Ist dagegen „nur das Besondere gegeben, wozu sie das Allgemeine finden soll, so ist die Urtheilskraft bloß *reflectirend*" (Kursivierung: KV). Die bloße Empirie kann dieses Allgemeine nicht geben, es muss vielmehr gebildet werden, „als ob" die Natur ein sinnvolles Ganzes wäre. Ein solches Prinzip der Urteilskraft ist „die *Zweckmäßigkeit der Natur* in ihrer Mannigfaltigkeit" (Kursivierung: KV). Die lebendige Natur wird nach diesem Prinzip „so vorgestellt, als ob ein Verstand den Grund der Einheit des Mannigfaltigen ihrer empirischen Gesetze enthalte". Dieses Prinzip ist der praktischen Zweckmäßigkeit der menschlichen Kunst nicht gleich, aber doch analog zu ihr.[111] In unseren Versuchen, die rätselhafte innere Zweckmäßigkeit der lebendigen Natur zu untersuchen, müssen wir notwendig Modelle auf Grundlage unseres eigenen Daseins und unserer Tätigkeit konstruieren. Ohne solche Modelle bliebe die Natur ein unlösbares Chaos.

Die Auffassung Kants scheint schließlich die Komplementarität von kausaler und teleologischer Erklärung zu stützen. Die Idee der Zweckmäßigkeit ist letztlich zu einfach, weil in der organischen Natur alles wechselweise „sowohl Ziel als auch Mittel" ist und die Verwirklichung der Ziele auch die Existenz mechanischer Gesetze voraussetzt. Wir kommen über diese komplementären Erklärungen jedoch nicht hinaus, weil wir nicht wissen können, wie das endgültige Verhältnis von Mechanik und teleologischen Prozessen ist. Wir bleiben bei der empirischen Erscheinung und erreichen nicht das

---

110 Dies betont auch Karen Gloy (1995, Bd. 1, S. 207).

111 KdU. AA 5, S. 179–180.

Wissen über das übersinnliche Substrat.[112] Der erkenntniskritische Kant hat hier recht, weil die Genetik, die zumindest ein wenig tiefere Antworten hätte geben können, damals noch nicht entwickelt war.

Zum Schluss

Durch den Einfluss Kants wurde die Idee eines organischen Ganzen zu einer der zentralen Ideen der romantischen Naturphilosophie. Die Romantiker deuteten diese Idee jedoch recht oberflächlich im Sinne einer pantheistischen Geistesphilosophie. Kants konstruktivistisch-kritische Einstellung wurde nicht weiterentwickelt, und Friedrich Schelling zum Beispiel interpretierte die lebendige Natur als begrifflichen Ausdruck des Geistes.[113] Die Idee des organischen Ganzen wurde in der konservativen Ideologie der Romantik auch politisch und geschichtsphilosophisch ausgelegt. Diese Tradition beeinflusste das politische Denken in Deutschland bis zur Zeit des Nationalsozialismus. Als aufgeklärter Denker sah Kant hingegen in der Geschichte einen zivilisatorischen und moralisierenden Prozess, der durch den Begriff der organischen Entwicklung nicht korrekt bezeichnet wird. Die Entwicklung der Kultur basiert auf Freiheit und Autonomie, die von natürlichen Prozessen prinzipiell unabhängig sind.

Andererseits ist der Mensch nach Kant ein biologisches Wesen. Kant war zum Beispiel an Fragen zu menschlichen „Rassen" und Geschlechtsunterschieden interessiert.[114] Auch in seinen geschichtsphilosophischen Betrachtungen bis hin zur Schrift *Zum ewigen Frieden* (1795) versuchte er, kulturelle und natürliche Faktoren komplementär zu betrachten. Auch wenn er Willensfreiheit und Autonomie des Menschen betonte, erkannte er die Rolle der Gefühle und Leidenschaften an. Rein moralisches Handeln ist äußerst selten, und unser moralischer Wille ist schwach. Daher muss man auch in der Ethik die empirische Frage der biologischen Motivation ernst zu nehmen. Die Entwicklung einer gefestigten moralischen Haltung erfordert daher auch

---

[112] Ibid., § 81.

[113] Väyrynen 2006, S. 236–237.

[114] Väyrynen 1999. Kant betrachtet schon in seiner frühen Untersuchung *Beobachtungen über das Gefühl des Schönen und Erhabenen* (1764) die Fragen des Volkscharakters und der Geschlechtsunterschiede.

die Berücksichtigung der auf natürlichen Sympathiegefühlen beruhenden „Liebenspflichten".[115] Kant war letzten Endes auch in seiner „rigoristischen" Moralphilosophie kein Dualist, sondern unternahm es, die Moral auf dem Menschen in seiner Gesamtheit zu gründen. Der Mensch ist auch bei Kant ein biologisches Vernunftwesen, das in einer ständigen Wechselwirkung mit der Natur lebt und handelt.

Literaturverzeichnis

Adickes, Erich: *Kant als Naturforscher*, Bd. I und II. De Gruyter: Berlin 1924 (Bd. I)/1925 (Bd. II).

Bowler, Peter J.: *Ympäristötieteiden historia*. Art House: Helsinki 1997. Original: *The Fontana History of the Environmental Sciences*. Fontana Press: London 1992.

Christian, David: *Maps of Time. An Introduction to Big History*. University of California Press: Berkeley 2005.

Gerhardt, Volker et al. (Hrsg.): *Kant und die Berliner Aufklärung. Akten des IX. Internationalen Kant-Kongresses*. De Gruyter: Berlin & New York 2001.

Glacken, Clarence J.: *Traces on the Rhodian Shore. Nature and Culture in Western Thought from Ancient Times to the End of the Eighteenth Century*. University of California Press: Berkeley/Los Angeles/London 1967.

Gloy, Karen: *Das Verständnis der Natur*, Bd. I–II. C. H. Beck: München 1995.

Günzel, Stephan: „Die philosophische Geographie Kants". In: Gerhardt, Volker et al. 2001, S. 529–538.

Irrlitz, Gerd: *Kant Handbuch. Leben und Werk*. J. B. Metzler: Stuttgart 2002.

Kant, Immanuel: *Gesammelte Schriften*. Akademie-Ausgabe (AA). Hrsg.: Preußische Akademie der Wissenschaften et al., Berlin 1900– .

Martin, Geoffrey J./James, Preston, E.: *All Possible Worlds. A History of Geographical Ideas*. John Wiley & Sons: New York 1993.

May, J. A.: *Kant's Concept of Geography and its Relation to Recent Geographical Thought*. University of Toronto Press: Toronto & Buffalo 1970.

[115] Väyrynen 2006, S. 300.

Mayr, Ernst: *This is Biology. The Science of the Living World*. Belknap Press of Harward University Press: Cambridge Mass. 1998.

Nicolson, Malcolm: „Alexander von Humboldt and the Geography of Vegetation". In: Cunningham, Andrew/Jardine, Nicholas (Hrsg.): *Romanticism and the Sciences*. Cambridge University Press: Cambridge 1990.

Rohden, Valerio et al. (Hrsg.): *Recht und Frieden in der Philosophie Kants. Akten des X. Internationalen Kant-Kongresses*, Bd. I–V. De Gruyter: Berlin & New York 2008.

Sintonen, Matti (hrsg.): *Biologian filosofian näkökulmia*. Gaudeamus: Helsinki 1998.

Vorländer, Karl: *Immanuel Kant. Der Mann und das Werk*, Bd. I–II. Fourier Verlag: Wiesbaden 2003 (Original: 1924).

Väyrynen, Kari: „Der junge Kant. Kein Recht auf Natur?". In: Rohden, Valerio et al. (Hrsg.) 2008, S. 745–752.

Väyrynen, Kari: „Kant ja hottentottien oikeudet". In: Isaksson, Pekka/ Jokisalo, Jouko (Hrsg.): *Eriarvoisuus, valistuksen lupaus ja rasismi*. Historiallinen arkisto 112. SHS: Helsinki 1999, S. 121–146.

Väyrynen, Kari: „Weltbürgerrecht und Kolonialismuskritik bei Kant". In: Gerhardt, Volker et al. (Hrsg.) 2001, S. 302–309.

Väyrynen, Kari: *Ympäristöfilosofian historia maaäitimyytistä Marxiin*. Eurooppalaisen filosofian seura: Tampere 2006.

Philosophie, Geographie, Geschichte: Eine „kosmopolitische“ Vermittlung von Natur und Freiheit bei Kant[116]

Kants kosmopolitisches Konzept der Philosophie entwickelt sich schon früh in Verbindung mit der Geographie, über die er regelmäßig Vorlesungen hielt (begonnen schon 1756). Geographie ist eine Wissenschaft, die zugleich eine holistische und konkrete Auffassung über den Menschen und die Welt aufbaut. Sie antwortet also empirisch auf die gleichen Fragen wie die Philosophie theoretisch. Für die beiden ist die Kernfrage „Was ist der Mensch?“. Die Geographie ist auch eine holistische Wissenschaft: Sie verbindet Natur und Kultur, weil sie neben der physischen Geographie auch moralische und politische Geographie betreibt. Kant verbindet allmählich auch eine geschichtliche Perspektive zu diesen „geophilosophischen“ Betrachtungen über Mensch und Welt. Erst die geschichtliche Perspektive macht die Diversität der menschlichen Kultur deutlich. Geographie und Geschichte bilden dadurch zusammen eine konkrete Propädeutik zur Philosophie.

Der humanistische Kern von Kants Philosophiekonzeption

Philosophie, Geographie und Geschichte sind generalistische Humanwissenschaften. Die Kernfrage der Philosophie ist „Was ist der Mensch?“ und die spezielleren Fragen bezüglich des Wissens, der Moral etc. können nur aus dieser Perspektive zufriedenstellend beantwortet werden. Geographie und Geschichte tragen auch wesentlich zur Beantwortung dieser Frage vor allem empirisch und verstandesmäßig bei. Geographie erforscht die räumliche Diversität des Menschen, die Geschichte die zeitliche Diversität. Beide zusammen geben uns eine Vorahnung über die prinzipiellen Möglichkeiten des Menschseins. Auch empirische Erkenntnisse über das Menschsein sind für die theoretische Antwort jener Frage notwendig, und daher sind die abstrakte Modelle der Philosophie als solche nicht ausreichend. Die Philosophie muss sich zukünftig mit Hilfe der empirischen Wissenschaften zur Wirklichkeit des Menschen und der Welt hin orientieren.

---

[116] Zuvor veröffentlicht in: Waibel, Violetta L. et al. (Hrsg.): *Natur und Freiheit. Akten des XII. Internationalen Kant-Kongresses*. De Gruyter: Berlin & Boston 2018, S. 1553–1561.

Kant fasst seine innovative Auffassung über die Philosophie in der *Kritik der reinen Vernunft* zusammen. Er beschreibt dort die vorherrschende Auffassung der Philosophie als eine Wissenschaft, die nach „logische[r] Vollkommenheit der Erkenntniß" strebt. Dieser Begriff der Philosophie ist aber nicht zufriedenstellend: Er ist „nur ein *Schulbegriff*". Dem stellt er einen „Weltbegriff (*conceptus cosmicus*)" der Philosophie gegenüber. Die Philosophie in diesem Sinne ist „die Wissenschaft von der Beziehung aller Erkenntniß auf die wesentlichen Zwecke der menschlichen Vernunft". Der Philosoph ist somit kein „Vernunftkünstler" wie die Mathematiker, Naturwissenschaftler (Kant sagt: „Naturkündiger") oder Logiker, sondern ein „Gesetzgeber der menschlichen Vernunft". Diese Arbeit hat zwei Gegenstände zur Betrachtung, Natur und Freiheit, deren Gesetze (Naturgesetz, Sittengesetz) die Philosophie letzten Endes zu Teilen einer systematischen Einheit verbinden muss. Diese Einheit, der Endzweck der Philosophie, ist „die ganze Bestimmung des Menschen", also Moral.[117]

Geographie und Geschichte tragen zusammen zur Philosophie in diesem architektonischen Sinne bei. Die Architektonik der reinen Vernunft hat bekanntlich die Aufgabe, unsere am Anfang nur „rhapsodischen" Erkenntnisse zu einer systematischen Einheit fortzubilden. Die systematische Einheit der Erkenntnisse meint, dass diese Erkenntnisse „die wesentlichen Zwecke derselben [der Vernunft – KV] unterstützen und befördern können". Das System ist nach Kant „die Einheit der mannigfaltigen Erkenntnisse unter einer Idee".[118] Die Idee der verschiedenen Wissenschaften ist diesen selbst aber oft nicht sehr klar. Die Aufgabe der Philosophie ist daher, dass die Wissenschaften „aus dem Geschichtspunkte eines gewissen allgemeinen Interesses ausgedacht werden". Die philosophische Betrachtung ermöglicht ihnen, „die Idee in hellerem Lichte zu erblicken und ein Ganzes nach den Zwecken der Vernunft architektonisch zu entwerfen".[119] Sind Geographie und Geschichte als universale Humanwissenschaften dazu besonders geeignet? Antizipieren sie also diese architektonische Einheit des menschlichen Wissens besser als die anderen Wissenschaften?

---

[117] Kant, Immanuel: *Kritik der reinen Vernunft*. Akademie-Ausgabe (AA) Bd. 3, A839–840.
[118] Ibid., A832.
[119] Ibid., A834–835.

Kants Humangeographie

Betrachten wir zuerst die Geographie. Obwohl Kants Vorlesungen über die Geographie sich auf die Physische Geographie konzentrieren, ist das Gebiet der Geographie Kant nach viel umfassender. Im Kern der Geographie stehen Fragen zum Menschen und das Verhältnis von Kultur und Natur. Die physische Geographie ist „ein allgemeiner Abriß der Natur" und macht „nicht allein den Grund der Geschichte, sondern auch den aller übrigen möglichen Geographieen" aus. Kant nennt neben der physischen Geographie fünf weitere Teilgebiete: mathematische, moralische, politische, mercantilische und theologische Geographie. Alle außer der mathematischen Geographie, die die Gestalt, Größe und Bewegung der Erde und ihre Beziehung zum Sonnensystem betrachtet, konzentrieren sich auf den Menschen. Die moralische Geographie beschreibt die „verschiedenen Sitten und Charaktere [...] der Menschen" in verschiedenen Kulturen. Die politische Geographie betrachtet die Gesetze in Beziehung „auf die Beschaffenheit des Bodens und der Einwohner". Die mercantilische Geographie befasst sich mit dem internationalen Handelsverkehr und seinen moralischen Auswirkungen. Die theologische Geographie untersucht die Einwirkungen der Verschiedenheit des Bodens auf die Religionen.[120] Erich Adickes nennt neben diesen auch die natürliche Geographie, „die das erwägt, was Produkte der Natur sind", und die Geographie der Moden, die doch nach Kant „das leereste Werk von der Welt sei".[121] An einer Stelle nennt Kant ohne genauere Beschreibung auch die Geographie der Literatur.[122] Im Ganzen kann man sagen, dass die Geographie für Kant mehr eine Kulturwissenschaft als Naturwissenschaft ist. Sie hebt aber die scharfe Trennung von Naturwissenschaften und Kulturwissenschaften auf und ist dadurch mit den gegenwärtigen humanistischen und gesellschaftlichen Umweltwissenschaften (insbesondere Umweltgeschichte, Umweltsoziologie und Umweltökonomie) vergleichbar.

Die bisher publizierten Vorlesungen (hrsg. von Rink 1802) konzentrieren sich auf die Physische Geographie, weil Rinks Edition größtenteils

---

120 Kant, Immanuel: *Vorlesungen über Physische Geographie* (im Folgenden PG). AA 9, S. 164–165.

121 Adickes, Erich: *Kant als Naturforscher*, Bd. 2. De Gruyter: Berlin 1925, S. 398–399.

122 PG. AA 9, S. 161.

auf den frühesten Materialien Kants aus den 1750er-Jahren basiert.[123] Kant plante aber bald eine wesentliche Erweiterung seiner Vorlesungen hin zur Humangeographie: Er beabsichtigte 1765 eine Kürzung der Physischen Geographie zugunsten der moralischen und politischen Geographie, „die noch gemeinnütziger sind". Wie Adickes feststellt, wollte er jetzt seinen Studenten „den Menschen als Natur- und Kulturwesen kennen lehren und die Geschichte der Völker und Staaten aus den Naturgegebenheiten verständlich machen".[124] Hier wird auch die nahe Verbindung zwischen Geographie und Geschichte hervorgehoben.

Am deutlichsten zeigt sich die neue Idee den Umfang der Geographie betreffend in Kants Plan zu den Vorlesungen 1765/66 (*Immanuel Kants Nachricht von der Einrichtung seiner Vorlesungen in dem Winterhalbenjahre von 1765–1766*). Kant hebt zuerst die propädeutische Rolle der Geographie für die Philosophie hervor. Er hat schon am Anfang seiner akademischen Karriere erkannt, dass die Jugend „frühe vernünfteln lernt", ohne aber genügend historische Kenntnisse und Erfahrung zu haben. „Die Geographie im weitesten Verstande" wird dann hilfreich: sie bildet eine gute Vorbereitung zur Entwicklung der praktischen Vernunft. Insbesondere die moralische und politische Geographie sind dazu gut geeignet. Die moralische Geographie „betrachtet den Menschen nach der Mannigfaltigkeit seiner natürlichen Eigenschaften und dem Unterschiede desjenigen, was an ihm moralisch ist, auf der ganzen Erde". Das ist nach Kant sehr lehrreich für die Philosophie: „eine sehr wichtige und eben so reizende Betrachtung, ohne welche man schwerlich allgemeine Urtheile vom Menschen fällen kann". Die politische Geographie ist eigentlich eine Synthese von physischer und moralischer Geographie. Sie betrachtet den „Zustand der Staaten und Völkerschaften auf der Erde", nicht im Sinne der zufälligen historischen Tatsachen wie „der Regierungsfolge, den Eroberungen und Staatsränken" sondern „in Verhältnis auf das, was beständiger ist [...] nämlich die Lage ihrer Länder, die Producte, Sitten, Gewerbe, Handlung und Bevölkerung".[125] Die kantische Konzeption der Geographie nähert diese der Geschichte und Anthropologie an, sie wird

---

[123] Adickes 1925, S. 373.
[124] Ibid., S. 380–381.
[125] Kant, Immanuel: *M. Immanuel Kants Nachricht von der Einrichtung seiner Vorlesungen in dem Winterhalbenjahre von 1765–1755*. AA 2, S. 312–313.

dadurch eine zentrale Wissenschaft über den Menschen in seiner natürlichen Umgebung. Sobald man diese Konzeption mit den heutigen Wissenschaften vergleicht, werden insbesondere die Parallelen mit der Umweltgeschichte klar.

Geographie, Geschichte und die Verbindung von Natur und Freiheit

Kant brachte Geographie und Geschichte auch in seiner *Physischen Geographie* einander systematisch nahe. Die Geschichte ist eine Beschreibung der Welt und den Menschen der Zeit nach, die Geographie dem Raume nach. Die Geschichte ist eigentlich „nichts anders als eine continuirliche Geographie". Kant sagt sogar, „Geographie und Geschichte füllen den gesammten Umfang unserer Erkenntnisse aus; die Geographie nämlich den des Raumes, die Geschichte aber den der Zeit".[126] Diese Bemerkungen sind hinsichtlich der Rolle von anderen Naturwissenschaften und der Anthropologie problematisch. Der Anthropologie zum Beispiel wird in der Einleitung der *Physischen Geographie* eine zentrale Rolle in der Kenntnis des Menschen gegeben, so wie der physischen Geographie eine zentrale Rolle in der Kenntnis der Natur.[127]

Diese Einteilung ist offenbar aus den 1750er-Jahren, als sich Kant noch nicht ganz im Klaren hinsichtlich der moralischen und politischen Geographie war. Es ist aber sehr wahrscheinlich, dass er der Geographie und Geschichte eine systematische Sonderrolle in der Teilung der Wissenschaften reservieren wollte: anders als jene Wissenschaften, die nur „Aggregate der Natur" sind (zum Beispiel Linnés *Systema naturae*), zielen diese auf eine architektonische Einheit.[128] Moralische und politische Geographie zielen klar auf eine Verbindung von Natur und Freiheit, Naturgesetzen und Moralgesetzen, die das höchste Ziel der Architektonik war. In der Teilung der Wissenschaften kommt dem Verhältnis von Geographie und Geschichte eine Schlüsselstellung zu, will man dieses Ziel konkret realisieren.

Kant bestimmt später die Geschichte als Wissenschaft so, dass das systematische Ziel der Architektonik mit eingeschlossen wird. In der *Idee zu einer*

---

126 PG. AA 9, S. 160–163.

127 Ibid., S. 157. Vgl. May, J. A.: *Kant's Concept of Geography and its Relation to Recent Geographical Thought*. University of Toronto Press: Toronto & Buffalo, S. 107–131.

128 PG. AA 9, S. 160, 158.

allgemeinen Geschichte in weltbürgerlicher Absicht (1784) wird die Geschichte als eine Wissenschaft der menschlichen Handlungen bestimmt. Die menschlichen Handlungen sind Erscheinungen des freien Willens, sind aber – als Erscheinungen – „eben so wohl als jede andere Naturbegebenheit nach allgemeinen Naturgesetzen bestimmt".[129] Aber auch die metaphysische Frage der Willensfreiheit ist hier nicht von der Natur losgelöst: hinter dem „widersinnigen Gange menschlicher Dinge" kann der Philosoph eine Naturabsicht, einen Plan der Natur erahnen. Gerade die Natur hat uns „Vernunft und darauf sich gründende Freiheit des Willens" gegeben, und ihre geschichtliche Entwicklung muss man eigentlich als eine Gattungsentwicklung verstehen. Die menschliche Geschichte basiert dadurch auf der Naturgeschichte. Schon die zwei ersten „Sätze" (eigentlich Axiome) der *Idee* bestätigen dies: „*Erster Satz.* Alle Naturanlagen eines Geschöpfes sind bestimmt, sich einmal vollständig und zweckmäßig auszuwickeln." „*Zweiter Satz.* Am Menschen (als dem einzigen vernünftigen Geschöpf auf Erden) sollten sich diejenigen Naturanlagen, die auf den Gebrauch seiner Vernunft abgezielt sind, nur in der Gattung, nicht aber im Individuum vollständig entwickeln."[130] Die innere Teleologie der Natur produziert also auch die Vernunft und die Willensfreiheit des Menschen, und das wirkt sich auf den Gattungsprozess so aus, dass die vernünftigen und moralischen Ziele sich allmählich immer vollständiger realisieren – doch nicht instinktmäßig, sondern durch „Versuche, Übung und Unterricht".[131]

Was aber bedeutet das alles konkret, wie wird die höhere Architektonik der Philosophie durch Geographie und Geschichte erreicht? Ich gebe zwei Beispiele, aus denen, so hoffe ich, das systematische Verhältnis zwischen Natur und Freiheit erhellt.

Das Töten eines Menschen ist moralphilosophisch gesehen die tiefste Beleidigung der Menschenwürde. Daher ist das kategorische Verbot des Tötens eine eindeutige Maxime der praktischen Vernunft. Die moralische Geographie aber zeigt, dass diese Maxime oft durch die Naturverhältnisse relativiert werden muss. In Lappland zum Beispiel wird es „für eine

---

[129] Kant, Immanuel: *Idee zu einer allgemeinen Geschichte in weltbürgerlicher Absicht* (im Folgenden IaG). AA 8, S. 17.

[130] Ibid., S. 18–19.

[131] Ibid., S. 19.

ausgezeichnete Liebespflicht gehalten, wenn der Sohn seinen auf der Jagd verwundeten Vater mit einer Sehne vom Rennthiere tödtet, daher sie derselbe auch allezeit seinem geliebtesten Sohne anvertraut". Andererseits wird dieselbe Tat in China und Japan „als das fürchterlichste Verbrechen" auf eine noch fürchterlichere Weise bestraft, nämlich dadurch, „daß man nicht nur den Missethäter selbst auf die grausamste Weise zu Tode martert, sondern auch seine ganze Familie umbringt und alle seine Nachbaren [...] in gefängliche Verwahrung bringt". Warum? Kant setzt fort: „Man glaubt nämlich, ein solches Laster kann unmöglich auf einmal, sondern nur nach und nach entstanden sein, daher die Nachbaren dies bereits hätten voraussehen und es der Obrigkeit anzeigen können."[132]

Diese Beispiele zeigen, dass eine abstrakte Behandlung der moralischen Fragen nicht ausreichend ist. Man muss also sowohl die Naturverhältnisse, wie im Fall der Lappen, und die traditionellen Mentalitäten, wie im Fall der Chinesen und Japaner, mitrechnen. Es ist hier besonders bemerkenswert, dass Kant diese Handlungen nicht moralisch verurteilt, obwohl er es in anderen Fällen tut (zum Beispiel die Faulheit der „Neger" im Gegensatz zum „Fleiß" der „Negerinnen", ihre „Neigung" zum Diebstahl und zum Sklavenhandel usw.[133]). Kant war als Moralphilosoph nicht so rigoros, wie oft behauptet wird, sondern voller Verständnis für verschiedene moralische Praktiken anderer Kulturen. Er war 1784 (*Idee zu einer allgemeinen Geschichte in weltbürgerlicher Absicht*) sogar mit Rousseau einig, dann und wann „den Zustand der Wilden" vorzuziehen, wenn er den tatsächlichen moralischen Zustand der modernen Europäer kritisch beurteilte. Die zeitgenössischen Europäer leben nach Kant „unter dem betrüglichen Anschein äußerer Wohlfahrt", „sind *civilisirt* bis zum Überlästigen zu allerlei gesellschaftlicher Artigkeit und Anständigkeit". Alles das bedeutet aber moralisch gesehen wenig: „Aber uns für schon *moralisirt* zu halten, daran fehlt noch sehr viel." Insbesondere die unaufhörlichen Kriege der europäischen Staaten und die Nachlässigkeit gegenüber der Bildung ihrer Bürger zeigen, dass sie moralisch oft hinter dem „Zustand der Wilden" zurückgeblieben sind.[134] *Zum ewigen Frieden* (1795) setzt

---

[132] PG. AA 9, S. 164.
[133] Ibid., S. 408, 413, 415–416.
[134] IaG. AA 8, S. 26.

diese „Europakritik“ Kants fort: Insbesondere der europäische Kolonialismus wird dort am strengsten verurteilt.[135]

Überraschenderweise ist die moralphilosophische Position von Kant hier einem aufgeklärten Moralrelativismus nahe. Der finnische Soziologe, Kulturanthropologe und Philosoph Edvard Westermarck repräsentierte eine solche Position: Er erklärte die kulturellen moralpraktischen Unterschiede vor allem mit unterschiedlichen Naturverhältnissen und Glaubensvorstellungen. Er war kein harter Relativist, sondern glaubte wie Kant an einen allmählichen moralischen Progress durch den Aufklärungsprozess. Aus seiner theoretischen Grundorientierung war Westermarck ein Emotivist, räumte aber – wieder mit Kant – der Vernunft eine aktive Rolle im moralischen Handeln ein.

Kants Vorlesungen zur physischen Geographie geben keine Beispiele, wie die Natur und Freiheit im Verständnis der politischen Geographie zusammenspielen. Solche Beispiele findet man aber leicht in Kants späteren politischen Schriften. Insbesondere die sowohl moralisch als auch politisch zentrale Frage des Krieges und Friedens berücksichtigt die wichtige Rolle der geographisch-geschichtlichen Verhältnisse. Auch hinsichtlich des Krieges darf man keinen abstrakt allgemeinen und zeitlosen Imperativ nach dem Typus „Führe keinen Krieg!“ konstruieren, sondern die Frage fordert eine konkrete, geographisch-geschichtliche Untersuchung. Kant ist bereit anzuerkennen, dass der Krieg eine notwendige und sogar progressive geschichtliche Funktion haben kann. Diese Notwendigkeit des Krieges ist ursprünglich eine Naturnotwendigkeit, die aber letzten Endes den ewigen Frieden ermöglichen wird.

Dieser Zusammenhang zwischen Naturnotwendigkeit und Freiheit wird im Kapitel über die Garantie des ewigen Friedens in der Schrift *Zum ewigen Frieden* behandelt.[136] Der Krieg wird dort als ein naturgeschichtliches Phänomen in der menschlichen Geschichte betrachtet, durch das die moralische Frage des Friedens erst möglich und notwendig wird. Der Frieden ist dadurch eine Modalität desselben Naturprozesses. Der Krieg basiert auf der ursprünglichen „Zwietracht der Menschen“, durch die allmählich doch eine „Eintracht selbst wider ihren Willen“ hervorkommt. Die Garantie des

---

[135] Väyrynen, Kari: „Weltbürgerrecht und Kolonialismuskritik bei Kant“. In: Gerhardt, Volker u. a. (Hrsg.): *Kant und die Berliner Aufklärung. Akten des IX. Internationalen Kant-Kongresses*, Bd. IV. De Gruyter: Berlin & New York 2001, S. 302–309.

[136] Kant, Immanuel: *Zum ewigen Frieden*. AA 8, S. 360–368.

ewigen Friedens basiert auf dieser inneren Zweckmäßigkeit der Natur.[137] Geographisch und geschichtlich konkretisiert meint diese „provisorische Veranstaltung“ der Natur,

> daß sie 1) für die Menschen in allen Erdgegenden gesorgt hat, daselbst leben zu können; 2) sie durch *Krieg* allerwärts hin, selbst in die unwirthbarste Gegenden getrieben hat, um sie zu bevölkern; 3) – durch eben denselben sie in mehr oder weniger gesetzliche Verhältnisse zu treten genöthigt hat.[138]

Der zweite Punkt hebt sozusagen die positive geschichtliche Kulturfunktion des Krieges hervor: Die Natur zwingt den Menschen, gegen seine Neigungen, allerwärts auf Erden zu leben und dadurch die Pluralität der Kultur zu entwickeln. Der Krieg ist in dieser geschichtlichen Periode auch „etwas Edles“, weil er eine Aufhebung der „eigennützigen Triebfedern“ fordert und Tugenden wie Ehrtrieb und Mut entwickelt. Diese tugendhaften Aspekte begründen aber kein moralisches Sollen – dass der Krieg eine „innere Würde“ haben könnte –, sondern er bleibt eine Naturnotwendigkeit: „So viel von dem, was die Natur für ihren eigenen Zweck in Ansehung der Menschengattung als einer Thierklasse thut.“[139]

Erst der dritte Punkt, dass der Krieg die Menschen in gesetzliche Verhältnisse zu treten genötigt hat, vereinigt konkret das Moment der Natur mit der Freiheit. Der Zwang der Natur begünstigt die moralische Absicht des Menschen dadurch, dass die „selbstsüchtigen Neigungen, die natürlicherweise einander auch äußerlich entgegen wirken, von der Vernunft zu einem Mittel gebraucht werden [können], dieser ihrem eigenen Zweck, der rechtlichen Vorschrift, Raum zu machen“. So kann man sagen: „Die Natur will unwiderstehlich, daß das Recht zuletzt die Obergewalt erhalte.“ Mit „anwachsender Cultur“ und einer „allmählichen Annäherung der Menschen“ in der modernen Gesellschaft wird die frühere Absonderung der Sprachen und Religionen (ein wichtiges Motiv des Krieges) allmählich aufgehoben und eine größere „Einstimmung in Principien“ und dadurch der Frieden „durch den wechselseitigen Eigennutz“ im Handelsgeist garantiert.[140] Die natürlichen,

---

137 Ibid., S. 360.
138 Ibid., S. 363.
139 Ibid., S. 364–365.
140 Ibid., S. 366–368.

eigennützigen Motive (eigentlich der obengenannte „Wille" der Natur) leiten also in dem modernen Zeitalter zu einer friedlichen Zusammenkunft. Die politische Geographie des Krieges und Friedens berücksichtigt also zusammen (a) die natürliche Motivation des Menschen als ein Tier, (b) seine prinzipielle Fähigkeit zur Gebrauch der Vernunft – die Moralität und Freiheit und (c) die geschichtliche Situation, insbesondere die ursprüngliche Verbreitung und Differenzierung der menschlichen Kultur und endlich die neuen Verhältnisse der Globalisierung, in der das Weltbürgerrecht ein zentrales Problem wird. Kant zeigt, dass die Moralphilosophie letzten Endes keine abstrakte Prinzipienlehre von „Freiheitsgesetzen" sein kann, weil die Natur und ihre Gesetze eine konstitutive Rolle im wirklichen moralischen Handeln haben. Das systematische und architektonische Denken bleibt dadurch (a) einerseits nicht in einem Aggregatszustand von gesonderten geographischen und geschichtlichen Fakten stehen, sondern bestimmt seine eigenen wesentlichen Verhältnisse aus seiner Verbindung mit der politischen Ethik. (b) Das systematische und architektonische Denken bleibt aber auch keine abstrakte Prinzipienlehre der Moral oder Natur, sondern fordert eine Konkretisierung (das heißt eine Verbindung mit menschlichem Handeln) durch bestimmte zeitliche und räumliche Voraussetzungen. Dadurch werden Geographie und Geschichte innerlich notwendige Herausforderungen für eine Philosophie, die den Menschen und die Welt in ihrer reichen Diversität ernst nehmen will.

Literaturverzeichnis

Adickes, Erich: *Kant als Naturforscher*, Bd. I und II. De Gruyter: Berlin 1924 (Bd. I)/1925 (Bd. II).

Kant, Immanuel: *Gesammelte Schriften*. Akademie-Ausgabe (AA). Hrsg.: Preußische Akademie der Wissenschaften et al., Berlin 1900– .

May, J. A.: *Kant's concept of geography and its relation to recent geographical thought*. University of Toronto Press: Toronto & Buffalo 1970.

Väyrynen, Kari: „Weltbürgerrecht und Kolonialismuskritik bei Kant". In: Gerhardt, Volker et al. (Hrsg.): *Kant und die Berliner Aufklärung. Akten des IX. Internationalen Kant-Kongresses*, Bd. IV. De Gruyter: Berlin 2001, S. 302–309.

Die Achtung der Natur bei Kant: Ethische und ästhetische Skizzen zum Frieden mit der Natur[141]

„Ökologische Sicherheit“: wie und für wen?

Die weltpolitischen Machtkonstellationen haben sich nach dem Zusammenbruch des Realsozialismus wesentlich verändert. Die westlichen Industrieländer haben jedoch keine Abrüstungspolitik begonnen. [...] Das Militär scheint eine starke ökonomische und leider auch kulturelle Kraft in den westlichen Industrieländern zu bleiben – alles im Interesse eines kolossalen Zweiges der Industrie (auch Bürokratie und Politik), die in dieser neuen Lage eine neue Legitimation suchen muss. Das Militär schafft für sich und andere neue gesellschaftliche Aufgaben: Es nimmt einen zunehmenden Teil in den Bildungsaufgaben (Firmen, Schulen) ein und erweitert seine Funktionen durch den freiwilligen Militärdienst der Frauen. In Finnland beispielsweise sind diese Funktionen sehr populär geworden. So gibt man zum Beispiel in der Schule positive Informationen über das Militär, und die traditionellen Ziele der Friedenserziehung und der Erziehung zur Internationalität scheinen schon aus der Mode zu sein.

[...]

Das Problem der „ökologischen Sicherheit“ stellt sich heute in diesem Kontext. Es gibt prinzipiell zwei Alternativen: ökonomische und soziale Zusammenarbeit zur Lösung ökologischer Konfliktpotentiale oder die Militarisierung ökologischer Probleme. Die weltweite Modernisierung, die sich zum Beispiel in China und im Fernen Osten explosionsartig durchsetzt, schafft neue soziale und ökologische Probleme. Die Möglichkeiten demokratischer Entwicklung werden durch diese sozialen Probleme (zum Beispiel Massenarbeitslosigkeit, Armut) gefährdet, und die ökologischen Folgen scheinen bald kaum beherrschbar zu sein (vor allem der Kampf um die knappen Ressourcen verschärft das außenpolitische Klima). Das

---

141 Zuvor veröffentlicht in: Bialas, Volker/Hässler, Hans-Jürgen (Hrsg.): *200 Jahre Kants Entwurf „Zum ewigen Frieden“. Idee einer globalen Friedensordnung*. Königshausen & Neumann: Würzburg 1996, S. 168–177. Der Artikel wurde für das vorliegende Buch ein wenig gekürzt: Einige politische Stellungsnahmen zur Weltlage um 1994/1995 sind nur von historischer Bedeutung. Die gekürzten Stellen sind mit eckigen Klammern [...] bezeichnet.

industriellkapitalistische Entwicklungsmodell, das sich heute überall durchsetzt, scheint für die gegenwärtige umweltgeschichtliche Situation (Energie, Population und anderes) auf längere Sicht überhaupt nicht möglich zu sein.

[...] Die tiefsten Ursachen der Umweltkrise sind in den Industrieländern politisch tabu; kapitalistische Konkurrenz und ökonomischer Zuwachs sind heute wie religiöse Vorstellungen, die man nicht – allen Tatsachen ungeachtet – infrage stellen darf. Man sucht die Ursachen der Umweltkrise daher lieber anderenorts. Das Abbrennen und der Kahlschlag der Tropenwälder, der Bevölkerungszuwachs in der „Dritten Welt", die umweltverschmutzende Industrie in Russland und anderes sind „angenehmere" Ursachen als dieselben Phänomene bei uns. Die möglichen militärischen Aktionen sind also ein Alibi, bei uns selbst nichts zu tun, ökologisch unhaltbare ökonomische, soziale und politische Praktiken nicht zu verändern.

Positive Voraussetzungen des Friedens und die Umweltfrage – ist die Fragestellung Kants noch aktuell?

Ökologische Fragen und Probleme sind heute zutiefst globale Aufgaben. Unsere ökonomischen und politischen Mechanismen scheinen das heute noch nicht voll zu verstehen. Es existieren schon globale Institutionen in diesen Bereichen [...], aber diese funktionieren vorwiegend nicht nach ökologischen Prinzipien. [...] Die UNO ist ein Verhandlungsmechanismus zwischen autonomen Staaten und kann keine globale Verantwortung ohne diese bewerkstelligen. Die internationalen Verträge hinsichtlich der Umweltfragen sind ein gutes Beispiel für die Handlungsimpotenz der UNO: Die Verträge sind „Minimalverträge" (strengere Maßnahmen wollen die meisten Nationen nicht unterschreiben), die UNO kann keine Sanktionen ausüben, und die Verträge sind daher bloße Empfehlungen. Auch der Wille des Stärkeren dominiert in diesen Angelegenheiten, wie man beispielsweise am Verhalten der USA in der Konferenz von Rio 1992 gesehen hat.

Die Ziele und Werte spiegeln hier den Minimalkonsens von reichen und machtvollen Ländern wider. Diese globalen Organisationen haben also keine eigene Subjektivität, sie repräsentieren nicht den allgemeinen Willen der Menschheit. Man erwartet jedoch oft eine entscheidende Initiative zur Verbesserung der Umwelt von einer übernationalen Organisation. Man sagt, dass kein einziger Staat allein hier ein Wegweiser – wegen der ökonomischen Konkurrenz – sein kann (so der finnische Präsident M. Ahtisaari in einem Interview des finnischen Fernsehens vom 10.9.1995). Ein ökologischer Modellstaat würde also seine Ökonomie ruinieren. Auf diese Weise sucht man aber erneut nach einem Alibi für den Status quo. Es gibt ja viele positive Beispiele dafür, wie man von der Wegweiserrolle profitieren kann. Die Öffentlichkeit befürwortet heute immer stärker die ökologische Orientierung der Produktionszweige. Tiefgreifende Veränderungen scheinen auch hier „von unten" herzukommen. Neue Werte werden immer stärker durch die öffentliche Meinung gefordert. Diese Tatsache muss auch die Ökonomie heute berücksichtigen.

Dieser Weg von unten her ist notwendig. Die Umweltkrise stellt vor allem an die westlichen Industrieländer die Forderung nach einer qualitativen Neuorientierung. Man muss hier die Wertrationalität des Westens zutiefst ins Frage stellen: die Traditionen der äußeren Gewaltausübung gegenüber der Natur (früher auch Naturvölker und Frauen inbegriffen), die Werte der ökonomischen Konkurrenz, Leistung und Effektivität als ihre Surrogate.[142] Die Gewaltausübung und wissenschaftlich-technische Manipulierung sind also wichtige Grundsteine des westlichen Zivilisationsmodells. Eine globale Zukunft kann man jedoch nicht von diesen Werten aus aufbauen. Wir müssen wertrationalistische Neuorientierung betreiben, die Grenzen kapitalistischer Naturbeherrschung anerkennen, Modelle und Praktiken einer stabilen ökologischen Ökonomie entwickeln. Erst danach können wir legitim behaupten, eine Wegweiserrolle zu haben. „Ökologische Wohlfahrt" könnte prinzipiell ganz gut eine verlockende Alternative für die Entwicklung werden. Dadurch könnte sie eine wichtige positive Kraft gegen die Krisenpotenziale ökologischer Katastrophen werden. Ökologische und ökonomische Zusammenarbeit in diesem Sinne wäre heute insbesondere mit Russland und China eine dringende Aufgabe.

Eine zentrale Leistung von Kants Friedensprogramm war die Verknüpfung von außen- und innenpolitischen Voraussetzungen des Friedens.[143] Insbesondere die republikanische Verfassung verhinderte nach Kants Meinung einen leichtfertigen Entschluss zum Krieg: Die Staatsbürger wollen ihre ökonomische

---

[142] Sowohl die abendländische Philosophie seit Platon als auch das Christentum haben diese Werte theoretisch vorweggenommen.

[143] Batscha, Zwi/Saage, Richard (Hrsg.): *Friedensutopien. Kant, Fichte, Schlegel, Görres.* Suhrkamp: Frankfurt am Main 1979, S. 9.

Wohlfahrt nicht durch den Krieg riskieren.[144] Er spricht an einer anderen Stelle auch über den „Handelsgeist“ als eine positive Voraussetzung des Friedens: „So wie die Natur weislich [durch die Sprachen und Religionen – KV] die Völker trennt [...], so vereinigt sie andererseits Völker [...] durch den wechselseitigen Eigennutz. Es ist der *Handelsgeist*, der mit dem Kriege nicht zusammen bestehen kann, und der früher oder später sich jedes Volks bemächtigt.“[145] Diese Forderung positiver und friedlicher Beziehungen ist heute eine noch dringlichere und vielseitigere Aufgabe. Vor allem die Umweltrisiken sind eine globale Angelegenheit, die für den „wechselseitigen Eigennutz“ der Völker eine direkte, große Bedeutung hat. Die Umweltfrage ist auch ziemlich neutral hinsichtlich der Traditions- und Kulturunterschiede, weil sie vorwiegend eine Frage der Ökonomie und ihrer Wertbasis ist. Daher kann man sie vielleicht leichter enträtseln als zum Beispiel die Probleme der Menschenrechte (hat doch die Populationsfrage neben der ökonomischen Dimension eine zutiefst kulturelle Seite, die ihre Lösung sehr erschwert).

Wir wissen heute besser als Kant, dass der „Handelsgeist“ nicht friedlich zu einer Befriedigung des Eigennutzes aller Völker geführt hat. Die Auffassung Kants spiegelt noch den gleichen Optimismus wie die „unsichtbare Hand“ von Adam Smith wider. Diese Bindung scheint heute vor allem ökologisch unhaltbar zu sein – der „wechselseitige Eigennutz“ der Völker ist nicht wechselseitig der Natur gegenüber. Man muss den Begriff des Nutzens heute umfassender bestimmen: Man muss neben der ökonomischen und sozialen Wohlfahrt auch die Bedeutung der ökologischen Wohlfahrt betonen. Im ökonomischen Denken sollte man die Natur als den wichtigsten Produktionsfaktor (neben Arbeit und Kapital) beachten und ihre produktive Kapazität global erhalten oder besser: vermehren.[146] Die Erhaltung der produktiven Kapazität der Natur ist also eine notwendige Voraussetzung des gesamten „Handelsgeistes“ auf längere Sicht.

---

144 Kant, Immanuel: *Zum ewigen Frieden* (im Folgenden ZeF). Akademie-Ausgabe (AA) 8, S. 350–352.

145 Ibid., S. 367–368.

146 Immler, Hans: *Natur in der ökonomischen Theorie*. Opladen 1985. *Vom Wert der Natur. Zur ökologischen Reform von Wirtschaft und Gesellschaft*. Westdeutscher Verlag: Opladen 1989.

Kant kennt – seines bürgerlichen Optimismus ungeachtet – auch die prinzipiellen Probleme des ökonomischen Eigennutzes und kritisiert ihn vor allem ethisch. Er unterscheidet „im Reiche der Zwecke" zwei Wertmomente: Alles hat „entweder einen *Preis* oder eine *Würde*". Der Preis ist etwas, „an dessen Stelle [...] auch etwas anderes als Äquivalent gesetzt werden" kann. Die Würde ist aber etwas Einzigartiges: „was dagegen über allen Preis erhaben ist, mithin kein Äquivalent verstattet, das hat eine Würde." Hier, in der *Grundlegung zur Metaphysik der Sitten*, betont Kant ziemlich unproblematisch: „Sittlichkeit und die Menschheit, so fern sie derselben fähig ist, [ist] dasjenige, was allein Würde hat [...]. Die Natur sowohl als Kunst enthalten nichts, was sie in Ermangelung derselben an ihre Stelle setzen könnten."[147] Die *Kritik der Urteilskraft* dagegen zeigt, dass vor allem die Schönheit und Erhabenheit der Natur einen unreduzierbaren inneren Wert haben, der nicht durch Kopien ersetzt werden kann.[148] Man muss also die Rolle der ökonomischen Werte im kulturellen Bildungsprozess des Menschen genauer bestimmen; erst dann kann man auch das ökonomische Handeln im vernünftigen Rahmen so gestalten, dass die ökonomischen Werte nicht die Realisierung höherer Kulturzwecke und moralischer Werte bedrohen.

Kant ist sich prinzipiell der globalen Folgen dieser Rangordnung der Werte sehr bewusst. Es ist für ihn offensichtlich, dass die Entwicklung der internationalen Verhältnisse von ökonomischer Zusammenarbeit zur kulturellen sich durchsetzen wird. Das fordert aber, angefangen bei den ökonomischen Verhältnissen, durchweg eine humanistische Einstellung. Kant hält vor allem den europäischen Kolonialismus für inhospital und schrecklich, weil eine weltbürgerliche Verfassung nur ein friedliches Besuchsrecht im fremden Land erlauben kann.[149] Der „Dritte Definitivartikel" bestimmt, dass „das *Weltbürgerrecht* [...] auf Bedingungen der allgemeinen *Hospitalität* (= Gastfreundschaft – KV) eingeschränkt sein [soll]".[150] Das Verhältnis eines „Weltbürgers" zu anderen Nationen und Kulturen muss also humanistisch und wissenschaftlich sein. Kant betont in seinen Vorlesungen über die

147 Kant, Immanuel: *Grundlegung zur Metaphysik der Sitten*. AA 4, S. 434–435.

148 Kant, Immanuel: *Kritik der Urteilskraft* (im Folgenden KdU). AA 5, S. 166–168.

149 ZeF. AA 8, S. 358–359.

150 Ibid., AA 8, S. 357.

„Physische Geographie" ziemlich einseitig das wissenschaftliche Interesse der Entdeckungsreisen und behauptet, dass die ökonomischen Motive und Vorteile gering waren.[151]

Die Forderungen des Weltbürgerrechts sind vor allem humanistisch. In der *Metaphysik der Sitten* (1797) bestimmt Kant diesen Begriff noch klarer antikolonialistisch. Das Weltbürgerrecht ist die „Vernunftidee einer *friedlichen* [...] durchgängigen Gemeinschaft aller Völker auf Erden". Als ein rechtliches Prinzip ist damit nicht eine Gemeinschaft des Besitzes, Gebrauchs und Eigentums von Boden gemeint. Es geht vielmehr um eine „mögliche Vereinigung aller Völker in Absicht auf gewisse allgemeine Gesetze ihres möglichen Verkehrs". In diesen Grenzen kann man sagen, dass „alle Völker *ursprünglich* in einer Gemeinschaft des Bodens [stehen]".[152] Man darf aber zum Beispiel einem Naturfreund nicht als einem Feind begegnen, wenn er meinen Grundbesitz betritt. In Finnland nennt man dieses Recht traditionell ein „Jedermannsrecht": Das ist ein Besuchsrecht in gewissen ökologisch und ökonomisch sinnvollen Grenzen (man darf zum Beispiel Beeren pflücken, aber nicht Bäume fällen).

Für Kant sind im Weltbürgerrecht vor allem solche Begrenzungen wichtig, die eine kolonialistische Politik verhindern könnten. „Der Erdbürger" hat ein Recht, „die Gemeinschaft mit allen zu *versuchen* und zu diesem Zweck alle Gegenden der Erde zu *besuchen*, wenn es gleich nicht ein Recht der *Ansiedelung* auf dem Boden eines anderen Volks (*ius incolatus*) ist, als zu welchem ein besonderer Vertrag erfordert wird". Kant nennt es einen klaren Missbrauch dieses Rechts durch die europäische Kolonialpolitik, die fremde Küsten besucht, nur „um sie mit dem Mutterlande zu verknüpfen". Er fährt ironisch fort, dass diese Verknüpfung „zugleich die Veranlassung dazu gibt, daß Übel und Gewalttätigkeit an einem Orte unseres Globs an allen gefühlt wird".[153] Die institutionalisierte Gewalt des europäischen Gesellschaftssystems ist also durch die Kolonialpolitik eine globale Gefahr geworden, die nach Kant nur die stärksten Kulturen, vor allem China und Japan, „weislich" haben verhindern können.[154] Kant geht in der *Metaphysik der Sitten* so weit,

---

[151] Kant, Immanuel: *Physische Geographie* (im Folgenden PG). AA 9, S. 231.
[152] Kant, Immanuel: *Die Metaphysik der Sitten* (im Folgenden MS). AA 6, S. 352.
[153] Ibid., S. 353.
[154] ZeF. AA 8, S. 358–361.

dass er – seiner Rassenlehre[155] ungeachtet – sogar die ursprünglichen Rechte der Hirten- und Jagdvölker (Hottentotten, Indianer) gegen die europäische Ansiedlung verteidigt.[156]

Die Kulturautonomie und der Wert der Umwelt

Hat Kant uns etwas über die Selbstbestimmung von der natürlichen Umwelt der Völker zu sagen? Er erkennt in seiner späteren Philosophie klar die Bedeutung der Natur für die Kultur und die Bildung des Menschen an. Die Natur ist hier kein „bloßes Mittel". Die *Kritik der Urteilskraft* bestimmt die positive Rolle der Natur für die Kultur folgendermaßen:

> Wir können es als eine Gunst, die die Natur für uns gehabt hat, betrachten, daß sie über das Nützliche noch Schönheit und Reize so reichlich austeilte, und sie deshalb lieben, so wie ihrer Unermeßlichkeit wegen mit Achtung betrachten und uns selbst in dieser Betrachtung veredelt fühlen: gerade als ob die Natur ganz eigentlich in dieser Absicht ihre herrliche Bühne aufgeschlagen und ausgeschmückt habe.[157]

Kant ist besorgt über die Möglichkeiten der zukünftigen Generationen, diese positive Naturerfahrung zu erhalten. Bei einer Betrachtung über die Propädeutik der Kunst diskutiert er die Bedeutung der Humanität und der moralischen Gefühle und geht zu einer allgemeineren Überlegung über die Voraussetzungen einer lebendigen Kultur über. Die Vermittlung von vernünftigen Formen und autopoietischer Natürlichkeit ist für Kant ein bleibendes Muster der humanistischen Kultur. Dieses Muster wird aber durch die Zerstörung der äußeren und inneren Natur des Menschen allmählich gefährdet; insbesondere in der Zukunft wird das ein immer schwereres Problem sein. Kant bemerkt:

> Schwerlich wird ein späteres Zeitalter jene Muster entbehrlich machen: weil es der Natur immer weniger nahe sein wird und sich zuletzt, ohne bleibende Beispiele von ihr zu haben, kaum einen Begriff von der glücklichen Vereinigung des gesetzlichen Zwanges der höchsten Kultur mit der Kraft und Richtigkeit der ihren

155 Vgl. Moebus, Joachim: „Bemerkungen zu Kants Anthropologie und physischer Geographie". In: Braun, Karl-Heinz/Holzkamp, Klaus (Hrsg.): *Kritische Psychologie*, Bd. II. Pahl-Rugenstein: Köln 1977, S. 365–380.

156 MS. AA 6, S. 353.

157 KdU. AA 5, S. 303–304.

> eigenen Wert fühlenden freien Natur in einem und demselben Volke zu machen imstande sein möchte.[158]

Die eigene Dynamik der Natur, die einerseits im Begriff des Naturschönen und andererseits im Begriff des Erhabenen ihre ästhetische Begründung hat, ist ein notwendiges Moment der kulturellen und moralischen Bildung der Völker. Diese „Gunst" muss auch den zukünftigen Generationen erhalten bleiben.

Die autopoietische Natur hat nach Kant ihre eigene Freiheit, die ein aufgeklärter Mensch achten lernen muss. Ein kultivierter Betrachter der Natur wird enttäuscht, wenn er nur Kopien über die Naturgegenstände sieht: Künstliche Blumen, Vögel und ihr Gesang haben nicht jene autopoietische Freiheit. Hier sind das reine Geschmacksurteil und das moralische Urteil „analogisch" an den Naturgegenständen interessiert, und die Anerkennung des Vorzugs der Naturschönheit vor der Kunstschönheit setzt ein kultiviertes sittliches Gefühl voraus.[159] Die Natur ist kein „bloßes Mittel", sondern eine ästhetische und moralische Herausforderung, vor der man sich der letzten Momente des Egozentrismus und Anthropozentrismus entkleiden lernen muss. Ein neues Verhältnis zur Natur wird dadurch eine notwendige Forderung der moralischen Vernunft. Besonders das Erhabene in der Natur bezeichnet diese relative Fremdheit oder dieses Anderssein der Natur – aber ein gebildeter Mensch erkennt dieses Anderssein und dadurch auch seine eigenen Grenzen an.[160]

Kant scheint durch diese Betrachtungen auch das Problem der Natürlichkeit des Menschen tiefer zu begründen. Die moralischen Gefühle nehmen eine positivere Rolle als früher ein. Die Pflichtethik setzt notwendig „ästhetische Vorbegriffe" voraus. Diese sind für die wirkliche moralische Handlung unentbehrlich: Erst „kraft deren" kann der Mensch verpflichtet werden. Die ethische Aufgabe ist, diese zu kultivieren und durch die Betonung ihrer vernünftigen Momente ihre Verbindlichkeit zu verstärken. Moralische Gefühle und ethische Vernunft stimmen besonders beim „Wohlwollen" überein: Anders

---

[158] Ibid., S. 263–264.

[159] Ibid., S. 166–173.

[160] Nach Kant ist nie etwas Erhabeneres gesagt geworden als die Aufschrift über dem Tempel der Isis (der Mutter Natur): „Ich bin alles, was da ist, was da war, und was da sein wird, und meinen Schleier hat kein Sterblicher aufgedeckt". KdU. AA 5, S. 197–198.

als zum Beispiel die Liebe kann „das Wohlwollen [...] als ein Thun einem Pflichtgesetz unterworfen sein“.[161] Es gibt also unparteiische solidarische Gefühle. Die moralischen Gefühle sind natürlichen Ursprungs, und daher kann man sagen, „die ursprüngliche *Anlage* im Menschen ist gut“. Es ist dann die Sache der freien Wahl, ob der Mensch diese Anlage „in seine Maxime aufnimmt oder nicht“, und diese Wahl entscheidet, ob der Mensch gut oder böse wird.[162] Die Natürlichkeit wird dadurch in der Spätphilosophie Kants ein positives Moment der moralischen Entwicklung. Dadurch korrigiert er seine frühere egoistische Auslegung der menschlichen Natur. Hier ist auch ein Beispiel über das positive Verhältnis von Natur und Kultur bei Kant vorhanden: Die Kultivierung verallgemeinert die wertvollen Momente der (inneren oder äußeren) Natur.

Kant geht in seiner Achtung der Natur wohl nicht so weit wie z. B. Goethe, Novalis oder Schopenhauer. Man kann jedoch sagen, dass er eine humanistisch betonte Umweltethik hat.[163] Er spricht in seinen Vorlesungen über „analoge“ Pflichten gegenüber den Tieren und anderen Naturobjekten. Eine analoge Pflicht bedeutet, dass eine Ungerechtigkeit gegen Tiere die moralischen Gefühle (Sympathie, Mitleid) beleidigt und allmählich ausrottet, sodass der Mensch endlich gegen andere Menschen stumpf wird. Die Ungerechtigkeit überhaupt ist unmoralisch, ungeachtet wogegen sie sich richtet.[164] Neben der Sympathie für zahme und wilde Tiere (sogar für den Wolf) muss man sich auch gegenüber der leblosen Natur pietätvoll verhalten. Dadurch garantiert man anderen Menschen die Möglichkeit, die Schönheit der Natur zu genießen. Der „Zerstöhrungs-Geist“ des Menschen ist überhaupt sehr unmoralisch.[165] Kant scheint hier unsicherer über die metaphysischen Entscheidungen geworden zu sein als in seinen früheren Schriften. Die hier entwickelte „analogische“ Ethik kann aber diese Unsicherheit gut überstehen. Die moralische Einstellung ist entscheidend, ungeachtet der metaphysischen

---

161 MS. AA 6, S. 399–402.

162 Kant, Immanuel: *Die Religion innerhalb der Grenzen der bloßen Vernunft*. AA 6, S. 44.

163 In der modernen Diskussion über die Umweltethik sind zum Beispiel Eugene Hargrove und Luc Ferry ähnlich wie Kant leicht anthropozentrisch. Ferry stützt sich sogar direkt auf Kant, obwohl er die Bedeutung der *Kritik der Urteilskraft* nicht klar versteht.

164 Vorlesungen 4,1. AA 27.1, S. 85–86.

165 Vorlesungen 4,2/2. AA 27.2/2, S. 1572–1573.

Fragen über die Rechte oder Interessen der Tiere, Pflanzen und so weiter. Man kann diese Fragen offenhalten und trotzdem moralisch vernünftig handeln.

Von diesen Grundprinzipien aus kann man eine konsequente Umweltethik aufbauen. Kants humanistische Ethik wird in seiner späteren Philosophie ästhetisch erweitert. Die Schönheit und Erhabenheit der Natur wird als eine positive Voraussetzung der Kultur konzipiert. Andererseits werden die natürlichen Gefühle als ein notwendiges Moment der ethischen Handlung anerkannt. Dadurch werden die für Kant typischen Dichotomien der Notwendigkeit-Freiheit, Sinnlichkeit-Vernunft, Gefühl-Pflicht problematisiert und zum Teil aufgehoben. Die ästhetischen und ethischen Werte haben eigentlich einen gemeinsamen Kardinalpunkt: Beide setzen eine Interessenlosigkeit voraus, die der realen Zweckrationalität der Gesellschaft eine Sphäre der Freiheit entgegensetzt.[166] Heute, im Zeitalter des globalen Ökonomismus, gewinnen diese Möglichkeiten zur freieren sozio-kulturellen Orientierungen und Kooperationen immer mehr an Bedeutung.

Man muss schließlich fragen, ob die „analogische" Begründung der Umweltethik auch Frieden mit der Natur impliziert? Kant diskutiert diese Frage nicht in seiner Schrift *Zum ewigen Frieden*, aber seine moralphilosophische Begründung der Friedensidee in der *Metaphysik der Sitten* gibt Hinweise auf die notwendigen Voraussetzungen. Die Idee des Friedens ist zutiefst eine Forderung unserer moralischen Vernunft – die theoretischen Fragen über die reale Ausführbarkeit des Friedens sind problematische Urteile, mit denen Kant nicht spekulieren will, weil „dennoch seine Unmöglichkeit gleichfalls nicht demonstriert werden kann". Eines ist für ihn jedoch klar:

> Nun spricht die moralisch-praktische Vernunft in uns ihr unwiderstehliches *Veto* aus: *Es soll kein Krieg sein* [...]. Also ist nicht mehr die Frage: ob der ewige Friede ein Ding oder Unding sei [...], sondern wir müssen so handeln, als ob das Ding sei, was vielleicht nicht ist, auf Begründung desselben und diejenige Konstitution, die uns dazu die tauglichste scheint [...] hinwirken [...].[167]

Positiv bestimmt meint der Zustand des Friedens die praktische Ausführung des kategorischen Imperativs. Daher ist der Zustand des Friedens der „ganze

---

[166] Vgl. Scheible, Hartmunt: *Wahrheit und Subjekt. Ästhetik im bürgerlichen Zeitalter.* Francke: Bern und München 1984, S. 150–151.

[167] MS. AA 6, S. 354.

Endzweck der Rechtslehre [...] denn der Friedenszustand ist allein der unter *Gesetzen* gesicherte Zustand des Mein und Dein in einer Menge einander benachbarter Menschen".[168] Diese Forderung bedeutet eine Anerkennung solcher internationaler Gesetze und Verträge, die die Freiheit und Interessen aller Völker garantieren. Feindliche Tätigkeit bedeutet eine Verletzung dieser den Friedenszustand garantierenden „allgemeinen Regel".[169]

Die Freiheit und das Interesse der Völker betreffen auch ihre natürliche Umwelt. Kant hebt diesen Aspekt nicht direkt hervor, aber seine ästhetische und ethische Achtung der Natur impliziert auch die Notwendigkeit von solchen Maximen und Verträgen, die die natürliche Umwelt anderer Nationen sowohl als Ressourcen als auch als ästhetische und ethische Inspirationsquellen achten. Heute, im Zeitalter globaler Umweltrisiken, nimmt diese Maxime die Form eines schwer zu realisierenden, aber zugleich positiv lockenden Zieles an. Der norwegische Friedensforscher J. Galtung hat jene Maxime treffend formuliert. Er spricht über die Ökonomie des Selbstvertrauens (the economics of self-reliance) und bestimmt ihre Basisregel folgendermaßen:

> Produce what you need using your own resources, internalising the challenges this involves, growing with the challenges, neither giving the most challenging tasks (positive externalities) to somebody else on whom you become dependent, nor exporting negative externalities to somebody else to whom you do damage and who may become dependent on you.[170]

Galtung meint mit seinem Prinzip ein umfassendes kulturelles, ökonomisches und ökologisches Selbstbestimmungsrecht der Nationen. „Positive Externalien" meinen jene gesellschaftlichen und ökologischen Aufgaben, die die ökologische, gesellschaftliche und kulturelle Wohlfahrt einer Nation stimulieren und fördern. Eine Analogie zu Kants Auffassung einer aufgeklärten Persönlichkeit liegt hier nahe: die Nation, die sich selbst „trägt", ihre Potenziale möglichst vollständig und vielseitig entwickelt. „Negative Externalien" meint zum Beispiel eine solche Pollution, die sich über die Grenzen bewegt und das Leben anderer Nationen beeinträchtigt. Man hat

---

168 Ibid., S. 355.

169 MS. AA 6, S. 349.

170 Johan, Galtung: „Towards a new economics: on the theory and practice of self-reliance". In: Ekins, P. (Hrsg.): *The living economy*. London 1986, S. 100–101.

also in diesem Fall das Problem der Pollution nicht positiv innerhalb des Staats gelöst (dann könnte es eine „positive Externalie" sein), sondern die Verantwortung anderen Nationen aufgeladen.

Die Voraussetzung eines ökologischen Friedens ist also, um mit Kant zu reden, die Mündigkeit der Nationen. Die Mündigkeit meint eine Fähigkeit der vernünftigen Selbstbestimmung in allen Bereichen des Lebens. Man muss auch lernen, die anderen nicht bloß als Mittel, sondern auch als Zweck an sich selbst zu behandeln. Die persönliche Identität der anderen Nationen schließt in sich auch ihre natürliche Umgebung als eine positive Voraussetzung ihrer Ökonomie und Kultur ein. Die Kolonisierung dieser natürlichen Werte (Ressourcen, ästhetische und biozentrische Werte) gefährdet also das Leben der gesamten Persönlichkeit. Auch der Kolonist gefährdet seine Persönlichkeit, seine vielseitigen Entwicklungsmöglichkeiten: Die ökonomischen Interessen und der Egoismus werden allmählich das einzige Ziel seiner Tätigkeit, und sein Leben wird qualitativ arm – seines materiellen Reichtums ungeachtet.

Literaturverzeichnis

Batscha, Zwi/Saage, Richard (Hrsg): *Friedensutopien. Kant, Fichte, Schlegel, Görres*. Suhrkamp Verlag: Frankfurt am Main 1979.

Böge, Volker: „Die Militarisierung der Umweltpolitik". In: *Wechselwirkung* 67(6), 1994, S. 22–25.

Crempzier, Ernst-Otto: „UNO ade?" In: *Blätter für deutsche und internationale Politik* 9, 1995, S. 1031–1034.

Ferry, Luc: *Uusi ekologinen järjestys* (*Die neue ökologische Ordnung*). Expertice: Jyväskylä 1993.

Galtung, Johan: „Development Theory: Notes on an Alternative Approach". In: Reed, Peter/Rothenberg, David (Hrsg.): *Wisdom in the Open Air. The Norwegian Roots of Deep Ecology*. University of Minnesota Press: Minneapolis 1993, S. 196–210.

Galtung, Johan: „Towards a New Economics: On the Theory and Practice of Self-reliance". In: Ekins, Paul (Hrsg.): *The living economy*. Routledge: London 1986.

Hargrove, Eugene C.: *Foundations of Environmental Ethics*. Prentice Hall: New Jersey 1989.

Immler, Hans: *Natur in der ökonomischen Theorie*. Westdeutscher Verlag: Opladen 1985.

Immler, Hans: *Vom Wert der Natur. Zur ökologischen Reform von Wirtschaft und Gesellschaft*. Westdeutscher Verlag: Opladen 1989.

Kant, Immanuel: *Gesammelte Schriften*. Akademie-Ausgabe (AA). Hrsg.: Preußische Akademie der Wissenschaften et al., Berlin 1900– .

Katz, Eric: „Imperialism and Enviromentalism". In: *Social Theory and Practice* 2, 1995, S. 271–285.

Kühnl, Reinhard: „Gesellschaft im Umbruch. Versuch, einen Überblick zu gewinnen". In: *Blätter für deutsche und internationale Politik* 6, 1994, S. 747–754.

Käkönen, Jyrki (Hrsg.) (1994): *Green Security or Militarized Environment*. Dartmouth Pub. Co.: Dartmouth 1994.

Meyer, Berthold (Hrsg.): *Umweltzerstörung: Kriegsfolge und Kriegsursache*. Suhrkamp Verlag: Frankfurt am Main 1992.

Moebus, Joachim: „Bemerkungen zu Kants Anthropologie und physischer Geographie". In: Braun, Karl-Heinz/Holzkamp, Klaus: *Kritische Psychologie*, Bd. 2. Köln: Pahl-Rugenstein 1977, S. 365–380.

Scheible, Hartmut: *Wahrheit und Subjekt. Ästhetik im bürgerlichen Zeitalter*. De Gruyter Brill: Bern und München 1984.

Weizsäcker, Ernst Ulrich von: „Arbeit und Umwelt. Perspektiven für das 21. Jahrhundert". In: *Blätter für deutsche und internationale Politik* 9, 1993, S. 1047–1060.

Die frühe Kritik der anthropozentrischen Metaphysik bei Kant und ihr Einfluss auf Herder[171]

Einleitung

Im vorliegenden Artikel untersuche ich die Kritik Kants an der anthropozentrischen Metaphysik in einigen seiner frühen Schriften (1754–1756) und ihren Einfluss auf Herders pantheistische Naturauffassung. In der Umweltphilosophie wurde Kant meist als anthropozentrischer Dualist betrachtet, der den Menschen als eine spezielle Schöpfung ansieht und über andere Gattungen stellt. Viele zentrale begriffliche Unterscheidungen des späteren Kant unterstützen diese Auffassung. Er erklärt zum Beispiel, der Mensch besitze einen speziellen, unermesslichen Wert, eine *Würde*. Alle anderen Wesen hätten dagegen nur einen messbaren Wert, den *Preis*.[172] Der junge Kant vertrat jedoch eine andere Auffassung: Er betrachtete den Menschen als gleichwertig mit anderen Gattungen. Wie andere Gattungen ist die Menschengattung durch natürliche Prozesse entstanden und wird durch sie verschwinden. Kant kritisiert auch explizit die traditionelle anthropozentrische und physikotheologische Naturauffassung, die damals nicht nur in der Naturwissenschaft, etwa bei Linné, sondern auch in der Philosophie allgemein verbreitet war (etwa bei Leibniz und Wolff).[173]

Das physikotheologische Weltbild spiegelte die traditionelle christliche Auffassung über den Menschen wider, nach der dieser an der Spitze der hierarchischen Ordnung der göttlichen Schöpfung steht, als Kröne der Schöpfung und Bild Gottes. Alle andere Gattungen waren in dieser Vorstellung für den Menschen geschaffen, als bloßes Werkzeug für seine höheren Zwecke. Der junge Kant aber vertrat eine diametral entgegengesetzte Auffassung. Ähnlich wie insbesondere der radikal nicht-anthropozentrische Spinoza betrachtete der junge Kant die Zwecke der verschiedenen Gattungen als gleichwertig.

---

[171] Zuvor veröffentlicht auf Englisch: „Kant's Early Critique of Anthropocentric Metaphysics and its Influence on Herder". In: Timosaari, Niina (Hrsg.): *Aatteiden ja oppien tiellä. Juha Mannisen juhlakirja*. Pohjois-Suomen historiallinen yhdistys: Rovaniemi 2014, S. 129–144.

[172] Kant, Immanuel: *Grundlegung zur Metaphysik der Sitten*. Akademie-Ausgabe (AA) Bd. 4, S. 434–435.

[173] Ein für Kant besonders wichtiger Vertreter dieser Auffassung war Christian Wolff, vgl. z. B. Guyer, Paul: *Kant*. Routledge: London 2008, S. 335.

Alle Gattungen tragen demnach auf ihre besondere Art und Weise zur Vollendung der Schöpfung bei, der Mensch nimmt in dieser Hinsicht keine Sonderstellung ein.

Die Position des jungen Kants hatte besonders auf Herder großen Einfluss, der die Position Kants in seinem romantischen Pantheismus weiterentwickelte. Insbesondere zog er anthropologische und auch elementar umweltphilosophische Konsequenzen aus den Überlegungen Kants. Es stellt sich allerdings die Frage, welche Position Kant nach seiner „kritischen Wende" einnahm. Ich bin der Meinung, dass die Grundzüge seiner frühen Position auch in seinen kritischen Hauptwerken erhalten bleiben. So bedeutet zum Beispiel der leichte Anthropozentrismus des späteren Kant keine Rückkehr zum physikotheologischen Weltbild. Ich sehe seine späteren dualistischen und anthropozentrischen Tendenzen eher moralisch als metaphysisch.[174] Daher sollte man den entscheidenden Unterschied zwischen Mensch und Tier eher in ihrem moralischen Wert und Status denn als metaphysischen Unterschied zu sehen. Nur der Mensch besitzt einen freien Willen und die darauf beruhende moralische Verantwortung für seine Handlungen.

Geschichtlicher Kontext

In der zweiten Hälfte des 18. Jahrhunderts veränderte sich der abendländische Begriff von Natur und Kultur radikal. Die Aufklärung und die frühe Romantik kritisierten die traditionelle anthropozentrische physikotheologische Weltanschauung und vertieften unser Verständnis der wilden Natur. Die Natur wurde eine wichtige Quelle unseres kulturellen Selbstverständnisses und unserer Selbstidentität, wie u. a. Charles Taylor bemerkt hat.[175] Die wilde Natur wurde zudem als Ausdruck unserer inneren Welt betrachtet. Nach dieser kulturellen Wende entstand allmählich auch das moderne Umweltbewusstsein. Obwohl die wissenschaftliche Ökologie noch nicht geboren war, wurden die neuen umweltfreundlichen Werte schon damals

---

[174] Auch Guyer (2008, S. 338) scheint diese Ansicht insgesamt zu teilen, wenn er schreibt: „In a word, Kant accepts Hume's rejection of theoretical cognition of an anthropomorphic God, but argues that we must replace that with an anthropocentric, but *morally* anthropocentric, conception of nature."

[175] Taylor, Charles: *Sources of the Self. The Making of the Modern Identity*. Harvard University Press: Cambridge Mass. 1992.

diskutiert. Die frühe Romantik schrieb der wilden Natur bedeutende spirituelle und ästhetische Werte zu und kritisierte eine rein ökonomische Bewertung der Natur. Der junge Kant war einer der Ersten, der zu dieser kulturellen Wende beitrug. Seine wichtige Rolle in dieser Hinsicht muss von der modernen Philosophie der Umwelt noch anerkannt werden; bis heute berücksichtigt diese nur seine anthropozentrischen Gedankengänge.

Anzumerken ist allerdings, dass das von Charles Taylor gezeichnete Bild aus Sicht der Umweltphilosophie nicht ganz zufriedenstellend ist. Er betont die Bedeutung der sentimentalistischen Tradition, die durch die Cambridger Platoniker, Shaftesburys und Hutchesons Theorien des moralischen Gefühls sowie Rousseau verkörpert wird, für diese kulturelle Wende der frühen Romantik. Es gibt jedoch noch zahlreiche andere dafür bedeutsame Denkrichtungen. Taylor analysiert weder die neuen Entwicklungen in den damaligen Umweltwissenschaften[176] noch die materialistischen, naturalistischen und atheistischen Tendenzen der Aufklärungsphilosophie.

Auch die neuen faktischen *Erfahrungen* der Natur haben eine wichtige Rolle gespielt. Ich möchte hier zunächst die Kolonisation und Kapitalisierung der natürlichen Ressourcen nennen, die viele negative Folgen in Form von Umwelt- und kulturellen Problemen hatten. Die traditionellen, „organischen“ (um einen typisch romantischen Ausdruck zu verwenden) Formen des Zusammenspiels von Natur und Kultur gingen vielerorts unter. Über den Kolonialismus verbreiteten die Europäer rund um die Welt neue Krankheiten, fremde Arten und rotteten viele einheimische Arten aus. In Europa selbst traten die Probleme mit Erosion, Produktivitätsverlusten in der Landwirtschaft, Umweltverschmutzung in den neuen Industriestädten usw. schon am Ende des 18. Jahrhunderts offen zutage.

Bereits früher stellten jedoch eine Reihe neuer Erfahrungen die hohe Stellung des Menschen in der Natur in Frage: Naturkatastrophen wie Kometen, Vulkane und Erdbeben, die sogar die Existenz des Menschen bedrohten. Im 18. Jahrhundert wurde insbesondere das Erdbeben von Lissabon – eigentlich eine Erdbebenwelle, die sich in den Jahren 1755–1756

176 Die Umweltwissenschaften sind in diesem geschichtlichen Kontext vor allem die Geologie, Geographie, Meteorologie, Naturgeschichte, Biologie – und später Ökologie. Vgl. Bowler, Peter J.: *The Fontana History of the Environmental Sciences*. Fontana: London 1992.

über das westliche Europa bis nach Island und Skandinavien ausdehnte – ausgiebig in der Philosophie, den Naturwissenschaften und der Theologie diskutiert. Das Bewusstsein einer existentiellen Verwundbarkeit des Menschen und seines möglichen Aussterbens breitete sich aus.

Besonders in dieser Hinsicht ist die geschichtliche Analyse Taylors fragwürdig. Sie steht für eine typische, traditionelle Weise, die Geschichte der Philosophie zu schreiben. In der praktischen Philosophie wie in der Umweltphilosophie sind aber reale, alltägliche Erfahrungen von Bedeutung. Wir können dies bei Kant deutlich sehen. Obwohl er vielleicht ein archetypischer Philosoph war, der Königsberg nie verließ, war er tief bedrückt von den Nachrichten und Zeitungsartikeln aus Lissabon. Er verfasste drei Artikel über das Erdbeben, sowohl aus geologischer als auch aus moralischer Perspektive. Kant war auch ein eifriger Geograph, einer der Klassiker dieser Wissenschaft, und ein eifriger Leser von Reiseliteratur. Taylor und andere Autoren, die sich mit der Geschichte der Philosophie beschäftigen, sollten auch solche scheinbar marginalen Schriften untersuchen und sich nicht nur auf die „großen Werke" konzentrieren. Das ist auch in der Kantforschung ein Problem, die „drei Kritiken" dominieren noch heute, und kaum jemand hat z. B. Kants Schriften über das Erdbeben analysiert.[177]

Dieses Problem der Auslegung ist leider auch in der geschichtlichen Behandlung des Umweltdenkens präsent: Man orientiert sich vorrangig an großen Denkern und großen Werken. Für ihre Darstellung von Kant beziehen diese zentralen Werke[178] zum Beispiel die kleineren Schriften über Geographie und Naturgeschichte nicht mit ein, sondern folgen nur recht oberflächlich den grundlegenden systematischen Auffassungen der „drei Kritiken", obwohl die kleineren Schriften gerade für die Umweltphilosophie teilweise sehr interessant sind. Nur die dritte Kritik, die *Kritik der Urteilskraft*,

---

[177] Eine Ausnahme in dieser Hinsicht ist das Buch von Peter Fenves über das „geoethische" Denken des späteren Kant (Fenves, Peter: *Late Kant. Towards another Law of the Earth.* Routledge: New York 2003).

[178] Zu den bedeutenden Publikationen in diesem Feld gehören etwa: Glacken, Clarence J.: *Traces on the Rhodian Shore, Nature and Culture in Western Thought from Ancient Times to the End of the Eighteenth Century.* University of California Press: Berkeley/Los Angeles/London 1967, S. 530–535. Oelschlaeger, Max: *The Idea of Wilderness. From Prehistory to the Age of Ecology.* Yale University Press: New Haven & London 1991, S. 113–116. Gloy, Karen: *Das Verständnis der Natur*, Bd. I. C. H. Beck: München 1995, S. 193–222.

stellt diesbezüglich eine Ausnahme dar. Nicht nur die großen Werke, auch die „großen Denker" beherrschen die Darstellungen. Es gibt aber viele in dieser Hinsicht fast vergessene Denker, deren Bedeutung man hervorheben sollte. In der Geschichte der deutschen Philosophie spielt zum Beispiel Johan Gottfried Herder eine eher marginale Rolle; für die Umweltphilosophie könnte er sich aber als wichtiger Klassiker erweisen, der Kant oder Schelling ebenbürtig ist.

Der junge Kant und die Grenzen des Menschen

Schon in seinen ersten Publikationen stellte Kant das traditionelle physikotheologische Weltbild kritisch in Frage. In den Jahren 1754/1756, die für unser Thema wichtig sind, war Kant an Fragen der Kosmologie, Geologie und Meteorologie besonders interessiert. In diesem Kontext stellt er wichtige Fragen nach der Geschichte und dem Schicksal der Erde – und damit natürlich auch der des Menschen. Wie Peter Fenves bemerkt, werden diese Fragen in den Schriften des späteren Kant im Jahr 1790 erneut aufgeworfen.[179]

Kant schrieb zunächst zwei Artikel über Naturwissenschaften, in denen er der Frage nachging, welche Veränderungen die Erde im Laufe ihrer Geschichte erfahren habe. Beim ersten Artikel handelt es sich um eine kurze *Preisschrift* über die von der Königlichen Akademie der Wissenschaften in Berlin gestellte Frage, ob sich die Erdrotation im Lauf ihrer Geschichte verändert habe. Die zweite Frage ist für unser Thema interessanter: „Veraltet" die Erde und kann sie in Zukunft unbewohnbar werden?[180] Kant beschreibt das Problem folgendermaßen:

> Die Meinung der meisten Naturforscher, welche Theorien der Erde entworfen haben, geht dahin, daß die Fruchtbarkeit der Erde allmählich abnehme, daß sie sich dem Zustande mit langsamen Schritten nähere unbewohnter und wüst zu werden, und daß es nur Zeit brauche, um die Natur gänzlich veraltet und in der Ermattung ihrer Kräfte erstorben zu sehen. Diese Frage ist wichtig [...].[181]

Kant unterstreicht also deutlich die Frage der Fruchtbarkeit, denn von den traditionellen vier Theorien zur Alterung der Erde hebt nur eine das

---

179 Fenves 2003, S. 136–161.

180 Kant, Immanuel: *Die Frage, ob die Erde veralte, physikalisch erwogen* (1754; im Folgenden FEV). AA 1, S. 193–214.

181 Ibid., S. 197.

Abnehmen der Fertilität als zentral hervor.[182] Das bedeutet natürlich auch, dass die Existenz des Menschen ebenfalls bedroht ist. Kant akzeptiert keine theologischen Garantien für eine ewige Existenz des Menschen wie die traditionelle physikotheologische Weltauffassung. Im Gegenteil: Er ist sich sicher, dass die Erde altert und alle Teile der Natur, Pflanzen, Tiere und Menschen, diesem düsteren Gesetz der Natur folgen.[183] Nur eine Frage bleibt offen: Wie und warum geschieht das? Laut Kant besitzen wir noch keine befriedigende Theorie dazu.

Wir brauchen in diesem Zusammenhang nicht genauer auf die kritischen Kommentare Kants zu den klassischen geologischen Theorien einzugehen. Die meisten davon betonen die Rolle von Regen, Flüssen und Seen bei der Formung der Erdoberfläche. Doch laut Kant bleibt die Frage im Kern offen, und er nimmt an, dass noch weitere Faktoren existieren, die man in die Betrachtung einbeziehen sollte. Als mögliche Ursachen für ein künftiges Ende der Erde nennt er Kometen, Erdbeben und Vulkane, obwohl er es vorziehen würde, statt solcher zufälliger Erscheinungen ein stabileres Naturgesetz als Erklärung zu finden.[184] Schon bald, nach dem Erdbeben von Lissabon 1755–1756, sollte er diese kontingenten Erklärungen allerdings ernsthafter betrachten.[185]

Kant entwickelte seine Kritik an der Physikotheologie und am Anthropozentrismus aber schon vor diesem Erdbeben. Seine diesbezügliche Auffassung des Menschen formuliert er theoretisch in seinem ersten umfassenden Buch *Allgemeine Naturgeschichte und Theorie des Himmels* von 1755. Obwohl Kant das atheistische Weltbild Epikurs am Anfang seines Buchs zurückweist, greift er danach umfassend das physikotheologische Bild einer gottgeschaffenen schönen Ordnung an. Unsere Neigung, in der Natur Schönheit und Ziele zu sehen, ist Kant zufolge sehr problematisch. Besonders die anthropozentrische Auffassung des Menschen als Endziel der Schöpfung, für den Gott die Natur erschaffen habe, muss verneint werden.

---

182 Ibid., S. 202–203.

183 Ibid., S. 198.

184 Ibid., S. 213.

185 Erich Adickes (*Kant als Naturforscher* 2, Berlin 1925, S. 361–362) sieht die geologischen Theorien Kants als Kompromiss zwischen neptunistischen (betonen die Rolle des Wassers) und plutonistischen (betonen die Rolle des Vulkanischen) Theorien der Erde.

So ist zum Beispiel der kühlende Wind der tropischen Inseln kein von Gott zum menschlichen Vorteil geplantes Phänomen, sondern lässt sich ohne den Rückgriff auf solche übernatürlichen Gründe erklären.[186] Kant will die Rolle Gottes aber nicht vollständig verneinen. Epikur kritisierend, akzeptiert er, dass Gott die Gesetze der Natur, die gute und schöne Wirkungen produzieren, erschaffen hat. Anders als die Epikureer behaupten, können solche Gesetze nicht zufällig entstehen.[187]

Diese Polemik gegen die Epikureer ist natürlich durch religiöse und politische Ursachen motiviert. Kant will nicht gegen die Religion als solche argumentieren.[188] Seine theologische Position ist deistisch: Gott hat demnach die Naturgesetze geschaffen, aber danach die Welt und der Mensch ohne vorsehende Leitung gelassen. Die radikalsten Aspekte der Konzeption Kants sind, dass (a) die Naturgesetze gegen die Interessen des Menschen verstoßen können und (b) wir noch nicht alle Gesetze der Natur kennen. Diese Ideen ermöglichen es zusammengenommen, theoretisch (a) die Wildheit und Unbeherrschbarkeit der Natur und (b) das mögliche Ende der Menschheit durch die Kräfte der Natur anzuerkennen. Der Deismus Kants erlaubt so seine radikale Kritik am Anthropozentrismus und an der Physikotheologie.

Die radikalsten nich-tanthropozentrischen Konsequenzen der Ausführungen seines Buches werden explizit im letzten *Anhang* genannt, der *„Von den Bewohnern der Gestirne“* handelt.[189] Seine Interesse für diese Frage zeigt, dass der junge Kant erkenntnistheoretisch noch einer dogmatischen Metaphysik zuneigt. Der spätere „kritische Wende“ in seinem Denken hielt solche Fragen für wissenschaftlich unlösbar. Der junge Kant glaubt noch, sie ebenfalls ganz wissenschaftlich lösen zu können. Er erklärt, es sei möglich, unser Wissen dazu mit sicheren Erklärungen zu erweitern.[190] Er verweist in diesem

---

[186] Kant, Immanuel: *Allgemeine Naturgeschichte und Theorie des Himmels* (im Folgenden NTH). AA 1, S. 222–224.

[187] Ibid., S. 227–228.

[188] Ibid., S. 222. Kant sagt direkt, dass er seine „Bemühungen von aller Sträflichkeit frei weiß“.

[189] Ibid., S. 351.

[190] Ibid.

Zusammenhang auf einen Satiriker „aus dem Haag",[191] der den Mensch mit einer Laus auf dem Kopf eines Bettlers vergleicht, die sich einbildet, ein Meisterwerk der Schöpfung zu sein.[192]

Der Mensch neigt dazu, auf die gleiche Weise wie diese Laus zu denken. Kant kritisiert treffend diesen Glauben:

> Weil seiner Einbildung nach der Natur an seinem Dasein unendlich viel gelegen ist: so hält es die ganze übrige Schöpfung für vergeblich, die nicht eine genaue Abzielung auf sein Geschlecht, als den Mittelpunkt ihrer Zwecke, mit sich führt. Der Mensch, welcher gleich unendlich weit von der obersten Stufe der Wesen absteht, ist so verwegen, von der Nothwendigkeit seines Daseins sich mit gleicher Einbildung zu schmeicheln.[193]

Diese Auffassung des Menschen ist Kant zufolge nicht richtig: Die Natur ist keine hierarchische Leiter, sondern eher eine gleichrangige Mannigfaltigkeit von Gattungen und natürlichen Systeme. Kant scheint hier sogar eine Spinozistische, egalitär pantheistische Auffassung zu akzeptieren, wenn er fortfährt:

> Die Unendlichkeit der Schöpfung faßt alle Naturen, die ihr überschwenglicher Reichthum hervorbringt, mit gleicher Nothwendigkeit in sich. Von der erhabensten Classe unter den denkenden Wesen bis zu dem verachtetesten Insect ist ihr kein Glied gleichgültig; und es kann keins fehlen, ohne daß die Schönheit des Ganzen, welche in dem Zusammenhange besteht, dadurch unterbrochen würde.[194]

Es erscheint vielleicht sonderbar, dass laut Kant die meisten Planeten bewohnt sind. Der Mensch ist demnach nicht das einzige vernünftige Wesen, und es gibt noch weit höher stehende, noch intelligentere Wesen.[195] Hinzuweisen

---

[191] Ibid., S. 353. Es ist nicht klar, wen Kant hier meint. Offenbar nicht Spinoza, der kein Satiriker war. Es könnte sich um Bernard de Mandeville (1670–1733) handeln, dessen *Fable of the Bees* die falsche Arroganz des Menschen kritisierte und diesen tatsächlich für schlechter als Tiere hielt. Vgl. Bernard de Mandeville: *Die Bienenfabel oder private Laster, öffentliche Vorteile*. Frankfurt am Main 1980, S. 94–98, 170, 215–220, passim.

[192] NTH. AA 1, S. 353.

[193] Ibid., S. 353–354.

[194] Ibid., S. 354.

[195] Ibid., S. 354, 359–360.

ist aber darauf, dass auch der spätere Kant, nach der „kritischen Wende", den Menschen regelmäßig als „einziges vernünftiges Wesen auf der Erde" bezeichnete – also nicht auf anderen Planeten!

Kant ist hier aus umweltphilosophischer Sicht besonders radikal, wenn er den Menschen mit anderen, nicht vernünftigen Gattungen vergleicht. Der Mensch steht nicht an der Spitze der „great chain of being", um den berühmten Ausdruck von Arthur O. Lovejoy zu benutzen. Die Auffassung Kants entspricht der radikal biozentrischen Auffassung Spinozas, wenn er unterstreicht, dass der Mensch nicht höher steht als die anderen Gattungen. Selbst die Insekten sind für das Ganze der Natur ebenso notwendig und wertvoll, sie vermehren den unendlichen Reichtum und die Schönheit der Natur. Natürlich nennt Kant Spinoza hier nicht namentlich, denn er wurde damals als gefährlicher Atheist angesehen. Es ist jedoch offensichtlich, dass sich der junge Kant hier weit von der protestantischen Orthodoxie entfernt und dem Pantheismus annähert. Alles in der Natur hängt „in einer ununterbrochenen Gradfolge zusammen durch die ewige Harmonie, die alle Glieder auf einander beziehend macht".[196] Die göttliche Ordnung ist in allen Stufen der Schöpfung gleichwertig: „Die Vollkommenheiten Gottes [...] sind nicht weniger herrlich in den niedrigsten Classen, als in den erhabnern."[197] Wie Gerd Irrlitz bemerkt hat, kann hier auch die pantheistische Tradition des Cambridge-Platonismus, vor allem der von diesem beeinflusste Shaftesbury, auf Kant eingewirkt haben.[198]

Die naturalistische Auffassung des jungen Kants über den Menschen kulminiert in einem recht pessimistischen Gesamtbild. Er schreibt:

> Wenn man das Leben der meisten Menschen ansieht: so scheint diese Creatur geschaffen zu sein, um wie eine Pflanze Saft in sich zu ziehen und zu wachsen, sein Geschlecht fortzusetzen, endlich alt zu werden und zu sterben. Er erreicht unter allen Geschöpfen am wenigsten den Zweck seines Daseins, weil er seine vorzügliche Fähigkeiten zu solchen Absichten verbraucht, die die übrigen Creaturen mit weit minderen und doch weit sicherer und anständiger erreichen.[199]

---

[196] Ibid., S. 365.
[197] Ibid.
[198] Gerd Irrlitz: *Kant Handbuch. Leben und Werk*. J. B. Metzler: Stuttgart 2002, S. 85.
[199] NTH. AA 1, S. 356.

Der Mensch ist den Prozessen der Natur also wie eine Pflanze verbunden, und höhere Fähigkeiten wie Moral und Vernunft sind bei den meisten marginal und schwach ausgeprägt. Die Freiheit des Menschen führt oft zu Bosheit, Kriegen usw. Daher lässt sich folgern, dass das instinctive Handeln der Tiere oft moralisch bessere Resultate erreicht – „sicherer und anständiger" ist.

Die Lehren aus dem großen Erdbeben von Lissabon 1755–1756

Das bekannte Erdbeben[200] geschah beinahe unmittelbar, nachdem Kant seine *Allgemeine Naturgeschichte* verfasst hatte. Es schien alles zu bestätigen, was Kant über den Mensch und seine Stellung auf der Erde gesagt hatte. Dies erklärt auch, weshalb er sofort drei Artikel darüber verfasste. Diese konzentrieren sich auf wissenschaftliche Erklärungen der Erdbeben, aber reflektieren auch seine theologischen und moralischen Konsequenzen.

Kant bezieht die Frage zunächst auf das physikotheologische Weltbild. Er erklärt, dass die Erdbeben, Vulkane usw. nicht umsonst existieren: „Die Natur hat nicht vergeblich einen Schatz von Seltenheiten überall zur Betrachtung und Bewunderung ausgebreitet."[201] Gott habe nicht nur die harmonischen Aspekte der Natur geschaffen, sondern auch diese. Es wäre also ein Fehler, nur die Harmonie in der Natur zu sehen. Wir neigen zwar dazu, weil unsere alltägliche Erfahrung diese harmonische Auffassung stärker unterstützt, sollten unsere Denkweise aber verändern: Der Mensch hat „kein Recht [...], von den Naturgesetzen, die Gott angeordnet hat, lauter bequümliche Folgen zu erwarten".[202] Naturkatastrophen haben also eine wichtige Bedeutung für den Intellekt: Sie zeigen uns, welche Stellung wir in der Natur tatsächlich einnehmen.

Naturkatastrophen haben gleichzeitig auch einen ästhetischen Wert: Sie sind erhabene Objekte, wie Kant schon in seinem ersten Werk zur Ästhetik darlegt, *Beobachtungen über das Gefühl des Schönen und Erhabenen* (1764). Deshalb

---

200 Es war eigentlich eine Serie von Erdbeben im ganzen westlichen Europa in den Jahren 1755–1756. Lissabon war die einzige größere Stadt, die durch das Erdbeben vernichtet wurde.

201 Kant, Immanuel: *Geschichte und Naturbeschreibung der merkwürdigsten Vorfälle des Erdbebens, welches an dem Ende des 1755sten Jahres einen großen Theil der Erde erschüttert hat* (im Folgenden GNVE). AA 1, S. 431.

202 Ibid.

haben sie einen Bezug zu unserer Moral, unseren wahren Tugenden und moralischen Maximen. Kant bemerkt: „Bezwingung seiner Leidenschaften durch Grundsätze ist erhaben.“[203] Die Naturkatastrophen können uns also lehren, unsere Leidenschaften zu kontrollieren. Dadurch können sie uns auch dabei unterstützen, eine überlegtere und altruistischere Einstellung zum Leben zu entwickeln. Dennoch besitzen die Katastrophen durch ihre Erhabenheit vor allem einen rein ästhetischen Wert: Wir bewundern sie als Symbole für die nicht kontrollierbaren, dynamischen Kräfte der Natur. Kant gebraucht später in der *Kritik der Urteilskraft* den präziseren Ausdruck „dynamische Erhabenheit“. Eine andere Form der Erhabenheit ist die mathematische, die zum Beispiel der unendliche Sternenhimmel repräsentiert.

Kants Begriff des natürlichen Werts ist also ziemlich vielseitig. Die Natur besitzt nicht nur ökonomischen Wert, wie der naive Anthropozentrismus meint, sondern zumindest auch intellektuelle, moralische und ästhetische Werte – vielleicht sogar sozusagen prä-ökologische Werte[204] in Gestalt der Diversität, die Kant in solchen Zusammenhängen oft betont. Obwohl diese Werte vielleicht „leicht anthropozentrisch“ bleiben, wie etwa Eugene C. Hargrove hervorgehoben hat,[205] sind sie jedoch sehr wichtig für den Naturschutz. Kants Beschreibungen dieser Werte waren bahnbrechend für den hohen Stellenwert, den die deutsche Romantik (u. a. Herder, Novalis, Schelling) der wilden Natur zuschrieb, und später auch für den amerikanischen Transzendentalismus (Emerson, Thoreau), der für die Entstehung der westlichen Naturschutzbewegung von Bedeutung war.[206]

Kant fasst seine Auffassungen über den allgemeinen Wert von Erdbeben in seinem zweiten Artikel unter dem Titel *Von dem Nutzen der Erdbeben* zusammen. Die Erdbeben sind demnach nützlich, wenn sie die Menschheit lehren, ihre Stellung in der Natur realistischer als früher zu beurteilen.

---

203 Kant, Immanuel: *Beobachtungen über das Gefühl des Schönen und Erhabenen*. AA 2, S. 215.

204 Der Begriff „Ökologie“ wurde allerdings erst von Erich Haeckel etwa 100 Jahre später eingeführt.

205 Hargrove, Eugene C.: *Foundations of Environmental Ethics*. Prentice Hall: New Jersey 1989.

206 Vgl. Väyrynen, Kari: *Ympäristöfilosofian historia maaäitimyytistä Marxiin*. Eurooppalaisen filosofian seura: Tampere 2006, S. 225–281. Kovalainen, Heikki A.: *Emerson ja filosofia*. Gaudeamus: Helsinki 2007, S. 42–49.

Wir haben jedoch eine Tendenz, egoistisch zu denken und in der Natur nur Gebrauchswerte zu sehen. Kant beschreibt diese Einstellung folgendermaßen:

> Nachdem wir einen widerrechtlichen Anspruch auf alle Annehmlichkeit des Lebens gemacht haben, so wollen wir keine Vortheile mit Unkosten erkaufen. Wir verlangen, der Erdboden soll so beschaffen sein: daß man wünschen könnte darauf ewig zu wohnen.[207]

Die Menschen glauben irrtümlicherweise, die Natur wäre für sie eine freie Ressource, die sie ohne moralische oder legale Verantwortlichkeit benutzen dürften. Sie glauben, die Natur wäre primär für ihrer Genuss geschaffen, und ihre schlechten Seiten wären nur die Fehler des Schöpfers. Daher habe der Mensch auch ein Recht, sie zu verbessern, die wilde Natur zu zähmen und zu benutzen. Diese Auffassung war in der Periode der Aufklärung allgemein verbreitet. Als tief kritischer Aufklärer, der die populärsten Mentalitäten der Aufklärung nicht teilte, sah Kant diese Vorstellungen jedoch als Beispiele für moralische Korruption und Egoismus.

Für die Menschen ist es zudem schwierig, ihre Sterblichkeit anzuerkennen. Sie verstehen nicht, so Kant, dass die Opfer von Lissabon im Ganzen der Natur notwendig waren. Die Auffassung, die Natur sei unser legitimes Eigentum, steht offenbar auch hinter diesem Glauben. Kant schreibt:

> Als Menschen, die geboren waren, um zu sterben, können wir es nicht vertragen, dass einige im Erdbeben gestorben sind, und als die hier Fremdlinge sind und kein Eigentum besitzen, sind wir untröstlich, daß Güter verloren worden, die in kurzem durch den allgemeinen Weg der Natur von selbst wären verlassen worden.[208]

Die Erde wurde traditionell als gemeinsames Eigentum der Menschheit angesehen. Diese auch im Christentum verbreitete Auffassung gab den Menschen das Recht, die Erde zu kultivieren und benutzen. Auch in der Philosophie des Eigentumsrechts, in der Neuzeit vor allem bei Locke und Rousseau,

---

[207] GNVE. AA 1, S. 455.

[208] Ibid., S. 456. Es gab in Lissabon allerdings nicht nur „einige“ Opfer, sondern ca. 2.000. Wir wissen nicht, ob Kants die Zahl so gering einschätzte, weil er möglicherweise die Opferzahlen anderer Erdbeben kannte: Im chinesischen Sensin gab es 1556 etwa 830.000, 1693 auf Sizilien ca. 60.000, 1730 in Hokkaido ca. 137.000 und 1737 in Kalkutta ca. 300.000 Opfer.

wurde diese Vorstellung anerkannt. Es ist interessant, dass sich Kant hier eindeutig dagegen wendet. Auch in seiner späteren Rechtsphilosophie akzeptierte er diese traditionelle Auffassung eines ursprünglichen gemeinsamen Eigentums nicht.[209] Für den jungen Kant ist die Frage allerdings primär metaphysisch: er will die klassische Auffassung über die dominierende Stellung des Menschen im Kosmos kritisieren und dessen Sterblichkeit unterstreichen. Nach den Gesetzen der Natur verschwindet auch das menschliche Eigentum. Auch das vernichtende Erdbeben drückt nur diese Notwendigkeit aus. Diese Auffassungen von Kant stehen in diametralem Gegensatz zum Anthropozentrismus und sind auch für die heutige Umweltphilosophie interessant.

Der Mensch sollte seine Art und Weise, die Natur zu behandeln, radikal verändern. Unsere Abhängigkeit von der Natur sollte beachtet werden, zum Beispiel beim Aufbau von kulturellen Artefakten wie Häusern in erdbebengefährdeten Gegenden. Unsere Technologie sollte nicht den Prozessen der Natur entgegenwirken. Kant warnt mit klaren Wörtern:

> Wäre es nicht besser also zu urtheilen: Es war nöthig, dass Erdbeben bisweilen auf dem Erdboden geschähen, aber es war nicht nothwendig, daß wir prächtige Wohnplätze darüber erbaüten? Die Einwohner in Peru wohnen in Häusern, die nur in geringer Höhe gemaürt sind, und das übrige besteht aus Rohr. Der Mensch muß sich in die Natur schicken lernen, aber er will, dass sie sich in ihn schicken soll.[210]

Weil der Mensch tatsächlich nicht der Herr der Natur ist, muss er lernen, sich an ihre inneren Prozesse anzupassen. Wir sahen schon oben, dass sich Kant nicht nur um geologische Prozesse, sondern schon 1754 auch um die Fruchtbarkeit des Bodens Sorgen machte. Dieser Aspekt findet sich auch in seinen Spekulationen über den Nutzen der Erdbeben.[211] Darüber hinaus ist Kant überzeugt, dass die Tätigkeit des Menschen die Fruchtbarkeit der Erde verringern kann. Schon 1754 forderte Kant, dass wir unsere Kultur auch in dieser Hinsicht an die natürliche Umgebung adaptieren sollten.

---

[209] Väyrynen, Kari: „Weltbürgerrecht und Kolonialismuskritik bei Kant“. In: Gerhardt, Volkert et al. (Hrsg.): *Kant und die Berliner Aufklärung. Akten des IX. Internationalen Kant-Kongresses*, Bd. IV. Berlin 2001, S. 302–309.

[210] GNVE. AA 1, S. 456.

[211] Ibid., S. 456–458.

Er verweist interessanterweise auf historische Beispiele, in denen „vordem blühende Staaten“ aufgrund zurückgehender Fruchtbarkeit verödet sind.[212] Dieser umweltgeschichtliche Aspekt wird auch in den späteren Vorlesungen über die physische Geographie erwähnt. Der Mensch wirkt negativ auf das Klima, wenn er die Moore trocknet und die Walder kahlschlägt.[213]

Kant fasst seine Kritik am Anthropozentrismus und am physikotheologischen Weltbild folgendermaßen zusammen:

> Der Mensch ist von sich selbst so eingenommen, daß er sich lediglich als das einzige Ziel der Anstalten Gottes ansieht, gleich als wenn diese kein ander Augenmerk hätten als ihn allein, um die Maßregeln in der Regierung der Welt darnach einzurichten. Wir wissen, daß der ganze Inbegriff der Natur ein würdiger Gegenstand der göttlichen Weisheit und seiner Anstalten sei. Wir sind ein Theil derselben und wollen das Ganze sein. Die Regeln der Vollkommenheit der Natur im Großen sollen in keine Betrachtung kommen, und es soll sich alles bloß in richtiger Beziehung auf uns anschicken.[214]

Unser Wissen über die Natur hängt stark von unseren unmittelbar praktischen Interessen ab. Das Wissen über die „Natur im Großen“ erfordert aber eine eher altruistische Einstellung, dank derer wir unsere unterschiedlichen Interessen an der Natur kritisch beurteilen können. Wir müssen vor allem den Anthropozentrismus des physikotheologischen Weltbildes aufgeben. Als Menschen können wir ihn zwar nicht vollständig aufgeben, aber wir müssen wenigstens offen genug sein, um zu erkennen, dass zur „Natur im Großen“ auch katastrophale Vorgänge und sogar ein mögliches Ende der Menschheit und des Lebens auf der Erde gehören.

Die Kontinuität zwischen Kants Kritik an der anthropozentrischen Metaphysik und Ethik in seinem Frühwerk und in seinen späteren Hauptwerken ist eine wichtige Frage, die eine umfassende Analyse erfordert und daher in diesem Kontext nicht besprochen werden kann. Deshalb werfe ich in diesem Artikel einen Blick auf die für die Umweltphilosophie interessante Frage zum Einfluss Kants auf seinen Studenten Johann Gottlieb Herder. Dieser wurde insbesondere durch den jungen Kant stark beeinflusst

---

212 FEV. AA 1, S. 197.

213 Kant, Immanuel: *Immanuel Kants Physische Geographie* (im Folgenden PG). AA 9, S. 298.

214 GNVE. AA 1, S. 460.

und ist in dieser Hinsicht eine interessante Ausnahme im Vergleich zu anderen deutschen Romantikern und Idealisten, die sich auf die kritische Hauptwerke des reifen Kants gestützt haben. Herder braucht heute eine philosophiegeschichtliche Rehabilitierung: Er ist besonders für die gegenwärtige Umweltphilosophie einer der interessantesten Denker der deutschen Aufklärung und frühen Romantik.

Der junge Kant und Herder

Herder war neben dem jungen Kant der einzige Denker, der sich im 18. Jahrhundert ernsthaft mit den möglichen natürlichen Grenzen und sogar dem Ende der Menschheit auseinandersetzte. Er war mit dem Denken des jungen Kants tief vertraut: Zu Beginn seines Studiums in Königsberg 1762–1764 besuchte er Kants Vorlesungen über Astronomie, Logik, Metaphysik, Moralphilosophie, Mathematik und physische Geographie. Herder war vor allem an Astronomie, physischer Geographie und „den großen Gesetzen der Natur“ interessiert.[215] Obwohl er poetischer veranlagt als Kant war und sich für sehr abstrakte philosophische Fragen nicht interessierte, ist Michael Zaremba zuzustimmen, dass „das breite Spektrum seiner Studien [...] die Suche nach einem aufgeklärt-universellen Weltbild [dokumentiert], welches ihm vor allem Kant vermittelte“.[216] Neben den Vorlesungen studierte er natürlich auch die Schriften des jungen Kants, dessen Hauptwerk, *Allgemeine Naturgeschichte und Theorie des Himmels* (1755), von entscheidender Bedeutung für Herder war. Am Anfang seines Hauptwerks *Ideen zur Philosophie der Geschichte der Menschheit* (1784–1791) charakterisiert er Kants Werk als „eine Schrift, die unbekannter geblieben ist, als ihr Inhalt verdiente“.[217] Es ist daher offenbar, dass die naturalistischen Elemente der Auffassung über den Menschen bei Herder wesentlich durch den jungen Kant inspiriert sind. Es ist überhaupt problematisch zu behaupten, wie es etwa John Zammito getan hat, der junge Kant wäre eigentlich kein Naturalist gewesen.[218] Im geschichtlichen Kontext

[215] Zaremba, Michael: *Johann Gottfried Herder. Prediger der Humanität. Eine Biographie.* Böhlau: Köln 2002, S. 38–39.

[216] Zaremba 2002, S. 50.

[217] Herder, Johann Gottlieb: *Ideen zur Philosophie der Geschichte der Menschheit.* Fourier: Wiesbaden 1985, S. 45.

[218] Zammito, John: *Kant, Herder and the Birth of Anthropology.* The University of Chicago Press: Chicago 2002, S. 150.

der Aufklärung war Kant ein ziemlich radikaler Naturalist, der sich, wie bereits erwähnt, sogar dem verrufenen Pantheismus Spinozas annäherte. John Zammito betont den Einfluss von Kants Schriften aus den Jahren 1760–1770 auf die Herausbildung von Herders Anthropologie. Diese Auslegung ist aber geschichtlich ungenau, weil sich die naturalistischen Elemente von Herders Anthropologie bereits auf Kants frühere Schriften aus den Jahren 1754–1755 stützen.

Aus Sicht der gegenwärtigen Umweltphilosophie ist Herder vielleicht noch interessanter als Kant, weil er den Einfluss von Kultur und Wirtschaft auf die Natur stärker betont. Herder ist sich nicht nur der Folgen von Naturkatastrophen, sondern auch der menschengemachten Veränderungen der Umwelt bewusst. Wie oben erwähnt, nannte auch Kant diesen Aspekt, betonte ihn jedoch nicht so klar wie Herder.

Auf welchen Grundlagen beruht Herders Naturauffassung? In seiner Metaphysik setzte er die Grundgedanken des jungen Kants fort und stützt sich dabei stark auch auf Spinoza, Leibniz und Shaftesbury. Herder war ein Monist und kritisierte später recht streng die dualistischen Tendenzen des reifen Kant. Er schreibt in seiner *Metakritik* (1799): „Dichotomien sind ihr Werk" (das Werk der kritischen Philosophie). „Wie anders die Natur! [...] ihre Antiphonien heben einander, ihre Gegensätze verschmelzen."[219] In seiner dialektischen Kantkritik war Herder eine wichtige Quelle der Inspiration für den romantischen Monismus und Pantheismus und sogar für Hegel.[220] Man muss jedoch betonen, dass er ungeachtet seiner strengen Kantkritik und des direkten Konflikts mit ihm den monistischen Auffassungen des jungen Kant (neben Spinoza und Shaftesbury) treu blieb. Wie Kant kritisierte Herder das physikotheologische Weltbild, weitgehend mit denselben Argumenten. Ich fasse diese Kritik hier mit den Wörter Herders kurz zusammen.

Herder zufolge nimmt der Mensch keine besondere Stellung in der Natur ein. Wie andere Tiere ist er abhängig von den materiellen Elementen der Natur. Unser Leib, die Sinne und Seelenkräfte haben sich alle aus den

[219] Herder, Johann Gottfried: *Eine Metakritik zur Kritik der reinen Vernunft. Sämmtliche Werke*, Bd. 17. J. G. Cotta'sche Buchhandlung: Stuttgart und Tübingen 1827, S. 175.

[220] Kondylis, Panajotis: *Die Aufklärung im Rahmen des neuzeitlichen Rationalismus*. Klett-Cotta: Stuttgart 1981, S. 615–636. Taylor, Charles: *Hegel*. Harward University Press: Cambridge Mass. 1975, S. 13–25.

speziellen Verhältnissen der Erde entwickelt. Wir sind auch nicht allein im Kosmos: Die Bewohner der anderen Planeten sind offenbar sehr unterschiedlich, obwohl wir darüber keine gesicherten Erkenntnisse haben.[221] Es ist jedoch sicher, dass der Mensch und die Erde nicht das Zentrum der Universum sind. Herder schreibt: „Wir sind nicht im Mittelpunkt, sondern im Gedränge; wir schiffen, wie andere Erden, im Strom umher und haben kein Maas der Vergleichung."[222] Herder wiederholt hier ziemlich direkt die zentralen Ideen von Kants *Allgemeiner Naturgeschichte*.

Die Existenz des Menschen hat ihre Grenzen in der Geschichte der Natur. Der Mensch hat sich wie alle anderen Lebensformen entwickelt. Alle Gattungen, auch der Mensch, entstehen und sterben gemäß der natürlichen Ordnung. Die Vorgänge in der Natur entwickeln sich nicht nur harmonisch, sondern es gibt auch revolutionäre Veränderungen, worauf die Überschrift von Kapitel III der *Ideen* hinweist: *„Unsre Erde ist vielerley Revolutionen durchgegangen, bis sie das, was sie jetzt ist, worden.*" Diese Entwicklung umfasst nicht nur die Bildung der Erde aus den Elementen Wasser, Feuer, Luft und Wind, sondern auch die Entstehung der Lebewesen aus natürlichen Prozessen, nicht durch die Schöpfung. Dank der Fossilien von Pflanzen und Tieren ist Herder auch bekannt, dass einige Gattungen bereits ausgestorben sind. Diese Vorgänge beschreibt er in bewunderndem Ton: „[...] die vielfachen Gattungen der Erde, der Gesteine, der Crystallisationen, gar der Organisation in Muscheln, Pflanzen, Tieren, zuletzt im Menschen wie viel Auflösungen und Revolutionen des Einen in das Andre setzen die voraus!".[223] Die lebendige Natur ist aus dem ursprünglichen Chaos der Elemente entstanden. Diese Elemente wie Luft und Wasser entwickelten sich ihrerseits aus „geistigen und körperlichen staminibus", gleich wie Atomen oder Molekülen, die möglicherweise ursprünglich vorhanden waren.[224] Die Entwicklung des Lebens auf die Erde begann mit primitiven Pflanzen, irgendwelchen Moosen. Viel später entstanden erste tierische Organismen: die ersten Insekten, Vögel, Fische, später höhere Tiere und als letzter der Mensch.

---

[221] Herder 1985, S. 46–47.

[222] Ibid., S. 48.

[223] Herder 1985, S. 50.

[224] Herder ist hier ein wenig unklar. Er bezieht sich in diesem Kontext auch auf die Chemie. Herder 1985, S. 54–55.

Die Entwicklung des Menschen wurde, so Herder, auch durch die natürlichen Revolutionen der Erde beeinflusst. Die ältesten schriftlichen historischen Quellen erzählen über solche Katastrophen. Obwohl die Erde schon „älter geworden ist" und die Revolutionen nicht mehr so rasend sind, beeinflussen sie noch heute die Menschheit, wie zum Beispiel das Erdbeben von Lissabon gezeigt hat. Wir können uns unseres Weiterlebens überhaupt nicht sicher sein, die Elemente können uns ebenso vernichten wie einst die heute ausgestorbenen Gattungen, von denen die Fossilien zeugen. Für das Erdbeben in Lissabon können wir auch nicht Gott beschuldigen, wie Voltaire es getan hatte, denn es war ein ganz natürlicher Prozess. Wir müssen akzeptieren, dass die Elementen nicht gemäß unseren Zielen handeln. Am Ende handelt es sich um einen kosmischen Vorgang, in dem die Sonne alles zerstören wird. Herder fasst seine Visionen der Zerstörung in erhabenen Bildern zusammen:

> Sind wir uns selbst nicht und alle das unsre, selbst unsern Wohnplatz, die Erde, den Elementen schuldig? Wenn diese, nach immer fortwirkenden Naturgesetzen periodisch aufwachen und das Ihre zurücke fodern, wenn Feuer und Wasser, Luft und Wind, die unsre Erde bewohnbar und fruchtbar gemacht haben, in ihrem Lauf fortgehn und sie zerstören: wenn die Sonne, die uns so lang als Mutter erwärmte, die alles Lebende auferzog [...] wenn sie die alternde Kraft der Erde, die sich nicht mehr zu halten und fortzutreiben vermag, nun endlich in ihren brennenden Schoos zöge; was geschähe anders, als was nach ewigen Gesetzen der Weisheit und Ordnung geschehen mußte? Sobald in einer Natur voll veränderlicher Dinge Gang sein muß: so bald muß auch Untergang seyn [...].[225]

Diese Gedanken Herders spiegeln direkt das frühe Denken Kants. Wie Kant weist Herder auf kosmische und geologische Prozesse hin, die das Leben ermöglichen, aber auch vernichten können – und das auch notwendigerweise tun werden. Herder unterscheidet sich von Kant, indem er der Sonne eine endgültige Rolle in dieser Vernichtung zuweist. Die altersmüde Erde wird von ihr verschlungen.

Die naturalistischen und monistischen Gedanken des jungen Kant über die Stellung des Menschen in der Natur hatten wenig Einfluss auf die spätere Philosophie und Naturwissenschaft. Sein Student Herder blieb ein fast vergessener Denker im Vergleich zu den klassischen deutschen Idealisten, Fichte,

[225] Herder 1985, S. 51.

Schelling und Hegel. Auch die frühen Romantiker wie Schiller oder Goethe wurden weit mehr geachtet. Es ist offenbar, dass Herders spätere kritische Einstellung zum hochrespektierten Kant zu dieser Geringschätzung beigetragen hat. Heute gibt es jedoch Gründe, den jungen Kant und Herder höher zu achten. Sie sind bahnbrechende Denker für die Umweltphilosophie, weil sie die wilde Natur in den Mittelunkt stellten, eine prä-evolutionäre (also noch nicht Darwin'sche) Konzeption des Lebens und des Menschen entwickeln und eine nicht-anthropozentrische Metaphysik und Ethik skizzieren. Spinoza wurde bereits allgemein als Klassiker der Umweltphilosophie gewürdigt, aber der junge Kant und Herder verdienen diese Ehre sogar noch mehr.

Literaturverzeichnis

Adickes, Erich: *Kant als Naturforscher*, Bd. II. De Gruyter: Berlin 1925.

Bowler, Peter J.: *The Fontana History of the Environmental Sciences*. Fontana: London 1992.

Fenves, Peter: *Late Kant. Towards Another Law of the Earth*. Routledge: London & New York 2003.

Glacken, Clarence J.: *Traces on the Rhodian Shore. Nature and Culture in Western Thought from Ancient Times to the End of the Eighteenth Century*. University of California Press: Berkeley/Los Angeles/London 1967.

Gloy, Karen: *Das Verständnis der Natur*, Bd. I. C. H. Beck: München 1995.

Guyer, Paul: *Kant*. Routledge: London & New York 2008.

Hargrove, Eugene C.: *Foundations of Environmental Ethics*. Prentice Hall: New Jersey 1989.

Herder, Johann Gottlieb: *Eine Metakritik zur Kritik der reinen Vernunft. Sämmtliche Werke* 17. J. G. Cotta'sche Buchhandlung: Stuttgart und Tübingen 1827.

Herder, Johann Gottlieb: *Ideen zur Philosophie der Geschichte der Menschheit*. Fourier: Wiesbaden 1985.

Irrlitz, Gerd: *Kant Handbuch. Leben und Werk*. J. B. Metzler: Stuttgart 2002.

Kant, Immanuel: *Gesammelte Schriften*. Akademie-Ausgabe (AA). Hrsg: Preußische Akademie der Wissenschaften et al., Berlin 1900– .

Kondylis, Panajotis: *Die Aufklärung im Rahmen des neuzeitlichen Rationalismus*. Klett-Cotta: Stuttgart 1981.

Kovalainen, Heikki A.: *Emerson ja filosofia*. Gaudeamus: Helsinki 2007.

Mandeville, Bernard de: *Die Bienenfabel oder private Laster, öffentliche Vorteile*. Suhrkamp Verlag: Frankfurt am Main 1980.

Oelschlaeger, Max: *The Idea of Wilderness. From Prehistory to the Age of Ecology*. Yale University Press: New Haven & London 1991.

Taylor, Charles: *Hegel*. Cambridge University Press: Cambridge Mass. 1975.

Taylor, Charles: *Sources of the Self. The Making of the Modern Identity*. Cambridge University Press: Cambridge Mass. 1992.

Väyrynen, Kari: „Weltbürgerrecht und Kolonialismuskritik bei Kant". In: Gerhardt, Volker et al. (Hrsg.): *Kant und die Berliner Aufklärung. Akten des IX. Internationalen Kant-Kongresses*, Bd. IV. De Gruyter: Berlin 2001, S. 302–309.

Väyrynen, Kari: *Ympäristöfilosofian historia maaäitimyytistä Marxiin*. Eurooppalaisen filosofian seura: Tampere 2006.

Zammito, John: *Kant, Herder and the Birth of Anthropology*. The University of Chicago Press: Chicago 2002.

Zaremba, Michael: *Johann Gottfried Herder. Prediger der Humanität. Eine Biographie*. Böhlau: Köln 2002.

Die Romantische Naturphilosophie, Zivilisationskritik und die Anfänge des Naturschutzes[226]

Die frühe Geschichte des Naturschutzdenkens und der Naturschutzbewegung ist in vielen Ländern noch weitgehend unerforscht. Am bekanntesten ist sie in den USA: Das Denken von Emerson, Thoreau, Muir, Leopold usw. wurde bereits recht gut erkundet.[227] In anderen Ländern ist diese Geschichte noch weitgehend ungeschrieben. In Bezug auf die philosophischen Grundlagen sind besonders der klassische deutsche Idealismus und die Romantik wichtig, die großen Einfluss auf das amerikanische Naturschutzdenken hatten. Deshalb ist es auch für die internationale Geschichte dieses Denkens erforderlich, die deutschen Ansätze gründlicher zu erforschen. Meine Untersuchungen können in diesem weiten Feld natürlich nur als Prolegomena dienen und werden hoffentlich gründlichere Studien inspirieren.

Die deutsche Philosophie hatte auch große Bedeutung für das skandinavische und russische Naturschutzdenken am Ende des 19. Jahrhunderts. Den direkten Einfluss personifiziert vor allem Hugo Conwentz (1855–1922), der in diesen Ländern herumreiste und die entstehende Naturschutzbewegung dieser Länder inspirierte. Die deutsche Philosophie spielte im 19. Jahrhundert

[226] Geschrieben auf Deutsch um 1998. Zuvor zum Teil auf Finnisch veröffentlicht in: Väyrynen, Kari: *Ympäristöfilosofian historia maaäitimyytistä Marxiin* (*Geschichte der Philosophie der Umwelt von Mutter Erde zu Marx*). Eurooppalaisen filosofian seura: Tampere 2006, S. 231–289.

[227] Z. B. Oelschlaeger, Max: *The Idea of Wilderness – from Prehistory tot he Age of Ecology*. Yale Universtity Press: New York 1991.

aber besonders in Schweden und Finnland eine dominierende Rolle. In der schwedischen Philosophie dominierte der Einfluss Schellings, Hegel hatte eine gleichartige Rolle in Finnland.[228] Entsprechend waren deutsche Vorstellungen von Mensch und Natur besonders wichtig für die Auffassungen der frühen Naturschutzbewegung in diesen Ländern.

Als eine wesentliche Voraussetzung für die Entstehung des Naturschutzdenkens betrachte ich hier den neuen Naturbegriff, der sich im Zeitalter der Romantik entwickelte. Der romantische Naturbegriff ist organisch und dynamisch, und der Mensch wird als vitale Einheit in die lebendige Natur integriert. Dualistische und mechanistische Modelle der Natur, die im 17. Jahrhundert vor allem durch Galilei, Descartes und Newton dominierend geworden waren, wurden durch einen evolutiven, holistischen und ästhetisch betonten Naturbegriff abgelöst. Vor allem Kant, Herder, Goethe und Schelling entwickelten diesen Naturbegriff am Ende des 18. Jahrhunderts, und er hatte großen Einfluss auf den späteren, mehr biologisch als physikalisch orientierten Naturbegriff des Naturschutzdenkens.

Wie entsteht dieser neue, romantisch-idealistische Naturbegriff? Es ist in der Tat zu vereinfachend, ihn wesentlich als eine Leistung der Romantik allein zu sehen. Vor allem die Aufklärung hat eine größere Bedeutung, als die populäre Romantik anerkennen wollte, und insbesondere Kant spielte dabei eine gewichtige Rolle. Die weiteren geschichtlichen Hintergründe sind ziemlich verwickelt: Spinoza, Leibniz und sogar Jacob Böhme, werden metaphysische Inspirationsquellen, Burkes Ästhetik wirkt über die Vermittlung durch Kant, die griechische Philosophie und ihre Lebensideale werden rezipiert, die indische Philosophie erweitert die Perspektiven, Rousseau und Montesquieu problematisieren den einfachen Fortschrittsglauben der populären Aufklärung. Alle diese Diskussionen sind relevant für die romantische Neubestimmung der Natur und des Menschen.

Ich betrachte hier die für diese Periode typischen naturphilosophischen, theologischen, ästhetischen und ethisch-politischen Ideen, die für das Verhältnis Mensch-Natur konstitutiv sind. Die Natur ist nicht mehr ein toter Mechanismus, den der Mensch beliebig nutzen kann, sondern das Verhältnis wird ein inneres; Mensch und Natur sind dieselbe, lebendige und fühlende

---

[228] Nordin, Svante: *Romantikens filosofi. Svensk idealism från Höjer till hegelianerna.* Bokförlaget Doxa: Lund 1987.

Totalität. Die praktische Grundeinstellung zur Natur ist nicht mehr nur ökonomisch nützlich wie bei den einfachsten Aufklärern, sondern vorwiegend geistig und kulturell. Bewusstes und Unbewusstes, Kultur und Natur, Geist und Materie, Mensch und Tier werden nicht mehr entgegengesetzt, sondern vielmehr als Pole eines symbiotischen Verhältnisses verstanden. Damit werden in dieser Periode die Grundlagen zu einem biozentrischen oder sogar naturozentrischen Denken und so auch die ersten theoretischen Grundlagen des Naturschutzes geschaffen.

Rationalistische Hintergründe der Romantik: Spinoza und Leibniz

René Descartes wird in der Ideengeschichte der Umweltphilosophie immer als typischer *bad boy* genannt. Und das nicht ganz ohne Grund: Seine dualistische Metaphysik legt die Natur physikalistisch und mechanistisch aus und stellt den Menschen deutlich über andere Lebewesen. Allein der Mensch hat Geist, so Descartes: Gott hat die denkende Substanz nur für den Menschen geschaffen, und andere Lebewesen sind nur mechanische Automaten. Nur der Mensch kann vernünftige Rede produzieren. Obwohl zum Beispiel Papageien und Affen die menschliche Rede imitieren können und andere Tiere in einigen ihrer Handlungen schicklicher als der Mensch sind, beweise das nicht, dass sie Geist hätten. Diese Handlungen der Tiere seien nur mechanische Vorgänge: Auch eine Uhr rechne vollkommener als der Mensch, jedoch habe sie keinen Geist. Der Geist ist qualitativ ganz verschieden von irgendeinem Körper, er ist unteilbar und unsterblich, dem natürlichen Untergang nicht unterworfen.[229] Gott garantiere die Sonderstellung des Menschen in der Schöpfung, der Mensch besitze das Vermögen des „klaren und deutlichen" Wissens, einen vernünftigen Willen und Wahlfreiheit.[230] Auf Grundlage dieser Postulate sieht Descartes die Natur als vollständig dem Wissen zugängliches und rational beherrschbares Ganzes.

Spinoza und Leibniz problematisieren diese ziemlich schlichte Auffassung des Menschen und der Natur. Besonders Spinozas pantheistischer Monismus

229 Descartes, René: *Abhandlung über die Methode. Ausgewählte Schriften*. Reclam: Leipzig 1980, S. 48–51.

230 *Metaphysische Meditationen*, ibid., S. 186, 191–192, 197–205.

hat in der heutigen umweltphilosophischen Diskussion große Beachtung gefunden. Der Norweger Arne Næss z. B. bezieht sich auf Spinoza in seinem Prinzip der Selbstrealisierung, das er als Grundrecht aller Lebewesen hervorhebt.[231] Næss akzeptiert auch nicht die für Descartes und spätere anthropozentrische Denker typischen Gründe für eine angeblich höhere Stellung des Menschen: Seele, Vernunft, Selbstbewusstsein, freie Wahl und höheres biologisches Entwicklungsstadium.[232]

Spinoza ist zu einem zentralen Klassiker der heutigen Umweltphilosophie geworden, weil er wie diese den Anthropozentrismus scharf kritisiert. In dieser Hinsicht war er in der frühen neuzeitlichen Philosophie in der Tat bahnbrechend. Spinoza hebt zuerst die Grenzen unseres Wissens hervor:

> Sie sagen [...] Gott habe [...] alle Dinge so eingerichtet, wie sie von den Menschen am leichtesten vorgestellt werden können. Wahrscheinlich stoßen sie sich gar nicht daran, daß es auch Unendliches gibt, was unsere Vorstellung weit übersteigt [...].[233]

Diese vereinfachende menschliche Perspektive konstruiert auch die Werte der Natur: Die „Unwissenden" nennen „die Natur eines Dinges *gut* oder *schlecht*, *gesund* oder *faul* und *verdorben*, je nachdem, wie sie von ihm affiziert werden".[234] Er fasst seine Kritik in einem Brief an Willem van Blyenberg treffend zusammen:

> In der Philosophie aber erkennt man klar, dass man jene Attribute, die den Menschen vollkommen machen, Gott so wenig zuschreiben und andichten kann, als man das, was den Elefanten und den Esel vollkommen macht, den Menschen zuschreiben wollte.[235]

Die Natur (Gott) ist also für uns eine anthropozentrische Konstruktion, und die Philosophie muss zeigen, dass die unendliche Natur weit mehr ist, als wir begreifen können. Spinoza hat daher maßgeblich zu einem bio- oder

---

231 Næss bestätigt kurzgefasst: „Prinsipiell like rett til utfodelse. Prinsipiell like verdi". In: Næss, Arne: *Økologi, samfunn og livsstil*. Universitetsförlaget: Oslo 1976, S. 266.

232 Ibid., S. 267.

233 Spinoza, Baruch: *Die Ethik* (Lateinisch und Deutsch). Revidierte Übersetzung von Jakob Stern. Reclam: Stuttgart 1980, S. 105.

234 Ibid.

235 Spinoza, Baruch: *Briefwechsel*. Leipzig 1914, S. 124.

naturozentrischen Naturbegriff beigetragen und so die heutige Philosophie der Umwelt inspiriert.

Andererseits blieb er auch ein Kind seiner Zeit, man muss sein Denken nicht gänzlich naturfreundlich „greenwashen". Spinoza unterstreicht die besondere Vernünftigkeit des Menschen und bestimmt dessen „naturgemäßes Leben" wie die Stoiker ganz logozentrisch. Wie bei diesen betont seine Ethik eine ziemlich egoistische Autarkie. Dies könnte auch die eigentümliche Kälte Spinozas erklären, wenn er auf folgende Weise über die praktische Naturbeherrschung spricht:

> Außer dem Menschen kennen wir kein Einzelding in der Natur, an dessen Geist wir uns erfreuen und mit dem wir uns in Freundschaft oder irgendeiner Art des Umgangs verbinden können. Alles andere, was es außer den Menschen in der Natur der Dinge gibt, zu erhalten, fordert darum die auf unseren Nutzen abzielende Vernunft nicht; vielmehr lehrt sie uns, es je nach seiner mannigfachen Brauchbarkeit zu erhalten, zu zerstören und auf jedwede Art unserem Nutzen anzupassen.[236]

Diese Kälte steht jedoch nicht im Widerspruch zu seiner Kritik des Anthropozentrismus, schließlich ist es ebenfalls problematisch, Tiere zum Beispiel zu stark zu vermenschlichen, wie es dann und wann in der heutigen biozentrischen Ethik und Tierethik geschieht.[237]

Eine übermäßige und naturwidrige Benutzung der Natur, wie sie die oben zitierte Stelle zu legitimieren scheint, wird von Spinoza in seiner letztgültigen Position jedoch nicht akzeptiert. Der letzte Paragraph des vierten Teils der Ethik stellt die Möglichkeiten des Menschen wieder in ihren richtigen Rahmen:

> Das menschliche Vermögen aber ist sehr begrenzt und wird von dem Vermögen der äußeren Ursachen unendlich übertroffen. Darum haben wir keine absolute Macht,

[236] Spinoza 1980, S. 611.

[237] Leena Vilkka z. B. spekuliert sehr anthropomorphisch über die Tiere, wenn sie die Grundlagen einer „Tierästhetik" skizziert. Die Vögel „singen", die Füchse „tanzen", und diese schönen Tätigkeiten haben ihr zufolge ästhetische Eigenschaften für die Tiere selbst. Sie glaubt auch, dass ihre eigene Hunde „are the real exhibitionists, who enjoy to present themselves in the dog shows". Vilkka, Leena: *The Varieties of Intrinsic Value in Nature. A Naturalistic Approach to Environmental Philosophy*. University of Helsinki: Helsinki 1995, S. 138–139. Spinoza denkt, dass wir nicht objektiv erkennen können, ob die Tiere gleichartige ästhetische Gefühle wie der Mensch haben können.

> die Dinge, die außer uns sind, unserem Nutzen anzupassen. Doch werden wir alles unserem Nutzen Widerstrebende, das uns begegnet, mit Gleichmut ertragen, wenn wir uns bewußt sind, daß wir unsere Pflicht erfüllt haben und daß das Vermögen, das wir haben, sich nicht so weit erstreckt, daß wir es hätten vermeiden können und daß wir nur ein Teil der Natur sind, deren Ordnung wir folgen. [...] Insofern wir daher dieses richtig erkennen, stimmt das Bestreben unseres besseren Teils mit der Ordnung des ganzen Natur überein.[238]

Unser „besserer Teil" begrenzt also auf vernünftige Weise die übermäßigen Triebe und den Nutzen gemäß der Naturordnung und ihren Notwendigkeiten. Weil diese göttliche Naturordnung nach Spinoza auch die aktive Realisierung der inneren Möglichkeiten alles Lebens impliziert, kann man ihn auch biozentrisch auslegen. Das Leben realisiert aktiv die „schaffende Natur", *natura naturans*, die schaffende Dynamik der göttlichen Natur.

Zu Leibniz lässt sich feststellen, dass seine Philosophie in der umweltphilosophischen Diskussion bisher noch nicht umfassend rezipiert wurde. Diese Geringachtung hat aber keine sachlichen Gründe: Man kann sogar behaupten, dass Leibniz' philosophisches System ein qualitativ komplizierteres und dynamischeres Bild der Natur als das von Spinoza schafft und modernen relativistischen, evolutiven und ökologischen Theorien über die Natur daher noch besser entspricht. Auch das umweltethische Motiv war Leibniz nicht fremd.

In dieser Hinsicht wurden diese Denker im deutschen Idealismus und der Romantik unterschiedlich rezipiert. Spinozas Philosophie war Ende des 18. Jahrhunderts hoch angesehen,[239] wurde aber bald auch kritisiert. Diese Kritik stützte sich auf Leibniz und Kant. Vor allem Schelling und Hegel betonten, dass Spinozas monistische Substanz (die pantheistische Natur) qualitativ zu einfach sei, ohne Entwicklung und ohne Subjektivität. Schelling entwickelt diese Kritik und sah gerade in Leibniz sein Vorbild. Schelling kritisiert, Spinoza verstünde nicht das Wesen des Selbstbewusstseins. Dieses sei eine Quelle der Konstruktion sowohl von Ideellem als auch Reellem, von Endlichem und Unendlichem, und daher hätte sich Spinoza „sogleich in der

---

[238] Spinoza 1980, S. 615–617.

[239] Goethe, Hölderlin, Novalis und die Idealisten wie Fichte, Schelling oder Hegel schätzten vor allem die pantheistische Motive bei Spinoza. Materialisten wie Feuerbach und Marx bewerteten auch den Naturalismus Spinozas sehr hoch.

Idee eines Unendlichen außer uns" verloren. Der Substanz von Spinoza sei also ohne Subjektivität und daher „in diesem Unendlichen entstanden, oder vielmehr waren ursprünglich – man wußte nicht woher – Affektionen und Modifikationen, und mit diesen eine endlose Reihe endlicher Dinge".[240] Wir müssen die Idee der Subjektivität mit der Substanz Spinozas vereinen, es gilt, „sich selbst an die Stelle seiner unendlichen Substanz" zu setzen. Substanz ist in Wirklichkeit die alles konstruierende Subjektivität: „*in mir* ist jene notwendige Vereinigung des Idealen und Realen, des absolut Tätigen und absolut Leidenden".[241] Leibniz ging nach Schelling als Erster diesen Weg, als er diese Gegensätze im Begriff der Individualität vereinigte. Hegel stimmte der Kritik Schellings schon früh zu und betont zum Beispiel in der *Phänomenologie des Geistes*, dass die Philosophie keine Substanzmetaphysik mehr sein könne, sondern von der Subjektivität ausgehen müsse.[242]

Der Begriff des Selbstbewusstseins ist für den deutschen Idealismus überhaupt zentral. Daher kann man sagen, dass auch Kant und Fichte grundsätzlich der Position Leibniz' folgten: Die Subjektivität setzt aktiv und perspektivistisch die Objektivität. Kant und Fichte aber betonen stärker als Leibniz die Rolle der transzendentalen Subjektivität und berücksichtigen die empirischen Momente, also das Leben, der Subjektivität nicht genug. Bei Leibniz sind die Monaden hingegen aktive Grundlagen der Natur überhaupt, nicht nur menschliche Bewusstseinseinheiten.[243] Daher kann man sagen, dass die Metaphysik von Leibniz neben der theoretischen Konstruktion der Natur, die für Kant und Fichte zentral war, auch die sinnlichen, emotionalen und unbewussten Momente des Naturverhältnis berücksichtigt. Schelling und Hegel folgen hier eher den Intentionen von Leibniz als denen von Kant und Fichte.

---

240 Schelling, F. W. J.: „Ideen zu einer Philosophie der Natur als Einleitung in das Studium dieser Wissenschaft. (1797)". In: *Frühschriften. Erster Band.* Akademie Verlag: Berlin 1971, S. 193–195.

241 Ibid.

242 Hegel, G. W. F.: *Phänomenologie des Geistes. Werke 3.* Suhrkamp: Frankfurt am Main 1973, S. 26–28.

243 Leibniz unterscheidet unbewusste, bewusste und selbstbewusste Monaden voneinander. Nur die zwei letzten sind spezifisch menschlich. Leibniz, G. W.: *Monadologie. Hauptschriften zur Grundlegung der Philosophie I–II.* Felix Meiner: Hamburg 1966, § 57.

Schelling bestätigte 1797 in bahnbrechender Weise dieses positive Verhältnis zu Leibniz, indem er die empirisch-realen Momente des Geistes und ihre Entwicklung als das wirkliche Wesen von Leibniz' System hervorhob. Er schrieb: „Was Leibniz allein für ursprünglich-real und *an sich* wirklich hielt, waren *vorstellende Wesen*". Der „endliche Geist" wird dadurch der Ableitungsgrund für „die ganze Reihe unserer Erfahrungen". Entsprechend ist, so Schelling, die „Philosophie also [...] nichts anderes als eine *Naturlehre unseres Geistes*", die das „Werden" der Vorstellungen genetisch betrachtet. Diese Position trennt Erfahrung und Spekulation nicht mehr voneinander.[244]

Die Philosophie Schellings dient hier als ein Sinnbild für die paradigmatische Wende, die der Naturbegriff im deutschen Idealismus und der deutschen Romantik erfährt. Man könnte sagen, dass dieser Naturbegriff vergeistigter Spinozismus ist: Die „unendliche Substanz" Spinozas wird durch die sinnlichen, fühlenden, vorstellenden, denkenden und spekulativen Elemente des Geistes bereichert. Dabei ist es nicht so, dass hier von einer naturozentrischen zu einer anthropozentrischen Position zurückgegangen würde. Die Position ist monistisch, aber nur qualitativ reicher als der Monismus Spinozas. Dieser blieb wesentlich noch in den Fragestellungen Descartes' und dem physikalistischen Weltbild des 17. Jahrhunderts verhaftet. Die organische Natur spielte für Spinoza – ebenso wie für Descartes – keine eigenständige Rolle, und seine Metaphysik blieb eine sogenannte Dingmetaphysik. Die organische Natur und ihre lebendige Entwicklung wird aber bei den deutschen Romantikern und Idealisten zentral für den Naturbegriff überhaupt. Es erfolgt ein Paradigmenwechsel (Thomas Kuhn) von einem physikalistischen zu einem vitalistischen Weltbild.

Auch die eigenständige Würde des Lebens wird zu dieser Zeit hervorgehoben und der Weg für den Naturschutz geöffnet. Nicht nur das theoretische Verhältnis des Menschen zur Natur wird neu bestimmt: Auch dessen ethisches und ästhetisches Verhältnis zur Natur wird tiefer als die einseitige Orientierung auf ökonomischen Nutzen. Es eröffnet sich eine neue Perspektive zur positiven Bewertung der wilden Natur.

---

[244] Schelling 1971, S. 196–197.

Die Idee des Organischen und die innere Zweckmäßigkeit der Natur: von Kant zu Schelling

Die Idee der organischen Totalität ist sowohl natur- als auch geschichtsphilosophisch und politisch für die Romantik zentral. Diese Idee begründet einerseits die Autonomie der lebendigen Natur gegenüber dem klassischen mechanistischen und physikalistischen Naturbegriff. Andererseits spricht man in der konservativen Geschichtsphilosophie von einer organischen Entwicklung der Geschichte, die man nicht durch politische Revolutionen stören darf. Die Gesellschaft muss eine organische Einheit sein, in der organisch gewachsene Traditionen und Machtverhältnisse geachtet werden sollen. Die Gesellschaft bildet sich nicht mechanisch durch die Kräfte der individuellen Egoisten wie in der bürgerlichen Gesellschaftsphilosophie (Hobbes, Locke u. a.). Im Begriff des Organischen zeigt sich damit beispielhaft, wie eng natur- und gesellschaftsphilosophische Ideen miteinander verknüpft sind.

Die Idee des Organischen ist also zuerst zentral für die Kritik des mechanistischen Naturbegriffs. Kants Analyse des Organismusbegriffs in der *Kritik der Urteilskraft* ist hier grundlegend. Für Kant steht fest, dass man die organische Natur nicht mit den Mitteln der klassischen Physik erklären kann. Für die Analyse der organischen Natur, so Kant, ist es grundlegend, ihre innere Zweckmäßigkeit hervorzuheben. Die organische Natur erzeugt sich aktiv selbst, und man kann diese Selbsttätigkeit nicht einfach kausal erklären. Kant hebt andererseits den Holismus der Organismen hervor: Die Teile des Organismus sind nur durch ihre Beziehung auf das Ganze möglich. Die dritte Besonderheit ist die wichtigste: Der Organismus ist ein sich selbst organisierendes Wesen, das nicht lediglich eine „bewegende Kraft“ wie eine Maschine hat. Ein organisches Ganzes besitzt wesentlich eine „bildende Kraft“, oder genauer eine „sich fortpflanzende bildende Kraft“. Aufgrund solcher Eigenschaften lässt sich feststellen, dass der Organismus mehr als die Summe seiner Teile ist. Man kann also die Bedeutung der Teile erst durch den ganzen zweckmäßigen Lebensprozess verstehen.[245]

Im späteren Idealismus und in der Romantik werden Kants Ideen über die Naturteleologie rezipiert und weiterentwickelt. Schelling zum Beispiel

[245] Über Kants Analyse der organischen Natur vgl. genauer den Artikel „Kant und die Umweltwissenschaften“ in diesem Buch.

setzt die Analysen Kants fort, betont aber stärker als dieser die Frage der Identität von Geist und Natur. Diese geistesphilosophische Richtung ist noch bei Hegel zu sehen.[246] Die Position von Kant war stärker erkenntniskritisch orientiert und erkannte eine geistesphilosophische Interpretation der organischen Natur nicht an.

Ich gehe hier näher auf die Position Schellings ein, weil sie bedeutsam für die Romantik war. Seine Naturauffassung ist mehrdeutig: Einerseits versucht er, die Eigendynamik der Natur zu respektieren, andererseits will er die Identität von Natur und Geist behaupten. Die organische Dynamik ist für Schelling eine geistige Eigenschaft der Natur: Erst der Geist befreit die Natur „aus dem todten Mechanismus"[247] und macht sie lebendig. Daher versucht er von Anfang an, die Natur als eine geistige Einheit zu bestimmen. Diese Lösung des Problems der inneren Zweckmäßigkeit der Natur – wie wir gesehen haben, hat Kant sie nicht akzeptiert – wurde später für die romantische Naturphilosophie typisch. Es lohnt sich daher, die Lösung Schellings hier kurz zu betrachten. Wie wir sehen werden, hatte z. B. Novalis eine ähnliche Auffassung.

In seinen *Ideen zu einer Philosophie der Natur* (1797) bestimmte Schelling als eine zentrale Aufgabe seiner Philosophie, die Einheit des Geistes und der Natur zu begründen. Philosophie ist eine „*Naturlehre unseres Geistes*", und „das System der Natur ist zugleich das System unseres Geistes". Philosophie ist auch genetisch, sie betrachtet diese Systeme in ihrem Werden, nicht in ihrem Sein. Diese genetische Philosophie akzeptiert keine dogmatische Position, die alles „als ursprünglich außer uns *vorhanden* [...] voraussetzt" und kausal „aus *äußeren* Ursachen" mechanisch erklärt. Die Betrachtung der organischen Natur hat diese Wende eingeführt. Die lebende Organisation „produziert *sich selbst*, entspringt *aus sich selbst* [...] ist weder *Ursache* noch *Wirkung* eines Dinges außer ihr". Auch die Teile des Organismus sind nicht „willkürlich [...] nur da, insofern ich *teile*", sondern real als Teile eines objektiven Ganzen.[248] Diese organische Wende der Naturbetrachtung wird auf gleiche Weise wie bei Kant begründet. Sie hat aber noch größere, systembildende Bedeutung:

---

[246] Vgl. die Artikel über Hegel in diesem Buch.

[247] Breidbach, Olaf: *Das Organische in Hegels Denken. Studien zur Naturphilosophie und Biologie um 1800*. Königshausen & Neumann: Würzburg 1982, S. 161–162.

[248] Schelling 1971, S. 197–199.

Die Philosophie muss jetzt die dynamische Wechselwirkung von Geist und Natur entziffern. Das ist nicht nur eine naturphilosophische Aufgabe, sondern begründet auch die Philosophie des Geistes auf neue Weise.

Der fundamentale Unterschied zu Kants Analyse der organischen Zweckmäßigkeit tritt bei Schelling sofort nach diesen allgemeinen Bestimmungen zutage. Die organische Natur ist ihm zufolge „ein *objektives* Verhältnis" in dem Sinne, dass „jeder Organisation ein *Begriff* zugrunde(liegt)". Dieser Begriff bestimmt sich nicht von außen, wie „im Verstande eines Künstlers", sondern „wohnt *in ihr selbst*". Begriffliche Form und Materie vereinen sich in der organischen Natur jedoch nur durch einen Geist zur Einheit.[249] Was ist dieser Geist, wenn er nicht ein Künstler ist? Es handelt sich vielmehr um eine lebendig-schaffende, pantheistische Einheit von Geist und Natur. Diese schaffende und bildende Kraft durchdringt gleichmäßig sowohl die Natur als auch den Geist. Schelling tritt hier klar in die Fußstapfen Spinozas.

Schelling befasst sich auch näher mit dem Charakter dieser göttlichen Schöpferkraft: Man dürfe sich den Schöpfer nicht als endlichen Schöpfer vorstellen, der Begriffe des menschlichen Verstandes wie „Zweck" benutze. Dadurch würde nur „alle Idee von *Natur* von Grund aus [zerstört]". Schelling akzeptiert hier nur einen Begriff des Geistes, der symbolisch so innig wie möglich mit dem Leben selbst verbunden ist. Vor allem Leibniz habe einen solchen Begriff entwickelt: „Ich kann nicht anders denken, als dass Leibnitz unter der substantiellen Form sich einen den organisierten Wesen *inwohnenden* regierenden *Geist* dachte". Das bedeutet, dass die Philosophie annehmen muss, „es gebe eine Stufenfolge des Lebens in der Natur". Alle Stufen seien durchdrungen von dem Geist, und man könne mit Leibniz zum Beispiel sagen, jede Pflanze habe eine Seele.[250]

Man hat diese tatsächliche Einheit des Geistes und der Natur laut Schelling schon früh anerkannt. Erst das neuzeitliche wissenschaftliche Verstandsdenken hat diese Tradition gebrochen. Wir sollten diese älteren Traditionen rehabilitieren, die „die schöpferische Einbildungskraft" und „symbolische Sprache" für das Verstehen der Natur benutzten. So spricht die Natur „um so verständlicher [...] je weniger wir über sie bloß reflektierend denken". Die neuzeitliche

249 Schelling 1971, S. 199–200.
250 Ibid., S. 203–205, vgl. auch S. 201.

Wissenschaft und die auf ihr aufbauende Reflexionsphilosophie, für die die analytische Eindeutigkeit zentrale Norm des Sprachgebrauchs war, verstanden die lebendige und symbolisch reiche Einheit von Mensch und Natur nicht mehr. Wir müssen diese lebendige Einheit rehabilitieren durch unsere eigene Erfahrung des Lebens: „Solange ich selbst mit der Natur *identisch* bin, verstehe ich, was eine lebendige Natur ist, so gut, als ich mein eigenes Leben verstehe". Wir dürfen die Natur nicht objektivieren und unsere eigenen Ideale nicht von der Natur trennen, sonst sehen wir außerhalb von uns nur „ein totes Objekt".[251] Uns selbst richtig zu verstehen, sowohl als sinnliches als auch als vernünftiges Wesen, ist ein Schlüssel für eine theoretische und praktische Erneuerung unseres Naturverhältnisses.

Schelling betont hier also eine lebenspraktische Neuorientierung und praktische Anerkennung der Natur durch das unmittelbare Lebensgefühl. Er beschreibt diese neue Einstellung so:

> [...] ich von einem Leben und Selbstsein außer mir nur *praktisch* überzeugt werde. Ich muss praktisch dazu *genötigt* sein, Wesen, die mir gleich seien, außer mir anzuerkennen. [...] Nur von Wesen außer mir, die sich mit mir im Leben auf gleichen Fuß setzen, zwischen welchen und mir Empfangen und Geben, Leiden und Tun völlig wechselseitig ist, erkenne ich an, dass sie geistiger Art sind.[252]

Schelling will hier jedoch keine radikal biozentrische Ethik begründen, auch wenn diese Stelle über die richtige Einstellung zu anderen lebendigen Wesen spricht. Wie die meisten anderen Romantiker ist er eigentlich ein „schwacher Anthropozentriker", weil er den Menschen als die vollkommenste Kreatur betrachtet. Nur der Mensch – neben Gott – kann die volle Zweckmäßigkeit der Natur verstehen, weil gerade „im Menschen allein das ganze volle Sein ohne Abbruch erscheinet".[253] Der radikale Spinozismus, nach dem alle Gattungen auf ihre eigene Weise vollkommen sind, wird nach dem jungen Kant und Herder nicht mehr akzeptiert. Schelling, die Romantiker und Hegel sind alle „schwache Anthropozentriker" die zwar den höheren Tieren Gefühle und eine elementare Rationalität zuerkennen, die theoretische und praktische Vernunft aber allein dem Menschen.

---

[251] Ibid., S. 206.
[252] Ibid., S. 211.
[253] Schelling, F. W. J.: *Schriften 1804–1812*. Union Verlag: Berlin 1982, S. 107–108, 158–159.

Die Natur wird bei Schelling vor allem durch die Kunst praktisch anerkannt. Er versucht nicht, unser ethisches, ökonomisches oder technisches Verhältnis zur Natur zu reformieren. Er sieht zum Beispiel in der technischen Herrschaft der Natur keine Probleme. Der Mensch hat ein Recht, die Natur nach seinen Zwecken zu bestimmen. Dabei handelt es sich nur um „[...] die reinste Ausübung seiner rechtmäßigen Herrschaft über die tote Materie, die ihm mit Vernunft und Freiheit zugleich übertragen wurde".[254] Das anerkennende Verhältnis zur Natur ist daher vorwiegend ästhetisch und intellektuell, weil sich die schaffende Kraft der Natur auf diese Weise am treuesten widerspiegeln lässt. Der Mensch schafft in der Kunst zum Teil bewusst, was die Natur unbewusst zum Beispiel im regelmäßigen Gestalten der Materie oder in der Musik und Architektur der Vögel schafft. In der Kunst verbindet sich „mit der bewussten Tätigkeit eine bewusstlose Kraft", und diese „bewusstlose Wissenschaft" dringt tief in die schaffende Natur ein. So erteilt „die Kunst ihrem Werk mit der höchsten Klarheit des Verstandes zugleich jene unergründliche Realität [...], durch die es einem Naturwerk ähnlich erscheint".[255] Die innere Teleologie der Natur tritt am besten in den schaffenden Kräften der Natur zutage, und der Künstler ermittelt diese durch seine ästhetisch-intellektuelle Tätigkeit in idealisierten Formen.

Zusammenfassend kann man die philosophische Position Schellings als einen „absoluten Idealismus" bezeichnen, in dem die absolute Einheit von Geist und Natur systematisch bestimmt wird. Im Unterschied zu Kant, der als zentrales Problem die besonderen wissenschaftlichen Erklärungen der lebendigen Natur sah, will Schelling damit eine Systemphilosophie begründen. Die schaffenden Prozesse der Natur begründen nicht nur ihr Wesen, sondern auch das der praktischen, kulturellen und intellektuellen Prozesse des Menschen. Praktisch wird das Lebensgefühl eine Schlüsselerfahrung, durch die sich der Mensch mit den Kräften der Natur unmittelbar identifiziert. Diese Erfahrung findet in der Kunst ihren höchsten geistigen Ausdruck. Schelling beeinflusste die Systemphilosophie Hegels, obwohl dieser die Aufwertung der Kunst nicht akzeptierte, sondern ein „System der Wissenschaften" entwickeln wollte. Philosophie wird ein wissenschaftlich begründetes Ganzes,

---

[254] Schelling 1971, S. 233.
[255] Schelling 1982, S. 103–104.

und die Kunst bleibt nur ein Aspekt der Kultur, ein Teil des „absoluten Geistes", dessen höchste Form die Philosophie ist.

Die Sprache der Natur verstehen: Novalis

Die Romantiker betonten die mehr oder minder persönliche Göttlichkeit der Natur und wiesen den neutralen Pantheismus Spinozas oder die kritische Einstellung Kants zurück. Die Natur wurde als anderes Ich begriffen, als absoluter Geist, dessen Komplexität man nicht durch die Modelle der klassischen Physik mechanistisch erklären konnte. Statt der Wissenschaft wurden die intuitiven Anschauungen der Kunst und Religion zentrale Mittel zum Verstehen der Natur.

Philosophiegeschichtlich war die personifizierende Bestimmung der Natur durch eine kritische Rezeption der Philosophie Fichtes bestimmt. Letztere betonte sehr stark die Rolle der Subjektivität als Grundlage des philosophischen Denkens. Die Subjektivität „setzt" aktiv die Wirklichkeit, ihr Prinzip ist die frei konstruierende „Tathandlung", spontane Tätigkeit ist Grundlage der gesamten Wirklichkeit. Die Natur wird bei Fichte durch das „Ich" gesetzt, sie ist ein „Nicht-Ich", ein ursprünglicher Gegensatz des Ichs, aber doch durch das Ich gesetzt. Im Denken Fichtes spielte die Natur daher eine zweitrangige Rolle: Das Ich war seinerseits nicht durch die Natur gesetzt. Die Vereinigung dieser gegensätzlichen Pole durch Spinozas von „Gott" inspiriertes „absolutes Ich" blieb ein offenes Problem, obwohl letzten Endes doch das „Ich" der „*schlechthin* unbedingte" Grundsatz der Philosophie blieb.[256]

Der Subjektivismus Fichtes wurde gleich nach 1795 eifrig von der Frühromantik rezipiert. Vor allem künstlerische Kreativität und Genialität konnten damit philosophisch legitimiert werden (obwohl Fichte selbst die strenge Wissenschaftlichkeit seiner Philosophie betonte). Besonders Schiller, Schlegel und Novalis zeigten sich sofort nach dem Erscheinen der *Wissenschaftslehre* als eifrige Fichteaner, auch wenn sie sich andererseits in ihrer Betonung von Natur und Ästhetik sachlich von ihm distanzierten. Mit Fichte

---

[256] Fichte, Johann Gottlieb: „Grundlage der gesammten Wissenschaftslehre (1794/1795)". In: *J. G. Fichte-Gesamtausgabe*, Bd. I,2. Bayerische Akademie der Wissenschaften: Stuttgart-Bad Cannstatt 1965, S. 255–282, 282.

kombinierten sie auch die Ansichten von Spinoza, Leibniz und Kant. Auch Schelling und der junge Hegel waren durch Fichte inspiriert, entwickelten allerdings bald nach der Jahrhundertwende ihre eigenen Systeme.

Friedrich Schillers *Briefe über die ästhetische Erziehung des Menschen* (1795) vollziehen als erste diese kritische Fichte-Rezeption. Der Position Fichtes entspricht der erste Schritt von Schillers Systementwurf, der „Formtrieb". In diesem wird die Natur durch rationale Formgebung statisch, abstrakt und anthropozentrisch bestimmt. Dieser Bestimmungsgrund ist aber nicht ausreichend: das materielle Moment – der „Stofftrieb" – wird nicht genügend berücksichtigt. Daher muss man notwendig den Stofftrieb dem Formtrieb entgegensetzen. Durch den Stofftrieb wird die abstrakte und statische Form aufgehoben und letztlich im „Spieltrieb" dynamisch und lebendig bestimmt. Die abstrakte Form des Anfangs wird dadurch am Ende eine „lebendige Form" der Kunst, die die Natur (und den Menschen als einen Teil der Natur) wahrhaft zum Ausdruck bringt.[257]

Die Natur wird bei Schiller jedoch nicht vergeistigt oder personifiziert wie bei Schelling und Novalis, sondern für ihn ist es zentral, die abstrakte Form und Identität des Fichte'schen Ich (A=A) durch den lebendigen Inhalt der Natur und Kunst aufzuheben. Die Romantiker Novalis und Schlegel lösen den Gegensatz Fichtes einfach so, dass sie das Nicht-Ich als ein „Du" bestimmen und auf diese Weise die Natur vergöttlichen. Bei Fichte war das „absolute Ich" diese synthetisierende Perspektive zum „Ich" und „Nicht-Ich". Die Fichte-Auslegungen von Novalis und Schlegel lassen sich möglicherweise als eine noch schärfere Betonung des „absoluten Ich" interpretieren.[258]

Diese personifizierende Interpretation tritt bei Novalis am deutlichsten hervor. Gegen Fichte bestimmt er polemisch die Natur als ein „Du", also als ein für den Menschen nicht grundsätzlich fremdes oder auch nur konstruiertes Objekt wie Fichtes „Nicht-Ich". In seinen *Materialien zur Enzyklopädistik* von 1798–1799 kommentiert er das Verhältnis des „Kriticism" (also Kants und Fichtes) zur Natur wie folgt:

---

[257] Schiller, Friedrich: *Über die ästhetische Erziehung des Menschen in einer Reihe von Briefen*, Nationalausgabe Bd. 20. Hermann Böhlaus Nachfolger: Weimar 1962.

[258] Zu Novalis vgl. Molnár, Geza von: *Romantic vision, Ethical Context. Novalis and Artistic Autonomy*. University of Minnesota Press: Minneapolis 1987.

> Eigentlich ist der *Kriticism* [...] diejenige Lehre, die uns beym Studium der Natur auf uns selbst [...] verweißt [...]. Sie lässt uns die Natur, oder *Außenwelt*, als ein menschliches Wesen ahnden – Sie zeigt, dass wir *alles* nur so verstehn können und sollen, wie wir uns selbst und unsre *Geliebten*, uns und *euch* verstehn.[259]

Das Prinzip der Subjektivität impliziert in Wahrheit also nicht die Äußerlichkeit oder Fremdheit der Natur, wie Kant und Fichte annahmen, sondern sie kann durch eine Aufhebung der Entfremdung intim und innerlich werden. Die Natur und Außenwelt wohnt in uns selbst – wir „sehn, daß es auch eine Außenwelt in uns giebt, die mit unserm Innern in einer analogen Verbindung [ist]" – und Selbstveränderung und -beobachtung ermöglichen ein tiefes Verständnis davon. So lässt sich „das Innre und d[ie] Seele der Natur" gedanklich verstehen.[260]

Novalis ist sich bewusst, dass er hier eine neue Auslegung der Transzendentalphilosophie Kants und des Idealismus überhaupt entwickelt. Hier wird die Natur „das *Ideal*", und als wahres Ideal ist sie „möglich, wircklich und nothw[endig] zugleich". Auch der Anfangspunkt der idealistischen Philosophie muss neu bestimmt werden: „Das Princip *Ich*" stimmt in der Tat völlig mit dieser idealisierten Natur überein – das Ich ist „eine Einheit, ohne *Schranke* und Best[immung] zu seyn". Es ist ein umfassender Grund, der den Bestimmungen „abs[oluten] Zusammenhang und Bedeutung" gibt. Diese „Selbstheit" ist „der Grund aller *Erkenntniß*", aber „auch das Princip der höchsten *Mannigfaltigkeit – (Du)*." Die Ich-Natur-Einheit wird hier eine totale Persönlichkeit, die keine Grenzen hat: „Alles kann Ich seyn und ist Ich oder soll Ich seyn".[261] Novalis bewegt sich hier innerhalb eines „absoluten Ich": Das individuelle Ich ist nur der Keim eines „Großen Ich", und der Weg zu diesem geht über das Du/Natur. Es handelt sich hier um einen pantheistischen Gottesbegriff.[262]

Wie kann sich diese tiefe und mannigfaltige Einheit von Ich/Du/Natur konkret realisieren? Sie wird erreicht durch die Kommunikation mit der Natur über eine gemeinsame Sprache. Das Ich und die Natur sind für Novalis

[259] Novalis: *Schriften. Die Werke Friedrich von Hardenbergs*, Bd. 3. Kohlhammer: Stuttgart 1960, S. 429.
[260] Ibid.
[261] Ibid., S. 429–430.
[262] Ibid., S. 314.

eigentlich miteinander integrierte Pole einer ideal-symbolischen Welt. Man kann daher über eine Sprache der Natur sprechen.

Diese Sprache besitzt in verschiedenen Stufen der Natur unterschiedliche Formen. Eine Sprache gibt es bereits auf dem physikalischen Niveau. Novalis notiert: „Vielleicht ist alle *mechanische Bewegung* nur *Sprache* der Natur. Ein Körper spricht den andern mechanisch an – dieser antwortet mechanisch".[263] Wichtiger für Novalis ist jedoch die poetische und künstlerische Symbolik der Natur. Ferne Berge, Nacht und Dämmerung sind Beispiele einer „Urpoëtische[n] Natur", der man das prosaische Nützliche entgegensetzen muss.[264] Es gibt auch „Malerey d[er] Natur – ihre Baukunst – ihre Sculptur – Ihre Musik". Die „ANTHROPOM[ORPHE] PHYS[IK]" beinhaltet sogar Witz, Humor und „Naturkarricaturen". Die Natur besitzt jedoch auch prosaische Elemente: „Der Bach und die unbeseelte Natur spricht größtentheils *Prosa*".[265] Wegen dieser vielschichtigen Symbolik in der Natur kann Novalis feststellen, dass der „Poët" die Natur als Ganzes besser versteht als der „wissenschaftliche Kopf".[266]

Im politischen, theologischen und geschichtsphilosophischen Fragment *Die Christenheit oder Europa* (1799) erklärt Novalis zusammenfassend die Bedeutung der symbolreichen Natur im Rahmen einer Polemik gegen die mechanistische Naturauffassung der Aufklärung. Die Aufklärung, so der Autor, begründete zunächst eine materialistische, wertfreie und prosaische Naturauffassung:

> [sie war] rastlos beschäftigt, die Natur, den Erdboden, die menschlichen Seelen und die Wissenschaften von der Poesie zu säubern, – jede Spur des Heiligen zu vertilgen [...] und die Welt alles bunten Schmucks zu entkleiden. [...] so entstand eine neue europäische Zunft: die Philantropen und Aufklärer.[267]

Dieses Projekt des „mathematischen Gehorsams" konnte aber die Natur nicht beherrschen. Novalis fährt ironisch fort: „Schade, dass die Natur

---

263 Ibid., S. 427.

264 Ibid., S. 302.

265 Ibid., S. 320. Auch die frühere Technik imitiert die „Krystallisation" und die „Naturarchitektonik", ibid., S. 348.

266 Ibid., S. 468.

267 Ibid., S. 516.

so wunderbar und unbegreiflich, so poetisch und unendlich blieb, allen Bemühungen sie zu modernisieren zum Trotz."[268] Die ästhetisierte und symbolisierte Natur wird hier als eine theologische und politische Kategorie gegen die atomistischen, mechanistischen und deistischen Haupttendenzen der Aufklärungsphilosophie hervorgehoben.

Die Romantik, die nach Novalis „die Spuren einer neuen Welt" in Deutschland noch vor anderen europäischen Ländern aufzeigt, bestimmt die Natur und den Menschen auf tiefere Weise. Sie spürt in der Zeit eine „gewaltige Ahndung der schöpferischen Willkür, der Grenzenlosigkeit, der unendlichen Mannigfaltigkeit, der heiligen Eigenthümlichkeit und der Allfähigkeit der innern Menschheit".[269] Diese geistigen Werte der Natur befreien durch ihre „unendliche Mannigfaltigkeit" die wahren schöpferischen Kräfte des Menschen. Novalis akzentuiert diese Werte aber klar mit theologischen Tönen: Die Heiligkeit, Herrlichkeit und Brüderlichkeit der Natur sind zentral für das romantische Bewusstsein und ihre Auffassung über die Menschheit und Geschichte.[270]

Noch genauer beschreibt Novalis die synthetische und kreative Einheit von Mensch, Geschichte und Natur in der vielleicht genialsten Darstellung seines Naturbegriffs, dem Romanfragment *Die Lehrlinge zu Sais*.[271] Die Natur ist ihm zufolge kein nützliches Instrument, wie früher gedacht, sondern erscheint durch die Versuche, die „Geschichte der Natur" zu verstehen, in einem neuen Licht. Man muss jetzt, so Novalis, die Erniedrigung der Natur „zur einförmigen Maschine, ohne Vorzeit und Zukunft" aufheben, anerkennen, dass „alles Göttliche [...] eine Geschichte [hat]" und die Natur und den Menschen geschichtlich begreifen, weil sie „einen Geist haben". Nur die Poesie hat diese geistige Geschichte in vollem Maße zum Ausdruck gebracht und gefühlt, „was die Natur den Menschen sein kann". Die Dichter finden in der Natur „sinnreiche Wendungen und Einfälle, Begegnungen und Abweichungen, große Ideen und Bizarrerien" – sogar mehr als bei dem geistvollsten, lebendigsten Menschen.[272] Die Natur übersteigt die Möglichkeiten der menschlichen Kultur

---

[268] Ibid.

[269] Ibid., S. 519.

[270] Ibid., S. 520–521.

[271] Das Werk wurde 1798–1799 verfasst und erschien posthum im Jahr 1802.

[272] Novalis: *Schriften 1*, S. 99.

und bietet ihr in ihrer unendlichen Vielfalt ein symbolisches Vorbild. Das menschliche Schaffen und seine Ergebnisse sind so nur ein Moment in der Geschichte einer sich unendlich neu erschaffenden Natur. In diesem Sinne kann man mit Cunningham und Jardine sagen, dass die Reisenden in den *Lehrlingen zu Sais* „search for traces of the original language of nature and mankind, the *Ursprache*".[273]

Ein wahrhaftes Verständnis der Natur bedeutet ein Innehaben dieses schaffenden Kerns. Novalis bezeichnet dieses neue Verständnis der Natur einerseits als tieferes Selbstverständnis des Menschen, andererseits mit dem Begriff der Geschichtlichkeit. Er beschreibt das Moment des Selbstverständnisses wie folgt:

> Um die Natur zu begreifen, muss man die Natur innerlich in ihrer ganzen Folge entstehen lassen. [...] Der denkende Mensch kehrt zur ursprünglichen Funktion seines Daseins, zur schaffenden Betrachtung, zu jenem Punkte zurück, wo Hervorbringen und Wissen in der wundervollsten Wechselverbindung standen, zu jenem schöpferischen Moment des eigentlichen Genusses, des inneren Selbstempfängnisses.[274]

Wirkliches Selbstverständnis des Menschen entsteht durch das kommunikative Verhältnis mit den spontan schaffenden Prozessen der Natur. Die „ursprüngliche Funktion seines Daseins" wird dadurch offenbar. Wir Menschen, so Novalis, erreichen unser authentisches Dasein durch das Erkennen unseres Schöpfungspotenzials mithilfe der schaffenden Natur. Selbstkenntnis ist also zugleich ein tieferes Verständnis der scheinbar äußeren Natur. Weil der Mensch nur ein Teil der Natur ist, ist diese eigentlich gar nichts „Äußeres", sondern ein wesentlicher Teil unseres wahren Selbst.

Das andere Moment ist die Geschichtlichkeit der Natur. Wenn der Mensch die schaffenden Prozesse der Natur versteht, „entfaltet sich vor ihm in neu entstehenden Zeiten und Räumen, wie ein unermessliches Schauspiel, die Erzeugungsgeschichte der Natur". Jede Phase der Naturgeschichte erhellt von Neuem das ursprüngliche Ich-Du-Verhältnis: „jeder feste Punkt, der sich in

---

[273] Cunningham, Andrew/Jardine, Nicholas (Hrsg.): *Romanticism and the Sciences*. Cambridge University Press: Cambridge 1990, S. 5.

[274] Novalis: *Schriften 1*, S. 101.

der unendlichen Flüssigkeit ansetzt, wird ihm eine neue Offenbarung des Genius der Liebe, ein neues Band des Du und des Ich". Die Beschreibung dieses Prozesses bildet das wahre Wissen über die Natur: „Die sorgfältige Beschreibung dieser innern Weltgeschichte ist die wahre Theorie der Natur".[275] Cunnigham und Jardine beschreiben genauer, was dieses „Forschungsprogramm" von Novalis alles beinhaltet. Fast alle zentralen Fächer der romantischen Naturforschung sind hier kombiniert:

> *Naturphilosophie*, cosmology and cosmogony; developmental history of the earth and its creatures; the new science of biology; investigation of mental states, conscious and unconscious, normal and abnormal [...] electricity, magnetism, galvanism and other lifeforces, disciplines concerned to read essences [...] signs and symptoms.[276]

Es ist für Novalis charakteristisch, die geistige Einheit der inneren Symbolik und äußerer Naturerscheinungen, des liebevollen Bandes zwischen Ich und Du zu betonen. Innere und äußere Natur sprechen dieselbe geistige Sprache des „magischen Idealismus".[277] Novalis betont: „Alles ist sich gegenseitig *Symptom* [...] Das Universum ist das Absolute Subject oder der Inbegriff aller Prädicate".[278] Durch die Empfindung der Naturvielfalt öffnet sich die ursprüngliche Bedeutung des menschlichen Daseins, das Schaffen als eine Einheit des Hervorbringens und Wissens. Selbsterkenntnis und Naturerkenntnis ergänzen einander also durch den schaffenden Prozess. Der schaffende Mensch ist das bewusste und geistige Moment der totalen schaffenden Natur.

Eine Besonderheit von Novalis' Position ist, dass er hier nicht nur den künstlerischen Schaffensprozess hervorhebt, sondern auch die praktische Naturbeherrschung als einen Teil des Schaffens anerkennt. Naturerkenntnis und die fühlende Offenheit ihr gegenüber entwickeln sich durch den praktischen Umgang mit der Natur: „[...] beim Ackerbau, bei der Schiffahrt, bei der Viehzucht, bei den Erzgruben, und so bei vielen andern Gewerben, scheint die Entwickelung dieses Sinns [zum wahren Naturverständnis – KV]

---

275 Ibid.

276 Cunningham/Jardine 1990, S. 6.

277 Ibid., S. 5.

278 Novalis: *Schriften 3*, S. 381.

am leichtesten und öftersten statt zu finden".[279] Diese positive Auffassung der Naturbeherrschung ist bei ihm auch theoretisch begründet, weil er das Verhältnis von Zweck und Mittel in der modernen Welt genauer reflektiert. Diese Frage ist hinsichtlich der praktischen Naturbeherrschung prinzipiell wichtig und wird auch gegenwärtig in der Philosophie der Umwelt viel diskutiert.

Der Verlust der Unmittelbarkeit in der aktuellen Welt ist Novalis klar bewusst. Er erklärt, dass „in der gegenwärtigen Welt [...] alles durchaus *bedingt*" sei und „nur unter gewissen fremdartigen Voraussetzungen erlangt werden" könne.[280] Diese Bedingtheit ist uns aber im Allgemeinen nicht bewusst, wenn wir nur Ziele vor Augen haben, zum Beispiel unmittelbaren Besitz und Erwerb. Wir neigen dazu, allein die Ziele im Auge zu behalten und unachtsam in der Wahl der Mittel zu werden. Diese Missachtung der Mittel kann jedoch zu deren „Rache" führen: Sie treten an die Stelle des ursprünglichen Zweckes. Dieses Problem ist für Novalis geradezu das Kernübel seines Zeitalters: „Der Grund aller Verkehrtheit in Gesinnungen und Meinungen ist – Verwechselung des Zwecks mit dem Mittel". Das Rezept dagegen ist eine genauere Verkoppelung des Zwecks mit dem Mittel. Dieses muss ein „integrantes Glied" von jenem sein.[281] Diese Thematik ist auch in der heutigen Philosophie der Umwelt wichtig: Georg Henrik von Wright zum Beispiel diskutiert diese Fragen umfassend in seiner Kritik der heutigen naturfeindlichen Zivilisation.[282]

Hinsichtlich der praktischen Naturbeherrschung bedeutet diese Analyse, dass man nicht wie ein „bloßer Naturalist" nur „zufällig und sympathetisch" mit der Natur kommunizieren sollte, sondern lernen muss, die Mittel der Naturbeherrschung genauer zu wählen und anzuwenden. Dieser Aspekt ist besonders dann wichtig, wenn man „das Naturverständnis mehreren Menschen gemein [...] machen" will.[283] Novalis ist in dieser Lehre kein ästhetischer Elitist wie die meisten Romantiker, sondern will das Naturverhältnis

[279] Novalis: *Schriften 1*, S. 108.
[280] Novalis: *Schriften 3*, S. 689.
[281] Vgl. Stadler, Ulrich: „Die Auffassung vom Gelde bei Friedrich von Hardenberg". In: Brinkmann, Richard (Hrsg.): *Romantik in Deutschland. Ein interdisziplinäres Symposion.* J. B. Metzler: Stuttgart 1978, S. 148.
[282] Genaueres dazu steht im letzten Artikel dieses Buchs.
[283] Novalis: *Schriften 1*, S. 108.

aller Menschen verändern. Obwohl er politisch gesehen aristokratisch und antidemokratisch, ein katholischer Monarchist war, stand er dem „Handelsgeist" und der Geldwirtschaft überraschend positiv gegenüber.[284] Offenbar spielten hier auch seine Studien und beruflichen Erfahrungen im Bergbau eine wichtige Rolle.[285] Diese könnte auch seine Aussage erklären, dass gerade beim beruflichen Umgang mit der Natur „die Entwickelung dieses Sinns [für die Natur – KV] am leichtesten und öftersten statt zu finden" scheint.[286]

Das ästhetische und das praktische Naturverhältnis haben jedoch eine gleiche Wertbasis in der fühlenden Anerkennung der Natur. Dies wird in den *Lehrlingen zu Sais* sehr schön formuliert:

> So wird auch keiner die Natur begreifen, der kein Naturorgan, kein innres naturerzeugendes und absonderndes Werkzeug hat, der nicht, wie von selbst, überall die Natur an allem erkennt und unterscheidet und mit angeborner Zeugungslust, in inniger mannigfaltiger Verwandtschaft mit allen Körpern, durch das Medium der Empfindung, sich mit allen Naturwesen vermischt, sich gleichsam in sie hineinfühlt. Wer aber einen richtigen und geübten Natursinn hat, der genießt die Natur, indem er sie studiert, und freut sich ihrer unendlichen Mannigfaltigkeit, ihrer Unerschöpflichkeit im Genusse [...]. Ihm dünkt vielmehr, dass man nicht heimlich genug mit der Natur umgehen, nicht zart genug von ihr reden, nicht ungestört und aufmerksam genug sie beschauen kann.[287]

Die Natur wird wegen ihrer Mannigfaltigkeit, ihrer Unendlichkeit und ihres symbolischen Reichtums beachtet – sie ist und bleibt ein rätselhaftes Anderes, aber nicht unerreichbar, sondern eigentlich eine Erweiterung unseres Ichs, die uns erhöht und bildet.

Das Naturverhältnis hat für den konservativen Katholiken Novalis schließlich auch spiritualistische Züge. In seiner grundlegenden theologisch-politischen Schrift *Die Christenheit oder Europa* will er eine spiritualistische Achtung der Menschen „für ihren Wohnsitz und ihr irdisches Vaterland, auch die Achtung vor der himmlischen Heimat" sowie den „unendlichen Glauben" und „alles Große und Wunderwürdige" gegen die mechanistische Aufklärungsphilosophie restaurieren. So rechtfertigt er auch den Widerstand

---

[284] Novalis: *Schriften 3*, S. 464. Vgl. auch Stadler 1978.
[285] Novalis: *Schriften 3*, S. 695–808.
[286] Novalis: *Schriften 1*, S. 108.
[287] Ibid., S. 105–106.

der Kirche gegen die „frechen Ausbildungen der menschlichen Anlagen auf Kosten des heiligen Sinns, und unzeitigen gefährlichen Entdeckungen, im Gebiete des Wissens", also gegen die Aufklärung.[288] Novalis glaubt, dass man politisch viel durch die Restauration der früheren mittelalterlichen Verhältnisse – vor allem der katholischen Religion und Monarchie – erreichen kann. Er ist ein Wegbereiter der konservativen Gegenaufklärung.[289]

Man diskutiert in dieser Zeit das praktische Verhältnis zur Natur noch genauer und nimmt sogar den Naturschutz vorweg. Die Grenzen unserer Macht gegenüber der Natur werden bereits ziemlich umfassend analysiert. Bei Novalis blieb die geistige Neubestimmung zentral und die Lehre über die Mittel zu skizzenhaft, um eine neue praktische Begründung unseres Verhältnisses zur Natur zu erreichen. Einige Denker gingen aber schon damals weiter in diese Richtung. Vor allem Herder ist in dieser Hinsicht interessant.

Die Grenzen der Naturbeherrschung und die ersten Forderungen nach Naturschutz: Kant, Herder und Hölderlin

Die Stellung des Menschen im Kosmos wird in den verschiedenen Systemen der spekulativen Metaphysik der Neuzeit auf viele unterschiedliche Weisen bestimmt. Eine theozentrische Verortung des Menschen im Zentrum der von Gott geschaffenen Welt wird von Descartes, Leibniz und vielen anderen Denkern vertreten. Diese Auffassung problematisiert nicht ernsthaft die Stellung des Menschen in der Natur, sondern glaubt an eine von Gott gesetzte vernünftige, harmonische und gute Weltordnung, die der Mensch erkennen kann und die er durch seine Handlungen, durch Technologie und Ökonomie, eigentlich nur vervollständigen kann. Diese Idee des Menschen als „Vervollständigers" der Schöpfung wird vor allem in der Philosophie der Renaissance und frühen Neuzeit (Bacon, Descartes und Leibniz) begründet.[290]

---

[288] Novalis: *Schriften 3*, S. 508.

[289] Ich kehre später in diesem Artikel genauer zu dieser Thematik zurück.

[290] Glacken, Clarence J.: *Traces on the Rhodian Shore. Nature and Culture in Western Thought from Ancient Times to the End of the Eighteenth Century*. University of California Press: Berkeley/Los Angeles/London 1967, S. 461–484.

Daneben gab es jedoch auch spekulative Denkansätze, die dem Menschen eine weit geringere Stellung zuwiesen. Wie oben beschrieben, nimmt der Mensch im System Spinozas eigentlich keine zentralere Stellung ein als die anderen Geschöpfe. Ein weiteres Beispiel, dem wir uns hier widmen wollen, stammt aus dem Feld der naturwissenschaftlichen Spekulationen der Aufklärung: die „vorkritischen" Untersuchungen Kants. Durch Newton inspiriert, entwickelt Kant in seiner *Allgemeinen Naturgeschichte und Theorie des Himmels* (1755) eine kuriose, aber an sich folgerichtige Theorie über die „planetarische" Stellung des Menschen. Ihr zufolge steht der Mensch „unendlich weit von der obersten Stufe der Wesen" ab. Aufgrund der Unendlichkeit der Schöpfung müssen laut Kant auch andere, und noch viel höhere, Vernunftwesen als der Mensch existieren.[291]

Besonders interessant für unsere allgemeine Thematik ist, dass die Umweltfaktoren hier eine wichtige Rolle spielen. Kant erklärt die Unvollkommenheit des Menschen aus der Grobheit der planetarischen Materie der Erde. Durch diese werden die leiblichen Eigenschaften des Menschen unbiegsam und träge, denn „die Nerven und Flüssigkeiten seines Gehirnes liefern ihm nur grobe und undeutliche Begriffe". Die „Lebhaftigkeit des Leibes" bestimmt also die geistigen Fähigkeiten.[292] Die Grobheit der irdischen Materie hängt wiederum, so Kant, von der Anziehungskraft der Sonne ab. Daher werden auch die geistigen Fähigkeiten desto vollkommener, je weiter entfernt von der Sonne die Geschöpfe wohnen. In dieser Hinsicht hat die menschliche Natur „in der Leiter der Wesen [...] die mittelste Sprosse inne." Die Bewohner des Jupiters sind andererseits vollkommener und würden daher einen Newton „als einen Affen bewundern".[293]

Diese Auffassungen Kants wurden in seiner Zeit nicht als kurios empfunden: So verfasste z. B. Voltaire eine analoge satirische Betrachtung über die Stellung des Menschen, in der die vernünftigen Geschöpfe anderer Planeten unsere Unvollkommenheit betrachten. Auch Herder, auf dessen Auffassungen wir bald näher eingehen, bestimmt den Menschen als ein „übergehendes Geschöpfe", eine „Mittelgattung" zwischen Erde und Gott. Herder spekuliert

---

[291] Vgl. genauer die anderen Kant-Artikel in diesem Buch.

[292] Kant, Immanuel: *Allgemeine Naturgeschichte und Theorie des Himmels*. Akademie-Ausgabe (AA) Bd. 1, S. 356–357.

[293] Ibid., S. 359–360.

nicht wie Kant über die vernünftigen Geschöpfe anderer Planeten, sondern begrenzt die Stellung des Menschen theologisch.[294]

Auch die prinzipielle Macht der Natur gegenüber den Menschen wird schon im 18. Jahrhundert auf vielfache Weise hervorgehoben. Die „bestmögliche Welt“ von Leibniz wird durch die Erfahrungen des Erdbebens in Lissabon 1755 infrage gestellt. Besonders *Candide* von Voltaire entwickelte dieses Thema auf klassische Weise. Die Kritik Voltaires war jedoch von einer finalistischen Denkweise nicht ganz frei – ein Mangel, den insbesondere Herder hervorhob.[295] Er schrieb: „Es war ein unphilosophisches Geschrei, das *Voltaire* bei Lissabons Sturz anhub, da er beinah lästernd die Gottheit deswegen anklagte.“ Herder zufolge hängen solche Katastrophen von den natürlichen Prozessen der Elemente ab, die periodisch die Erde bewohnbar und fruchtbar machen, aber auch „in ihrem Lauf fortgehen und sie zerstören“.[296] Herder folgt in dieser Hinsicht den Auffassungen des jungen Kant, wie ich oben im Artikel über Kant und Herder als Kritiker der anthropozentrischen Metaphysik gezeigt habe.

Herder entwickelt diese Auffassungen ganz folgerichtig weiter, wenn er die Stellung des Menschen in der Natur genauer betrachtet. Hier wird dessen Beziehung zu Pflanzen und Tieren als zentral für sein begrenztes Dasein auf der Erde bezeichnet. Herder greift die alte Diskussion über die Legitimation des Bergbaus[297] auf und benennt vor diesem Hintergrund genauer die Bedeutung der lebendigen Erdoberfläche. Er sagt treffend:

> Warum belegte der Schöpfer unsre Erde nicht mit Gold und Diamanten, statt [...] mit fruchtbarer Erde zu bereichern? Ohne Zweifel, weil wir vom Golde nicht essen konnten und weil die kleinste genießbare Pflanze nicht nur für uns nützlicher, sondern auch in ihrer Art organischer und edler ist als der teureste Kiesel, der Diamant, Smaragd, Amethyst und Saphir genannt wird.[298]

---

294 Herder, J. G.: *Ideen zur Philosophie der Geschichte der Menschheit*. Fourier: Wiesbaden 1985, S. 146–149.

295 Glacken 1967, S. 521–524.

296 Herder 1985, S. 51

297 Bergbau wurde bis zur frühen Neuzeit als Gewalt gegenüber der Mutter Erde interpretiert und seine Legitimität daher kritisiert. Vgl. Merchant, Carolyn: *Der Tod der Natur. Ökologie, Frauen und neuzeitliche Naturwissenschaft*. Oekom Verlag: München 1987.

298 Herder 1985, S. 66.

In Anlehnung an die bergbaukritischen Tradition sah Herder u. a. die Giftigkeit der Gruben als ein Zeichen dafür, dass die göttliche Ordnung der Natur diese Tiefen nicht als Bereich des Menschen bestimmt hatte. Dieser sollte daraus lernen, die begrenzte Sphäre seiner lebendigen Umgebung höher zu achten.

Was ist die legitime Sphäre des Menschen? Herder bestimmt sie als die dünne Oberfläche der fruchtbaren Erde:

> Indessen ist's wahr, daß wir vorzüglich bestimmt sind, auf der Oberfläche unsrer Erde als Würmer umherzukriechen, uns anzubauen und auf ihr unser kurzes Leben zu durchleben. Wie klein der große Mensch im Gebiet der Natur sei, sehen wir aus der dünnen Schichte der fruchtbaren Erde, die doch eigentlich allein sein Reich ist.[299]

Die Fossilien zeigen die Verwundbarkeit des Lebens auf dieser Oberfläche, die periodisch durch Überschwemmungen zerstört wird. Die Erde ist erst „durch viel Überschwemmungen" zu dem geworden, was sie dem Menschen jetzt ist. Es ist der Zufall, der letztlich unser Dasein bestimmt. Herder spekuliert auch folgerichtig, dass bei einer anderen geologischen Organisation der Erde „andere Geschöpfe hätten auf ihr leben müssen".[300] Unsere Stellung auf der Erde ist letzten Endes mit der einer Pflanze vergleichbar: „Unsre Lebensalter sind die Lebensalter der Pflanze: wir gehen auf, wachsen, blühen, blühen ab und sterben. Ohn unsern Willen werden wir hervorgerufen [...]".[301] Diese Thesen zeigen klar, dass Herder den Menschen in seinem Verhältnis zur Natur weitgehend ohne anthropozentrische Voraussetzungen betrachtet.

Sein konsequenter Naturalismus leitet Herder auch zu praktischen Schlussfolgerungen hinsichtlich unserer Behandlung der Natur. Wie schon oben beschrieben, hängen wir sowohl von den Pflanzen als auch von den Tieren stark ab. Herder betrachtet das Zusammenwirken von Pflanzen, Tieren und Menschen noch genauer. Er unterstreicht, dass es eine notwendige Voraussetzung der Gesundheit der lebendigen Natur ist. Zunächst muss man fragen, „wie die Pflanze sich zum Menschenreich geselle", und dann die zentrale lebenserhaltende Rolle der Vegetation genauer analysieren. Die

299 Ibid., S. 67.
300 Ibid., S. 66.
301 Ibid., S. 67–68.

Pflanzen sind zuerst Pioniere des ganzen Lebens: Durch sie „werden Felsen begraset und beblümt". Das Pflanzenreich ermöglicht dadurch das ganze Leben: „Die verwesete wilde Pflanzenschöpfung ist das immer fortwirkende Treibhaus der Natur zur Organisation der Geschöpfe und zur weitern Kultur der Erde."[302] Daher warnt Herder vor der Ausrottung aller Pflanzenarten, nicht nur der für uns nützlichen.

Eine andere allgemeine Funktion für das Leben als Ganzes ist die Erhaltung der Gesundheit des Klimas durch die Pflanzen. Auch hier nehmen die Pflanzen eine nahezu heroische Rolle ein. Herder schreibt:

> [...] dies nützliche Geschäft, die Luft zu reinigen [...] Was uns zerstört, was wir verpestet ausatmen, ziehet ihr an euch [...]. Ihr erhaltet die Gesundheit der Geschöpfe, die euch vernichten; und wenn ihr sterbt, seid ihr noch wohltätig: ihr macht die Erde gesunder und zu neuen Geschöpfen eurer Art fruchtbar.[303]

Die Pflanzen reinigen nach Herder also auch den Boden: So besitzen z. B. die giftigen Pflanzen, die der Mensch leicht für nicht nützlich hält, positive ökologische Funktionen. Sie kanalisieren die Gifte und sind dadurch „die wohltätigsten zur Gesundheit der ganzen Gegend". Herder warnt gerade in diesem Zusammenhang vor der Ausrottung von Arten: „Selten hat man eine Gewächs- und Tierart dieses oder jenes Erdstrichs ausgerottet, ohne nicht bald die offenbarsten Nachteile für die Bewohnbarkeit des Ganzen zu erfahren".[304] Die Pflanzen erhalten also in ihrer Mannigfaltigkeit sowohl die klimatische Gesundheit als auch die Bodenfruchtbarkeit einer Gegend, und daher müssen wir diesen biologischen Reichtum schützen. Herder klagt hier über eine „tiefe nordische Barbarei", die diese Diversität nicht respektiert. Wir erziehen unsere Kinder so, „daß wir ihnen nicht von Jugend auf einen tiefen Eindruck dieser Schöne, der Einheit und Mannigfaltigkeit auf unsrer Erde, geben".[305]

Wie Clarence Glacken gezeigt hat, geht Herder mit diesen Forderungen – eigentlich schon nach Umweltschutz – weiter als z. B. Buffon, auf den er sich übrigens häufig stützt. In der Frage des Naturschutzes wurde er stärker durch den finnischen Naturalisten Pehr Kalm und dessen Betrachtungen über die

---

302 Ibid., S. 67.
303 Ibid., S. 71.
304 Ibid., S. 71.
305 Ibid., S. 52.

europäische Siedlung in Nordamerika inspiriert.[306] Kalm kritisierte u. a. den Kahlschlag der Wälder für die Landwirtschaft, den Bergbau und seine negativen Effekte auf das Leben der Vögel und Fische. Der Mensch strebt ihm zufolge nach kurzfristigen Gewinnen und kümmert sich nicht um die Zukunft. Er greift daher zu schnell und gewalttätig in natürliche Prozesse ein, die einen eigenen, viel langsameren Rhythmus haben. Kalm hielt den Originalzustand der Natur für besser, weil er ein Ausdruck der Weisheit Gottes sei.[307]

Herder folgt den Auffassungen Kalms, wenn er betont, dass die Natur „zu schnelle, zu gewaltsame Übergänge nicht liebe", die der Anbau eines Landes bewirkt. Dasselbe betrifft auch die „gewaltsame Umbildung der wilden Klimate durch europäische Hände". Man müsse im Gegenteil pietätvoll mit der Natur umgehen. Die Benutzung müsse sich ans ökologische Ganze anpassen, denn „die ganze lebendige Schöpfung ist im Zusammenhange, und dieser will nur mit Vorsicht geändert werden".[308] Herder spricht natürlich nicht über die Ökologie, weil der Fachausdruck erst später durch Ernst Haeckel eingeführt wurde, aber inhaltlich handelt es sich um ökologische Ganzheiten und ihre Bedeutung für die Gesundheit der Natur.

Die Auslegung Glackens hebt diese ökologisch positiven Züge hervor, ohne jedoch die spezifische Betonung der lokalen und nationalen Frage durch Herder genügend zu würdigen. Herder war ja neben Fichte einer der Entwickler des frühen Nationalismus. Seine Besprechung der Thesen Kalms betont die organische Einheit von lokaler Natur und Klima, Volksgesundheit und Nation. Die Ortsgebundenheit ist ein allgemeines Prinzip der Natur:

> Niemand z. B. wird verlangen, daß in einem fremden Klima die Rose eine Lilie, der Hund ein Wolf werden soll; denn die Natur hat genaue Grenzen um ihre Gattungen gezogen und läßt ein Geschöpf lieber untergehen, als daß es ihr Gebilde wesentlich verrücke oder verderbe.[309]

---

[306] Kalm reiste 1747–1751 nach Nordamerika auf Wunsch seines Lehrers Carl von Linné und verfasste 1753–1761 ein Reisebuch in drei Bänden. Das Buch wurde 1754–1764 ins Deutsche übersetzt und 1770–1772 ins Englische und Holländische.

[307] Kalm, Pehr: *Resejournal over resan till Norra Amerika utgiven av Martti Kerkkonen*, Bd. 1–2. Svenska Litteratursällskapet I Finland: Helsingfors 1966, 1970. Passim. Vgl. auch Glacken 1967, S. 541–542.

[308] Herder 1985, S. 195–196.

[309] Ibid., S. 193–194.

Dieses Naturprinzip kann als solches auch auf Nationen erweitert werden. Herder betont, alle zu schnellen Übergänge *„in ein entgegengesetztes Hemisphär und Klima sind selten einer Nation heilsam worden*". Die Natur hat daher auch „Grenzen zwischen weit entfernten Ländern gezogen".[310] Dies hat laut Herder wichtige politische Konsequenzen. Er entwickelt hier jedoch keine konservative „Blut und Boden"-Ideologie, sondern nutzt diese Tatsachen vielmehr zu einer Kritik des europäischen Kolonialismus, der nach diesen Naturprinzipien ein krankhaftes Phänomen ist.

Herder kritisiert damit den europäischen Kolonialismus und verteidigt gegen ihn die lokalen kulturellen Praktiken, die besser an die klimatischen und geographischen Verhältnisse vor Ort angepasst sind. Man darf ihm zufolge nicht glauben, dass man *„mit stürmender Willkür einen fremden Erdteil sogleich zu einem Europa umschaffen könne*, wenn sie [die Kunst des Menschen – KV] seine Wälder umhauet und seinen Boden kultivieret". Die negativen Folgen dieser Bestrebungen kann man klar in der „Schwäche der sogenannten kultivierten Amerikaner in Mexiko, Peru, Paraguay, Brasilien" sehen, weil man ihnen keine „europäische Natur" hat geben können und „ihnen Land und Lebensart verändert hat". Durch den Kolonialismus, so Herder, habe man die organische Einheit von Mensch und Natur gebrochen. Dagegen sollte man die lokalen Verhältnisse erhalten, denn „alle Nationen, die in den Wäldern und nach der Weise ihrer Väter leben, sind mutig und stark, sie werden alt und grünen wie ihre Bäume".[311] Der Erhalt des lokalen natürlichen Umfelds wird dadurch bei Herder ein Prinzip der nationalen Politik, auch bei den Ureinwohnern.

Die Ursache dieser unnatürlichen kolonialistischen Entwicklung ist für Herder die „stolze, trotzige Gewinnsucht" der Europäer. Er schließt die Möglichkeit einer positiven Anpassung der „Ankömmlinge fremder Länder" jedoch nicht aus, wenn sie „sich mit den Eingebornen zu nationalisieren wussten". Diese Nationalisierung bedeutet eine Anerkennung der lokalen Kultur, wenn die Ankommenden finden, dass „die klimatische Lebensart derselben [der lokalen Bevölkerung – KV] so gar unrecht nicht sei".[312] Es ist

---

310 Ibid.
311 Ibid., S. 195.
312 Ibid., S. 196.

also nicht weise, zu versuchen, europäische Gebräuche und Sitten fremden Verhältnissen aufzuzwingen.

Die Kulturautonomie der Nationen und die Erhaltung lokaler ökologischer Verhältnisse stützen einander also positiv. Herder eröffnet hier eine Thematik, die sowohl für den Nationalismus in der frühen Naturschutzbewegung als auch für die Forderung des Schutzes der Ureinwohner als Teil des allgemeinen Naturschutzes paradigmatisch wurde. So forderte etwa Ludwig Klages in seiner Schrift *Mensch und Erde* (1913) als Teil des allgemeinen Naturschutzes auch den Schutz der Ureinwohner.[313] Die frühe Naturschutzbewegung war eng mit dem Heimatschutz verbunden und deshalb politisch ziemlich konservativ. Ich kehre zu diesen Fragen am Ende dieses Artikels zurück.

Herders Lehrer Immanuel Kant war ebenfalls ein früher Kritiker des europäischen Kolonialismus, und Herder folgt ihm möglicherweise auch bei diesem Thema. Kant behandelte die Frage des Kolonialismus vor allem in seiner späten praktischen Ethik, in *Zum ewigen Frieden* (1795) und der *Metaphysik der Sitten* (1797). Er betrachtet hier das Verhältnis der Völker zueinander aus der Perspektive des „Weltbürgerrechts", das die Ethik der internationalen Verbindungen der Völker begründet. Dieses Recht ist eine „Vernunftidee einer *friedlichen* [...] durchgängigen Gemeinschaft aller Völker auf Erden". Kant sieht ein friedliches Besuchsrecht und eine allgemeine Gastfreundschaft als konstitutiv für rechtmäßige internationale Verhältnisse und kritisiert den europäischen Kolonialismus als „inhospital" und schrecklich gewalttätig. Das Weltbürgerrecht akzeptiere jedoch keine Ansiedlung in fremden Ländern, und der Kolonialismus sei daher unakzeptabel. Der europäische Kolonialismus sei eine Gefahr für den globalen Frieden, und es sei daher verständlich, dass die stärksten Kulturen, vor allem China und Japan, ihn „weislich" verhindert hätten. In der *Metaphysik der Sitten* verteidigt Kant auch explizit die ursprünglichen Eigentumsrechte der Ureinwohner gegen die europäische Ansiedlung.[314]

Wie sollte der Mensch also gegenüber der Natur handeln? Der pantheistische Naturbegriff wirft ganz neue Perspektiven für die Bestimmung

---

313 Klages, Ludwig: *Mensch und Erde*. Eugen Diederichs: Jena 1929.

314 Väyrynen, Kari: „Weltbürgerrecht und Kolonialismuskritik bei Kant". In: Gerhardt, Volker et al. (Hrsg.): *Kant und die Berliner Aufklärung. Akten des IX. Internationalen Kant-Kongresses*, Bd. IV. Walter de Gruyter: Berlin 2001, S. 302–309.

des Verhältnisses von Mensch und Natur auf. Neben den harmonischen Ansätzen, die eine Zusammenarbeit betonen, wird in der Frühromantik auch eine dialektische Auffassung skizziert, die die späteren Auffassungen von Hegel und Marx vorwegnimmt. Diese Dialektik wird sehr schön in einem Fragment über die Natur von 1782 beschrieben, das lange Zeit dem jungen Goethe zugeschrieben wurde, aber vermutlich von Georg Christoph Tobler stammt. Der Mensch ist demnach zugleich identisch und nichtidentisch mit der Natur, und dieses Verhältnis ist selbst naturgemäß. Er schreibt:

> Natur! Wir sind von ihr umgeben und umschlungen – unvermögend, aus ihr herauszutreten, und unvermögend, tiefer in sie hineinzukommen [...] Wir leben mitten in ihr und sind ihr fremde. Sie spricht unaufhörlich mit uns und verrät uns ihr Geheimnis nicht. Wir wirken beständig auf sie und haben doch keine Gewalt über sie [...]. Die Menschen sind alle in ihr und sie in allen [...]. Sie gibt Bedürfnisse, weil sie Bewegung liebt [...] Jedes Bedürfnis ist Wohltat; schnell befriedigt, schnell wieder erwachsend [...]. Man gehorcht ihren Grenzen, auch wenn man ihnen widerstrebt; man wirkt *mit* ihr, auch wenn man *gegen* sie wirken will.[315]

Mit prinzipiell gleichen Akzenten wird das Verhältnis Mensch-Natur später bei Hegel und in der marxistischen Ökologie bestimmt. Es ist interessant, dass schon die Romantik diese neue Betrachtungsweise vorbereitet.

Die Romantik ist also nicht nur eine konservative und theologisch betonte Denkrichtung, sondern politisch vielseitiger. Hölderlin zum Beispiel interpretiert die Natur im Rahmen einer Kritik an der monarchistischen Herrschaft. In einem Brief an seinen Bruder vom 24. Dezember 1798 bemerkt er: „Es ist auch gut, und sogar die erste Bedingung alles Lebens und aller Organisation, dass keine Kraft monarchisch ist im Himmel und auf Erden".[316] Der Mensch ist also kein Monarch in der Natur, sondern muss mit dieser vielmehr demokratisch zusammenarbeiten. Unsere Produkte sind Teil der Natur und müssen ihre Ganzheit berücksichtigen und respektieren.

---

[315] Zitiert nach Goethe, J. W. von: *Werke 12. Goethes Werke in zwölf Bänden*. Leipzig 1966, S. 7–9. Wie die neuere Forschung nachgewiesen hat, wurde der Text nicht von Goethe verfasst, sondern vermutlich vom Schweizer Theologen Georg Christoph Tobler (1757–1812). Ich danke Felix Schoen für den Hinweis und habe den Text entsprechend angepasst.

[316] Hölderlin, F.: *Gesammelte Werke 4*, Gustav Kiepenheuer Verlag: Potsdam 1921, S. 208–209.

Wie Hölderlin treffend bemerkt, ist das die „erste Bedingung alles Lebens", und das monarchistische Moment hebt sich am Ende immer auf: „irgend eine der selbstständigen Kräfte" kann „nur als temporär und gradweise herrschend betrachtet werden".[317] Das Ganze der Natur hat diese individualisierende Dynamik in sich, aber das individuelle Moment – hier die Pläne und Produkte des Menschen – kann sich nur momentan und scheinbar verselbständigen.

Die Romantik betonte die Ästhetik mehr als die Ethik. Diese Gewichtung wirkte sich auch auf die Naturauffassung der Romantik aus. Besonders die Idee des Erhabenen, die bereits Kant in seiner Ästhetik behandelte, wurde ein ästhetischer Ausdruck der unbeherrschbaren, wilden Macht der Natur. Ich entwickle im Folgenden diese Idee genauer. Das ästhetische Moment wurde in der Romantik zu einer Gegenthese gegen die Betonung des Intellektuellen in der Aufklärung. Es bezeichnete aber auch die autonome, rational und technisch unbeherrschbare innere Dynamik der Natur. Daher ist die Diskussion über die Ästhetik der Natur für unsere Thematik wichtig.

Der ästhetische Wert der Natur

In der Tradition des abendländischen Denkens wird schon früh, in der griechischen Philosophie, der ästhetische Wert der Natur als zentraler Aspekt hervorgehoben. Er wird kosmologisch ausgelegt und die lebendige Natur noch nicht als ästhetisch betrachtet. Diese kosmologische Betonung wird durch die Rezeption von Plato in der Renaissance dominant. Die ideelle Ordnung des Kosmos, seine mathematische Harmonie sind gut und schön.[318] Daher nimmt die Musik bei Plato eine Sonderstellung unter den Künsten ein: Diese spiegelt die Welt der Ideen und damit die mathematischen Grundstrukturen der Welt am reinsten.

Infolge der Renaissance wurde die intellektualistische Ästhetik Platons bis zur rationalistischen Philosophie zur dominierenden ästhetischen Tradition. Die geometrischen Strukturen, die mathematisch idealisierte, von ihrer empirischen Vielfalt und Dynamik gereinigte Natur begründeten die Erfahrung des Schönen. Am Anfang der Neuzeit verstärkten die mathematische

---

[317] Ibid., S. 209–210.

[318] Das von Plato verwendete Wort *kalos* bedeutet sowohl „schön" als auch „gut".

Naturwissenschaft Galileos und die rationalistische Philosophie Descartes' diese Interpretation des Schönen. Noch Leibniz folgte dieser Tradition, wenn er behauptete, die Erfahrung des Schönen sei eigentlich ein unbewusstes Rechnen.[319] Das Naturschöne wurde so im Geist der neuen mathematischen Naturwissenschaft interpretiert. Die Vielseitigkeit der Naturerfahrung wurde noch nicht gegen die Forderungen der intellektuellen Vollkommenheit verteidigt. Diese Tradition wurde erst gegen Ende des 18. Jahrhunderts in der Ästhetik von Burke und Kant kritisiert.

Die ästhetische Erfahrung der Neuzeit war auch wegen des technischen und ökonomischen Interesses der Neuzeit und Aufklärung begrenzt. Die wilde Natur war für einen Aufklärer irrational, feindlich und unnütz. Für eine Natur dieser Art standen zum Beispiel die Berge und Gletscher. Erst gegen Ende des 18. Jahrhunderts erwachte ein wissenschaftliches Interesse an solchen Gegenden. Bald veränderten sich auch die ästhetischen Bewertungen, und allmählich nahm auch der Alpentourismus zu. Um 1850 begannen die englischen Touristen sogar die entferntesten Gipfel zu besteigen. Die romantische Naturauffassung veränderte die Einstellung dazu: Die Grenzen der positiven Naturerfahrung gingen nun wesentlich über die groben anthropozentrischen Maßstäbe der Aufklärung hinaus, vor allem deren Betonung des Nutzens. Man lernte, auch die fremden und nutzlosen Aspekte der Natur zu beachten und als eigentümlich schön zu empfinden. Diese ästhetische Wende wurde später auch zu einer wichtigen Motivation für den Naturschutz.

In dieser Begründung des autonomen Naturschönen sind theoretisch vor allem zwei Aspekte von besonderer Bedeutung. Beide werden durch die Ästhetik Kants begründet: einerseits die innere Zweckmäßigkeit der Natur, andererseits die Idee des Erhabenen (in der englischen Diskussion schon früher als *the sublime*). Die beiden Aspekte betonen die Unkontrollierbarkeit der Natur und sehen darin ihre positive Würde. Andererseits handelt es sich um eine Begründung der Autonomie der ästhetischen Subjektivität. Schelling entwickelt diese Auffassungen zu einer Dialektik der Naturerfahrung, in der die dynamischen und teleologischen Momente der Natur im künstlerischen Schaffen intellektuell idealisiert werden.

---

[319] Leibniz 1966, *Monadologie* § 17.

Vor allem im Denken von Burke, Kant und Schelling wird eine autonome Naturästhetik begründet. Damit meine ich hier die Befreiung von den ästhetischen Modellen des Rationalismus, die die mathematische Formschönheit als zentralen Wertmaßstab postulierten und geometrisch geformte Gärten (wie in Versailles) oder geometrische Formen von Blumen und anderen regelmäßig aufgebauten Naturobjekten als ideales Modell der schönen Natur sahen.

Diese Auffassung stellt Edmund Burke gleich mehrfach infrage: Einerseits hebt er die Interessenlosigkeit des Schönen hervor, andererseits bestimmt er die Schönheit eines Körpers durch seine Kleinheit, Glätte, allmähliche Änderung und Zartheit – und nicht mehr (wie damals in der Ästhetik üblich) durch seine Proportionen, Brauchbarkeit und Vollkommenheit. Auch die Aufhebung des Gegensatzes von Erhabenem und Schönem ist eine wichtige Errungenschaft: Schreckende Größe, Macht und Düsternis im Erhabenen gehört zur Ästhetik. Diese Thesen Burkes fanden ein großes Echo auf dem Kontinent, bei Diderot, Kant und Schiller.[320]

Burke wendet sich zuerst gegen die Quantifizierung der ästhetischen Verhältnisse. Die Proportion als Maß quantitativer Verhältnisse „ist für das Gemüt eine durchaus gleichgültige Sache“. Daher sagen die mathematischen Verhältnisse nichts Wesentliches über die Schönheit eines Objekts aus: „Schönheit ist sicher keine Idee, die mit Messung zusammengehörte; und ebensowenig hat sie mit Rechnung und Geometrie zu tun.“ Schöne Blumen z. B. gibt es „von jeder Gestalt und jedem Bauprinzip“, und sogar Rosen danken „einen guten Teil ihrer Schönheit gerade einem Mangel an Proportion“.[321] Andererseits sind Nützlichkeit und Brauchbarkeit keine Ursache der Schönheit. Das Schwein z. B. ist nicht schön, obwohl es „der Aufgabe des Wühlens und Grabens so trefflich angepasst ist“. Auch die Schönheit des Menschen hängt nicht von seiner Nützlichkeit ab: „so müßten Männer viel lieblicher sein als Frauen“. Andererseits sind viele Dinge sehr schön, „in denen man keinerlei Idee von Nützlichkeit entdecken kann“.[322] Burke bemerkt endlich, dass proportionale und brauchbare Dinge sehr hässlich sein

---

[320] Bubner, Rüdiger: *Geschichte der Philosophie in Text und Darstellung*, Bd. 4. Reclam: Stuttgart 1985, S. 311–312.

[321] Burke, Edmund: „Von der Schönheit“. In: Bubner 1985, S. 314–316.

[322] Ibid., S. 317–318.

können.[323] Die dritte traditionelle Idee der Ästhetik, die Vollkommenheit als „grundlegende Ursache der Schönheit", lässt sich laut Burke ebenfalls durch die Schönheit des weiblichen Geschlechts widerlegen. Ein anderes Beispiel von Unvollkommenheit ist die „Schönheit in der Not". Sie ist vielfach „die eindrucksvollste Schönheit".[324]

In seiner *Kritik der Urteilskraft* (1790) stimmt Kant grundsätzlich den negativen Begründungen Burkes für die Autonomie des Schönen zu. Auch er kritisiert zentrale anthropozentrische Bestimmungsgründe des Naturschönen und will eine Formfreiheit der Natur als ästhetisch wertvoll begründen. Seine Lösung weicht aber zum Teil von Burke ab. Burke betonte als positive Konstituente der Schönheit die Kleinheit, Glätte, allmähliche Veränderung, Zartheit und helle Farben. Daher betonte er auch den Gegensatz von Erhabenem und Schönem: Das Erhabene ist riesig, majestätisch, winklig, dunkel usw. und daher eher hässlich als schön.[325] Kant aber erweitert die Sphäre des „ästhetischen Gebrauchs der Urteilskraft" aus der organischen Natur zu freien Bildungen der Natur überhaupt. Die ästhetische Urteilskraft kann letzten Endes „selbst gesetzgebend" in der Beurteilung der Schönheit handeln: „in der Beurteilung der Schönheit überhaupt das Richtmaß derselben a priori in uns selbst suchen".[326] Also kann eigentlich alles, was im chaotischen Naturprozess eine bestimmte, subjektiv generalisierbare Form annimmt, als schön empfunden werden. Auch erhabene Objekte wie Berge können als schön bewertet werden – diese Veränderung der Geschmacksurteile war gerade nach Kant im Prozess.

Wie bereits erwähnt, akzeptiert Kant die negativen Begrenzungen, mit denen Burke die Autonomie des Schönen begründet. Kant bestimmt das Schöne überhaupt als Gegenstand eines Wohlgefallens *„ohne alles Interesse"*.[327] Das Schöne wird vorgestellt „ohne Begriffe", aber die Geschmacksurteile haben

---

323 Ibid., S. 329.

324 Ibid., S. 319. Hinsichtlich der fehlenden Nützlichkeit und Unvollkommenheit der Frauen repräsentiert Burke hier die typischen chauvinistischen Auffassungen seiner Zeit. In der Romantik wurden die Frauen dagegen oft sehr hoch bewertet, wie wir später besonders bei Friedrich Schlegel sehen werden.

325 Ibid., S. 322–330.

326 Kant, Immanuel: *Kritik der Urteilskraft*. Reclam: Stuttgart 1966, S. 303.

327 Ibid., S. 7, 79.

einen Anspruch „auf subjektive Allgemeinheit".[328] Doch was konstituiert das Wohlgefallen ohne Begriffe und das allgemein mitteilbare Geschmacksurteil? Das ist nach Kant die Idee der subjektiven Zweckmäßigkeit: „die bloße Form der Zweckmäßigkeit in der Vorstellung, wodurch uns ein Gegenstand gegeben wird".[329] Diese formale Zweckmäßigkeit muss man von den Formen der objektiven Zweckmäßigkeit unterscheiden: von der äußeren Zweckmäßigkeit, also der Nützlichkeit eines Gegenstandes, und von der inneren Zweckmäßigkeit, der Vollkommenheit des Gegenstandes.[330] Daher unterscheidet sich die „freie Naturschönheit" einer Blume zum Beispiel von der Schönheit des Menschen, die ein Sollen, „einen Begriff seiner Vollkommenheit", voraussetzt.[331] Das Naturschöne bleibt ohne Begriff: „Ein Ideal schöner Blumen [...] einer schönen Aussicht, läßt sich nicht denken". Daher ist die Schönheit der Natur nicht auf die Normalidee einer Gattung (eines Tieres) oder ein Ideal des Menschen reduzierbar.[332]

Was ist endlich nach Kant das Naturschöne, das er durch diese Negationen zu enträtseln versucht? Es ist subjektiv empfundene, aber eigentümlich zweckmäßige und „freie" Schönheit der natürlichen Bildungen. Die Autonomie der Natur ist die wesentliche Voraussetzung der echten Schönheit, daher wird man enttäuscht, wenn die schön empfundenen Phänomene der Natur sich als Kopien erweisen. Kant betont: „Es muß Natur sein, oder von uns dafür gehalten werden, damit wir an dem Schönen als einem solchen ein unmittelbares *Interesse* nehmen können".[333] Der verschiedene Formen schaffende Naturprozess und Naturprodukte, die uns eigentümlich zweckmäßig erscheinen, sind die Grundlage des Schönen. Die Zweckmäßigkeit muss aber ein Moment der Fremdheit und Unerklärlichkeit enthalten, also nicht ganz anthropomorphisch bestimmbar sein, um ihren eigentümlich ästhetischen Wert realisieren zu können. Schelling, Schopenhauer u. a. versuchten später diese Fremdheit mit dem Begriff des unbewussten Schaffens zu enträtseln. Dieser Begriff erläutert wohl die Rolle des Künstlers, aber die Natur als

328 Ibid., S. 80–81, 93.
329 Ibid., S. 95–96.
330 Ibid., S. 105.
331 Ibid., S. 109–110.
332 Ibid., S. 115–119.
333 Ibid., S. 228.

Totalität ist und bleibt offen für immer neue Bestimmungsversuche und damit eine unerschöpfliche Quelle der Inspiration.

Das Erhabene unterscheidet sich nach Kant vom Schönen vor allem durch seine Unendlichkeit, Formlosigkeit und Zweckwidrigkeit, und stellt sich in der Natur dar „in ihrem Chaos oder in ihrer wildesten, regellosesten Unordnung und Verwüstung, wenn sich nur Größe und Macht blicken läßt".[334] Kant hält aber das Erhabene nicht für hässlich, es ist vielmehr ein Bereich der moralischen und intellektuellen ästhetischen Werte, die oft gegen unsere Sinnlichkeit Achtung erwecken.[335] Kant ist sich übrigens bewusst, dass die Kunst oft hässliche Dinge als schön beschreibt – eigentlich ist ihm zufolge nur das, was Ekel erregt, „ohne alles ästhetische Wohlgefallen".[336] Diese Auffassung vom Erhabenen ist deutlich positiver als die von Burke. Im Folgenden ist diese Thematik genauer zu betrachten, weil sie die wilde, für den Menschen sogar feindliche und gefährliche Natur als positiven Wert begründet. Das Erhabene bedeutet in dieser Hinsicht eine bemerkenswerte Erweiterung des positiv bewerteten Naturbegriffs.

Die Ästhetik Schellings entwickelt das Thema der inneren Zweckmäßigkeit der Natur als Grundlage des Naturschönen weiter und geht vor allem auf die Rolle des künstlerischen Schaffens umfassender ein als Kant. Die aktive Rolle des Künstlers wird stärker hervorgehoben, aber das Moment der Natur besitzt auch bei Schelling in der Bestimmung des Schönen noch entscheidende Bedeutung. Das Kunstschöne hat noch keinen höheren Wert als das Naturschöne, wie später bei Hegel,[337] sondern die schaffende Dynamik der Natur spiegelt sich innerlich im unbewussten Moment des künstlerischen Schaffungsprozesses wider.

Schelling versucht, das dialektische Verhältnis von Mensch und Natur tiefer als Kant ästhetisch zu bestimmen. In dieser Frage führt er eigentlich nur die pantheistische und spinozistische Diskussion über die Natur weiter. In diesem Sinne hatte bereits das oben erwähnte kurze Fragment von 1782 über

---

334 Ibid., S. 134–137.

335 Ibid., S. 171, 176–177.

336 Ibid., S. 243. Das Thema der „Ästhetik des Hässlichen" wird aber erst 1853 durch Karl Rosenkranz systematisch entwickelt. Vgl. Rosenkranz, Karl: *Ästhetik des Hässlichen*. Reclam: Leipzig 1990.

337 Hegel, Georg Wilhelm Friedrich: *Ästhetik 1*. Aufbau Verlag: Berlin & Weimar 1976, S. 14, passim.

die Natur gesprochen und knapp, aber treffend die ästhetische Bedeutung der Dialektik der Natur bestimmt. Nach ihm ist sie „die einzige Künstlerin: aus dem simpelsten Stoff zu den größten Kontrasten". Besonders die Kontraste sind ästhetisch wesentlich:

> Auch das Unnatürlichste ist Natur [...]. Sie freut sich an der Illusion [...]. Ihr Schauspiel ist immer neu [...]. Leben ist ihre schönste Erfindung, und der Tod ist ihr Kunstgriff, viel Leben zu haben [...]. Sie ist alles. Sie belohnt sich selbst und quält sich selbst. Sie ist rauh und gelinde, lieblich und schrecklich, kraftlos uns allgewaltig.[338]

Diese Polaritäten drücken die komplexe Einheit der Natur aus, und der Mensch muss dieses Schauspiel und die Illusionen der Natur anerkennen und zu verstehen versuchen. Zwei Jahre später, in seinem Fragment über die Philosophie Spinozas (1784/1785), verbindet er mit dieser Dialektik den Begriff des Erhabenen, den er sogar als das höchste Erfahrungsmoment der menschlichen Seele bestimmt.[339] Tobler ist so offenbar einer der Ersten, der die Dialektik der Natur betont und auch ästhetisch interpretiert.

Auch für Schelling sind die dynamischen und dialektischen Aspekte der Natur die ästhetisch wertvollsten. In seiner Schrift *Über das Verhältnis der bildenden Künste zu der Natur* (1807) sieht er die „Urquellen der Kunst" in der Nachahmung der Natur. Was aber ist die Natur? Schelling bestimmt mit Anklängen an Spinoza die Quintessenz der Natur als ihre schaffende Dynamik: „die heilige, ewig schaffende Urkraft der Welt, die alle Dinge aus sich selbst erzeugt". Die Vollkommenheit jedes Dings ist „nichts anders denn das schaffende Leben in ihm". Mit dieser Vollkommenheit ist aber notwendig auch Unvollkommenheit gemischt, das Schöne mit Unschönem, und daher ist „von den Nachahmern der Natur in diesem Sinn das Hässliche öfter und selbst mit mehr Liebe nachgeahmt worden [...] als das Schöne". Die schaffende Dynamik der Natur bedeutet ästhetisch, dass die Kunst diese schaffende Dynamik der Natur nachahmen muss.[340]

---

[338] Zitiert nach Goethe, J. W.: *Werke 12*, S. 7–9. Wie oben erwähnt, wurde das Fragment vermutlich von Georg Christoph Tobler verfasst.

[339] Ibid., S. 13.

[340] Schelling 1982, S. 96–98.

Was bedeutet aber dann die Nachahmung des schaffenden Naturprozesses? Sie bedeutet die Vermittlung der dialektischen Polaritäten der Natur durch den schaffenden Künstler. Schelling diskutiert zuerst das Problem der geistigen Form, das bereits Fichte und Schiller als Ausgangspunkt nahmen. Wie bei Schiller vereinbaren sich bei Schelling die abstrakte Form und der lebendige Inhalt der dynamischen Natur.[341] Schelling schreibt: „Wir müssen über die Form [der Natur – KV] hinausgehen, um sie selbst verständlich, lebendig und als wahrhaft empfundene wiederzugeben". Das lebendige Moment der Natur akzentuiert sich bei ihm pantheistisch („unendlicher Verstand"), aber im schaffenden Menschen entfalten die Gegensätze ihre eigentliche dynamische Kraft.[342]

Die abstrakte Form wird zuerst durch das Unbewusste bereichert. Dem Unbewussten entspricht zum Teil die Sinnlichkeit, aber es ist noch etwas mehr: eine Kraft. Schelling erklärt:

> Schon längst ist eingesehen worden, daß in der Kunst nicht alles mit dem Bewußtsein ausgerichtet wird, daß mit der bewußten Tätigkeit eine bewußtlose Kraft sich verbinden muß, und daß die vollkommne Einigkeit und gegenseitige Durchdringung dieser beiden das Höchste der Kunst erzeugt.

Kunstwerke müssen also ein Moment spontanen Lebens besitzen, das die nur technische Vollständigkeit des Künstlers nie erschaffen kann. Das Moment des Lebens wirkt so, dass „die Kunst ihrem Werk mit der höchsten Klarheit des Verstandes zugleich jene unergründliche Realität erteilt, durch die es einem Naturwerk ähnlich erscheint".[343] Schelling betont jedoch auch hier intellektuelle Momente: Die Schaffenstätigkeit bedeutet nicht bloß eine intuitive Reproduktion der Sinnlichkeit. Für den Künstler ist es nötig, „sich zu der schaffenden Kraft zu erheben und diese geistig zu ergreifen. Hierdurch schwingt er sich in das Reich reiner Begriffe".[344]

---

341 Schiller bemerkt über den Spieltrieb, dass sein Gegenstand die lebende Gestalt ist, *Werke* 20, S. 355. Über die ästhetische Bedeutung der Natur bei Schiller siehe genauer *Über naive und sentimentalische Dichtung*, ibid., S. 413–432.

342 Schelling 1982, S. 102–103.

343 Ibid., S. 103–104.

344 Ibid., S. 104.

Andererseits sieht er die Sinnlichkeit und die Leidenschaften viel positiver als in der klassischen Kunst. Er betont, dass z. B. die Leidenschaften nicht moralistisch verneint, sondern als eine reale Naturkraft positiv dargestellt werden müssen: „Die Kräfte der Leidenschaften müssen sich also wirklich zeigen, es muß sichtbar sein, daß sie sich gänzlich empören könnten, aber durch die Gewalt des Charakters niedergehalten werden".[345] Das Leben und seine vitalen Kräfte sind also das schaffende Moment in der Natur. Sie besitzen jedoch bereits ein latent geistiges Moment, und das ermöglicht die höhere Vermittlung mit der „Gewalt des Charakters".

Diese Geistigkeit der lebendigen Natur und die Möglichkeit ihrer höheren Vermittlung hebt Schelling in den *Philosophischen Untersuchungen über das Wesen der menschlichen Freiheit* (1809) folgendermaßen hervor:

> Das Irrationale und Zufällige, das in der Formation der Wesen, besonders der organischen, mit dem Notwendigen sich verbunden zeigt, beweist, daß es nicht bloß eine geometrische Notwendigkeit ist, die hier gewirkt hat, sondern daß Freiheit, Geist und Eigenwille mit im Spiel waren. Zwar überall, wo Lust und Begierde, ist schon an sich eine Art der Freiheit, und niemand wird glauben, daß die Begierde, die den Grund jedes besondern Naturlebens ausmacht [...] zu dem schon erschaffenen Geschöpf erst hinzugekommen sei, sondern vielmehr, dass sie das Schaffende selber gewesen.[346]

In seinen damaligen Vorlesungen werden z. B. die Instinkte der Tiere auf interessante Weise als Übergangsmomente ins geistige Leben analysiert.[347] Er diskutiert um 1809/1810 auch das Gegensatzpaar Gut-Böse und behauptet, dass sowohl Gott als auch der Mensch dialektisch jene Momente notwendig durch die Leidenschaften vereinen. Er sagt sehr schön: „die Seele alles Hasses ist Liebe, und im heftigsten Zorn zeigt sich nur die im innersten Centrum

---

[345] Ibid., S. 113.

[346] Schelling 1982, S. 170. Der spätere Schelling entwickelt aus solchen Entwürfen die Grundlagen seiner „positiven Philosophie", die „Persönlichkeit, Wille, Tat zu erklären hat". Schelling, F. W. J.: *Grundlegung der positiven Philosophie. Münchner Vorlesung WS 1832/33 und SS 1833*. Bottega d'Erasmo: Torino 1972.

[347] Schelling, F. W. J.: *Stuttgarter Privatvorlesungen 1810*. Bottega d'Erasmo: Torino 1973, S. 160–164.

angegriffene und aufgereizte Stille."[348] Was bedeutet aber diese Dialektik in der Sphäre des Ästhetischen?

Wie schon bei Schiller ist die „Strenge der Form" im Gegensatz zur Natur die Urzelle dieser Dialektik. Die künstlerische Synthese bedeutet die Aufhebung dieser Strenge durch die dynamische und materiell unendlich reiche Natur. In dieser Hinsicht folgt Schelling dem Grundschema Schillers. Er fasst diesen Dialektik folgendermaßen zusammen: „ohne Begrenzung könnte das Grenzenlose nicht erscheinen; wäre nicht Härte, so könnte die Milde nicht sein, und soll die Einheit fühlbar werden, so kann dies nur durch Eigenheit, Absonderung und Widerstreit geschehen."[349] Im Jahr 1807 betont Schelling jedoch noch eine idyllische Versöhnung dieser Gegensätze: Die sinnliche Anmut ist in ästhetischer Hinsicht das höchste Moment der Natur. Schelling sieht die Rolle der Anmut als zentral: „Wo in völlig ausgewirkter Form Anmut erscheint, da ist das Werk von seiten der Natur vollendet [...]. Die Schönheit aber der Seele an sich, mit sinnlicher Anmut verschmolzen: diese ist die höchste Vergöttlichung der Natur."[350] Das Moment der wilden Natur und ihrer Ästhetik im Begriff des Erhabenen spielt bei Schelling zu dieser Zeit keine Rolle. In seiner späteren „positiven Philosophie" von 1832 werden düstere Töne in einer „geistig verworrenen Zeit" voll von „streitenden Misstönen" ästhetisch zentral. Byron wird jetzt als „der wahre Dichter dieser Zeit" beurteilt, weil in seinem Geist „sich alle Misstöne zu einem schauerlichen Ganzen vereinigten". Doch sehnt sich Schelling weiter nostalgisch zu den ruhigen Zeiten von Aischylos oder Raffael zurück.[351] In dieser Hinsicht bleiben seine ästhetischen Urteile halb neoklassisch, halb düster-romantisch.

Dieser Konflikt zwischen der harmonischen Naturidylle, die sinnliche Anmut betont, und erhabener oder sogar hässlicher Natur ist auch in der modernen Umweltästhetik eine zentrale Frage. Allen Carlson hat behauptet, dass die natürliche Umgebung hauptsächlich „positive ästhetische Qualitäten" besitzt: Sie ist weit eher anmutig, zart, intensiv, einheitlich und

---

[348] Schelling 1982, S. 193. „Der treffliche J. G. Hamann" hat nach Schelling diese Dialektik begriffen.

[349] Ibid., S. 113.

[350] Ibid., S. 114.

[351] Schelling 1972, S. 69–70.

geordnet als sanft, traurig, geschmacklos, uneinheitlich und chaotisch.[352] Yrjö Sepänmaa, der die Auffassungen von Carlson teilt, erklärt, dass ökologische und kulturelle Werte zusammenfallen, wenn man als zentrales Kriterium des Schönen die Funktionalität im natürlichen Ökosystem und analog im „geplanten Ökosystem der Kultur“ hervorhebt.[353] Praktisch wird mit dieser Funktionalität eine harmonische Idylle gemeint: Laut Sepänmaa kann etwa ein morscher Baum nicht schön sein und entspricht vielmehr einem verfälschten Kunstwerk.[354]

Solche Auffassungen sind in vieler Hinsicht problematisch. Die Betonung der Funktionalität des Ökosystems harmonisiert und stabilisiert zu stark die Natur. Auch Dysfunktionen, Dynamik und sogar Katastrophen gehören zur wilden Natur. Haila und Lewis zum Beispiel betonen die Dynamik der Ökosysteme. Man kann in der Ökologie nicht mehr unproblematisch über das Gleichgewicht der Natur sprechen. Die Biodiversität etwa ist in stabilen Umgebungen nicht unbedingt größer. Umweltethisch gesehen heißt das, dass die Natur uns „nicht erzählt, was man tun sollte“.[355] Diese Dynamik meint ästhetisch gesehen, dass auch die Aspekte, die nicht idyllisch oder harmonisch sind, mit gleicher Notwendigkeit ihre ästhetische Legitimierung durch die Ökologie finden könnten. Die Verwesung eines Baumes ist ebenso notwendig und ästhetisch wertvoll wie sein Aufblühen.[356]

In der Umweltästhetik der Romantik bedeutete vor allem der Begriff des Erhabenen einen entscheidenden Schritt in diese Richtung: Die wildeste, nutzloseste und feindlichste Natur kann ästhetisch wertvoll sein. Der Hegelianer Karl Rosenkranz beschrieb diese neuen Werte der Ästhetik zusammenfassend im Jahr 1853:

---

352 Norton, Bryan G.: *Why Preserve Natural Variety?* Princeton University Press: Princeton 1987, S. 111.

353 Sepänmaa, Yrjö: „Ympäristön kauneus“. In: Aho, Leena/Sivonen, Seppo (Hrsg.): *Oikeutemme ympäristöön. Puheenvuoroja eri tieteenaloilta*. WSOY: Helsinki 1987, S. 176–177.

354 Ibid., S. 178.

355 Haila, Yrjö/Levins, Richard: *Ekologian ulottuvuudet*. Vastapaino: Tampere 1992, S. 21–23, 30.

356 Sepänmaa hat später (1997, S. 205, 211) die katastrophalen Aspekte der Natur als erhabene und tragische hervorgehoben. Als ästhetisch tragende Prinzipien sieht er jedoch auch hier die ökologischen Normen von Aldo Leopold (*integrity, stability*) und die ästhetischen von M. C. Beardsley (*unity, complexity, intensity*), S. 209.

> Eine Wüste kann erhaben, furchtbar erhaben sein, wenn die tropische Sonne sie als tiefliegende Sahara durchglüht; melancholisch erhaben, wenn der Mond der gemäßigten Zone sie als hochliegende Gobi mit seinem Silberlicht überschimmert. Aber jede der landschaftlichen Grundformen kann sowohl schön als hässlich sich gestalten.[357]

Die frühromantische Wende in der Ästhetik, deren Grundlage bereits Kant legte, ermöglichte einen neuen Blick auf die wilde Natur. Die gegenwärtige Umweltästhetik sollte diese Wende tiefer analysieren, um auch die erhabenen und hässlichen Aspekte der Natur besser verstehen und bewerten zu können.

Natur und Gesellschaft in der konservativen Zivilisationskritik der Romantik: Schelling, Novalis, Schlegel

Das politische Denken der frühen Naturschutzbewegung war durch die romantische Zivilisationskritik dominiert. Diese Kritik war vorwiegend konservativ und restaurativ: Sie richtet sich gegen die Modernisierung, gegen bürgerliche und wissenschaftlich-technische Entwicklung sowie die damit einhergehende Naturbeherrschung. Die progressive moderne Entwicklung wird als naturwidrig interpretiert, sie bricht und revolutioniert sogar die organische Entwicklung der Gesellschaft. Die konservative Bewegung interpretiert diesen naturwüchsigen Zustand der Gesellschaft monarchistisch und aristokratisch. Diese natürliche Ordnung der Gesellschaft wird durch den zivilisatorischen Prozess zerbrochen, und die Folgen sind sowohl für den Menschen als auch für die Natur katastrophal: Entfremdung, Dekadenz und die Zerstörung der Natur. Die Natur wird zum reinen Material für die kapitalistische Gewinnsucht und die wissenschaftlich-technische Naturbeherrschung. Die konservative Romantik will dagegen die traditionellen Formen des sozialen und ökologischen Zusammenlebens wiederherstellen und mithilfe von Natur- und Heimatschutz die Kapitalisierung der Natur verhindern.

[357] Rosenkranz 1990, S. 28.

Die Vorformen der Zivilisationskritik findet man schon in den „primitivistischen" Denkmodellen der antiken Mythologie und Philosophie: das Verlangen nach einem „goldenen Zeitalter", die Kritik am Luxus und die Verherrlichung eines einfachen und gesunden Landlebens oder sogar des Tierlebens als ein Modell für die menschliche Gesellschaft und echte Moralität.[358] Ein treffendes Beispiel für diesen Geist ist die klassische Beschreibung der Finnen durch den römischen Historiker Tacitus: Sie sind primitiv und leben „in abstoßender Dürftigkeit", haben keine Waffen und Häuser, essen Pflanzen und schlafen auf der Erde. Sie sind jedoch glücklicher als die zivilisierten Römer, weil sie nicht mühsam das Feld bestellen müssen, keine Häuser bauen und nicht „in Furcht oder Hoffnung über eigenen und fremden Wohlstand nachzudenken" brauchen. Tacitus fasst zusammen: „Sorglos vor den Menschen, sorglos vor den Göttern, haben sie das Schwerste erreicht: nicht einmal einen Wunsch zu kennen."[359]

Dieses frühe zivilisationskritische Denken hatte auch tiefere theoretische Hintergründe. Die Sophisten stellten den künstlichen *nomos* (Sitten und Gesetze in der Gesellschaft) der echten *fysis* (naturgemäße Sitten und Gesetze) gegenüber: Die gesellschaftliche Ordnung sollte der natürlichen Ordnung – vor allem der der sozialen Tiere – entsprechen. Diese natürliche Ordnung wurde vor allem egoistisch interpretiert und damit ein Recht des Stärkeren propagiert. Sokrates und Platon aber zeigten, dass man die Natur nicht eindeutig egoistisch auslegen kann, sondern eine altruistische Interpretation besser begründbar ist.[360] Diese theoretische Problematik hat sich bis zum Darwinismus, zu Nietzsche und Spengler und der modernen Soziobiologie (Lorenz, Wilson) fortgesetzt.

Auch die Naturschutzbewegung und ihre Philosophie bewegen sich politisch oft auf den Spuren der frühen Zivilisationskritik. Die Philosophie der Umwelt von G. H. von Wright zum Beispiel stützt sich auf diese antiken und

---

358 Vgl. die grundlegende Untersuchung von Lovejoy, Arthur O./Boas, Georg: *Primitivism and Related Ideas in Antiquity*. Johns Hopkins University Press: New York 1980. Vgl. auch Väyrynen 2006, S. 114–147.

359 Tacitus, P. Cornelius: *Germania*. Lateinisch/Deutsch. Übersetzt, erläutert und mit einem Nachwort hrsg. von Manfred Fuhrmann. Reclam: Stuttgart 1972, S. 65, 67. Vgl. Väyrynen 2006, S. 271–272.

360 Väyrynen 2006, S. 100–103.

deutschen Traditionen.[361] Bei der Rezeption der antiken Traditionen durch die romantische Zivilisationskritik in Deutschland spielte dabei Rousseau eine zentrale Rolle.

Rousseaus Kritik der Aufklärung und der modernen Zivilisation in seinem *Ersten Diskurs* (1752) beruht weitgehend auf der antiken Zivilisationskritik und ihren Wertidealen. Seine Kritik ist vorwiegend moralistisch, und er nennt zahlreiche positive Züge der antiken Moralität, die er gegen die verdorbenen Werte der Modernität stellt. Vor allem Sparta, die „ersten Perser", die Skythen und Germanen werden positiv bewertet. Rousseau unterstreicht die militärischen Tugenden und Erziehungsideale der Spartaner sowie die Werte eines strengen, armen und arbeitsamen Lebens, deren Vernachlässigung letztlich zum Zusammenbruch von Rom führte. Dabei hebt er hervor, dass die Spartaner, Skythen und Germanen keine Wissenschaften und unnützes Wissen besaßen, sondern nur ihrer natürlichen Tugend folgten. In der antiken Philosophie akzeptiert Rousseau nur Sokrates' Ideal anspruchsloser Gelehrsamkeit.[362]

Hauptgegenstand der Kritik Rousseaus sind die Wissenschaft und die technischen Künste. Ihre Entwicklung hat den zivilisierten Menschen korrumpiert. Der moderne Mensch, so Rousseau, hat seine tatsächliche Sklaverei lieben gelernt, weil die Wissenschaft sein Bedürfnis nach Luxus und Macht befriedigen kann. Dieses Spiel wird jedoch gefährlich, weil die Wissenschaft eine mächtige Waffe ist, die der moralisch korrupte Mensch nicht richtig und mündig benutzen kann.[363] Diese Probleme kulminieren in der Naturbeherrschung durch Technik und Wissenschaft. Laut Rousseau sollte man nicht alle Rätsel der Natur lösen: Diese verbirgt viele gefährliche Dinge und schützt dadurch den Menschen. Er hofft, die Mutter Natur möge die gefährliche Waffe der Wissenschaft aus der Hand ihres Kindes nehmen.[364]

Die Grundwerte Rousseaus begründen eine archaische Einstellung: Das einfache Leben auf dem Lande wird idealisiert. Seine Erziehungsideale

---

[361] Vgl. den letzten Artikel dieses Buchs. Von Wright stützt sich einerseits auf die antike Mythologie, andererseits auf Spengler und die Frankfurter Schule.

[362] Rousseau, Jean-Jacques: *The Social Contract and Discourses*. Dent: London 1973, S. 10–21.

[363] Ibid., S. 4–7.

[364] Ibid., S. 13.

imitieren teilweise das idealisierte Leben der Bauernkinder. Seine Gesellschaftsphilosophie betont das Lokale. Solche archaischen Themen werden später in der sozialökologischen Diskussion populär. Insbesondere der frühe ökologische „Konservationismus" (*conservationism*) ist eng mit dem politischen Konservatismus verbunden. Natur- und Heimatschutz sind Ende des 19. Jahrhunderts eng miteinander verbunden. Dabei beruft man sich häufig auf die Zivilisationskritik der deutschen Romantik.

In dieser verbinden sich die von Rousseau begründete pessimistische Kritik an der modernen wissenschaftlich-technischen Kultur und die konservative Kritik Edmund Burkes an der Französischen Revolution von 1789. Ein neues Element in dieser Kritik ist die Haltung der Romantiker zur wilden Natur, die ein wichtiges Element im konservativen Wertkosmos wird. Sie wird als hohe Sphäre der religiösen und ästhetischen Freiheit gefeiert, in der man die ökonomistischen Werte und Zwänge der bürgerlichen Gesellschaft verlassen kann.

Die bürgerliche Gesellschaft und ihre ökonomischen Interessen und Werte werden erstens als geschichtliche Korruptionsphänomene kritisiert. Die bürgerliche Entwicklung lehnt die geschichtlich etablierten theologischen, ästhetischen und moralischen Kulturwerte sowie die traditionellen Institutionen (patriarchalische Familie, Kirche) ab. Daher steht sie, so die Romantiker, in unvereinbarem Widerspruch mit dem eigentlichen Wesen des Menschen. Man kann diese Entwicklung mit Norbert Elias durch den Gegensatz von Kultur und Zivilisation bezeichnen. Höhere geistige „Kultur", die in Deutschland blüht, und „Zivilisation", die im bürgerlich entwickelnden England und Frankreich dominiert, werden in der deutschen Diskussion schon in der Romantik gegenübergestellt. Die Rückständigkeit der deutschen bürgerlichen Entwicklung spiegelt sich hier.[365] Die Bewertungen der konservativen deutschen Intellektuellen von Schelling bis Spengler und Heidegger richten sich gegen die bürgerliche Zivilisation: Die moderne wirtschaftliche und wissenschaftlich-technische Entwicklung bildet eine Gefahr für die geistigen Werte und traditionellen Ständehierarchien.

Daran schließt sich mit Novalis die Frage der Natur an. Die Natur und ihr organischer Zusammenhang mit der Nation sind demnach im Wesentlichen ein tradierter, ewiger und göttlicher Kulturwert, der durch die kapitalistische

365 Elias, Norbert: *Über den Prozess der Zivilisation. Erster Band*. Suhrkamp Verlag: Frankfurt am Main 1976 (1936).

Gewinnsucht der bürgerlichen Zivilisation bedroht ist. Der Naturschutz wird ein nationalistisches Projekt, das als notwendig für den Erhalt der Gesundheit der deutschen Nation bezeichnet wird. Schon Fichte hielt die Einheit von Nation und Natur für ein wichtiges Element in der Entwicklung des Nationalbewusstseins.[366] Die frühe Naturschutzbewegung baute anfangs kräftig auf diese nationale Basis: Dieser Zusammenhang zeigt sich deutlich z. B. im Denken von W. H. Riehl. Gegen die „von rohem Materialismus zersetzte Gesellschaft" der nordamerikanischen „Freistaaten" stellt er den deutschen Wald: „Der Wald allein sichert dem Landvolke – echt mittelalterlich – eine von der Hetzjagd der Concurrenz und der Kleinwirtschaft unberührte Beisteuer zu seinem Bestand".[367]

Schelling ist ein typischer romantischer Kritiker der Aufklärung. Er widmet sich zuerst dem Schlüsselbegriff der Aufklärung, der Nützlichkeit. Dann kritisiert er die bürgerliche Gesellschaft, die auf die ökonomischen Werte baut. Das Bestreben nach Nützlichkeit ist laut Schelling keine sichere Basis für die Gesellschaft, weil das Nützliche eine sehr kontingente Sache ist. Er bemerkt: „Nun gibt es aber wohl überhaupt keine wandelbarere Sicherheit als jene; denn von dem, was heute nützlich ist, ist es morgen das Gegenteil."[368] Die Nützlichkeit ist zudem egoistisch, sowohl in der modernen Staatsökonomie als auch in der Tätigkeit der einzelnen Menschen.

Der Eigennutz wird dann das einzige gesellschaftliche Band, das die Gemeinschaft zusammenhält. Nützlichkeit und Eigennutz bilden zusammen die Wertebasis der modernen Gesellschaft:

> Wenn die höchsten Preise aller Art auf die Nützlichkeit gesetzt werden, so muss aus diesem schmählichen Eigennutz des Staats endlich ein gleicher Eigennutz der Einzelnen entstehen und Eigennutz noch das einzige Band werden, das den Staat selbst zusammenhält und den Einzelnen an ihn bindet. Nun gibt es aber in der Welt kein zufälligeres Band als eben dieses.[369]

---

[366] Fichte, Johann Gottlieb: *Reden an die deutsche Nation*. Reclam: Leipzig 1889, S. 73–75, 79–80, passim.

[367] Riehl, Wilhelm Heinrich: *Die Naturgeschichte des Volkes als Grundlage einer deutschen Social-Politik. Erster Band. Land und Leute*. Cotta: Stuttgart 1867, S. 47.

[368] Schelling, Friedrich Wilhelm Joseph: *Vorlesungen über die Methode des akademischen Studiums*. Felix Mainer Verlag: Hamburg 1974, S. 53.

[369] Ibid., S. 54.

An die Stelle dieses „äußeren Bandes“ sollte ein „inneres“ gesetzt werden, denn nur dieses könne, so Schelling, wieder „den alten Nationalcharakter hervorrufen“. Dies geschieht durch die Religion oder Philosophie, weil die Staatsverfassung „ein Bild der Verfassung des Ideenreichs [ist]“. Praktisch handelt es sich um eine Restauration der Ständegesellschaft. In der höchsten Stufe ihrer Verfassung steht der Monarch, als ein Repräsentant des Absoluten; die Ideen sind „die Freien“ (die intellektuelle Elite – KV). Die gegensätzlichen Begriffe sind der Adel und das Volk, und auf der untersten Stufe sind die „einzelnen wirklichen Dinge [...] die Sklaven und Leibeigenen“.[370]

Von dieser platonisch gefärbten monarchistischen Position aus kritisiert Schelling dann sowohl die Grundlagen des modernen Kapitalismus als auch die Demokratie. Die bürgerliche Gesellschaft entspricht nicht der Ordnung des erwähnten „Ideenreichs“: Sie zeigt vielmehr „eine entschiedene Disharmonie der Idee und der Wirklichkeit“. Die materielle Seite der Wirklichkeit ist in ihr übermächtig geworden und sie folgt „empirische[n] Zwecke[n] zum Nachteil des Absoluten“. In ihr sind „die Mittel so übermächtig geworden [...], daß sie den Zweck selbst, zu dem sie erfunden sind, untergraben“. Daher kann die bürgerliche Gesellschaft „nur eine scheinbare und gezwungene, keine wahrhaft innere Identität herstellen“.[371] Die ökonomischen Zwecke sind also an die Stelle der geistigen Werte der Religion und Philosophie getreten, obwohl nur durch diese eine „organische Identität“ der Gesellschaft bestehen kann.

Auch die Demokratisierung stört die Ordnung des Ideenreichs. Sie trennt nicht mehr Sklaverei und Freiheit, und dadurch wird die Möglichkeit der eigentlichen Freiheit zerstört. Schelling verlangt nach dem antiken Sklavenstaat, nach einer echten, „aus Ideen geführte[n] Konstruktion des Staats“ nach dem Muster der Utopie Platos. Verglichen mit dieser, ist die moderne Welt „in allen Beziehungen die Welt der Mischung“. Die bürgerliche individuelle Gleichheit der Menschen, „die sogenannte bürgerliche Freiheit“, ist die Ursache dieser Mischung: sie hat „nur die trübste Vermengung der Sklaverei mit der Freiheit, aber kein absolutes und eben dadurch wieder freies Bestehen der einen oder andern hervorgebracht“.[372] Die Freiheit, die

---

[370] Ibid., S. 54–55.
[371] Ibid., S. 29–30.
[372] Ibid., S. 108–109.

Schelling hier verteidigen will, ist vorwiegend die einer intellektuellen Elite. Er strebt also nicht vorwiegend danach, die Standesunterschiede als solche zu erhalten, sondern will der intellektuellen Elite eine zentrale Rolle im Staat garantieren.[373]

Die Kritik des bürgerlichen Materialismus spielgelt sich noch heute bei den ökopessimistischen Kritikern der Zivilisation. Der finnische Ökophilosoph Pentti Linkola zum Beispiel, der auch ökofaschistische Politik verteidigt hat, will zurück zur vorindustriellen Gesellschaft. Auch der sogenannte ökologische Primitivismus, der sich zurück nach der goldenen Zeit der vorindustriellen Gesellschaften, sogar zur Sammelwirtschaft, sehnt, sieht in der modernen Entwicklung keine positiven Möglichkeiten. Einige betrachten schon die Entstehung des Landbaus als Ursprung alles ökologisch Bösen.[374] Solche neuromantische Kritik sieht meiner Meinung nach sowohl die technologischen als auch die ökonomischen und gesellschaftlichen Entwicklungsmöglichkeiten als zu eng und determiniert. Selbst die Industriegesellschaft kann wohl auch mit umweltfreundlichen Energieträgern funktionieren und die materiellen Ströme in Warenproduktion und -transport verringern.

Die Frage der Natur und des Naturschutzes spielt in Schellings Kritik an der Aufklärung keine zentrale Rolle. Er kritisiert zwar die mechanistischen Naturwissenschaften und betont die Notwendigkeit einer neuen Naturphilosophie, die die Natur symbolisch verstehen will.[375] Die Naturauffassung ist auch ein wichtiges Moment seiner Geschichtsphilosophie: Die letzte Periode der Geschichte, die der Vorsehung, ist eine bewusste Wiederversöhnung mit der Natur nach der Abkehr von der ursprünglichen Identität mit der Natur im Sündenfall.[376] Die Natur ist aber keine politische Parole für Schelling. Bei Novalis und Schlegel wird dieser Aspekt tiefer entwickelt.

---

[373] Ibid., S. 30.

[374] Ich habe den ökologischen Primitivismus im Rahmen der Verherrlichung der indischen Philosophie genauer analysiert; dabei kritisiere ich die „deep ecology" von Arne Næss, Carolyn Merchant und Sigmund Kvaloy. Siehe Väyrynen, Kari: „'Ecological Wisdom' of Eastern Philosophy. Critical Perspectives". In: Alenius, Kari et al. (Hrsg.): *Imagology and Cross-Cultural Encounters in History*. Studia Historica Septentrionalia 56. Rovaniemi 2008, S. 283–292.

[375] Schelling 1974, S. 113 ff.

[376] Ibid., S. 83–84.

Wie schon früher erwähnt, synthetisiert die Schrift von Novalis, *Die Lehrlinge zu Seis* (1802) zentrale Aspekte des romantischen Naturbegriffs auf geniale Weise. Auch hier wird die mechanistische Naturauffassung kritisiert, jedoch nur auf theoretischer Ebene. Diese Kritik hat bei Novalis aber auch politische und zivilisationskritische Konnotationen, die beachtenswert sind. In dieser Hinsicht ist seine Schrift *Die Christenheit oder Europa* (1799) zentral. Auch sein naher Freund Friedrich Schlegel entwickelt entsprechende kritische Bemerkungen hinsichtlich der Aufklärung und des bürgerlichen Lebens.

Die Christenheit oder Europa schildert kritisch die Modernisierung Europas durch den Protestantismus und die Aufklärung. Novalis sehnt sich zurück zum Katholizismus und zur Monarchie – seine theologisch-politischen Vorbilder sind also mittelalterlich, nicht antik wie bei Rousseau und Schelling. Das Besondere an seiner Kritik ist seine relativ positive Auffassung der Ökonomie und der Technik.[377] Wie in der Romantik üblich, bezieht sich seine Kritik vorwiegend auf kulturelle und politische Aspekte.

Was unterscheidet die mittelalterliche Gesellschaft von der Neuzeit? Laut Novalis erlebte Europa vor der modernen Entwicklung ein nahezu goldenes Zeitalter: „Es waren schöne glänzende Zeiten, wo Europa ein christliches Land war, wo *Eine* Christenheit diesen menschlich gestalteten Welttheil bewohnte“. Man lebte in „ächtkatholischen oder ächt christlichen Zeiten“ unter der Herrschaft eines Oberhaupts, das „ohne große weltliche Besitztümer“ die politischen Kräfte lenkte. Seine geistige Kontrolle war aber von größter Bedeutung: Das „weise Oberhaupt der Kirche“ widersetzte sich „frechen Ausbildungen menschlicher Anlagen auf Kosten des heiligen Sinns“ und vor allem „unzeitigen gefährlichen Entdeckungen im Gebiete des Wissens“. Der modernen Auffassung, dass „die Erde ein unbedeutender Wandelstern sey“, widersprach man, und die religiös motivierte Achtung für „ihren [der Menschen] Wohnsitz und ihr irdisches Vaterland“ wurde als Wert propagiert. Durch den Verlust dieser Achtung würden die Menschen das „eingeschränkte Wissen dem unendlichen Glauben vorziehn“ und sich gewöhnen, „alles Große und Wunderwürdige“ zu verachten und es nur „als todte Gesetzwirkung zu betrachten“.[378]

---

[377] Stadler 1978, S. 148–152.

[378] Novalis: *Schriften 3*, S. 507–509.

Mit dem Protestantismus begann die Veränderung: Das einheitliche Christentum wurde dadurch zerrissen. Die Protestanten „trennten das Untrennbare, theilten die untheilbare Kirche und rissen sich frevelnd aus dem allgemeinen christlichen Verein". Dadurch entstand sogar ein „Zustand religiöser Anarchie". Dieser Auflösungsprozess, in dem schließlich „das Weltliche [...] die Oberhand gewonnen [hat]", bahnte letztlich den Weg für die Französische Revolution.[379]

Der zweite Schritt dieser „weltlichen" Entwicklung erfolgte durch die Entstehung der modernen Philosophie und Wissenschaften. Die zentralen Elemente dieser in Frankreich begonnenen Aufklärung waren laut Novalis Hass gegen Religion, Enthusiasmus und Sittlichkeit, ein naturalistisches Menschenbild und eine mechanistische Naturauffassung. Die Natur, der Erdboden, die menschliche Seele und die Wissenschaften wurden von der Poesie und allem Heiligen gesäubert. In Deutschland war man Novalis zufolge noch gründlicher: Man reformierte das Erziehungswesen und versuchte, eine Vernunftreligion zu begründen.[380]

Eine zentrale Rolle in der Umkehrung dieser Modernisierung gibt Novalis einem neuen Naturgefühl. Die Versuche der Aufklärer scheiterten gerade an der Naturfrage. Ironisch bemerkt er: „Schade daß die Natur so wunderbar und unbegreiflich, so poetisch und unendlich blieb, allen Bemühungen sie zu modernisiren zum Trotz".[381] Dieses Scheitern war eine Folge des physikalistischen Weltbildes: „Die Natur fing an immer dürftiger anzusehn". Der Mensch, so Novalis, verlangt in der Konstruktion der Natur aber mehr, und so befinden sich „in der letzten Zeit" die „äußern Wissenschaften" im Zustand der Hilfsbedürftigkeit.[382] Doch wie sollten wir laut Novalis unser Verhältnis zur Natur revidieren?

Diese Erneuerung, diese „Spuren einer neuen Welt" sind nach Novalis in Deutschland bereits im Keime sichtbar. Deutschland geht einen „sichern Gang vor den übrigen europäischen Ländern voraus". Die anderen Nationen sind mit „Krieg, Spekulation und Parthey-Geist" beschäftigt, während „der Deutsche" sich „zum Genossen einer höhern Epoche der Cultur" bildet.

[379] Ibid., S. 511–512.
[380] Ibid., S. 515–516.
[381] Ibid., S. 516.
[382] Ibid., S. 521.

Diese Wende erfolgt sowohl in den Wissenschaften als auch in den Künsten: „Eine gewaltige Ahndung der schöpferischen Willkühr, der Grenzenlosigkeit, der unendlichen Mannigfaltigkeit, der heiligen Eigenthümlichkeit und der Allfähigkeit der innern Menschheit scheint überall rege zu werden."[383] Diese pathetische Preisung der Deutschen versucht auf eine für den romantischen Nationalismus typische Weise die deutsche Identität als Kulturnation zu begründen, weil die politische Einheit noch fern zu liegen scheint.[384]

Die Natur ist eine wesentliche Quelle dieser nationalen Schöpfungskraft. Novalis ruft daher alle „Philanthropen und Encyklopädisten" auf, in Natur, Geschichte und Menschheit ihren wirklichen Bruder zu sehen und „den Bruderkuß" zu empfangen: „streift das graue Netz ab, und schaut mit junger Liebe die Wunderherrlichkeit der Natur, der Geschichte und der Menschheit an."[385] Der göttlichen Persönlichkeit der Natur muss man sich über eine liebende Anerkennung in den Künsten (vor allem der Poesie) und den Wissenschaften annähern. Zur Natur sollte man sich nicht mehr wie zu einem Mittel verhalten, sondern wie zu einer unendlich rätselhaften Persönlichkeit. Ein wirklicher „Kriticism"[386] lässt uns die Natur „als ein menschliches Wesen ahnden" und zeigt, „daß wir *alles* nur so verstehn können und sollen, wie wir uns selbst und unsre *Geliebten*, uns und *euch* verstehn". Statt wie Fichte die Natur als „Nicht-Ich" zu bezeichnen, soll man sie nach Novalis als „Du" ansehen, als ein unendliches und symbolisch reiches „Prinzip der höchsten Mannichfaltigkeit".[387] Diese Natursymbolik wird am besten über die Poesie verstanden, aber auch die Philosophien von Hemsterhuis, Spinoza, Leibniz, Goethe und am besten Plotin beschreiben diesen „göttliche[n] Funken des Naturverstandes".[388]

Politisch ist die moderne Entfremdung von der Natur laut Novalis mit der Krise der „poetischen Gesellschaftsformen" verbunden, die auf den Institutionen der Familie und Monarchie gründeten. Die Monarchie ist in dieser Darstellung eigentlich eine natürliche Entwicklungsform des

---

383 Ibid., S. 519.
384 Vgl. Elias 1976 (1936).
385 Novalis: *Schriften 3*, S. 521.
386 Ibid., S. 429. Wie oben erwähnt, verweist der Begriff „Kriticism" auf die Philosophie von Kant und Fichte.
387 Ibid., S. 430.
388 Ibid., S. 468–469.

Familienlebens, wie eine große und idealisierte Familie, in der das Volk eine kindliche Rolle einnimmt.[389] Wie viele andere Romantiker idealisiert auch Novalis die vorkapitalistischen Gesellschaftsformen, in denen regionale, landbauende und familienähnliche Gemeinschaften dominierten. Die traditionellen geistigen Werte der Religion und klassizistischen Ästhetik bestimmten auch das Bild der Natur.

In der Romantik gab es aber auch radikalere politische Positionen. Als ein Beispiel möchte ich hier Friedrich Schlegels Analyse des Geschlechtsunterschieds erwähnen, weil sie für das romantische Naturverhältnis bedeutsam ist und sogar einige Aspekte des modernen Ökofeminismus vorwegnimmt. Er behandelt diese Frage in seiner Schrift Über die Philosophie. An Dorothea. (1799).[390]

Schlegel betont in seiner Naturauffassung zwei Aspekte: die Harmonie und Diversität der Natur sowie die sympathetische und poetisch-philosophische Harmonie zwischen Mensch und Natur. Harmonie und Individualität der Natur gehören eng zusammen. Schlegel fasst seine Naturauffassung folgendermaßen zusammen:

> Der Gedanke des Universums und seiner Harmonie ist mir Eins und Alles [...]. Doch däucht mir, ist ein gewisser gesetzlich organisirter Wechsel zwischen Individualität und Universalität der eigentliche Pulsschlag des höheren Lebens [...]. Je vollständiger man ein Individuum lieben oder bilden kann, je mehr Harmonie findet man in der Welt: je mehr man von der Organisation des Universums versteht, je reicher, unendlicher und weltähnlicher wird uns jeder Gegenstand.[391]

Der Mensch muss diesen individuell-universalen Pulsschlag des Lebens in seinem Leben anerkennen. Das Ideal ist „die innigste, ganz rastlose, beinah gefräßige Teilnahme an allen Leben, und ein gewisses Gefühl von der Heiligkeit verschwenderischer Fülle".[392] Vor allem mithilfe der Poesie und Philosophie wird diese Harmonie mit der Natur erreicht. Durch die Poesie wird „der Geist mit der Natur [...] befreunde[t]" und durch die Philosophie die Göttlichkeit/Natürlichkeit im Sinne Spinozas unserer Gedanken gezeigt.

---

389 Novalis: *Glauben und Liebe oder der König und die Königin. Schriften* 2, S. 488, 493–495.

390 Schlegel, Friedrich: „Über die Philosophie. An Dorothea." In: *Studien zur Philosophie und Theologie. Kritische Friedrich-Schlegel-Ausgabe*, Bd. 8. Paderborn 1975.

391 Ibid., S. 49.

392 Ibid.

Die harmonische Einheit mit der Natur ist jedoch auch dialektisch: „Auch die Widersprüche lösen sich in Harmonie auf". Die Widersprüche sind notwendig, weil die Natur selbst widersprüchlich ihre Harmonie produziert. Daher ist „die wahre Mitte" auch im menschlichen Leben „nur die, zu der man immer wieder *zurückkehrt* von den exzentrischen Bahnen der Begeisterung und der Energie, nicht die, welche man nie verläßt".[393] Die höchste Harmonie zwischen Geist und Natur wird also durch die Gegensätze und ihre Aufhebung erreicht, und es bedeutet keine direkte Restauration irgendeiner ursprünglichen Identität. Hier wird schon die Grundfigur der Hegel'schen Dialektik vorweggenommen (vgl. später die Artikel über Hegel).

Das bürgerliche Leben lässt für diese notwendige Dialektik aber keinen Raum. Der „bürgerliche Mensch" verlässt den Rahmen seiner maschinengleichen und unpersönlichen Lebensweise nicht, er ist nur „eine Zahl in der politischen Summe" und hat keine höheren Zwecke. Seine Gemeinheit macht sein Leben nicht wertvoll: „Aber wahr ist's auch, daß ein gemeiner Mensch gar keinen tüchtigen Zweck haben, und also doch nichts rechtes leisten kann: daß alle Gegenstände dem praktischen Menschen zu nah oder zu fern liegen".[394] Die bürgerliche Zivilisation mit ihren materiellen Bedürfnissen wird also sehr negativ bewertet: In dieser Hinsicht kann in ihr auch keine wirkliche Versöhnung mit der Natur geschehen.

Ein neues, beinahe revolutionäres Thema in der Romantik ist Schlegels Kritik der traditionellen Geschlechterrollen und die Forderung nach einer androgynen Einheit der Humanität. Schlegel zufolge muss man die Stellung der Geschlechter zueinander reformieren, um ein sympathetisches Verhältnis zur Natur zu erreichen. Der Geschlechtsunterschied ist „nur eine Äußerlichkeit des menschlichen Daseins [...] eine recht gute Einrichtung der Natur, die man freilich nicht willkürlich vertilgen oder verkehren, aber allerdings der Vernunft unterordnen, und nach ihren höhern Gesetzen bilden darf". Als solche ist dieser Unterschied ein wesentliches Hindernis auf dem Weg zu voller Humanität: „In der Tat sind die Männlichkeit und Weiblichkeit, so wie sie gewöhnlich genommen und getrieben werden, die gefährlichsten Hindernisse der Menschlichkeit".[395] Auch hier bildet die dynamische

---

[393] Ibid., S. 49–54.
[394] Ibid., S. 49–50.
[395] Ibid., S. 45.

Einheit der Gegensätze die Voraussetzung eines vollen Lebens. Die bürgerliche Zivilisation aber fixiert und isoliert beide Pole und verliert dadurch die Möglichkeit einer höheren Entwicklung. Praktisch gesehen ist es vor allem wichtig, die „Häuslichkeit" der Frauen, die ihrer jetzigen „*Natur* und *Lage*" entspricht, von ihrer höheren Bestimmung zu unterscheiden, die „der Häuslichkeit grade entgegengesetzt" ist.[396]

Friedrich Schlegel ist einer der ersten, der kritisch die männliche Naturbeziehung analysiert und fordert, dass man vielmehr die sanftere Einstellung der Frauen als ein Vorbild in dieser Hinsicht ansehen sollte. Die Frau hat nach Schlegel eine natürliche Fähigkeit zur *Sympathie*, und daher kann sie jene harmonische Beziehung zur Natur besser als ein Mann entwickeln. Der Mann ist vielmehr ein Herrscher: „Bei dem Anblicke des vollkommenen Mannes würde gleich jeder sagen: ‚dieser ist bestimmt, die Erde zu bilden, und die Welt den Befehlen der Gottheit zu unterwerfen.'" Der Eindruck eines „schönen Weibes" ist ein anderer:

> „In diesem Gefäße soll die oft zu ungestüme Musik dieses raschen reichen Lebens sanfter und schöner nachklingen, so wie die Blume was sie aus dem umgebenden Gemische einsaugt, in harmonische Farben zersetzt, und in wollüstigem Dufte zurückgibt." Und ist nicht diese Innerlichkeit, diese stille Regsamkeit alles Dichtens und Trachtens die wesentliche Anlage zur *Religion*, oder vielmehr sie selbst?[397]

Schlegel meint jedoch nicht, dass man das männliche Moment ganz verneinen sollte. Die Geschlechtsrollen sind vielmehr auch dialektische Pole, die einander harmonisch ergänzen sollen. Daher kann er sagen: „*Göttlichkeit mit Härte verbunden* ist mir das Heiligste".[398] Der ideelle Mensch ist daher androgyn: „Nur sanfte Männlichkeit, nur selbstständige Weiblichkeit sei die rechte, die wahre und schöne."[399] Daher betont er auch die Bedeutung der Philosophie für die Bildung der Frauen und die der Poesie für die Männer, obwohl doch beide eine Einheit bilden.[400] Das dialektische Verhältnis der

---

[396] Ibid., S. 42–43.

[397] Ibid., S. 46–47.

[398] Ibid., S. 53. Wie Schlegel ausführt, bezeichnet diese Härte eigentlich die „weise Tapferkeit" und „Tüchtigkeit" der Pallas Athene.

[399] Ibid., S. 45.

[400] Ibid., S. 52–53.

Geschlechte wird umfassender in seinem Roman *Lucinde* (1799) entwickelt. Die Bedeutung Schlegels ist bei dieser Thematik grundlegend für die spätere deutsche romantische Literatur.[401]

Die Naturauffassung der Frühromantik war ein wichtiges Element ihrer kulturellen und politischen Kritik an der Aufklärung. Die Natur war ein Kulturideal, durch das man die rationalistischen und klassizistischen Formideale aufheben wollte. Die Gefühle, das Unbewusste, das Geschichtliche und Symbolische erweiterten das Menschen- und Naturbild. Auch die Stellung des Menschen im Kosmos wurde dadurch revidiert: Der Herrscher und Benutzer wurde ein anspruchsloserer Teil der unendlichen und göttlichen Natur. Das bedeutete aber auch eine Rehabilitierung der wahrhaften Natur des Menschen, der in der vormodernen Zeit liebend, androgyn und meditierend war. Der antimodernistische Programm Rousseaus wurde dadurch mit neuen Kulturwerten erfüllt.

Politisch wurde die Natur ein Element der konservativen Kapitalismuskritik. Gewinnsucht, Egoismus, das Entrissensein der Individuen aus den tradierten Gemeinschaften und ihre politische Gleichheit wurden als Korrumpierungen der natürlichen ökonomischen und politischen Ordnung angesehen. Diese politische Kritik wollte die tradierten Standesunterschiede und das Königtum als naturgemäß rehabilitieren. Danach, so die Vorstellung, könnte sich die wahrhafte Natur der Individuen gemäß ihren verschiedenen Talenten frei entfalten.

Die Frühromantiker waren aber noch keine Pessimisten wie die späteren Zivilisationskritiker wie Spengler oder die heutigen ökologischen Pessimisten. Sie glaubten an eine Restauration der „guten" traditionellen Ordnung: des wahrhaften christlichen Glaubens durch den Katholizismus, des wahrhaft Menschlichen durch eine Rehabilitierung der Gefühle (Sympathie, Liebe), einer organischen politischen Ordnung durch Standesgesellschaft und Königtum. Einige wollten die traditionelle Ordnung auch grundlegend durch die Philosophie verändern: Schelling z. B. betonte die führende Rolle einer intellektuellen Elite, und Schlegel wollte die traditionellen Geschlechterrollen zugunsten eines androgynen Menschenbilds reformieren.

Die Philosophie der Romantik setzt den Grundton für die ersten Klassiker des Naturschutzdenkens und der Naturschutzbewegung im 19. Jahrhundert.

---

[401] Sjöholm, Cecilia: *Föreställningar om det omedvetna. Stagnelius, Ekelöf och Noren.* Symposion: Stockholm 1996, S. 43–44.

Die Romantik hatte diesbezüglich sowohl in Amerika als auch in Europa eine signifikante Wirkung. In den Vereinigten Staaten wird sie über Ralph Waldo Emerson (1803–1882) und Henry David Thoreau (1817–1862) zur zentralen philosophischen Quelle der entstehenden Naturschutzbewegung[402]. In Deutschland stand vor allem Ernst Rudorff (1840–1916) für dieses Denkmuster. Dieser „Altmeister" der Heimatschutzbewegung wurde im Kreis der Berliner Romantiker erzogen und vertrat – auch als Künstler – eine ästhetische und konservative Zivilisationskritik.[403] In Skandinavien und Russland war das Wirken von Hugo Conwenz (1855–1922) zentral. In Finnland stützte sich etwa Rolf Palmgren (1880–1944) auf sein Denken. Er kritisierte z. B. die Urbanisierung als eine Entfremdung von der naturgemäßen Lebensweise im symbiotischen Verhältnis zur Natur. Mit *Naturskydd och Kultur* verfasste Palmgren 1918 das erste Buch in Finnland über den Naturschutz. Darin forderte er die Einrichtung von Naturschutzgebieten und betonte wie Conwenz die Bedeutung des Schutzes der Naturdenkmäler.[404] Die Wirkung der konservativen Zivilisationskritik kann man noch in der gegenwärtigen Ökophilosophie sehen: Der finnische Philosoph Georg Henrik von Wright zum Beispiel stützt sich – vermittelt durch den Einfluss Oswald Spenglers – auf diese Tradition (siehe letzten Artikel des vorliegenden Buchs).

Literaturverzeichnis

Breidbach, Olaf: *Das Organische in Hegels Denken. Studie zur Naturphilosophie und Biologie um 1800*. Würzburg: Königshausen & Neumann 1982.

Bubner, Rüdiger: *Geschichte der Philosophie in Text und Darstellung*, 8 Bände. Reclam: Stuttgart 1985.

Cunningham, Andrew/Jardine, Nicholas (Hrsg.): *Romanticism and the Sciences*. Cambridge University Press: Cambridge 1990.

Descartes, René: *Ausgewählte Schriften*. Reclam: Leipzig 1980.

[402] Z. B. Oelschlaeger 1991.

[403] Knaut, Andreas: *Zurück zur Natur. Landschafts- und Heimatschutz im wilhelminischen Zeitalter*. Kilda Verlag: Bonn 1993, S. 27–39.

[404] Palmgren, Rolf: *Naturskydd och Kultur 1–2*. Holger Schildts Förlagsaktiebolag: Helsingfors 1920.

Elias, Norbert: *Über den Prozess der Zivilisation*, Erster Band. Suhrkamp Verlag: Frankfurt am Main 1976 (1936).

Fichte, Johann Gottlieb: *Grundlage der gesammten Wissenschaftslehre. J. G. Fichte-Gesamtausgabe*, Band I,2. Bayerische Akademie der Wissenschaften: Stuttgart-Bad Cannstatt 1965.

Fichte, Johann Gottlieb: *Reden an die deutsche Nation*. Reclam: Leipzig 1889 (1808).

Glacken, Clarence J.: *Traces on the Rhodian Shore. Nature and Culture in Western Thought from Ancient Times to the End of the Eighteenth Century*. University of California Press: Berkeley /Los Angeles/ London 1967.

Goethe, Johann Wolfgang von: *Goethes Werke in zwölf Bänden*, Bd. 12. Aufbau Verlag: Berlin und Weimar 1966.

Haila, Yrjö/Levins, Richard: *Ekologian ulottuvuudet*. Vastapaino: Tampere 1992.

Hegel, Georg Wilhelm Friedrich: *Phänomenologie des Geistes*. Suhrkamp Verlag: Frankfurt am Main 1973.

Herder, Johann Gottlieb: *Ideen zur Philosophie der Geschichte der Menschheit*. Fourier: Wiesbaden 1985.

Hölderlin, Friedrich: *Gesammelte Werke*. Gustav Kiepenhauer Verlag: Potsdam 1921.

Kalm, Pehr: *Resejournal over resan till Norra Amerika utgiven av Martti Kerkkonen*, Bd. 1–2. Svenska Litteratursällskapet I Finland: Helsingfors 1966, 1970.

Kant, Immanuel: *Kritik der Urteilskraft*. Reclam: Stuttgart 1966.

Kant, Immanuel: *Gesammelte Schriften*. Akademie-Ausgabe (AA). Hrsg.: Preußische Akademie der Wissenschaften et al., Berlin 1900– .

Klages, Ludwig: *Mensch und Erde*. Jena 1913.

Knaut, Andreas: *Zurück zur Natur. Landschafts- und Heimatschutz im wilhelminischen Zeitalter*. Kilda Verlag: Bonn 1993.

Leibniz, Gottfried Wilhelm: *Hauptschriften zur Grundlegung der Philosophie I–II*. Meiner: Hamburg 1966.

Lovejoy, Arthur O./Boas, Georg: *Primitivism and Related Ideas in Antiquity*. Johns Hopkins University Press: New York 1980.

Merchant, Carolyn: *Der Tod der Natur. Ökologie, Frauen und neuzeitliche Naturwissenschaft*. C. H. Beck Verlag: München 1987.

Molnar, Geza von: *Romantic Vision, Ethical Context. Novalis and Artistic Autonomy*. University of Minnesota Press: Minneapolis 1987.

Næss, Arne: *Økologi, samfunn og livsstil*. Universitetsförlaget: Oslo 1976.

Norton, Bryan G.: *Why Preserve Natural Variety?* Princeton University Press: Princeton 1987.

Novalis: *Schriften. Die Werke Friedrich von Hardenbergs*. Kohlhammer: Stuttgart 1960-.

Oelschlaeger, Max: *The Idea of Wilderness. From Prehistory to the Age of Ecology*. Yale University Press: New Haven & London 1991.

Palmgren, Rolf: *Naturskydd och Kultur* 1–2. Holger Schildts Förlagsaktiebolag: Helsingfors 1920.

Riehl, Wilhelm Heinrich: *Die Naturgeschichte des Volkes als Grundlage einer deutschen Social-Politik. Erster Band. Land und Leute*. Cotta: Stuttgart 1867.

Rosenkranz, Karl: *Ästhetik des Hässlichen*. Reclam: Leipzig 1990.

Rousseau, Jean-Jacques: *A Discourse on Inequality*. Penguin Books: London 1988.

Rousseau, Jean-Jacques: *The Social Contract and Discourses*. Dent: London 1973.

Schelling, Friedrich Wilhelm Joseph: *Frühschriften*. Erster Band. Akademie Verlag: Berlin 1971.

Schelling, Friedrich Wilhelm Joseph: *Grundlegung der positiven Philosophie. Münchner Vorlesung WS 1832/33 und SS 1833*. Bottega d'Erasmo: Torino 1972.

Schelling, Friedrich Wilhelm Joseph: *Schriften 1804–1812*. Union Verlag: Berlin 1982.

Schelling, Friedrich Wilhelm Joseph: *Stuttgarter Privatvorlesungen 1810*. Bottega d'Erasmo: Torino 1973.

Schelling, Friedrich Wilhelm Joseph: *Vorlesungen über die Methode des akademischen Studiums*. Felix Meiner Verlag: Hamburg 1974.

Schiller, Friedrich: *Über die ästhetische Erziehung des Menschen in einer Reihe von Briefen*, Nationalausgabe, Bd. 20. Hermann Böhlaus Nachfolger: Weimar 1962.

Schiller, Friedrich: *Über naive und sentimentalische Dichtung*, Nationalausgabe, Bd. 20. Hermann Böhlaus Nachfolger: Weimar 1962.

Schlegel, Friedrich: *Studien zur Philosophie und Theologie. Kritische Friedrich-Schlegel-Ausgabe*, Bd. 8. Paderborn 1975.

Sepänmaa, Yrjö: „Ympäristön kauneus". In: Aho, Leena/Sivonen, Seppo (Hrsg.): *Oikeutemme ympäristöön. Puheenvuoroja eri tieteenaloilta*. WSOY: Helsinki 1987.

Sepänmaa, Yrjö: „Ekologinen estetiikka ja humanismi". In: Heinonen, Jarmo/Kuusi, Osmo (Hrsg.): *Ekologinen humanismi*. Otava: Helsinki 1997, S. 204–216.

Sjöholm, Cecilia: *Föreställningar om det omedvetna. Stagnelius, Ekelöf och Noren*. Brutus Östlings bokförlag: Stockholm 1996.

Spinoza, Baruch: *Die Ethik* (Lateinisch und Deutsch). Revidierte Übersetzung von Jakob Stern. Reclam: Stuttgart 1980.

Spinoza, Baruch: *Briefwechsel*. Felix Meiner: Leipzig 1914.

Stadler, Ulrich: „Die Auffassung vom Gelde bei Friedrich von Hardenberg". In: Brinkmann, Richard (Hrsg.): *Romantik in Deutschland. Ein interdisziplinäres Symposion*. J. B. Metzler: Stuttgart 1978.

Tacitus, P. Cornelius: *Germania*. Lateinisch/Deutsch. Übersetzt, erläutert und mit einem Nachwort hrsg. von Manfred Fuhrmann. Reclam: Stuttgart 1972.

Vilkka, Leena: *The Varieties of Intrinsic Value in Nature. A Naturistic Approach to Environmental Philosophy*. University of Helsinki: Helsinki 1995.

Väyrynen, Kari: „‚Ecological Wisdom' of Eastern Philosophy – Critical Perspectives". In: Alenius, Kari et al. (Hrsg.): *Imagology and Cross-Cultural Encounters in History*. Studia Historica Septentrionalia 56. Rovaniemi 2008, S. 283–292.

Väyrynen, Kari: *Ympäristöfilosofian historia maaäitimyytistä Marxiin*. Eurooppalaisen filosofian seura: Tampere 2006.

Väyrynen, Kari: „Weltbürgerrecht und Kolonialismuskritik bei Kant". In: Gerhardt, Volker et al. (Hrsg.): *Kant und die Berliner Aufklärung. Akten des IX. Internationalen Kant-Kongresses*, Bd. IV. Walter de Gruyter: Berlin und Boston 2001, S. 302–309.

Hegel: Zur Geschichtlichen Dialektik von Natur und Kultur

Der junge Hegel und die Alpen: Auf den Spuren der frühen Naturauffassung und Ästhetik[405]

In diesem Artikel untersuche ich Hegels frühe Ästhetik und Naturauffassung im Lichte des Tagebuchs seiner Wanderung in den Berner Alpen. Die Berner Alpen liegen 50 Kilometer südlich von Bern in der Mittelschweiz. Sie sind die nördlichste Kette der Alpen und erheben sich auf über 4.000 Meter Höhe. Das Gebiet ist, wie in den Westalpen üblich, schwer zu erreichen, die meisten Gipfel liegen deutlich über der Schneegrenze, und auf dem Weg dorthin gibt es viele Gletscher. Hegel wanderte vom 25. bis 30. Juli 1796 im landschaftlich berühmtesten Teil des Gebiets im Süden von Interlaken unter dem „Dreigestirn" der drei mächtigen Berge Eiger, Mönch und Jungfrau und überquerte niedrigere Gebirgspässe unter der Schneegrenze. Unter den damaligen Bedingungen kann man diese Wanderroute als recht gewagt ansehen, auch wenn man von eigentlichem Bergsteigen noch nicht sprechen kann. Dieses wurde erst um 1850 durch englische Touristen populär.

Das Tagebuch ist sowohl ein interessantes kulturgeschichtliches Dokument des frühen Alpentourismus als auch ein philosophisches Dokument der ästhetischen und naturalistischen Auffassungen des jungen Hegels. Es zeigt, dass einige der Grundgedanken Hegels zu diesen Fragen sich schon recht früh im Rahmen seiner sogenannten theologischen Jugendschriften herausbildeten.

---

405 Zuvor auf Finnisch veröffentlicht: „Nuori Hegel ja Alpit: varhaisen estetiikan ja luontokäsityksen jäljillä". In: Mehtonen, Lauri/Väyrynen, Kari (Hrsg.): *Järjen todellisuus 1–2. Juhlakirja Markku Mäelle*. Oulun yliopisto: Oulu 2002, S. 189–204.

Die Einschätzung von Christoph Jamme, Hegels Schönheitsbegriff habe sich erst in seiner Jenaer Zeit umfassend entwickelt,[406] trifft offenbar in Bezug auf die allgemeinen Probleme der Ästhetik nicht zu.

Berner Periode

Hegel reiste ins „Land der göttlichen Freiheit", in die Schweiz, um dort als Hauslehrer zu arbeiten. Damit folgte er dem Beispiel zahlreicher deutscher Kulturschaffender. Er gelangte zur Familie von Steiger in Bern. Allerdings war er bald enttäuscht vom Kanton Bern, da dieser seinen bereits früh entwickelten republikanischen Idealen nicht entsprach. Er machte sich mit der lokalen Staatsverfassung und dem Wirtschaftsleben bekannt und spottete recht ironisch über die dort herrschenden aristokratischen Züge. Schon in seinem Brief an Schelling von April 1795,[407] dann ausführlicher in den Anmerkungen zu den „Vertraulichen Briefen über das vormalige staatsrechtliche Verhältnis des Waadtlandes zur Stadt Bern" (1798) kritisiert er die Willkürlichkeit und Unmenschlichkeit der Berner Rechtsprechung, Mängel der Gewaltenteilung, adeligen Nepotismus usw.[408] Georg Lukács zufolge betrieb Hegel in Bern zum ersten Mal gründliche ökonomische Studien.[409] Er beschäftigte sich damals zudem mit Geschichte und machte sich Gedanken zu Fragen der Volksbildung,[410] deren Idee ihm schon in jungen Jahren wichtig war: In einem Fragment aus dem Jahr 1794 zum Beispiel widmete er sich der Lehrtätigkeit von Sokrates und stellte sie der jüdisch-christlichen Tradition kritisch gegenüber.[411]

Es mag vielleicht überraschen, doch auch die Natur und Landschaft der Schweiz konnten Hegel nicht begeistern. 1795 besuchte er Genf, in dem sein „Held" Rousseau geboren war; von diesem Aufenthalt besitzen wir

---

[406] Jamme, Christoph: *„Ein ungelehrtes Buch". Die Philosophische Gemeinschaft zwischen Hölderlin und Hegel in Frankfurt 1797–1800.* Hegel-Studien, Beiheft 23. Bonn 1983, S. 214.

[407] Harris, Henry Silton: *Hegel's Development. Towards the Sunlight 1770–1801.* Oxford University Press: Oxford 1972, S. 158.

[408] Hegel, Georg Wilhelm Friedrich: *Werke 1.* Suhrkamp Verlag: Frankfurt am Main 1973, S. 255–267.

[409] Lukács, Georg: *Der junge Hegel.* Suhrkamp Verlag: Frankfurt am Main 1973, S. 185.

[410] Harris 1972, S. 157–158, 162–163.

[411] Hegel: *Fragmente über Volksreligion und Christentum. Werke 1*, S. 47–54.

keine Reisenotizen. Eine andere Reise führte ihn im Juli 1796 mit drei anderen Hauslehrern in die Berner Alpen. Als Anregung dafür diente offenbar Meiners „Reise in der Schweiz“, die Hegel schon als Kind eifrig gelesen hatte.[412] Während der Reise verfasste er ein Tagebuch, das zuerst von Karl Rosenkranz in seiner Hegel-Biographie veröffentlicht wurde.[413] Es kommentiert teilweise direkt Meiners Beschreibungen; Hegel hatte dessen Buch offenbar mit auf die Wanderung genommen.

In der Hegelforschung wurde dieses Tagebuch bisher kaum beachtet, obwohl es in mancher Hinsicht ein interessantes Dokument ist. Es handelt sich dabei um die früheste von theologischen Fragestellungen unabhängige Quelle für die Anschauungen des jungen Hegels zu Ästhetik und Natur. Dessen theologische Jugendschriften stecken zwar voller ästhetischer Metaphern, doch diese sind stets verbunden mit Vergleichen zwischen der griechischen Volksreligion und jüdisch-christlichen Traditionen. Im Tagebuch dagegen zeugen die ästhetischen Urteile von Hegels authentischen Erfahrungen in der Natur und ihrem ästhetischen Wert. Das Tagebuch besitzt zudem kulturgeographische Bedeutung, unter anderem weil es auf interessante Weise das schweizerische Bauernleben unter den strengen Lebensbedingungen im Gebirge kommentiert. Auch kulturgeschichtlich ist es interessant, weil es den frühen Tourismus und seine sozialen Folgen in den Alpen beschreibt.

Die Schrift eröffnet gewissermaßen eine, wie ich sagen möchte, „Gattung hegelianischer Alpenbeschreibungen“. Unter den späteren Hegelianern verfassten zumindest der Finne Johan Vilhelm Snellman und Friedrich Engels Reiseschilderungen aus der Schweiz. Beide bereisten das Land im Jahr 1841, allerdings nicht zusammen. Es ist reizvoll, diese Schriften miteinander zu vergleichen. Hegel und Engels begegnen den Alpen recht nüchtern, Snellman vertritt dagegen eine romantischere, die Schönheit und Erhabenheit des Gebirges betonende ästhetische Haltung. Allerdings ist zu beachten, dass sich Engels in tiefer gelegenen Gebieten als Hegel und Snellman bewegte, die beide in den höheren Lagen der Berner Alpen wanderten (in der Nähe der bekannten schneebedeckten Viertausender Jungfrau und Mönch). Snellman wanderte teilweise auf den gleichen Pfaden wie Hegel.

---

412 Harris 1972, S. 159.

413 Rosenkranz, Karl: *G. W. F. Hegels Leben*. Wissenschaftliche Buchgesellschaft: Darmstadt 1977, S. 470–490; Auszüge in: Hegel: *Werke* 1, S. 614–618.

Wie lassen sich diese unterschiedlichen ästhetischen Urteile der Hegelianer erklären? Offenbar spielte dabei die Veränderung des Denkens in der Romantik eine Rolle. Um 1840 war die allgemeine ästhetische Einstellung zu Gebirgen weit positiver als 1796. Hegels Haltung spiegelt wohl noch die traditionelle negative Einstellung gegenüber Gebirgen wider. Es gab jedoch schon im 18. Jahrhundert, sogar vor Hegel, bedeutende Ansätze zu einer positiveren Haltung. Das Gedicht *Die Alpen* des Berners Albrecht von Haller zum Beispiel erschien bereits 1732 und wurde in Europa sehr populär. Rousseaus *La Nouvelle Héloïse* (1761) drückte ebenfalls Achtung vor wilden Gebirgen aus.[414] Die Grundeinstellung des jungen Hegels ist allerdings negativ: Nur die organische Natur – als eine Vorstufe des Geistes – hat ästhetischen Wert. Insbesondere die für Gebirge typischen erhabenen Landschaften sieht er als einschränkend für die Freiheit des Geistes. Sie sind für unsere Sinnlichkeit und Einbildungskraft weniger befruchtend als die lebendige Natur. In seiner späteren Ästhetik verändert sich seine Auffassung ein wenig: Landschaften können ästhetisch bedeutsame Gefühle erwecken. Die Hierarchie der ästhetischen Werte bleibt aber gleich: Die freien Geistesprodukte der Kunst stehen höher als die schöne oder erhabene Natur.

Die frühe Ästhetik Hegels und die Despotie des Erhabenen

Im Lichte von Hegels frühen Schriften scheint es offensichtlich, dass die später für ihn typische negative ästhetische Einstellung zum Naturschönen[415] sich schon vor der Abfassung des Tagebuchs im Jahr 1796 recht weit entwickelt hatte. Die ästhetischen Metaphern in seinen theologischen Jugendschriften sind recht konventionell, erhabene Naturobjekte oder die ästhetische Dialektik der Natur werden nicht positiv hervorgehoben.[416] Diese Besonderheit ist teilweise durch den theologischen Deutungskontext der ästhetischen Fragen bedingt: Die griechische Volksreligion, so Hegel, war eine „subjektive", fantasievolle und sinnliche Religion. Ihr Verhältnis zur Natur war organisch. Die Götter waren Halbgötter, hatten keine absolute Autorität. Die lebendige

---

[414] Crivellaro, Pietro: „Le vesciche di Hegel e le origini dell'alpinismo". In: *Rivista della montagna*. N. 225, Juni 1999, S. 65.

[415] Hegel, Georg Wilhelm Friedrich: Ästhetik *1–2*. Aufbau Verlag: Berlin & Weimar 1976, Ästhetik 1, S. 14, 128–155, 162–175; passim.

[416] *Werke 1*, S. 14–15, 42–44.

Natur war ein Partner, mit dem man sich liebevoll identifizieren konnte. Diese Einstellung erstreckte sich auch auf die leblose Natur: So wurden zum Beispiel Bäche beseelt.[417] Es ist jedoch zu betonen, dass der junge Hegel eine liebende Beziehung zur Natur nur für organische oder als organisch interpretierte Natur gelten lässt. Er schreibt: „Wahre Vereinigung, eigentliche Liebe findet nur unter Lebendigen statt".[418] Hegel betont auch später systematisch, die leblose Natur sei „der *unaufgelöste Widerspruch*" oder sogar ein „*Abfall* der Idee von sich selbst". Erst in der lebendigen Natur zeigt sich die Möglichkeit einer Synthese des Geistes und seines Andersseins.[419]

Wie Christoph Jamme betont, ist die Naturauffassung des jungen Hegels in seiner Frankfurter Zeit bedeutsam, weil sie die moderne Ideologie der Naturbeherrschung und die Entfremdung des modernen Menschen von der Natur deutlich kritisiert. Letztere sei sogar mit dem Töten der Natur vergleichbar. Demgegenüber steht laut Jamme das Ideal einer „mimetische[n] Einheit mit der Natur". Wie Hölderlin sieht auch der junge Hegel Kunst als ein Modell für ein herrschaftsfreies Verhältnis zur Natur, als Paradigma der Versöhnung mit der Natur. Als ein Medium dieser Versöhnung erscheint in Hegels Frankfurter Zeit die Thematik der Liebe.[420] Ich möchte jedoch hervorheben, dass eine Versöhnung für ihn nur mit der lebendigen Natur möglich ist, nicht mit erhabenen, leblosen Objekten wie Bergen. In dieser Hinsicht ist Hölderlins „metaphysisch-ontologische Schönheitskonzeption"[421] pantheistischer als die Auffassung Hegels.

In der jüdisch-christlichen Tradition war das Natur- und Gottesbild anders als in der von Hegel bewunderten griechischen Volksreligion. Die „objektive Religion" der jüdisch-christlichen Tradition unterdrückte Hegel zufolge die Subjektivität, Phantasie und Sinnlichkeit und machte die Natur entweder zu einer geistlosen objektiven Ordnung oder zu einer bedrohlichen Erscheinung des unendlichen, erhabenen Gottes.[422] Man konnte kindlich den Gott „als einen mächtigen Herrn an[sehen], der im übrigen Neigungen,

---

417 Ibid., S. 242.
418 Ibid., S. 245.
419 *Werke 9*, S. 28–29.
420 Jamme 1983, S. 178–181.
421 Ibid., S. 152, 150–155.
422 *Werke 1*, S. 55, 212, 243–245.

Leidenschaften, auch gar Launen hat – Gott ruht aus –, wie die Herrscher unter Menschen". Auch die Natur wurde im Rahmen dieser kindlichen Einstellung interpretiert. Gott scheint so „in Wettern, Überschwemmungen, Pest usw., im Wogen des Meers, im Drohen der Felsen [...] unmittelbarer zu wirken". Andererseits war Gott unendlich und unbegreifbar, moralisch neutral. Damit ließ er Raum für willkürliche Machtausübung, Gewalt und Hass der christlichen Sekten.[423]

Wie deutlich zu erkennen ist, entsprechen diese Charakterisierungen des jüdisch-christlichen Gottes nahezu vollständig dem Begriff des mathematisch und dynamisch Erhabenen bei Kant. Auch Kant verbindet den Begriff des Erhabenen mit der jüdisch-christlichen Tradition und der Erhabenheit des moralischen Gesetzes.[424] Der junge Hegel hebt allerdings nicht das moralische und intellektuelle Interesse hervor, das bei Kant den besonderen Wert erhabener Objekte ausmacht,[425] sondern interpretiert den Begriff des Erhabenen in dieser Phase vorrangig im Kontext der theologischen Diskussion. Ein weiterer Grund für Hegels negative Auslegung des Erhabenen sind offenbar seine moralphilosophischen Auffassungen, in denen schon damals ein positiveres Verhältnis zur Sinnlichkeit als in der Ethik Kants zum Ausdruck kam. Das Erhabene als Negation der Sinnlichkeit erhält bei Hegel keinen moralischen Wert; er sieht es als Teil der jüdisch-christlichen Tradition. Auch die erhabenen Naturgegenstände, zum Beispiel die Alpenlandschaft, werden letztlich zu Symbolen einer unterdrückenden Macht, unter deren Last der Geist schrumpft.

In seinen späteren Vorlesungen über Ästhetik interpretiert Hegel das Erhabene als erste, noch abstrakte Befreiung aus der Natur, als ersten Versuch, die Idee der Unendlichkeit unabhängig von der empirischen Vielheit auszudrücken. Das Erhabene von Kant gleicht in seiner Negativität der göttlichen Macht und Großartigkeit, die in der hebräischen Dichtung bewundert wird. Im Unterschied zu Kants Subjektivismus interpretiert Hegel das Erhabene als eine künstlerische Ausdrucksform der „absolute[n] Substanz". Das Erhabene kann dann auch affirmativ ausgedrückt werden, wie in der pantheistischen Kunst. Die substanzielle Einheit lässt sich dann

423 Ibid., S. 55, 210–211.
424 Kant, Immanuel: *Kritik der Urteilskraft*. Reclam: Stuttgart 1966, S. 182.
425 Ibid., S. 166–167, 171, 176–177.

anschaulich „als die schöpferische Macht aller Dinge“ ausdrücken. Letztlich betont Hegel jedoch, dass die „Kunstform des Erhabenen“ die göttliche Macht gegenüber aller Weltlichkeit und Endlichkeit ausdrückt. Daher erreicht sie nicht die ideale Schönheit, in der das Äußerliche ein adäquater Ausdruck des Inneren ist.[426]

Hegels Auffassung des Erhabenen bleibt letzten Endes ambivalent. Er hält auch später an der Verbindung des Erhabenen mit dem jüdisch-christlichen Gott fest, sieht jedoch in der pantheistischen Kunst die Möglichkeit zu einer affirmativeren Auslegung. Die pantheistische Deutung des Erhabenen ermöglicht es, beispielsweise die Alpenlandschaften als interessant und wertvoll zu betrachten – also nicht mehr als unterdrückend wie in der jüdisch-christlichen Tradition.

In den historischen Fragmenten aus seiner Berner Zeit verbindet Hegel die objektivierenden Züge des Christentums auf interessante Weise allgemeiner mit der nomadischen Kultur der orientalischen Welt. In einer ca. 1795–1798 verfassten Skizze über den „Geist der Orientalen“ beschreibt er die Kulturen des Nahen Ostens als Kulturen abstrakter Machtausübung, deren zentrale Prinzipien Objektivierung und abstrakte Gesetzmäßigkeit sind. Der Mensch wird entweder beherrscht oder ist selbst ein Herrscher, es gibt keine dritte, liebende Alternative. Hegel schreibt: *„Herrschsucht über alles* und *willige Ergebung in jede Sklaverei*, so innig verbunden. Über beides waltet das Gesetz der Notwendigkeit.“[427] Auch die Naturauffassung spiegele diese Kultur der gewalttätigen Herrschaft wider. Der Orientale sei daher unfähig, „durch die Mannigfaltigkeit der Dinge vielseitig bewegt zu werden“. Die Welt erscheine dem orientalischen Geist „in ihrer nackten Gestalt [...] ohne eigene Seele und Geist“. Diese Einstellung wirke sich in der orientalischen Kunst so aus, dass die „erhabene Pracht ihrer Bilder“ zwar Erstaunen weckt, man in diesen aber keine liebende Einheit spürt. Die Kunst produziere „nur wildschöne Ungeheuer“, hinter denen man Gewalt spüre.[428]

Auch die Stellung der Frau spiegele diese Kultur der Gewalt. Weil die Frauen eigentlich die wahre menschliche Natur repräsentieren, ehrten die Orientalen „das Weibliche als etwas ihrem übrigen Geist Fremdes, ihnen

---

[426] Ästhetik 1, S. 353–355, 362.

[427] *Werke 1*, S. 428.

[428] Ibid., S. 429–430.

Überlegenes". Aber weil das Weibliche „nie dasjenige werden kann, was das Verhältnis aller anderen Dinge ist, Herrschaft oder Knechtschaft [...], so wissen sie keinen anderen Rat, *als sie einzusperren*!".[429] Das Weibliche ist bei Hegel hier ein treffendes Symbol der eigentlichen Natur als Sphäre der spontanen Freiheit – einer schaffenden Natur.

In seinen Schriften aus der Berner Zeit beschreibt Hegel auch kritisch das Wesen der jüdischen Kultur, die ihm zufolge von der oben beschriebenen despotischen Auffassung von Gott als erhabener Entität durchdrungen ist. Hegel bezeichnet den „Zustand der jüdischen Nation" als „traurig" aufgrund ihrer moralischen Pedanterie und der Tatsache, dass sie „den Dienst Gottes und der Tugend in toten Formularen" ordne.[430] Gott habe absolute Herrschaft über den Menschen, und dieser sei in einer schlechteren Lage als die Sklaven, weil er vor Gott, anders als vor „einem Herrn auf Erden", nicht flüchten könne.[431] Der christliche Gottesbegriff sei ähnlich: Für die Christen ist Gott „der hocherhabene, des Himmels Herr, Herr über die ganze Erde, über die leblose [und] lebendige Natur, auch Herr der Geisterwelt [...]; diesem König seine Ehrfurcht zu versagen [...], ist notwendig Undank und Verbrechen."[432] Im Gegensatz zur griechischen Religion sei in dieser „objektiven" Religion „nicht für die Phantasie gesorgt [...], sie ist traurig und melancholisch – orientalisch".[433] Die von Hegel verwendeten Naturmetaphern verbinden die erhabene Gottheit mit erhabenen und toten Objekten,[434] während die Metaphern für organischen Formenreichtum, die die griechische Volksreligion beschreiben, positiver bewertet werden[435] – mit Ausnahme des Begriffs der *moira*, in der auch der Grieche seine letztliche Abhängigkeit von der Natur anerkennt (Hegel interpretiert *moira* als eine moralisch akzentuierte Naturnotwendigkeit[436]).

---

[429] Ibid., S. 431.
[430] Ibid., S. 105.
[431] Ibid., S. 191.
[432] Ibid., S. 212.
[433] Ibid., S. 72.
[434] Ibid., S. 55.
[435] Ibid., S. 14–15.
[436] Ibid., S. 36.

Die Landschaftsästhetik des Reisetagebuchs

Hegels Reisetagebuch dokumentiert zum ersten Mal direkt sein persönliches ästhetisches Verhältnis zur Natur. Seine darin beschriebene Naturauffassung entspricht eindeutig dem negativen Bild von Erhabenheit, das in seinen theologischen Jugendschriften zu finden ist. Bei Hegel erhalten eigentlich nur die Wasserfälle im Gebirge eine positive ästhetische Bewertung, weil in ihnen etwas Lebendiges erahnt werden kann. Über den Wasserfall von Staubbach zum Beispiel schreibt Hegel:

> Die Höhe der Felsenwand, von der er [der Staubbach bei Lauterbrunnen] herabstürzt, hat allein etwas Großes, der Staubbach eigentlich nicht. Desto mehr hat das anmutige, zwanglose, freie Niederspielen dieses Wasserstaubs etwas Liebliches. Indem man nicht eine Macht, eine große Kraft erblickt, so bleibt der Gedanke an den Zwang, an das *Muß der Natur* entfernt, und das Lebendige, immer sich Auflösende, Auseinanderspringende, nicht in *eine* Masse Vereinigte, ewig sich Fortregende und Tätige bringt vielmehr das Bild eines freien Spieles hervor.[437]

Die relativ geringe Größe des Staubbachfalls im Vergleich zu den umgebenden Felswänden macht Hegels Urteil recht treffend – die Einheimischen bezeichneten den Fall als *Pissevache*, Kuhpisse.[438] Wesentlich in Hegels Beschreibung ist aber, dass die Felsen die Naturnotwendigkeit symbolisieren. Im Vergleich dazu ist der Wasserfall ein Symbol des Lebens und seiner Dynamik. Der gleiche Gegensatz findet sich auch in der Beschreibung der Aar-Fälle auf einer späteren Wanderung:

> Die Aar macht einige prächtige, mit fürchterlicher Kraft hinabstürzende Wasserfälle [...]. Nirgend erhält man einen so reinen Begriff vom *Müssen* der Natur als beim Anblick des ewig wirkungslosen und ewig fortgesetzten Rasens einer hervorgetriebenen Welle gegen solche Felsen![439]

Felsen, Berge und Gletscher werden von Hegel regelmäßig negativ beurteilt. Sie verkörpern die an sich zwecklose Naturnotwendigkeit. Hohe Berge wie Jungfrau, Mönch und Eiger in den Berner Alpen – Hegel bezeichnet Mönch und Eiger ein wenig unklar als „zwei Aiger" – „[bilden] kahle, oben mit

---

[437] Rosenkranz 1977, S. 472; Hegel: *Werke 1*, S. 614.

[438] Crivellaro 1999, S. 61.

[439] Rosenkranz 1977, S. 481, Hegel: *Werke 1*, S. 616.

Schnee bedeckte Felsenmassen". Entgegen den Erwartungen der Wanderer erweckten sie bei Hegel „nicht das Gefühl von Größe und Erhabenheit".[440] Für den heutigen Leser mögen solche Urteile sehr kalt und gefühllos erscheinen, weil diese drei Berge weltberühmt sind, die bekannteste Touristenattraktion der Berner Alpen überhaupt. Heute erwecken sie ohne Weiteres schöne und erhabene Eindrücke.

Schon vierzig Jahre nach der Wanderung Hegels hatte sich der ästhetische Geschmack verändert. Der finnische Hegelianer Johan Vilhelm Snellman pries diese Gebirgslandschaft in seiner Reise von 1841. Er beschrieb die Landschaft als sehr romantisch, was für ihn ganz untypisch war. Er schreibt:

> [...] man sieht die stolze Jungfrau mit schwindelerregender Geschwindigkeit hoch zum Blau des Himmels aufragen, aus dem beide Silberhörner in gleißendem Licht, das das Auge kaum erträgt, wie die glänzenden Augen einer warmblütigen Jungfrau locken.[441]

Vor der Romantik wurden Gletscher ästhetisch noch weniger geschätzt als Berge. Im Volksglauben galten sie als typische Wohnorte von Ungeheuern. Daher bestieg man Berge und Gletscher im 18. Jahrhundert nur selten. Die Route Hegels führte ihn in die Nähe von Gletschern, und er konnte sie ziemlich genau beobachten. Es ist offensichtlich, dass sie nicht einmal sein intellektuelles Interesse erwecken konnten, vom ästhetischen ganz zu schweigen. Er schildert die schon damals berühmte Touristenattraktion, den Grindelwaldgletscher, ohne besondere Begeisterung:

> Wir sahen heute diese Gletscher nur in der Entfernung von einer halben Stunde, und ihr Anblick bietet weiter nichts Interessantes dar. Man kann es nur eine *neue Art von Sehen* nennen, *die aber dem Geist schlechterdings keine weitere Beschäftigung gibt* [...] dieser Anblick [hat] weder etwas Großes noch Liebliches [...]. – Weiter hinauf erscheint das Eis in Pyramiden, die ein reineres Blau haben und die man im Vergleich mit dem unteren schmutzigen Eis, wenn man will, schöner nennen kann.[442]

---

[440] Rosenkranz 1977, S. 474–475.

[441] Snellman, Johan Vilhelm: „Pieniä matkakyhäelmiä. Käynti Rigillä. Yö Jungfraun juurella". In: *Kootut teokset III*. WSOY: Porvoo 1929, S. 261–264.

[442] Rosenkranz 1977, S. 475–476; Hegel: *Werke 1*, S. 614–615.

Hegels Gesamtbewertung der Berge lässt sich mit drei immer wieder vorkommenden Adjektiven zusammenfassen: grau, öde und traurig. Er empfindet die Rückkehr in die lieblichere Hügellandschaft südlich von Luzern am letzten Reisetag ästhetisch positiv, ganz im Gegensatz zu den Bergen („theils erhabne, theils graue und traurige Berge").[443] Die Berge haben keinen ästhetischen Wert, auch die Vernunft findet in ihnen nichts Imponierendes. Nur ein Mineraloge „findet Stoff, über die Revolutionen dieser Gebirge unzureichende Mutmaßungen zu wagen". Hegel fast sein Urteil in ziemlich dürren Worten zusammen:

> Weder das Auge noch die Einbildungskraft findet auf diesen formlosen Massen irgendeinen Punkt, auf dem jenes mit Wohlgefallen ruhen oder wo diese Beschäftigung oder ein Spiel finden könnte. [...] Die Vernunft findet in dem Gedanken der Dauer dieser Berge oder in der Art von Erhabenheit, die man ihnen zuschreibt, nichts, das ihr imponiert, das ihr Staunen und Bewunderung abnötigte. Der Anblick dieser ewig toten Massen gab mir nichts als die einförmige und in die Länge langweilige Vorstellung: *es ist so*.[444]

Mensch und Natur in den Alpen

Hegel beschreibt auch kurz das harte Leben der Bauern in den Alpen. Er respektiert ihre gelassene Anpassung an die harten Bedingungen des Gebirges. Im Gegensatz zu den Stadtbewohnern akzeptieren sie die stets präsente Lebensgefahr als Teil ihres Daseins. Hegel schreibt:

> Doch die Bewohner dieser Gegenden leben im Gefühle ihrer Abhängigkeit von der Macht der Natur, und dies gibt ihnen eine ruhige Ergebenheit in die zerstörenden Ausbrüche derselben. Ist ihre Hütte zertrümmert oder verschüttet oder weggeschwemmt, so bauen sie am gleichen Ort oder in der Nähe eine andere. Sind auf einem Wege oft Menschen von stürzenden Felsen erschlagen worden, so gehen sie doch ruhig denselben, anders als die Städtebewohner [...].[445]

Im Gebirge wird offenbar, dass nicht alles in der Natur für den Menschen ist: Hegel kritisiert das physikotheologische Weltbild in diesem Zusammenhang mit scharfen Worten. Darüber bald mehr.

---

[443] Rosenkranz 1977, S. 489.

[444] Ibid., S. 482–483; Hegel: *Werke 1*, S. 618.

[445] Ibid., S. 482; Hegel: *Werke 1*, S. 617.

Hegel nähert sich hier der Tradition idealisierender Alpenbeschreibungen des 18. Jahrhunderts an. So bewunderten etwa Albrecht von Haller („Die Alpen") und Rousseau (*Julie ou la Nouvelle Héloïse* 1761) das einfache, naturnahe Leben der Bauern in den Alpen. Diese Bewunderung hat sowohl klimatheoretische als auch politische Hintergründe. Albrecht von Hallers Hirten leben in einem unschuldigen Naturzustand, den Gewinnsucht, Egoismus und der Rauch der Städte nicht verdorben haben, in dem wahre Liebe, ein naturgemäßes Leben, Arbeit, Gesundheit und die Achtung vor unveränderlichen Traditionen geschätzt werden.[446] Rousseau schildert die Vielfalt der Bergnatur und das harmonische Zusammenleben von Kultur und Natur. Die Natur der Alpen ist voller Gegensätze, und dort treten alle Jahreszeiten und Klimate gleichzeitig auf. Das Schauspiel, das die Alpennatur bietet, ist zugleich schön und erhaben. Die frische Luft beruhigt und vergeistigt den Menschen. Das „ätherische" Klima mäßigt unsere Leidenschaften und vermittelt uns erhabene Vorstellungen. Das Bergklima heilt sowohl unseren Körper als auch unsere Seele.[447]

Hegel schildert das Leben der Bauern jedoch nicht ganz ohne Kritik. Er bemerkt, dass die Marktwirtschaft mit dem Tourismus auch in die Alpen vordringt. Die Hirten boten früher Milch und Käse gegen freiwillige Bezahlung an, aber erwarten tatsächlich eine höhere Bezahlung. Gewinnsucht kommt immer häufiger vor.[448] Das Bild natürlich tugendhafter Einwohner der Alpen ist nach Hegel also illusorisch.

Hinsichtlich der Naturauffassung Hegels ist es noch wichtig, seine Kritik der Physiotheologie hervorzuheben. In dieser Frage folgt er offenbar Kant und Herder, deren Position ich bereits früher im vorliegenden Buch analysiert habe. Hegel schreibt:

> *Ich zweifle, ob hier der gläubigste Theologe es wagen würde*, der Natur selbst in diesen Gebirgen überhaupt *den Zweck der Brauchbarkeit* für den Menschen zu unterlegen [...]. In diesen öden Wüsteneien hätten gebildete Menschen vielleicht eher alle anderen Theorien und Wissenschaften erfunden, aber schwerlich denjenigen Teil der Physikotheologie, der dem Stolze des Menschen beweist, wie die Natur für seinen

---

446 Haller, Albrecht von: „Die Alpen 1729". In: *Versuch Schweizerischer Gedichte*. Bern 1732.

447 Virkkala, Mari-Anne: *Kantin ylevä ja luontosuhde*. Oulun yliopisto: Oulu 2002, S. 251–255.

448 Rosenkranz 1977, S. 474.

> Genuß und Wohlleben alles hinbereitet habe; *ein Stolz, der zugleich unser Zeitalter charakterisiert*, in dem er eher seine Befriedigung in der Vorstellung findet, was alles für ihn von einem fremden Wesen getan worden ist, als er sie in dem Bewußtsein finden würde, daß er es eigentlich selbst ist, der der Natur alle diese Zwecke geboten hat. Doch die Bewohner dieser Gegenden leben im Gefühle ihrer Abhängigkeit von der Macht der Natur [...].[449]

Die physikotheologische Naturauffassung ist also nach Hegel eine theoretische Konstruktion. Gerade die Gebirgsnatur und ihre Gleichgültigkeit gegenüber den Handlungen des Menschen zeigt handgreiflich ihre Grenzen.

Landschaftsästhetik in der späteren Ästhetik Hegels

Hegels ästhetische Ablehnung der leblosen Natur wird bald ein Teil der sich entwickelnden Kunsttheorie in seiner Philosophie des Geistes. Den ästhetischen Wert der Landschaft charakterisiert er in der *Jenaer Realphilosophie* (1805–1806) folgendermaßen:

> Es kann alles in die Kunst erhoben werden; aber diese Erhebung ist eine fremde Einbildung. Es muß als *seiender* Inhalt der prosaischen Anschauung nach selbst der Form gleich sein; dies ist der Geist selbst. *Natur*poesie [ist] daher die schlechteste – [das] Landschaftliche usf., weil ihre Belebung der Gestalt, in der sie unmittelbar ist, widerspricht. [Es ist dies der] moderne Formalismus der Kunst – Poesie aller Dinge, [ein] Sehnen aller – nicht eine äußere Gewalt. Die Dinge sind so *an sich*, in der göttlichen Anschauung, aber dieses *Ansich* ist das abstrakte, das ihrem Dasein ungleich ist.[450]

Das Problem der Landschaft liegt also darin, dass die ihr gegebene poetische Form nicht dem Inhalt entspricht. Die Natur wird zu stark intellektualisiert, ihre wahre Bedürftigkeit und äußere Notwendigkeit will man nicht anerkennen. Die Natur wird durch die Gotteshypothese vergeistigt, aber diese Geistigkeit bleibt abstrakt, weil das Dasein der Natur ihr nicht entspricht. In der „absoluten Kunst“ sind Form und Inhalt dagegen identisch.[451] Durch die Kunst kann der Geist sich auch nicht in der leblosen Natur wiederfinden.

---

449 Ibid., S. 481–482; Hegel: *Werke 1*, S. 617.

450 Hegel, Georg Wilhelm Friedrich: *Jenaer Realphilosophie*. Felix Meiner Verlag: Hamburg 1969, S. 264–265.

451 Ibid.

Obwohl sich die späteren Ästhetikvorlesungen auf das Kunstschöne konzentrieren, wird darin stellenweise auch die Naturschönheit und Landschaftsästhetik diskutiert. Hegels Grundgedanke zum ästhetischen Wert der Landschaft bleibt derselbe wie früher, obwohl die subjektive Erfahrung der Landschaft nun positiver hervorgehoben wird. Diese Erfahrung ist Teil der Schönheit der unorganischen Natur. Bei der „Anschauung" einer Landschaft stellt man fest:

> Hier ist keine organische Gliederung der Teile als durch den Begriff bestimmt und zu seiner ideellen Einheit sich belebend vorhanden, sondern einerseits nur eine reiche Mannigfaltigkeit der Gegenstände und äußerliche Verknüpfung verschiedenen Gestaltungen, organischer oder unorganischer: Konturen von Bergen, Windungen der Flüsse, Baumgruppen [...]; andererseits tritt innerhalb dieser Verschiedenheit eine gefällige oder imponierende äußere Zusammenstimmung hervor, die uns interessiert.[452]

Die wechselnden Formen der Berge, Flüsse, Täler und Klüfte repräsentieren diesen äußerlichen Zusammenhang, der nicht durch ein organisches oder begriffliches Verhältnis belebt wird. Diese Landschaften aber können in gewissen Verhältnissen unsere Gefühle erwecken – zum Beispiel „die Stille einer Mondnacht, die Ruhe eines Tales, durch welches ein Bach sich hinschlängelt, die Erhabenheit des unermeßlichen, aufgewühlten Meeres, die ruhige Größe des Sternenhimmels". Im Verhältnis zur leblosen Natur liegen diese Emotionen und ihre Bedeutungen nur in der anschauenden Subjektivität selbst. Aber schon bei der Anschauung der Tiere ist das Verhältnis ein anderes. Hegel stellt interessanterweise fest, dass die seelischen Ausdrücke der Tiere, aus denen wir menschliche Eigenschaften wie „Mut, Stärke, List, Gutmütigkeit usf." lesen, als schön interpretiert werden. Solche Eigenschaften sind nicht nur subjektiv, sondern haben auch eine objektive Seite, die „einerseits allerdings den Gegenständen eigen ist und eine Seite des Tierlebens darstellt". Obwohl nach Hegel die Interessen der Tiere „durch das Naturbedürfnis der Ernährung, des Geschlechtstriebes usf. beherrscht" wird und ihr Seelenleben „arm, abstrakt und gehaltlos" ist", ist ihre Schönheit doch nicht nur eine subjektive Konstruktion.[453]

---

[452] Ästhetik 1, S. 135–136.
[453] Ibid., S. 136–137.

Die landschaftlich bedeutenden Künste

Eng verbunden mit der Problematik der Landschaftsästhetik sind unter den Künsten die Architektur, die Gartenkunst und die Landschaftsmalerei. In ihnen wird der Übergang von der Naturschönheit zur Kunstschönheit konkret. Der schaffende Geist handelt zwar noch unter den natürlichen Voraussetzungen, beginnt sich aber allmählich zu befreien. Ich stelle hier nur kurz die systematischen Grundgedanken Hegels vor.

In Hegels „System der einzelnen Künste" steht die Architektur sowohl von ihrem Material als auch von ihrer Form her der Natur am nächsten. Daher erscheint sie in der Klassifikation der einzelnen Künste als Erste. Hegel bewertet sie systematisch nicht sehr hoch, sie ist eigentlich nur der Anfang der Kunst: „Sie ist der Anfang der Kunst, weil die Kunst in ihrem Beginn überhaupt für die Darstellung ihres geistigen Gehaltes weder das gemäße Material noch die entsprechenden Formen gefunden hat". Das Material dieser Kunst ist „das an sich selbst Ungeistige, die schwere und nur nach den Gesetzen der Schwere gestaltbare Materie". Ihre Form andererseits sind „die Gebilde der äußeren Natur, regelmäßig und symmetrisch zu einem bloß äußeren Reflex des Geistes und zur Totalität eines Kunstwerks verbunden".[454] Hegel zeigt später, wie die Formensprache der Architektur die Natur imitiert: Zum Beispiel ist das Modell der Säule ursprünglich der Baum. Insbesondere gotische Kirchen vermitteln den Eindruck eines Waldes. Dabei ist zuerst zu bemerken, dass „im Gotischen die *Zweckmäßigkeit* des Hauses [...] zur Nebensache wird". Der Eindruck eines Waldes ist wichtiger: in der Kirche kommen „die Wände und darunter der Wald von Pfeilern frei in der Spitze" zusammen", und das Dach bildet „mit den Zweigen anderer Bäume ein Laubdach". Die Türme der Kirche scheinen von außen gesehen „erhabenste Gipfel" zu sein.[455] In der Architektur ist auch das Verhältnis zu den Elementen der Natur wichtig. Zentrale architektonische Prinzipien in dieser Hinsicht sind die Berücksichtigung von Licht, Klima und Landschaft, außerdem das offene oder geschlossene Verhältnis zur Umgebung.[456]

---

[454] Ästhetik 2, S. 17; vgl. auch Ästhetik 1, S. 243.
[455] Ästhetik 2, S. 48, 75, 81.
[456] Ibid., S. 24, 52, 72–74, 77.

Die Gartenkunst war schon in der Baukunst der Römer wichtig.[457] Man kann sie als „eine modifizierte Anwendung architektonischer Formen auf die wirkliche Natur“ bestimmen.[458] Die Gartenkunst ist jedoch nicht nur eine Unterart der Architektur, sondern die landschaftlichen Faktoren besitzen in ihr eine eigene, bedeutende Rolle. Sie ist daher malerischer als die Architektur. Hegel bemerkt dazu: „Das Parkartige nämlich ist nicht eigentlich architektonisch, kein Bauen mit freien Naturgegenständen, sondern ein Malen, das die Gegenstände in ihrer Natürlichkeit beläßt und die große freie Natur nachzubilden strebt“. Schon die Gartenkunst der Chinesen war laut Hegel bestrebt, „ganze Landschaften mit Seen und Inseln, Flüssen, Aussichten, Felspartien usf.“ auszugestalten. Die Gartenkunst bleibt ihm zufolge jedoch letztlich in einem unversöhnlichen Widerspruch zwischen Natur und Kultur verhaftet. Ihre Resultate bleiben eklektisch. Einerseits will sie die Freiheit der Natur erhalten, andererseits diese künstlich bearbeiten. Das führt am Ende zu Geschmacklosigkeiten: zu einer langweiligen „Absichtlichkeit des Absichtslosen, [...] Zwang des Ungezwungenen“. Selbst die großen Parkanlagen bieten dem Anblick „nichts Unendliches, keine in sich seiende Seele dar“.[459]

Die Landschaftsmalerei bringt nach Hegel konkret den subjektiven Wert der Natur in der Kunst zum Ausdruck. Systematisch gesehen sei sie jedoch „ein geringeres Genre als die Historienmalerei“, weil ihr Pathos nicht so tiefgehend sei wie die Darstellung des „Wertvolle[n] und Vernünftige[n]“ in der Mächtigkeit des menschlichen Daseins bei der Historienmalerei.[460] Man müsse jedoch betonen, dass die Malerei eine freiere Kunstgattung als die Architektur sei, weil sie die empfindende Subjektivität des Künstlers stärker ausdrücke. Damit trete sie „mehr in die Nähe der Musik“ und bilde den Übergang von der bildenden zur klingenden Kunst.[461]

Die Landschaftsmalerei erreicht, so Hegel, ihre Vollendung in der romantischen Malerei. Die Natur, insbesondere die Landschaft, wird darin neben den religiösen Motiven ein zentrales Thema. Die religiöse Malerei stelle „die

---

[457] Ibid., S. 70.
[458] Ästhetik 1, S. 244.
[459] Ästhetik 2, S. 85–86.
[460] Ästhetik 1, S. 229–230.
[461] Ästhetik 2, S. 181.

substantielle Innigkeit der Seele" dar, „das Beisichsein der Liebe im Absoluten". Die Innerlichkeit kann aber auch anders gedacht werden: „Die Innigkeit hat nun aber auch noch einen anderen Gehalt. Sie kann auch in dem ihr schlechthin Äußeren einen Anklang an das Gemüt finden und in der Objektivität als solcher Züge erkennen, die dem Geistigen verwandt sind." Berge, Wälder, Ströme usw. werden „für sich von Interesse, insofern es die freie Lebendigkeit der Natur ist, die in ihnen erscheint und ein Zusammenstimmen mit dem Subjekt als selbst lebendigem bewirkt". Das ist für den ästhetisch erfahrenen Menschen wertvoll: „In diese Lebendigkeit, in dieses Antönen an Seele und Gemüt kann der Mensch sich einleben und so auch in der Natur innig sein". Hier liegt die eigentliche Bedeutung der Landschaft:

> [...] die verschiedenen Zustände der landschaftlichen Natur in ihrer milden Heiterkeit, ihrer duftigen Ruhe, ihrer Frühlingsfrische, ihrer winterlichen Erstarrung, ihrem Erwachen am Morgen, ihrer Abendruhe usf. [sind] bestimmten Gemütszuständen gemäß [...].

Sogar erhabene Aspekte wie „die ruhige Tiefe des Meeres, die Möglichkeit einer unendlichen Macht des Aufruhrs" erwecken Gefühle der Sympathie – „das Brausen, Heranschwellen, Überschäumen, Brechen der sturmgepeitschten Wellen [bewegen] die Seele zu einem sympathetischen Tönen". Diese Innigkeit ist der Gegenstand der Malerei, die daher die Naturobjekte als solche nicht bloß empirisch nachahmen muss.[462] Die Landschaft ist in diesem Sinne immer eine idealisierte Landschaft, ein Ausdruck der Geistigkeit.[463] Im Vergleich zum jungen Hegel hat die Erfahrung des Erhabenen hier eine viel positivere ästhetische Bedeutung.

Zusammenfassend kann man sagen, dass das Naturverhältnis der Landschaftsmalerei laut Hegel sowohl ästhetisch als auch intellektuell wertvoll ist. Ein lebendiges und sympathetisches Verhältnis zur Natur war Hegel nicht fremd. Seine allgemeine Auffassung der Natur ist jetzt viel positiver als im Berner Tagebuch: Selbst erhabene Gegenstände können Sympathie erwecken. Diese Veränderung erklärt sich vielleicht dadurch, dass in der Ästhetik der Kontext durch die Kunstschönheit bestimmt ist: Die Malerei idealisiert und verallgemeinert geistreich die empirisch kontingenten und dynamischen

[462] Ibid., S. 206–207.
[463] Ästhetik 1, S. 168.

Naturphänomene. Hegel bemerkt: „Was in der Natur vorübereilt, befestigt die Kunst zur Dauer".[464] Doch wie wir sahen, betonte Hegel andererseits, dass eine solche geistige Erfahrung schon in der subjektiven Erfahrung der Natur als solcher vorkommen kann. Der dogmatische Unterschied zwischen Natur- und Kunstschönheit berücksichtigt diese Dynamik unserer Erfahrung nicht genug.

Ein kritisches Schlusswort: Die Schönheit im Dienst des absoluten Geistes

Das Grundmerkmal der Hegelschen Ästhetik und Philosophie der Kunst ist die Betonung ihrer intellektuellen Aufgabe. Die Kunst muss die Wirklichkeit des Geistes in sinnlicher Form darstellen und ihn so wahrheitsgemäß wie möglich ausdrücken. Die Idee der Schönheit und ihre Verwirklichung im Kunstschönen steht im Verhältnis zum Begriff, wenn auch vermittelt durch das „sinnliche Scheinen".[465] In der Kunst haben wir es letzten Endes, wie am Ende der Ästhetik erklärt wird,

> mit keinem bloß angenehmen oder nützlichen Spielwerk, sondern mit der Befreiung des Geistes vom Gehalt und den Formen der Endlichkeit, mit der Präsenz und Versöhnung des Absoluten im Sinnlichen und Erscheinen, mit einer Entfaltung der Wahrheit zu tun, die sich nicht als Naturgeschichte erschöpft, sondern in der Weltgeschichte offenbart [...].[466]

Schönheit und Kunst sind historisch sich entwickelnde Formen des menschlichen Selbstausdrucks, in denen der selbstbewusste Geist adäquate Ausdrucksformen seiner selbst sucht. Die Handlungen, Werte und der freie Wille des Menschen werden zu den wertvollsten Gegenständen der Kunst.

Ich sehe wenigstens zwei zentrale Probleme in Hegels Konzeption der Natur und der Landschaft. Besitzt die Natur irgendeine aktive Rolle beim Produzieren der subjektiven Gefühle, oder sind diese nur konstruierte Projektionen der Subjektivität? Hegel neigt meiner Meinung nach dazu, die Natur als passives Material zu interpretieren, das ganz zufällig unseren Gefühlen entspricht. Ist zum Beispiel der Sonnenuntergang ein

---

[464] Ibid., S. 164–165.
[465] Ibid., S. 112, 117.
[466] Ästhetik 2, S. 586.

aktiver Faktor im Produzieren unserer ästhetischen Gefühle? Oder entstehen solche Gefühle vielleicht als unbewusste Reflexionen der ökologischen Abhängigkeiten, also einer aktiven Umgebung? In dieser Hinsicht möchte ich behaupten, dass der Sonnenuntergang zum Beispiel nicht nur eine Metapher der traurigen Vergänglichkeit ist. Der Sonnenuntergang als Teil der Natur kann aktiv unsere ästhetischen und auch intellektuellen Erfahrungen produzieren.

Eine andere, vielleicht noch wichtigere Frage möchte ich hinsichtlich des Begriffs des Kunstschönen stellen. Hegel kritisiert in der Einleitung seiner Ästhetik deutlich den Dualismus der modernen Bildung, die Leben und Bewusstsein zu scharf voneinander unterscheide. Die Aufgabe der Kunst sei die Versöhnung dieses Gegensatzes. Im Gegensatz zur dualistischen Philosophie der modernen „Reflexionsbildung" müsse

> das Kunstschöne als eine der Mitten erkannt worden […], welche jenen Gegensatz und Widerspruch des in sich abstrakt beruhenden Geistes und der Natur – sowohl der äußerlich erscheinenden als auch der innerlichen des subjektiven Gefühls und Gemüts – auflösen und zur Einheit zurückführen.[467]

Man kann meiner Meinung nach jedoch behaupten, dass Hegels Ästhetik und Theorie der Kunst dieses Programm nicht vollständig realisieren kann, weil die Kunstschönheit doch gegenüber der Naturschönheit dominiert. Seine geistesphilosophische Systematik stellt die ästhetische und intellektuelle Herausforderung der Natur nicht genügend heraus.

Denken wir zum Beispiel an die aktuelle Erfahrung der Umgebung und Landschaft der Berner Alpen. Wenn man höher klettert, werden die menschlichen Gebäude und Dörfer immer kleiner, und die mächtigen, erhabenen Berge beginnen, die Landschaft zu dominieren. Wir erleben diese Veränderung des Perspektive nicht als unterdrückend, sondern als eine Befreiung. Die Stille der Berge und die Naturgeräusche – Vogelgesang, Rauschen des Bachs usw. – treten hervor und stillen unsere alltäglichen Sorgen und Gedanken. Wir fühlen auch unsere eigene Natur, die körperlichen Mühen, im Gebirge wird der Pulsschlag wird schneller, die Atmung tiefer, und wir verspüren allgemeines Wohlgefühl und tiefen Genuss. In den höheren Bergen empfinden

---

[467] Ästhetik 1, S. 62–65.

wir die Umgebung als erhabenes Kunstwerk: Überraschende Wetterwechsel, von den Bergspitzen fallende Steine, Eis und Schnee machen uns unsere eigene Kleinheit bewusst, wir haben hier keine Macht mehr. Wenn wir ins Tal zurückkehren, erleben wir eine Art Kulturschock: Die alltäglichen Sorgen sind nicht mehr so wichtig wie zuvor. Die Sphäre der Notwendigkeit der Berge lockt uns dann stark zurück – oder war es die Sphäre der Freiheit? Muss man letztlich das Wort Hegels über das „Anderssein des Geistes" in der Natur positiv interpretieren, als eine Herausforderung, unser tieferes Selbst in der Natur zu suchen?

Literaturverzeichnis

Crivellaro, Pietro: „Le vesciche di Hegel e le origini dell'alpinismo". In: *Rivista della montagna*, N. 225, Juni 1999.

Dinkel, Bernhard: *Der junge Hegel und die Aufhebung des subjektiven Idealismus*. Bouvier: Bonn 1980.

Engels, Friedrich: „Lombardische Streifzüge. Über die Alpen!" In: *MEW-Ergänzungsband. Schriften bis 1844*. Zweiter Teil. Dietz Verlag: Berlin 1973, S. 150–160.

Haller, Albrecht von: „Die Alpen 1729". In: *Versuch Schweizerischer Gedichte*, Bern 1732. Verwendete Ausgabe: 9. Auflage, Göttingen 1769, https://www.hs-augsburg.de/~harsch/germanica/Chronologie/18Jh/Haller/hal_v04.html (abgerufen am 10.10.2025).

Harris, Henry Silton: *Hegel's Development. Toward the Sunlight 1770–1801*. Clarendon Press: Oxford 1972.

Hegel, Georg Wilhelm Friedrich: *Jenaer Realphilosophie*. Felix Meiner Verlag: Hamburg 1969.

Hegel, Georg Wilhelm Friedrich: „Reisetagebuch Hegel's durch die Berner Oberalpen 1796". In: Rosenkranz 1977, S. 470–490.

Hegel, Georg Wilhelm Friedrich: *Werke in zwanzig Bänden*. Suhrkamp Verlag: Frankfurt am Main 1969–1971.

Hegel, Georg Wilhelm Friedrich: *Ästhetik 1–2*. Aufbau Verlag: Berlin & Weimar 1976.

Jamme, Christoph: „„Ein ungelehrtes Buch‘. Die philosophische Gemeinschaft zwischen Hölderlin und Hegel in Frankfurt 1797–1800“. In: *Hegel-Studien*, Beiheft 23. Bonn 1983.

Kant, Immanuel: *Kritik der Urteilskraft*. Reclam: Stuttgart 1966.

Lukács, Georg: *Der junge Hegel*. Suhrkamp Verlag: Frankfurt am Main 1973.

Rosenkranz, Karl: *G.W.F. Hegels Leben*. Wissenschaftliche Buchgesellschaft: Darmstadt 1977.

Snellman, Johan Vilhelm: „Pieniä matkakyhäelmiä. Käynti Rigillä. Yö Jungfraun juurella“. In: *Kootut teokset* III, WSOY: Porvoo 1929, S. 261–264.

Virkkala, Mari-Anne: *Kantin ylevä ja luontosuhde*. Unveröffentlichte Lizenziatthesis. Oulun yliopisto: Oulu 2002.

Väyrynen, Kari: „Kant ja luonnon kunnioitus“. In: Kotkavirta, Jussi (Hrsg.): *Luonnon luonto. Filosofisia kirjoituksia luonnon käsitteestä ja kokemisesta*. SoPhi 2. Jyväskylän yliopisto: Jyväskylä 1996, S. 65–87.

Identität mit der Natur: Kritische Perspektiven in Hegels *Vorlesungen über die Philosophie der Religion*[468]

Einleitung

Die Philosophie der Umwelt untersucht die metaphysischen und ethischen Grundlagen unseres praktischen Verhältnisses zur Natur. Insbesondere die Stellung des Menschen in der Natur und seine Wertungen über die Natur sind zentrale Forschungsgegenstände der Philosophie der Umwelt.

Man hat auch kritisch die Geschichte der Philosophie aus dieser Perspektive erforscht. Zuerst neigte man dazu, die Traditionen des abendländischen Denkens beinahe total als „anthropozentrisch“ zu missbilligen. Erst allmählich hat man ein vielseitigeres Bild entwickelt.

Man muss jedoch sagen, dass die geschichtliche Untersuchung auf diesem Gebiet noch in den Kinderschuhen steckt. Z. B. hat man den klassischen deutschen Idealismus kaum aus dieser Perspektive untersucht. Insbesondere Kant wird in der Philosophie der Umwelt noch heute unproblematisch als ein „Anthropozentriker“ bezeichnet. Hegel scheint nicht einmal erwähnenswert zu sein. Teilweise erklärt sich dieser Mangel dadurch, dass die Philosophie der Umwelt hauptsächlich ein angloamerikanisches Projekt gewesen ist. Jedoch teilen auch einige deutsche Untersuchungen diesen Mangel.[469]

Ich habe schon früher einige umweltphilosophisch relevante Themen in der Philosophie von Kant betrachtet,[470] aber auch Hegel ist in dieser Hinsicht interessant. Hegels *Naturphilosophie* ist ein wichtiger Teil seines Systems und ein etablierter Gegenstand der Hegel-Forschung geworden.[471] Die Frage über die Natur kommt aber auch in verschiedenen Teilen seiner Philosophie

---

[468] Zuvor veröffentlicht in: *Hegel-Jahrbuch* 2010. Erster Teil. Akademie Verlag: Berlin, S. 359–364.

[469] Zum Beispiel Gloy, Karen: *Das Verständnis der Natur*, Bände I–II. C. H. Beck: München 1995–1996.

[470] Väyrynen, Kari: „Die Achtung der Natur bei Kant: Ethische und ästhetische Skizzen zum Frieden mit der Natur“. In: Bialas, V./Hässler, H.-J. (Hrsg.): *200 Jahre Kants Entwurf „Zum ewigen Frieden“*. Königshausen & Neumann: Würzburg 1996. Ders.: „Der junge Kant: Kein Recht auf die Natur“. In: Rohden, Valerio et al. (Hrsg.): *Recht und Frieden in der Philosophie Kants. Akten des X. Internationalen Kant-Kongresses*, Bd. 4. De Gruyter: Berlin 2008.

[471] Zum Beispiel Kalenberg, Thomas: *Die Befreiung der Natur. Natur und Selbstbewusstsein in der Philosophie Hegels*. Felix Meiner Verlag: Hamburg 1997.

des Geistes vor. Dann handelt es sich oft um das praktische und kulturelle Verhältnis Mensch/Natur, und daher sind diese Stellen für die Philosophie der Umwelt besonders interessant. Die *Naturphilosophie* ist – wie Thomas Kalenberg festgestellt hat – vielmehr eine holistische Gestaltung und Kritik der verschiedenen Naturwissenschaften als Gestalten des Geistes, durch die ein höheres Bewusstsein sich phänomenologisch entwickeln muss.[472] Unser praktisches Verhältnis zur Natur kommt dort nur an einigen Stellen vor.

Hegels Begriff der Natur hat also in der Philosophie des Geistes eine kulturelle, moralische und politische Seite. Dieser kulturell bestimmte Naturbegriff kommt zum Beispiel in seiner Ästhetik und Religionsphilosophie konkret vor. Obwohl diese Sphären des absoluten Geistes die Natur aufheben wollen, um die Freiheit des Geistes zu garantieren, wird dadurch jedoch eine dialektische Identität mit der Natur begründet. Kultur und Natur bleiben letzten Endes in einem fruchtbaren, dialogischen Verhältnis zueinander. Die Frage nach dieser Identität wird umfassender in den *Vorlesungen über die Philosophie der Religion* gestellt, und daher nehme ich den Naturbegriff dieser Vorlesungen als ein Beispiel. Auch Hegels „theologische Jugendschriften" sind in dieser Hinsicht interessant, aber ich kann sie an dieser Stelle nicht analysieren.

Kritik der unmittelbaren Identität

Hegels Begriff der Natur weicht sowohl von dem utilitaristischen Naturbegriff der Aufklärung als auch von dem pantheistischen der Romantik ab. Beide Traditionen heben nur einen Aspekt unseres Naturverhältnisses hervor und verabsolutieren ihn. Hegel aber sieht beide Aspekte als Teile einer sich entwickelnden dialektischen Totalität, in der der Mensch sowohl identisch mit der Natur ist (wie die Romantik betont), aber auch wesentlich sich von der Natur unterscheidet und sie gemäß seinen Bedürfnissen benutzt (Aufklärung). Diese Aspekte sind aber erst Schritte auf dem Weg zu einem höheren Bewusstsein über die Natur und uns selbst. Erst dann kann man beide in ihrer wirklichen Dynamik auffassen und die Möglichkeit einer neuen Identität begründen.

Die *Vorlesungen über die Philosophie der Religion* betrachten kritisch vor allem den romantischen Glauben an die unmittelbare Identität von Mensch

---

[472] Ibid., Einleitung.

und Natur. Dieser Glaube hat verschiedene religiöse Formen, die Hegel hier zusammenfassend „Naturreligion" nennt. Es handelt sich aber nicht nur um polytheistische Lehren, sondern auch das Christentum kann „naturreligiöse" Elemente einschließen. Besonders der romantische Pantheismus mischt ältere pantheistische Lehren mit christlichen Lehren. Hegel analysiert diese Auffassungen über die Natur auch in der *Naturphilosophie*, dort aber wesentlich kürzer.[473]

Hegel analysiert die Vorstellungen über die unmittelbare Identität von Mensch und Natur am Anfang des Kapitels „Naturreligion". Das erste Moment ist „I. Die unmittelbare Religion". Es handelt sich hier um religiöse Formen, in denen Gott noch nicht als eine absolute Macht über den Menschen erfasst wird. Zum Beispiel die christliche Vorstellung des Paradieses repräsentiert diese harmonische und idyllische Stufe. Der Geist wird erst später als machtvoller Gott objektiviert und verallgemeinert. Er wird dann von der „sinnlichen Unmittelbarkeit gereinigt".[474] Die unmittelbare Religion identifiziert sich aber noch mit der unmittelbaren sinnlichen Naturerfahrung. Hegel beschreibt diese unmittelbare Identität folgendermaßen:

> Die *Einheit des Menschen mit der Natur* ist ein beliebter, wohlklingender Ausdruck; richtig gefaßt heißt er die Einheit des Menschen mit *seiner* Natur. Seine wahrhafte Natur aber ist die Freiheit, die *freie Geistigkeit*, das denkende Wissen des an und für sich Allgemeinen, und so bestimmt ist diese Einheit nicht eine unmittelbare Einheit mehr. Die Pflanze ist in dieser ungebrochenen Einheit. Das Geistige ist dagegen nicht in unmittelbarer Einheit mit seiner Natur; es hat vielmehr, um zur Rückkehr zu sich zu gelangen, den Weg durch seine unendliche Entzweiung hindurch zu machen und erst die zustandegekommene Versöhnung zu erringen; sie ist kein Versöhntsein von Hause aus [...].[475]

Diese unmittelbare Identität mit der Natur erscheint geschichtlich in vielen Formen. Hegel nennt als Beispiel die Vorstellung von der Unschuld der Kinder oder Ureinwohner („einfacher Völker"), die Lehre der *signatura rerum* in der mittelalterlichen Philosophie und das instinktive Handeln der Tiere.[476] Alle

473 Hegel, Georg Wilhelm Friedrich: *Werke 9*, Suhrkamp Verlag: Frankfurt am Main, S. 17–18.
474 Hegel, Georg Wilhelm Friedrich: *Werke 16*, S. 302.
475 Ibid., S. 267.
476 Ibid., S. 267–269.

diese Lehren setzen voraus, dass das ursprüngliche Verhältnis des Menschen mit der Natur harmonisch ist, und wir müssen nur diese instinktiv richtige Einstellung restaurieren. Dieser Glaube basiert aber auf zwei problematischen Voraussetzungen.

Erstens ist die Vorstellung einer ursprünglichen Unschuld der Kinder und Ureinwohner unhaltbar. Sie ist schon empirisch falsch: die „Unschuld einfacher Völker" ist „seltener [...] als man glaubt", und die Kinder sind auch selbstsüchtig und böse. Noch wichtiger aber ist, dass diese Auffassungen theoretisch nicht dem wirklichen Wesen des Menschen entsprechen. Hegel schreibt: „Diese Unschuld ist aber nicht der wahrhafte Standpunkt des Menschen; seine Sittlichkeit ist nicht die des Kindes, sie steht höher als die genannte Unschuld. Es ist selbstbewußtes Wollen; dieses erst ist das wahrhafte Verhältnis."[477] Die Momente der Entfremdung und Vergegenständlichung sind notwendig für die Bildung des Menschen: er muss die Bande der Natur aufheben und sein Wesen frei gestalten. Ein moralisch höherer Standpunkt wird dadurch erst möglich. Die Natur ist für Hegel kein moralisch vorbildlicher Zustand, wie wir bald sehen werden.

Zweitens haben wir kein unmittelbar richtiges Wissen über die Natur. Die Vorstellung einer unmittelbaren Identität mit der Natur setzt aber voraus, dass „der Mensch habe sich ursprünglich im Zentrum der Natur befunden, den Dingen ins Herz gesehen usf.". Nach Hegel sind dies aber „schiefe Vorstellungen". Diese Vorstellung ist in dem Sinne richtig, dass der Naturmensch (oder sogar das Tier durch seine Instinkte) die besonderen Qualitäten der Dinge besser erkennt als der Kulturmensch. So kann man wohl sagen, „der natürliche Mensch sehe den Dingen ins Herz, fasse ihre spezifische Qualität richtiger". Das ist aber eine sehr begrenzte Auffassung über die Natur. Die spezifischen Qualitäten sind „nur endliche Bestimmungen". Man erkennt hier nur einzelne Dinge, nicht die Natur als Ganzes: „einzelnen Dingen sieht dieser Instinkt ins Herz; in den Lebensquell der Dinge überhaupt, dieses göttliche Herz, in dieses dringt sein Blick nicht". Nach Hegel ist „das wahrhafte Herz der Dinge [...] erst der Begriff, das Gesetz, die allgemeine Idee; das wahre Herz der Welt vermag nicht der Schlummer

[477] Ibid., S. 267–268.

des Geistes uns zu offenbaren".[478] Dieser Glaube an das unmittelbare Wissen spiegelt sich vielfach auch in der Philosophie, von ihrer Frühgeschichte bis Jacobi und Schelling. Hegel kritisiert diese Lehren ständig in seinen Werken.

Die Auffassung Hegels ist an dem gegenwärtigem Standard gemessen realistisch. Die Ureinwohner oder Laien haben oft ein sehr umfassendes und richtiges Wissen über die lokalen Gegenstände der Natur, zum Beispiel über die Arzneimittel aus tropischen Pflanzen. Dieses Wissen erstreckt sich aber nicht auf die allgemeinen biologischen und ökologischen Zusammenhänge. Vor allem das Erkennen der globalen Umweltprobleme (Klimaveränderung, Ozonloch etc.) erfordert weit entwickeltere Forschungsmethoden.

Muss man sich aber überhaupt mit der Natur identifizieren? Die Lehre von der unmittelbaren Identität mit der Natur sah die Natur letzten Endes als ein moralisch wertvolles Ganzes. Dann war die Identifikation mit der Natur erstrebenswert oder sogar Pflicht. Wie ist aber die Natur für Hegel? In den *Vorlesungen über die Philosophie der Religion* wird die Natur vor allem wertphilosophisch bestimmt. Dadurch wird auch die Perspektive eröffnet, das dialektische Verhältnis des Menschen mit der Natur genauer zu bestimmen.

Die Natur als solche

In seiner Kritik des teleologischen Gottesbeweises formuliert Hegel sehr scharfsinnig seine Auffassung über die Natur als solche – und was sehr wichtig ist, die Naturgeschichte des Menschen inbegriffen. Die Natur erscheint hier als das Feld eines erbarmungslosen Kampfes ums Dasein. Sie hat daher keine moralische Vorbildlichkeit für uns. Die Geschichte der Menschheit ist aber auch im Großen ein Kampffeld – dies ist die tatsächliche Identität der Natur und des Menschen. Hegel beschreibt diese Einheit folgendermaßen:

> In der Natur gehen Millionen Keime in ihrem Anfang unter, ohne zu einer Entwicklung der Lebendigkeit gekommen zu sein. Der größte Teil alles Lebendigen basiert sein Leben auf den Untergang anderer Lebendigen; dasselbe findet bei höheren Zwecken statt. Wenn wir das Gebiet der Sittlichkeit bis zur höchsten Stufe derselben, bis zum Staatsleben durchgehen und zusehen, ob die Zwecke erfüllt werden oder nicht, so werden wir zwar finden, daß vieles erreicht wird, daß aber noch mehr durch die Leidenschaften und die Lasterhaftigkeit der Menschen, ja [daß] die größten und herrlichsten Zwecke verkümmert und zerstört werden.

---

[478] Ibid., S. 268–270.

> Wir sehen die Erde mit Ruinen bedeckt, mit Resten von den Prachtgebäuden und Werken der schönsten Völker, deren Zwecke wir als wesentliche anerkennen. [...] Wir sehen also von der einen Seite kleinliche, untergeordnete, ja verächtliche Zwecke sich erfüllen; von der anderen werden solche, die für wesentlich anerkannt sind, verkümmert.[479]

Das alles ist aber nicht nur empirisch, sondern auch moralisch notwendig. Das Dasein des Guten und Moralischen ist nur möglich durch diese perennierende Disharmonie: „das moralisch Gute kann nur bestehen und *ist* nur im *Kampf* mit dem Bösen".[480] Die Moralität und höhere Geistigkeit des Menschen kann sich erst dann voll entwickeln, wenn man realistisch die Naturgeschichte im umfassenden Sinne versteht. Gute, wesentliche Zwecke können nur vor diesem Hintergrund bestimmt werden.

Es gibt aber eine noch tiefere Disharmonie in der Natur. Nicht nur das Verhältnis des Menschen zur Natur ist im Grunde disharmonisch, sondern schon die inneren Relationen der Natur. Es gibt zum Beispiel keine Harmonie zwischen unorganischer und organischer Natur. Die unorganische Natur existiert nicht wesentlich für die organische. Hegel betont vielmehr die zufällige Abhängigkeit des Organischen von den unorganischen Verhältnissen. Er schreibt:

> Das Unorganische [ist] selbstständig und hingegen das Organische abhängige [...]. Die unorganische Natur erscheint als für sich fertig; die Pflanzen, die Tiere, die Menschen kommen erst von außen hinzu. Die Erde könnte bestehen ohne Vegetation, das Pflanzenreich ohne Tiere, das Tierreich ohne die Menschen [...].[481]

Die organischen Formen der Natur und der Mensch sind keine notwendigen Ziele der Schöpfung, wie sich die physikotheologische Tradition vorstellte, sondern vielmehr zufällige Produkte der Natur. Die Natur ist eigentlich eine „produzierende Kraft [...] die blind erzeuge". Sie produziert Stufen, die einander bedingen, aber keine notwendige Ordnung bilden. Daher muss man sagen, dass „das Organische und der Mensch zufällig hinzukommt". Eigentlich muss man mit Aristoteles sagen, dass die Natur lebendige Wesen produziert, aber es ist entscheidend, „ob diese existieren können: es sei ganz

---

[479] *Werke 17*, S. 515 f.
[480] Ibid., S. 517.
[481] Ibid., S. 511.

zufällig, wenn eine dieser Produktionen sich erhalte". Die Natur habe „unendlich viele Versuche gemacht und eine Menge von Ungeheuern produziert; Myriaden von Gestaltungen seien aus ihr hervorgegangen, hätten aber nicht mehr fortdauern können; am Untergange solcher Lebendigen läge aber gar nichts". Die Fossilienfunde („Reste von Ungeheuern") beweisen, „diese Gattungen seien untergegangen, weil die zu ihrer Existenz erforderlichen Bedingungen aufgehört hätten". Zusammenfassend muss man daher sagen, dass „das Zusammenstimmen des Organischen und Unorganischen als *zufällig* festgehalten" ist.[482] Hegel kommt mit diesen Betrachtungen eigentlich den Auffassungen von Darwin in zweierlei Hinsicht sehr nahe: in der Natur herrscht mehr Kampf als Harmonie, und es gibt keine notwendigen Ziele der Entwicklung. Hegel hat aber noch keine klare Auffassung über die Evolution der Gattungen wie Darwin.

Diese, nach gegenwärtigem Standard realistische Naturauffassung ist nach Hegel jedoch nicht die letzte Wahrheit. Als ein Idealist kann er das nicht akzeptieren. Man muss nach ihm genauer den Begriff der Zweckmäßigkeit betrachten, um die Sonderstellung des Menschen in der Natur zu verstehen. In der Natur als solcher kann man auch die Zweckmäßigkeit als zufällig erklären. Die Zweckmäßigkeit ist aber auch die Grundlage des Geistes, und bezieht sich letzten Endes auf Gott oder auf die Weltseele. Aus dieser Perspektive ist die Welt „ein harmonisches Ganzes, ein organisches Leben, das nach Zwecken bestimmt ist". Diese eigentlich platonische Auffassung bezeichnet aber noch nicht richtig „die Bestimmung des Geistes".[483] Dazu muss man genauer die menschlichen Zwecke hinsichtlich der Natur betrachten.

Ist eine Versöhnung mit der Natur noch möglich?

Hegel betrachtet das Verhältnis der natürlichen und menschlichen Zweckmäßigkeit genauer in der *Naturphilosophie*. Er unterscheidet – wie schon Kant – äußere und innere Zweckmäßigkeit voneinander. Er nennt die erste einen endlich-teleologischen Standpunkt. Dieser ist für das praktische Verhältnis des Menschen zur Natur zentral (aber doch nicht die einzige Möglichkeit, wie wir bald sehen werden). Die innere Zweckmäßigkeit bezeichnet das wahrhafte Wesen des Lebens und bezieht sich auch auf die

---

[482] Ibid., S. 511–512.
[483] Ibid., S. 512–514.

wirkliche Freiheit des Menschen. Die intellektuell und moralisch entwickelte (also nicht unmittelbare) Versöhnung mit der Natur basiert auf diesem Verhältnis.

Der Mensch verhält sich im endlich-teleologischen Standpunkt zur Natur feindlich, es handelt sich um Kampf. Dieses Verhältnis ist typisch für das – oben genannte – „naturgeschichtliche" Moment der menschlichen Handlung und Geschichte. Es ist ein sinnliches Verhältnis: die Natur wird als ein unmittelbarer und äußerer Gegenstand betrachtet und man handelt gegen die Natur nach endlichen Zwecken. Die Natur wird hier ein Gegenstand unserer Begierde: „Das praktische Verhalten zur Natur ist durch die Begierde, welche selbstsüchtig ist, überhaupt bestimmt; das Bedürfnis geht darauf, die Natur zu unserem Nutzen zu verwenden, sie abzureiben, aufzureiben, kurz, sie zu vernichten."[484] Wir zergliedern hier die Natur in nutzbare Teile und überlegen nicht, was die Natur als Ganzes ist und was wir mit ihr als Ganzes damit machen. Es handelt sich hier um die einzelnen Produkte der Natur und um die einzelnen Seiten dieser Produkte. Hegel verurteilt diese „unendlich mannigfaltige Weisen der Verwendung und Bemeisterung der Natur" mit den Worten des Sophokles: „Nichts ist ungeheurer als der Mensch […]. Unbewandert. Zu nichts kommt er".[485]

Unsere Macht ist aber begrenzt. Obwohl wir im Kampf gegen die Natur sehr listig sind, bleibt die Natur in ihrer Allgemeinheit frei. Hegel beschreibt unseren listigen Kampf und seine Grenzen folgendermaßen:

> Welche Kräfte die Natur auch gegen den Menschen entwickelt und losläßt, Kälte, wilde Tiere, Wasser, Feuer – er weiß Mittel gegen sie, und zwar nimmt er diese Mittel aus ihr, gebraucht sie gegen sie selbst, und die List seiner Vernunft gewährt, daß er gegen die natürlichen Mächte andere natürliche Dinge vorschiebt, diese jenen zum Aufreiben gibt und sich dahinter bewahrt und erhält. Aber der Natur selbst, des Allgemeinen derselben, kann er auf diese Weise nicht sich bemeistern, noch es zu seinen Zwecken abrichten.[486]

Obwohl also sehr listig, ist dieses Handeln sowohl anthropologisch als auch moralisch gesehen problematisch. Dieses Handeln bezieht sich wesentlich auf

---

[484] *Werke 9*, S. 13.
[485] Ibid.
[486] Ibid., S. 14.

die endlichen Zwecke, die selbstsüchtigen Begierden. Die inneren Zwecke der Natur werden nicht berücksichtigt. Das Resultat ist nur „unsere Befriedigung, unser Selbstgefühl, welches gestört wurde durch einen Mangel irgendeiner Art".[487] Unser praktisches Verhältnis zur Natur bewegt sich hier also anthropologisch gesehen auf einem animalischen Niveau. Moralisch gesehen handelt es sich um ein „naturgeschichtlich" bestimmtes Verhältnis, in dem die Logik des Kampfes ums Dasein vorherrscht.

Das ist aber nicht die einzige Möglichkeit, mit der Natur umzugehen. Als ein kulturelles Wesen hebt der Mensch sich zur „zweiten Natur" empor, in der moralische, ästhetische und intellektuelle Gesichtspunkte dominierend werden. Diese höhere Betrachtungsweise ist nicht mehr sinnlich, sondern achtet die eigenen, inneren Zwecke der Natur. Es handelt sich hier um „die Betrachtungsweise des Begriffs, der seiner Natur nach überhaupt und damit der Natur als solcher immanent ist".[488] Es handelt sich hier also nicht mehr um die äußere Zweckmäßigkeit, in der der Geist naturalisiert wird – „den Geist in dem Sinne des endlichen und in natürlichen Zwecken befangenen genommen". Sogar Kant betonte nach Hegel zu viel diese natürlichen Zwecke – er hebt ironisch das Beispiel Kants hervor („Die Wolle der Schafe ist nur dazu da, damit ich mich kleiden könne").[489]

Wie ist die Naturauffassung des Begriffs? Die Natur ist dann nicht mehr ein Gegenstand der äußeren Benutzung, sondern ihre innere, lebendige Aktivität wird respektiert. Es handelt sich um die innere Zweckmäßigkeit, in der die Natur nicht mehr nur ein Mittel zu unseren sinnlichen Zwecke ist, sondern einen inneren Wert hat, den wir sowohl intellektuell als auch praktisch respektieren müssen. Hegel beschreibt die innere Zweckmäßigkeit hier folgendermaßen:

> Der Zweckbegriff, als den natürlichen Dingen innerlich, ist die einfache Bestimmtheit derselben, z. B. der Keim einer Pflanze, der der realen Möglichkeit nach alles enthält, was am Baum herauskommen soll, also als zweckmäßige Tätigkeit nur auf die Selbsterhaltung gerichtet ist. [...] die wahre teleologische Betrachtung – und

---

[487] Ibid., S. 14.
[488] Ibid., S. 13.
[489] Ibid., S. 14, vgl. Kant, Immanuel: *Muthmaßlicher Anfang der Menschengeschichte. Gesammelte Schriften*, (Akademie-Ausgabe) Bd. 8, S. 114.

diese ist die höchste – besteht also darin, die Natur als frei in ihrer eigentümlichen Lebendigkeit zu betrachten.[490]

Diese aristotelische Auffassung der Natur ist also nach Hegel die wahre. Man muss ja gemäß der spekulativen Dialektik – oder positiven Vernunft – die innere Dynamik und Besonderheit der Dinge intellektuell auszudrücken versuchen. Wie schon bei Kant bezeichnet auch bei Hegel die innere Zweckmäßigkeit am besten das wirkliche Wesen der lebendigen Natur.

Wie erscheint dann diese Position in unserem praktischen Verhältnis zur Natur? Dieser Aspekt kommt erst am Ende der *Naturphilosophie* vor, wenn Hegel die Versöhnung des Geistes und der Natur betrachtet. Die Natur ist eigentlich kein dem Geist fremdes, sondern ein Moment des Geistes. Gerade die Zweckmäßigkeit repräsentiert in der Natur die allmähliche Entwicklung des Geistes aus diesem Medium seines Andersseins. Es handelt sich um die Befreiung des Geistigen. Die wirkliche Befreiung ist aber kein Ausschließen seines Anderen. Die konkrete, „wahrhafte Befreiung" bedeutet eine Versöhnung mit der Natur so, dass der Geist „seine besondere Denk- und Anschauungsweise abtut". Dann wird die Natur ein „Spiegel unserer selbst [...] ein freier Reflex des Geistes".[491] Man könnte sagen, dass die innere Zweckmäßigkeit, „die Natur als frei in ihrer eigentümlichen Lebendigkeit", eine parallele Eigenschaft unserer Freiheit ist. Unsere wirkliche Freiheit setzt also diese lebendige Freiheit voraus. Das müssen wir nicht nur in uns selbst, sondern auch in der lebendigen Natur respektieren, also das artgemäße Leben in seiner Vielheit schützen. Hegel sagt das nicht direkt, aber seine negative Einstellung gegen die nur sinnliche Benutzung der Natur spricht eindeutig dafür.

Literaturverzeichnis

Gloy, Karen: *Das Verständnis der Natur*, Bd. I–II. C. H. Beck: München 1995/1996.

Hegel, Georg Wilhelm Friedrich: *Werke in zwanzig Bänden*. Suhrkamp Verlag: Frankfurt am Main 1969–1971.

---

490 *Werke 9*, S. 14.

491 Ibid., S. 538 f.

Kalenberg, Thomas: *Die Befreiung der Natur. Natur und Selbstbewusstsein in der Philosophie Hegels*. Felix Meiner Verlag: Hamburg 1997.

Kant, Immanuel: „Muthmaßlicher Anfang der Menschengeschichte“. In: *Gesammelte Schriften*. Akademie-Ausgabe (AA). Hrsg.: Preußische Akademie der Wissenschaften et al., Berlin 1900–, S. 107–123.

Väyrynen, Kari: „Der junge Kant: Kein Recht auf Natur“. In: Rohden, Valerio et al. (Hrsg.): *Recht und Frieden in der Philosophie Kants. Akten des X. Internationalen Kant-Kongresses*, Bd. 4. De Gruyter: Berlin 2008, S. 745–752.

Väyrynen, Kari: „Die Achtung der Natur bei Kant: Ethische und ästhetische Skizzen zum Frieden mit der Natur“. In: Bialas, Volker/Hässler, Hans-Jürgen (Hrsg.): *200 Jahre Kants Entwurf „Zum ewigen Frieden“*. Königshausen & Neumann: Würzburg 1996, S. 168–177.

Zeitliche Tiefenstrukturen der Geschichte: Zur Vermittlung von Natur, Kultur und Geschichte bei Hegel[492]

Viele klassische Kritiker Hegels haben betont, dass es innerhalb der idealistischen Systemform seiner Philosophie zahlreiche interessante inhaltliche Betrachtungen über die materielle Gebundenheit des Geistes gibt. Schon Feuerbach und Marx haben diese Aspekte hervorgehoben. Auch die Geschichtsauffassung Hegels enthält solche inhaltlichen und sogar materialistischen Aspekte, die auch materialistische Denker wie Marx inspirierten. Die berühmte Herr-Knecht-Dialektik in der *Phänomenologie des Geistes* ist das bekannteste Beispiel dafür.

Spätere Hegel-Kritiker, insbesondere in der analytischen Tradition, fanden solche positiven Aspekte nicht mehr – z. B. Karl Popper oder Arthur C. Danto, die sehr oberflächlich nur die theologisch-teleologischen großen Narrative der Geschichte bei Hegel hervorhoben. Insbesondere ihre Behauptungen über die Zukunftsprophetien bei Hegel oder Marx sind sehr problematisch.[493] Schon früher entwickelte sich jedoch auch die materialistische Auslegung weiter. Vor allem setzte die materielle Ontologie von Nicolai Hartmann die inhaltliche Auslegungstradition fort. Hartmann analysierte ebenso gründlich die Formen des teleologischen Denkens,[494] die für die Interpretation der Geschichte wichtig sind.

Im Anschluss an die materialistischen Kritiker sieht Hartmann den teleologischen Prozess des Synthetisierens bei Hegel, eine „Abhängigkeit des Niederen vom Höheren“, als problematisch an. Hegel trifft ihm zufolge hier eine „gewaltige Vorentscheidung über den Aufbau der realen Welt“, und zwar so, dass „alles Mechanische [...] schon organisch bedingt, alles Organische [...] seelisch bedingt“ ist, „und so immer weiter bis hinauf zum ‚absoluten Geiste‘“. Letzten Endes handle es sich bei Hegel um eine „Teleologisierung und

[492] Zuvor nicht veröffentlicht.

[493] Zu Hegel siehe z. B. Danto, Arthur C.: *Analytical Philosophy of History*. Cambridge University Press: London 1965, S. 14. Im Anschluss an Karl Löwith sieht Danto auch bei Marx und Engels die theologische Tradition der göttlichen Vorsehung („divine plan“) als dominant. Marx und Engels „were nevertheless inclined to regard history through essentially theological spectacles“ (S. 9).

[494] Hartmann, Nicolai: *Teleologisches Denken*. De Gruyter: Berlin 1951.

Vermenschlichung der Natur".[495] Andererseits gebe es bei Hegel bedeutsame materiale Tendenzen. Hartmann lobt die „inhaltlichen Errungenschaften" von Hegels Dialektik trotz „formaler Irrgänge". Ihm zufolge sei jedoch „eingehendste Detailarbeit" erforderlich, um „die lange Reihe erstmalig herausgearbeiteter Probleme, Antinomien und kategorialer Strukturen" freizulegen und „gleichsam gereinigt herauszupräparieren".[496] Hartmann hebt hier den kritischen Kern der Hegel'schen Philosophie hervor, der auch für die korrekte Interpretation seiner Geschichtsphilosophie zentral ist.

Das zentrale Problem der analytischen Interpretation der spekulativen Geschichtsphilosophie ist, dass sie den kritischen Denkapparat der Hegelschen *Logik* nicht verstanden hat. Hegel entwickelte in der *Wissenschaft der Logik* ein Kategoriensystem, das im Entwicklungsprozess der Logik inhaltlich immer reichere und konkretere Denkformen produziert. So wird auch sein Begriff der Spekulation bestimmt. Das spekulative Denken ist bei ihm nicht dem kritischen Denken entgegengesetzt, es ist keine spekulative Metaphysik im vorkantischen Sinne, sondern Spekulation meint das synthetische Denken der positiven Dialektik. Die analytische Kritik an Hegel setzt seinen Begriff der Spekulation einer spekulativen Metaphysik im traditionellen Sinne gleich. Hegel stützt sich hier jedoch auf die Metaphysikkritik Kants. Spekulation muss also immer ein verstandesmäßiges, materielles und empirisches Fundament haben. Erst aus diesem Grund werden die spekulativen Synthesen entwickelt. Sie dürfen nach den Kritiken Kants nicht mehr „überschwenglich" sein. Geschichtliche Begriffe, z. B. die Idee von Sparta, werden auf diese Weise als synthetische Einheit der gegensätzlichen und verschiedenen Bestimmungen entwickelt.[497]

Ich werde im Folgenden die naturphilosophischen Grundlagen der Hegelschen Geschichtsauffassung als solche inhaltlichen und materiellen Dimensionen analysieren. Die Assimilation und der tierische Organismus erklären, wie sich die menschliche Kultur aus der Natur entwickelt. In der

---

[495] Hartmann, Nicolai, *Der Aufbau der realen Welt. Grundriss der allgemeinen Kategorienlehre*. Walter de Gruyter: Berlin 1964, S. 423–424. Hartmann spricht in diesem Fall auch über Anthropozentrismus und Anthropomorphismus, Hartmann 1951, S. 130–132.

[496] Hartmann 1964, S. 426.

[497] Väyrynen, Kari: „Zur Dialektik der geschichtlichen Erklärungen bei Hegel: Kausalität, Wechselwirkung, Begriff". In: *Hegel-Jahrbuch* 2019, S. 528–537.

Philosophie der Geschichte werden diese Aspekte in Hegels Analyse der Rolle der Leidenschaften in geschichtlich bedeutenden Handlungen wichtig. Ein zweiter naturgebundener Aspekt seiner Geschichtsauffassung ist die geographische Determinante. Geographische Faktoren determinieren kausal, wie weit sich unsere Freiheit in gewissen geschichtlichen Situationen realisieren kann. Die Realisierung der Freiheit, die das zentrale Narrativ der Geschichte bei Hegel ist, ist also auch teilweise mit der Natur verbunden.

Naturphilosophische Grundlagen der Kultur und Geschichte: Assimilation und der tierische Organismus

Man hat bei Hegel traditionell den subjektiven Geist als zentrale Vermittlungsinstanz zwischen Geist und Natur betrachtet. Das Wesen der Seele wird jedoch durch den Kontakt mit natürlichen Eigenschaften auf vielfältige Weise bestimmt, vor allem „Die natürliche Seele".[498] Die Vermittlung Natur/Geist ist aber vielseitiger: Auch objektiver und absoluter Geist besitzen wesentliche naturgebundene Elemente. Beim objektiven Geist in der *Philosophie des Rechts*[499] zum Beispiel sind das „System der Bedürfnisse" und die Familie als ein „*natürlicher* sittlicher Geist"[500] in den biologischen Grundlagen verwurzelt. Auch das höchste Stadium des objektiven Geistes, die Weltgeschichte,[501] hat viele naturgebundene Aspekte. Ich werde später die naturgeschichtlichen Elemente der Weltgeschichte genauer betrachten und besonders die Rolle der Leidenschaften im geschichtlichen Handeln sowie die geographischen Grundlagen der Weltgeschichte hervorheben.

Zunächst betrachte ich aber genauer die naturphilosophischen Erklärungen für die Entstehung der Kultur. Hegel fokussiert besonders zwei Aspekte: die Assimilation, die den Stoffwechsel zwischen dem Organismus und Elementen

---

[498] Hegel, Georg Wilhelm Friedrich: *Enzyklopädie der philosophischen Wissenschaften im Grundrisse (1830), Dritter Teil. Die Philosophie des Geistes. Werke 10*. Suhrkamp Verlag: Frankfurt am Main 1973, § 391–402, S. 51–122.

[499] Hegel, Georg Wilhelm Friedrich: *Grundlinien der Philosophie des Rechts oder Naturrecht und Staatswissenschaft im Grundrisse. Werke 7*. Suhrkamp Verlag: Frankfurt am Main 1973, § 189–208, S. 346–360.

[500] Ibid., § 157, S. 306–307.

[501] Ibid., § 341–360, S. 503–512.

der Umwelt ins Zentrum rückt,[502] und das Verhältnis von Tier und Mensch, das Hegel bei der Betrachtung des „tierischen Organismus" überraschend vielseitig analysiert. Diese Analysen zeigen sehr konkret, wie die Kontinuität von Natur und Kultur eigentlich entsteht. In den Paragraphen zur Assimilation betrachtet Hegel genauer die Entstehung der Gefühle, Triebe und elementaren Kultur im Verhältnis zur Umwelt.[503]

Assimilation meint eigentlich die graduelle Entstehung der theoretischen und praktischen Subjektivität und als ihre Synthese den Prozess der Bildung. Allgemein ausgedrückt werden hier die Keime der Entstehung der Kultur analysiert. Hegel unterscheidet drei Momente der Assimilation:

> Der Organismus muss also das Äußerliche als subjektiv setzen, es sich erst zu eigen machen, mit sich identifizieren, und das ist das *Assimilieren*. Die Formen dieses Prozesses sind dreifach: *erstens* der theoretische Prozeß; *zweitens* der reale praktische Prozeß; *drittens* die Einheit beider, der ideell-reelle Prozeß, die Umbildung des Unorganischen zum Zweck des Lebendigen, – d. i. der Instinkt und der Bildungstrieb.[504]

Insbesondere der Bildungstrieb ist hier wichtig, weil er schon die elementare Kultur der Tiere begründet, wie später gezeigt wird.

Die rudimentäre Subjektivität entsteht bei der Assimilation in enger Wechselwirkung mit der Umwelt, insbesondere mit Elementen wie Wasser, Luft, Licht, Töne usw. Die Sinne und Gefühle werden als subjektive Repräsentationsformen dieser elementaren Beziehungen betrachtet. Hier beginnt der „theoretische Prozess" bei der Formung der Sinne. Die erste Phase (a) ist „der Sinn der mechanischen Sphäre, – der *Schwere*, der Kohäsion und ihrer Veränderung, der Wärme, – das *Gefühl* als solches". (b) Zweitens gibt es „die Sinne des *Gegensatzes*", Geruch und Geschmack, die sich auf „Luftigkeit" und Wasser, ihre Neutralität und Auflösung beziehen. Endlich (c) drittens gibt es den „Sinn der *Idealität*", der ebenfalls ein gedoppelter ist, ein äußerlicher

---

[502] Der Begriff des Stoffwechsels wurde später ein zentraler Begriff in der marxistischen Ökologie, vgl. Foster, John Bellamy: *Marx's Ecology – Materialism and Nature*. Monthly Review Press: New York 2000.

[503] Hegel, Georg Wilhelm Friedrich: *Enzyklopädie der philosophischen Wissenschaften im Grundrisse (1830). Zweiter Teil. Die Naturphilosophie. Werke 9*. Suhrkamp Verlag: Frankfurt am Main, § 350–376, S. 430–539; zur Assimilation siehe § 357–366, S. 464–498.

[504] *Werke 9*, § 357, S. 464–465.

und ein innerlicher. Äußerliches Moment ist „αα) der Sinn der Idealität als Manifestation des Äußerlichen für Äußerliches, des *Lichtes* überhaupt und näher des in der konkreten Äußerlichkeit bestimmt werdenden Lichtes, der *Farbe*". Andererseits ist „ββ) der Sinn der Manifestation der *Innerlichkeit*, die sich als solche in ihrer Äußerung kundgibt, des *Tones*; – *Gesicht* und *Gehör*".[505]

Die Sinne funktionieren also in Wechselwirkung mit den Elementen, angefangen beim einfachen körperlichen Gefühl der Schwere. Es ist interessant, dass die Sinnenwelt im Feld der Gegensätze, die sich durch Geruch und Geschmack konkretisieren, schon dialektisch strukturiert ist. Dadurch unterscheidet die rudimentäre Subjektivität z. B. giftige und essbare Pflanzen voneinander und klassifiziert sie. Die höchste Phase, der „Sinn der Idealität", bezeichnet das Sehen und Hören. Hier werden die Eindrücke räumlich und zeitlich lokalisiert, wodurch das Feld der physikalischen Betrachtungen ermöglicht wird.

Es ist interessant, dass Hegel das Gehör ebenso „innerlich" wie das Sehen bewertet. Es ist ja im Anschluss an Aristoteles häufig behauptet worden, das Sehen sei für den Menschen der wichtigste Sinn.[506] Hegel aber bezeichnet das Gehör als ebenbürtig oder sogar wichtiger: „im Sehen manifestiert sich das physische Selbst als räumliches, im Hören als zeitliches. Im Gehör hört der Gegenstand auf, ein Ding zu sein." An einer anderen Stelle bestimmt er diese Sinne als intellektuell gleichrangig, wenn er beide als „Sinn des Gehirns" bezeichnet.[507] Es scheint jedoch klar, dass die Zeitlichkeit des Hörens die rudimentäre Subjektivität über die Dinghaftigkeit des bloßen Sehens erhebt und so die höheren psychischen Funktionen der Erinnerung und Einbildungskraft[508] vorbereitet. Hinsichtlich der Geschichtsauffassung ist diese natürliche Basis wichtig, weil Erinnerung und narratives Erzählen das Hören voraussetzen. Das Sehen spielt hier eine sekundäre Rolle.

Das zweite Moment der Assimilation ist ein praktisches: Triebe und Bedürfnisse. Dieser Aspekt ist fürs geschichtliche Handeln bereits grundlegend. Die Rolle der Leidenschaften werde ich später genauer untersuchen.

---

[505] Ibid., § 358, S. 465–466.

[506] Aristoteles: *Metaphysik. Schriften zur ersten Philosophie*. Übersetzt und hrsg. von Franz F. Schwarz. Reclam: Stuttgart 1970, 980a 22–28.

[507] *Werke 9*, § 358, S. 467–468.

[508] Vgl. *Werke 10*, § 452–460, S. 258–277.

Um das Verhältnis von Geschichte und Natur und allgemein von Geist und Natur zu verstehen, ist es entscheidend, zuerst die Perspektive der Naturphilosophie zu diesen Themen zu analysieren.

In der Assimilation wird der Trieb als eine Bestrebung bezeichnet, „ein Gefühl *des Mangels*" aufzuheben. Der Trieb ist eigentlich eine Negation des Subjekts in dem Sinne, dass hier ein Spannungsfeld zwischen Subjekt und Objekt entsteht, weil das Subjekt von außen erregt wird. „Der Mangel" ist eigentlich ein immanenter Widerspruch, weil er dynamisch über sich hinaus strebt.[509] Diese widersprüchliche Dynamik zeigt sich konkret an verschiedenen Elementen. Die Instinkte der Tiere assimilieren die unorganischen Dinge vereinzelt: „der Prozeß mit der *Luft* (Atmen und Hautprozeß), mit dem *Wasser* (Durst) und mit der individualisierten *Erde*, nämlich besonderen Gebilden derselben (Hunger)." Das Leben ist immer konflikthaft an diese „äußerliche Realität" gebunden, es ist „der fortdauernde Konflikt, in welchem es diese Äußerlichkeit überwindet."[510] Der praktische Prozess der Assimilation „ist zwar Veränderung und Aufheben der äußeren unorganischen Natur nach ihrem selbständigen materiellen Bestehen, dennoch aber ein Prozeß der Unfreiheit", weil der Organismus in der tierischen Begierde „nach außen gekehrt ist". Auch der menschliche Wille ist in diesem Sinne teilweise unfrei, weil er zu einem Äußerlichen im Verhältnis steht. Er ist erst als vernünftiger Wille frei.[511]

Die Problematik des Menschen wird später in Hegels Geschichtsphilosophie bei der Analyse der Leidenschaften genauer bestimmt. Dort bleibt diese grundlegende Dialektik von Freiheit und Unfreiheit (Notwendigkeit) bestehen in der Dynamik von weltgeschichtlichen Taten. Weltgeschichtlich bedeutsame Individuen wie Napoleon handeln leidenschaftlich, realisieren aber mehr oder weniger bewusst auch die immanente Vernünftigkeit der Geschichte („List der Vernunft") durch ihre Taten. Ich kehre zu dieser Thematik später genauer zurück.

Die Besonderheit der menschlichen Triebe im Verhältnis zur Natur steckt einerseits in einer tiefgreifenden Atomisierung der Natur gemäß unserer endlichen Zwecke, andererseits in der selbstsüchtigen und kämpfenden

---

509 *Werke 9*, § 359, S. 468.
510 Ibid., § 362, S. 475.
511 Ibid., § 359, S. 472.

Einstellung zu Gegenständen. So manipuliert der Mensch die Natur tiefer und auf vielfältigere Weise als die Tiere. Hegel beschreibt diese Einstellung mit kritischen Tönen: „Das praktische Verhalten zur Natur ist durch die Begierde, welche selbstsüchtig ist, überhaupt bestimmt; das Bedürfnis geht darauf, die Natur zu unserem Nutzen zu verwenden, sie abzureiben, aufzureiben, kurz, sie zu vernichten."[512] Der Mensch zergliedert die Natur in nutzbare Teile: Die Atomisierung ist tiefgreifend, es handelt sich hier erstens um die einzelnen Produkte der Natur und zweitens um die einzelnen Seiten dieser Produkte. Der Mensch erweitert seine Künste im kämpfenden Prozess gegen die Natur sehr listig:

> Welche Kräfte die Natur auch gegen den Menschen entwickelt und losläßt, Kälte, wilde Tiere, Wasser, Feuer – er weiß Mittel gegen sie, und zwar nimmt er diese Mittel aus ihr, gebraucht sie gegen sie selbst; und die List seiner Vernunft gewährt, daß er gegen die natürlichen Mächte andere natürliche Dinge vorschiebt, diese jenen zum Aufreiben gibt und sich dahinter bewahrt und erhält.[513]

Die berühmte „List der Vernunft" hat in diesem Zusammenhang kein Verhältnis zur göttlichen Vorsehung, sondern ist eine immanente Eigenschaft des vernünftigen menschlichen Handelns. Möglicherweise ist auch im geschichtsphilosophischen Kontext eine solche immanente Auslegung der „List der Vernunft" möglich. Ich kehre später zu dieser Frage zurück.

Die atomistische Auffassung der Natur und ihre Beherrschung haben aber ihre Grenzen. Hegel betont, dass die Natur als Ganzes in diesem Kampf des Menschen gegen sie nicht komplett begreifbar und beherrschbar ist: „der Natur selbst, des Allgemeinen derselben, kann er auf diese Weise nicht sich bemeistern, noch es zu seinen Zwecken abrichten". Hegel verurteilt klar diese „mannigfaltigen Weisen der Verwendung und Bemeisterung der Natur" mit den Worten des Sophokles: „Nichts ist ungeheurer als der Mensch [...] Unbewandert. Zu nichts kommt er."[514] Selbstsüchtiges Handeln nach endlichen Zwecken und Begierden ist laut Hegel sowohl anthropologisch als moralisch gesehen problematisch. Die inneren Zwecke der Natur werden dabei nicht berücksichtigt und beachtet, und damit wird noch keine verstehende

---

512 *Werke 9*, § 245, S. 13.

513 Ibid., § 245, S. 14.

514 Ibid., § 245, S. 13–14.

Position gegenüber der Natur erreicht – eine Position, welche „die Natur als frei in ihrer eigentümlichen Lebendigkeit [...] betrachten“ würde. Die innere Zweckmäßigkeit der Natur zu begreifen ist eine höhere intellektuelle Aufgabe (vgl. auch oben meinen Artikel zu Hegels Religionsphilosophie).[515] Und wir wissen heute, dass auch die technologische Benutzung der Natur auf dieser Basis neu organisiert werden sollte.

Die Kontinuität von Tier und Mensch in der Assimilation erreicht ihre höchste Form in den schaffenden und bildenden Aspekten der Triebe. Schon Tiere haben einen rudimentären Kunst- und Bildungstrieb. Durch diesen entsteht ihre Kultur. Bloße Triebe und Bedürfnisse und ihre Befriedigung als solche sind noch nicht schaffende und bildende Prozesse, weil ihre Gegenstände nur vernichtet werden. Das Tier beginnt aber allmählich seine Umgebung zu formen, Nester und Waffen zu bauen, Vorräte für den Winter zu sammeln, mit seiner Stimme zu kommunizieren usw. Erst dadurch entsteht nach Hegel ein bestimmtes Selbstgefühl. In den unteren Formen der Assimilation handelte es sich nur um einen „Genuß der Außendinge“, eine unmittelbare Empfindung, durch die das Tier „ befriedigt“ ist, wenn es z. B. Hunger und Durst stillt. Das Tier „*hat* aber noch nicht *sich* befriedigt“, weil es dort noch nicht „das Äußere sich angemessen“ gemacht hat. Erst im Kunsttrieb „hat es sich selbst in äußerer Gegenwart und genießt sich“.[516] Was meint Hegel damit? Es handelt sich hier um die Artefakte. Sie sind eigentlich erweiterte künstliche Organe und drücken so laut Hegel auch das Selbst ihres Erschaffers aus. Dieses ist der erste Schritt zur Kultur schon bei den Tieren.

Hegel beschreibt den Bildungs- und Kunsttrieb als eine Synthese der idealen und realen, der theoretischen und praktischen Assimilation. Ein Äußerliches wird hier assimiliert, aber nicht vernichtet – also so, dass „es zugleich als äußerlicher Gegenstand gelassen wird“. Der Bildungstrieb ist ein „Sich-selbst-sich-äußerlich-Machen, aber als Einbildung der Form des Organismus in die Aussenwelt“. Ein Gegenstand wird so formiert, dass „er das subjektive Bedürfnis des Tiers befriedigen kann“. Hier ist das „Verhalten der Begierde zur Außenwelt“ nicht mehr bloß feindlich, sondern es findet „eine Ruhe gegen die äußere Existenz statt“.[517] Durch den Bildungstrieb entsteht

[515] Ibid., § 245, S. 14.
[516] *Werke 9*, § 365, S. 497.
[517] Ibid., § 365, S. 494.

die Subjektivität des Tieres (ein bestimmtes Selbstgefühl), die für sich eine Stimme, einen Ausdruck des „fröhlichen Selbstgenuss[es]", findet. Hier ist das Tier schon relativ frei von Begierde – der Gesang der Vögel zum Beispiel ist eine „begierdelose Äußerung".[518]

Hegel nennt hier keine weiteren konkreten Beispiele, aber es lässt sich schließen, dass der Prozess der Entwicklung der Kultur begann a) erstens mit der Benutzung der Werkzeuge (z. B. der Verwendung eines Steins als Verlängerung der Hand) und b) zweitens mit der Stimme als künstlerischer Ausdruck der animalischen Subjektivität als Selbstgefühl. Der Gesang ist nicht bloß ein Werkzeug zur Verteidigung eines Reviers, sondern ein schöner Ausdruck, der die Emotionen des Tieres expliziert und entwickelt. Wie Hegel bemerkt, ist diese künstlerische Tätigkeit noch unbewusst und erst beim menschlichen Künstler selbstbewusst. Kunst- und Bildungstrieb drücken dennoch die innere Zweckmäßigkeit der Natur aus und sind damit ein Ausdruck der „Weisheit der Natur".[519]

Der Unterschied zwischen einem kämpfenden und einem bildenden Verhältnis zur Natur, der schon in der Tierwelt entsteht, ist später auch für das Naturverhältnis des Menschen wesentlich. Man kann an vielen Stellen der Philosophie des Geistes diese Alternativen finden: So ist zum Beispiel die vielleicht berühmteste Passage der Hegelschen Philosophie, die „Herr-Knecht"-Dialektik, im Rahmen dieser ethisch-politischen Alternativen strukturiert. Die Existenz der Herrenklasse basiert auf der gewalttätigen Beherrschung der Arbeiter (Knechte) und dem bloßen Genießen ihrer Produkte, aber die Arbeiterklasse produziert Artefakte und Kultur, ist also die eigentlich bildende Kraft der Geschichte.[520] Beim bloßen Kampf erhebt sich der Mensch eigentlich noch nicht über die tierische Existenz und ist noch nicht frei im positiven, Kultur und friedliche gesellschaftliche Verhältnisse fördernden Sinne. Im schaffenden Bildungstrieb erhebt sich der Mensch über die Determination der animalischen Bedürfnisse. Er wird ein „allgemeines, denkendes Tier" und macht „alle Gegenstände zu seiner unorganischen

---

[518] Ibid., § 365, S. 497.

[519] Ibid., § 365, S. 494–495.

[520] Hegel, Georg Wilhelm Friedrich: *Phänomenologie des Geistes. Werke 3*. Suhrkamp Verlag: Frankfurt am Main 1973, S. 145–154.

Natur, auch für sein Wissen".[521] Dadurch hebt der Mensch die besonderen ökologischen Grenzen auf und wird durch sein Wissen frei. Die Befreiung ist aber graduell. Schon die Tiere praktizieren eine Form kulturellen Handelns, wenn auch noch nicht selbstbewusst. Doch auch der schaffende Mensch handelt oft unbewusst und intuitiv, und dann ist es schwierig zu sagen, ob das Denken im aktuellen Schaffen notwendig ist.

Gattungsprozess und die Entstehung des Sozialen

Die *Naturphilosophie* von Hegel kulminiert in den Betrachtungen über die Gattungsprozesse der Säugetiere. Der Mensch ist wie bei Aristoteles ein soziales Tier (*zoon politikon*), und Hegel betont in aristotelischer Tradition unsere Kontinuität mit anderen sozialen Tieren. Auch die psychischen und geistigen Aspekte des menschlichen Daseins sind nicht von der Natur unabhängig, wie in dualistischen Traditionen (Platon, Descartes) behauptet wird. Hegel denkt in den monistischen und pluralistischen Traditionen der Metaphysik (Spinoza, Leibniz), dass der Mensch ein Teil des allumfassenden Naturganzen ist, in dem auch eine immanente Geistigkeit dynamisch wirkt. In diesem Sinne kann man sagen, dass das Hegelsche System im Grunde spinozistisch ist – mit dem Unterschied, dass er stärker die psychisch-geistige Dynamik (die Subjektivität) in der Natur betont.[522]

Die Kontinuität des Menschen mit der Natur erscheint in den elementaren sozialen Aspekten des Gattungsprozesses so, dass das Geschlechterverhältnis und das Verhältnis zu Kindern in der Familie auf einer natürlichen emotionalen Basis aufbaut. Die natürliche Liebe verbindet die Familienglieder untereinander. Die gesellschaftliche Existenz des Menschen bewahrt in der Familieninstitution diese natürliche Grundlage und legalisiert sie zu Grundrechten und Pflichten. Auch der Staat basiert auf der Anerkennung dieser gemeinsamen Grundrechte und hat daher seine sittliche Basis in der Familie und Korporation.[523] Diese Zusammenhänge zwischen Geist und Natur sind auch für Hegels Geschichtsauffassung wichtig, weil die eigentliche

---

[521] *Werke 9*, § 361, S. 475.

[522] In der *Phänomenologie des Geistes*, S. 22–23, erklärt Hegel zum Beispiel, in seinem System der Philosophie käme „alles darauf an, das Wahre nicht als *Substanz*, sondern ebensosehr als *Subjekt* aufzufassen und auszudrücken".

[523] *Philosophie des Rechts, Werke 7*, passim.

Geschichte bei Hegel mit der Staatsbildung anfängt. Wir kehren zu dieser Problematik später genauer zurück.

Diese ethisch-politische Entwicklung basiert also auf dem Gattungsprozess, den Hegel am Ende der *Philosophie der Natur* analysiert.[524] Die allgemeine Auffassung Hegels über das Tierreich ist traditionell anthropozentrisch (eher vielleicht „leicht" anthropozentrisch). Der Mensch bildet demnach das höchste Entwicklungsstadium des Tierreichs. Auf unterstem Niveau sind die Fische, dann kommen die Vögel und „das Vollkommenste" sind dann „die eigentlichen Landtiere, die Säugetiere".[525] Der Mensch ist dann am besten für die geistige Tätigkeit organisiert. In ihm, schreibt Hegel, „sind alle Seiten zur vollkommensten Entwicklung gekommen", gerade als „Werkzeug des Geistes".[526] Diese Auffassung war im Spinozistischen Pantheismus der Romantik allgemein akzeptiert. Spinoza selbst war radikaler als seine romantischen Anhänger: Wie der Vater der Tiefenökologie, Arne Næss, betont hat, war er eigentlich ein Verteidiger gleicher Rechte für Tiere und akzeptierte nicht die anthropozentrische Auffassung einer höheren Stellung des Menschen (siehe Artikel „Zur Spinoza-Deutung von Arne Næss" weiter unten).

Hegel akzeptiert ebenso wenig einen scharfen Anthropozentrismus. Er erkennt an, dass der Mensch in vieler Hinsicht ein Kontinuum mit dem Tier bildet. Diese Kontinuität manifestiert sich vielseitig im praktischen und sozialen Verhalten des Menschen, insbesondere in den sozialen Emotionen (Sympathie/Empathie und Liebe), die später in der Gesellschaft auch institutionell unterstützt werden. Höhere Tiere besitzen bereits einzelne gleichartige psychische Funktionen und Praktiken.

Im Gattungsprozess der Tiere ist das Verhältnis von Eltern zu Kindern in dieser Hinsicht fundamental. Während z. B. die Fische ihre Jungen noch geradezu abstoßen,[527] findet man schon bei den Vögeln „Empfindung für ihre Jungen". Sie wärmen und füttern ihren Nachwuchs. Sie besitzen auch elementare Kultur, denn sie „beweisen durch ihren Nesterbau den Kunst- und

---

[524] *Werke 9*, § 367–376.

[525] Ibid., § 368, S. 512.

[526] Ibid., § 368, S. 508.

[527] Hier ist die Auffassung Hegels durch die neuere Forschung korrigiert geworden. Einige Fische pflegen ihre Jungen beinahe wie die Säugetiere.

Bildungstrieb, kommen so zur positiven Selbstempfindung". Das recht hohe psychische Entwicklungsstadium der Vögel erscheint am klarsten in ihrem Gesang. In dieser Hinsicht sind die Vögel höher entwickelt als die meisten Säugetiere: „Während das Pferd wiehert und der Ochse brüllt, setzt der Vogel diesen Schrei als ideellen Genuß seiner selbst fort". Auch die Möglichkeit des Fliegens wirkt daran mit: „Das Herumwälzen auf dem Boden, als plumpes Selbstgefühl, fehlt dagegen dem Vogel; er schmiegt sich nur an die Luft und kommt in ihr zum Selbstgefühl."[528] Wie schon bei den Sinnen (siehe oben) ist das Verhältnis zu Elementen wichtig für die Bildung des animalischen Selbstgefühls. Der Flug der Vögel befreit sie von der spezifischen ökologischen Verbundenheit mit einem bestimmten, begrenzten Boden und formiert wahrscheinlich teilweise ihr psychisches Wesen. Hegel diskutiert die intellektuellen Fähigkeiten der Vögel, die gemäß der heutigen Forschung ziemlich hoch sind, nicht genauer, sondern ihr Selbstgefühl und weist somit auf die emotionell-intelligente Ganzheit der animalischen Psyche hin.

Bei den Säugetieren wird die Pflege der Kinder noch wichtiger. Schon die intime Ernährungsweise, das Säugen, sorgt für eine tiefere Verbindung zu den Nachkommen als bei Fischen und Vögeln. Hegel beschreibt diese körperliche Verbindung folgendermaßen: „Weil sie Brüste haben, säugen und nähren sie ihre Jungen aus sich selbst. Diese Tiere kommen so zum Gefühl der Einheit des einen Individuums mit einem anderen, zum Gefühl der Gattung". Dieses Gefühl der Gattung entwickelt sich am stärksten bei den Affen: „Die Affen sind am bildsamsten und lieben ihre Jungen am meisten".[529] Hegel drückt die nahe Verwandtschaft von Affen und Menschen mit einem amüsanten Vergleich aus: „der Affe ist eine Satire auf den Menschen, die dieser gern sehen muß, wenn er es nicht so ernsthaft mit sich nehmen, sondern sich über sich selbst lustig machen will".[530] Der Affe ist also wie ein von Charaktermasken befreiter Mensch oder wie der Kaiser in H.C. Andersens Märchen „Des Kaisers neue Kleider".

Ein wesentlicher Aspekt des Gattungsprozesses ist natürlich auch die Liebe zwischen Mann und Frau, durch die die atomistische Individualität aufgehoben wird. Mit der Pflege der Kinder und der Liebe für sie bildet die Liebe

---

[528] *Werke 9*, § 368, S. 513–514.

[529] *Werke 9*, § 368, S. 514.

[530] Ibid., § 368, S. 515.

das ethische Fundament der Familie, die einfachste institutionelle Struktur der Gesellschaft. Es ist besonders interessant, dass dieses ethische Fundament auch grundlegend für den Staat ist. Die Familie und die Korporation bilden nach Hegel dessen sittliches Fundament.[531] In allen drei Institutionen werden die individuellen Eigenschaften ihrer Mitglieder anerkannt und geschützt – insbesondere gegen die egoistische Moral der bürgerlichen Gesellschaft. Die Liebe ist daher eine widersprüchliche Empfindung in der modernen Welt, weil sie das „punktuelle Selbstbewusstsein" aufhebt und eine höhere sittliche Einheit vorbereitet.[532] Die natürlichen Emotionen im Gattungsprozess haben also sehr wichtige Folgen in der Rechtsphilosophie Hegels.

Ich kann in diesem Artikel nicht tiefer auf die ethisch-politischen Fragen eingehen, die zudem sehr umfassend in der Hegelforschung analysiert wurden. Es genügt, in diesem Zusammenhang zu betonen, dass Hegels institutionelle Analysen wichtige natürliche Elemente des Gattungsprozesses beinhalten. Diese zeigen, dass das Soziale keine autonome Sphäre bildet, in der (um mit Durkheim zu sprechen) das Soziale nur durch das Soziale erklärt werden könnte. Ein tieferes Verständnis des Sozialen setzt auch die Berücksichtigung der Verbundenheit des Menschen mit Tieren und sonstiger Natur voraus.

Im Folgenden untersuche ich den für Hegels Philosophie des Geistes zeitlich umfassendsten Prozess der Weltgeschichte. Als Prozess, der die Existenz des Staates voraussetzt (wie es nach Hegel die „eigentliche" Geschichte tut) beinhaltet diese Geschichte auch die darunter liegenden Prozesse der Assimilation und der Gattung. Ich behandle zwei Beispiele genauer. Als Erstes die Rolle der Leidenschaften: Diese bilden den biologischen Aspekt des geschichtlichen Handelns, sind also ein Teil des Gattungsprozesses. Sie stehen daher auch für den irrationalen Aspekt der Geschichte, den die „List der Vernunft" zu beherrschen versuchen muss. Zweitens behandle ich die geographischen Grundlagen der Geschichte, also die unterste materielle Basis des Stoffwechsels in der Geschichte. Das Meer zum Beispiel ist ein Element, mit dem einige Völker listig handeln lernen müssen. Hegel nimmt solche Aspekte der Geschichte ernst und beschränkt sich in seiner Geschichtsdarstellung daher keineswegs auf eine idealistische Geistesgeschichte.

---

531 *Werke* 7, § 255, S. 396–397.

532 Ibid., § 158, S. 307–308.

Nicht nur Geistesgeschichte?

Hegel bestimmt die Geschichte von Anfang an dialektisch. Ihre wissenschaftliche Betrachtung ist sowohl subjektiv als auch objektiv – sie ist aktiv konstruiert, also subjektiv, aber diese Konstruktion stützt sich auf objektive Fakten. Hegels Auffassung der Geschichtsschreibung ist also weder radikal konstruktivistisch und narrativistisch noch naiv realistisch. Die richtige Alternative ist demnach eine kritisch-realistische. Hegel bestimmt diesen Realismus folgendermaßen:

> *Geschichte* vereinigt in unserer Sprache die objektive sowohl als subjektive Seite und bedeutet ebensogut die *historiam rerum gestarum* als die *res gestas* selbst; sie ist das Geschehene nicht minder wie die Geschichtserzählung. [...] es ist dafür zu halten, daß Geschichtserzählung mit eigentlich geschichtlichen Taten und Begebenheiten gleichzeitig erscheine; es ist eine innerliche gemeinsame Grundlage, welche sie zusammen hervortreibt.[533]

Diese kritisch-realistische Auffassung vermeidet also sowohl den extremen Konstruktivismus und Narrativismus als auch den naiven Realismus *à la* Leopold Rankes „wie es eigentlich gewesen". Hegels dialektische Auffassung ist daher eine ernsthafte Alternative zur heutigen geschichtsphilosophischen Diskussion über den Narrativismus und seine Grenzen.[534]

Die zentrale These der Hegel'schen Geschichtsauffassung war die Erweiterung der Freiheit in der Geschichte: „Die Weltgeschichte ist der Fortschritt im Bewußtsein der Freiheit." Aufgrund dieser Entwicklung ergibt sich eine Einteilung der Weltgeschichte „in der Form, daß die Orientalen nur gewußt haben, dass *Einer* frei, die griechische und römische Welt aber, dass *einige* frei sind, daß *wir* aber wissen, *alle* Menschen an sich, das heißt der Mensch als Mensch sei frei".[535] In Bezug auf unser Thema, die Natur, wird dies oft so ausgelegt, dass die Entwicklung der Freiheit zugleich eine Befreiung

---

[533] Hegel, Georg Wilhelm Friedrich: *Vorlesungen über die Philosophie der Geschichte. Werke 12*. Suhrkamp Verlag: Frankfurt am Main 1973, S. 83.

[534] Vgl. Winter, Max: *Hegels formale Geschichtsphilosophie*. Mohr Siebeck: Tübingen 2015. Väyrynen, Kari: „Zur Dialektik der geschichtlichen Erklärungen bei Hegel: Kausalität, Wechselwirkung, Begriff". In: *Hegel-Jahrbuch* 2019, S. 528–537. Zum Narrativismus siehe z. B. Kuukkanen, Jouni-Matti: *Postnarrativist Philosophy of Historiography*. Palgrave Macmillan: Hampshire 2015.

[535] *Werke 12*, S. 32.

aus der Naturnotwendigkeit bedeutet. Damit wird aber Hegels Begriff der Freiheit viel zu einfach bestimmt. Freiheit ist immer im positiven Verhältnis zur Notwendigkeit zu betrachten.

So ist es auch mit der Naturnotwendigkeit. Negative Freiheit von der Natur ist eigentlich nicht möglich, weil wir immer in der natürlichen Umgebung handeln müssen. Sowohl unsere innere Natur, die Körperlichkeit, als auch die äußere Natur, die Elemente, die unser Leben ermöglichen (Boden, Luft, Wasser, Temperatur etc.), und die biologische Natur, die unsere Nahrung produziert, sind notwendige Voraussetzungen unserer Existenz. Positive Freiheit erkennt unsere Abhängigkeit von diesen Naturnotwendigkeiten an. Dialektisch bestimmte Freiheit ist, wie Hegel in der *Rechtsphilosophie* sehr treffend nachweist, Anerkennung einer vernünftigen Notwendigkeit.[536] Dasselbe gilt für unsere soziale und für unsere natürliche Umgebung.

Freiheit und Notwendigkeit sind zentrale Modalbegriffe; daneben gibt es bei Hegel die Begriffe Möglichkeit, Wirklichkeit und Zufälligkeit. Die Freiheit ist eigentlich realisierte Möglichkeit. In der Geschichte zum Beispiel haben unsere Handlungen immer einen bestimmten Spielraum der realen Möglichkeiten. In der Geschichtsforschung wird heute viel über eine „mögliche Geschichte“ diskutiert. Fruchtbar ist diese ziemlich spekulative Diskussion jedoch nur, wenn man sie auf die realen Möglichkeiten der Geschichte begrenzt, sich also die realen Wahlmöglichkeiten eines geschichtlichen Akteurs in einer zeitlich bestimmten Situation überlegt. Erst dann kann man die geschehenen Taten wirklich verstehen.[537]

Auch der Zufall spielt in der Geschichte eine bedeutende Rolle. Schon die Freiheit ist ein Quell der Zufälligkeit: Die negative und irrationale Freiheit schafft überraschende Konstellationen in der Geschichte, die nur begrenzt durch die „List der Vernunft“ beherrscht werden können. Daher weigert sich Hegel, etwas zur zukünftigen Entwicklung der Geschichte zu prophezeien. Sein Begriff der Vorsehung bleibt ohne Inhalt, er ist keine Prophetie, wie die

---

536 Hegel diskutiert am Anfang der *Grundlinien der Philosophie des Rechts* die Problematik des negativ und positiv freien Willens sehr ausführlich, *Werke* 7, § 4–32, S. 46–87.

537 Die Diskussion über die „mögliche Geschichte“ betont ziemlich eindeutig diesen Vorteil. Siehe Ferguson, Niall (Hrsg.): *Virtual History. Alternatives and Counterfactuals.* Picador: London 1997. Buhof, Johannes: „What if? Modality and History“. In: *History and Theory* 38, 1999, S. 145–168.

Kritiker von Hegel behauptet haben.[538] Er ist eher ein regulativer Begriff im Sinne Kants, ein Kriterium der Vernünftigkeit, durch den man die Bedeutung einzelner geschichtlichen Daten beurteilen kann. Die vernünftige Freiheit ist also das wissenschaftsethische Fundament für die Auslegung der geschichtlichen Daten, das einem zum Beispiel eine Beurteilung der schrecklichen Akte eines Diktators ermöglicht. Die Realisierung der Freiheit ist kein Begriff des teleologischen Determinismus, mithilfe dessen man Prophetien über die zukünftige Realisierung der Freiheit abgeben könnte.

Leidenschaften als Triebkraft der Geschichte

Die Leidenschaften sind das zentrale Moment, die das oben genannte notwendige und auch zufällige Element der Geschichte ausbilden. Sie werden in der *Enzyklopädie* in der Abteilung „Der subjektive Geist" im Abschnitt „Die Triebe und die Willkür" behandelt, der zum Kapitel „Der praktische Geist" gehört. Hier heißt es: „Als Wille tritt der Geist in Wirklichkeit"; der Wille gibt „sich selbst den Inhalt" und ist dadurch „*bei sich, frei* überhaupt; dies ist sein bestimmter Begriff". Als sich selbst seinen Inhalt gebend, ist der Wille ein denkender Wille und öffnet damit den Weg zum objektiven Geist und zur Sittlichkeit. Dadurch ist der Wille nicht mehr subjektiv und eigensüchtig.[539]

Die Leidenschaften sind also ein Teil des Kapitels über die Triebe und die Willkür. Sie sind viele einzelne, beschränkte Momente des „*natürliche*[n] Wille[ns]". Neigungen und Leidenschaften sind begrenzte praktische Gefühle und als solche „mit Zufälligkeit behaftet", insbesondere dann, wenn sie „als besondere zum Individuum wie zueinander sich äußerlich und hiermit nach unfreier Notwendigkeit sich […] verhalten".[540] Die Leidenschaften haben daher ein starkes natürliches Fundament und stehen begrifflich in Verbindung mit Modalitäten der Notwendigkeit und Zufälligkeit.

Die Leidenschaften werden in § 474 der *Enzyklopädie* genauer bestimmt. Hegel definiert sie folgendermaßen: „Die *Leidenschaft* enthält in ihrer Bestimmung, daß sie auf eine *Besonderheit* der Willensbestimmung beschränkt

---

538 Wie schon früher gesagt, gilt dies vor allem für die klassischen Kritiker der Hegelschen „spekulativen" Geschichtsphilosophie – Karl Löwith, Karl Popper und Arthur C. Danto.

539 *Werke 10*, § 469, S. 288.

540 Ibid., § 473–474, S. 295–297.

ist". Die Leidenschaft ist „weder gut noch böse", weil sie im Grunde „das ganze lebendige Interesse seines [des Subjekts – KV] Geistes, Talentes, Charakters, Genusses in *einen* Inhalt gelegt habe". Als Grundlage der natürlichen Aktivität ist sie aber positiv: „Es ist nichts Großes ohne Leidenschaft vollbracht worden, noch kann es ohne solche vollbracht werden. Es ist nur eine tote, ja zu oft heuchlerische Moralität, welche gegen die Form der Leidenschaft als solche loszieht". Andererseits baut auch die Moralität und Sittlichkeit auf den Leidenschaften auf. Bezüglich ihres Verhältnisses zum objektiven Geist muss man vor allem fragen, welches die *„guten*, vernünftigen Neigungen" sind. Dann muss man sagen, dass die „rechtlichen, moralischen und sittlichen *Pflichten*" sich nach dem „wahrhaften Gehalte" der Triebe, Neigungen und Leidenschaften bestimmen.[541]

Diese natürliche Motivation und das Interesse, das die Leidenschaften repräsentieren, durchzieht die gesamte schaffende Subjektivität des Menschen. Die Leidenschaften sind einerseits eine kulturschaffende Kraft, die also den „Geist, Talent, Charakter, Genuss" aktivieren, andererseits werden die moralischen und sittlichen Pflichten inhaltlich und konkret durch sie bestimmt. Die Leidenschaften sind daher eine vielseitige und wesentliche Triebkraft der Geschichte, wie im Folgenden genauer gezeigt wird.

In den *Vorlesungen über die Philosophie der Geschichte* sind die Leidenschaften der wichtigste psychologische Faktor der geschichtlichen Handlungen. Triebe und Neigungen werden weniger stark hervorgehoben. Warum? Die zentralen Akteure der Geschichte sind die sogenannten „weltgeschichtlichen Individuen" wie Caesar oder Napoleon, also Menschen mit besonders starkem Willen. Wie wir weiter oben sahen, sind die Leidenschaften Erscheinungsformen des natürlichen Willens. Anders als bei Trieben und Neigungen richtet sich ihre motivierende Kraft z. B. nicht auf Essen und Trinken, sondern eher auf höhere Dinge, die „Geist, Talent, Charakter, Genuss" zu ihrer Realisierung fordern. Triebe und Neigungen motivieren natürlich auch die Taten von „geschichtlichen Individuen", aber nicht vorwiegend ihre geschichtlich bedeutenden Taten. Weil in der Geschichte „nichts Großes ohne Leidenschaften vollbracht worden [ist]", bilden gerade die Leidenschaften die motivierende Basis dieser großen Taten.

541 Ibid., § 474, S. 296–297.

Hegel bestimmt die motivierende Rolle der Leidenschaften in der Geschichte auch in den *Vorlesungen* ziemlich genau. Die Leidenschaften sind ein wichtiges Mittel zur Realisierung des Ziels der Geschichte, also der Freiheit. Die Frage nach den Mitteln ist zentral für die Betrachtung der tatsächlichen Geschichte: Diese Frage „führt uns in die Erscheinung der Geschichte selbst". Die Handlungen und ihre Motivationen werden dabei entscheidend. Die Handlungen gehen laut Hegel aus „von ihren [der Menschen] Bedürfnissen, ihren Leidenschaften, ihren Interessen, ihren Charakteren und Talenten" – und zwar genauer gesagt so, „daß es in diesem Schauspiel der Tätigkeit nur die Bedürfnisse, Leidenschaften, Interessen sind, welche als die Triebfedern erscheinen und als das Hauptwirksame vorkommen".[542]

Was ist dann die Rolle der Interessen? Auch sie sind nicht so wichtige motivierende Kräfte wie die Leidenschaften. Die Interessen werden dann zu Leidenschaften, wenn

> [...] die ganze Individualität mit Hintansetzung aller anderen Interessen und Zwecke, die man auch hat und haben kann, mit allen ihr inwohnenden Adern von Wollen sich in einen Gegenstand legt, in diesen Zweck alle ihre Bedürfnisse und Kräfte konzentriert [...].[543]

Die Leidenschaften bilden also das höchste und intensivste Niveau der möglichen Motivationen. Andere Bedürfnisse und Interessen werden im Fall historisch bedeutender Handlungen den „leidenschaftlichen" Hauptinteressen untergeordnet.

Hegel charakterisiert die Rolle solcher Leidenschaften oder Hauptinteressen bei geschichtlichen Handlungen wie folgt:

> So sagen wir also, daß überhaupt nichts ohne das Interesse derer, welche durch ihre Tätigkeit mitwirkten, zustande gekommen ist [...] so müssen wir überhaupt sagen, daß *nichts Großes in der Welt ohne Leidenschaft* vollbracht worden ist.[544]

---

542 *Werke 12*, S. 33–34.
543 Ibid., S. 37–38.
544 Ibid.

Die Leidenschaften leiten aber nicht allein die großen Taten – die Vernunft muss mitwirken. In geschichtlichen Handlungen sind die Leidenschaften das Moment der natürlichen Motivation, und die Ideen das andere Moment. Die Vereinigung beider ist „die sittliche Freiheit im Staate". Die Leidenschaften meinen in diesem Kontext eigentlich „die Tätigkeit des Menschen aus partikulären Interessen [...] oder [...] selbstsüchtigen Absichten" mit der ganzen Energie ihres „Wollens und Charakters".[545] Das weltgeschichtliche Handeln ist daher eine Dialektik von egoistischen und altruistischen (vernünftigen und staatlichen) Akten. Die Rolle der Ideen weist praktisch hin zu den zentralen staatlichen, also zum allgemein Besten zielenden Tätigkeiten. Wenn die Leidenschaften diese stützen, kann man bedeutende Resultate, wirklich weltgeschichtliche Taten, vollführen.

Hegel bestimmt auch die Rolle der Leidenschaften im staatlichen Handeln genauer. Ihm zufolge ist hier unter anderem die Frage zentral, was eine „große weltgeschichtliche Leidenschaft" ist. Das geschichtliche Handeln hat zwei Seiten: eine subjektive und eine substantielle. Die subjektive Seite ist die materiale Seite der geschichtlichen Entwicklung. Es handelt sich um subjektive Bedürfnisse, „menschliches Wissen und Wollen" als Material der Geschichte. In diesen „kommt das Vernünftige zu seiner Existenz". Das vernünftige Moment, „die Wahrheit einer Wirklichkeit" des subjektiven Willens, bestimmt es, „insofern er eine große welthistorische Leidenschaft ist". Hier ist das Moment der Substantialität schon vorhanden. Der subjektive Wille „hat auch ein substantielles Leben, eine Wirklichkeit, in der er sich im wesentlichen bewegt und das Wesentliche selbst zum Zwecke seines Daseins hat". Dieses Wesentliche ist „die Vereinigung des subjektiven und vernünftigen Willens: es ist das sittliche Ganze – *der Staat*". Die Staatlichkeit wird hier ziemlich umfassend begriffen: Das Individuum hat seine wirkliche Freiheit in ihr, eine Freiheit, die jedoch „das Wissen, Glauben und Wollen des Allgemeinen ist".[546] Der Begriff der Staatlichkeit verweist hier also nicht nur auf staatliche Institutionen, wie in der Rechtphilosophie, sondern auf die Elemente eines Kultur- und Bildungsstaats als kultureller Kraft. Es handelt sich hier um die positive Freiheit: „vielmehr sind Recht, Sittlichkeit, Staat, und nur sie, die

---

545 Ibid., S. 38.

546 *Werke 12*, S. 55.

positive Wirklichkeit und Befriedigung der Freiheit." Die andere, negative Freiheit wird begrenzt, weil sie Willkür ist und sich nur „auf das Besondere der Bedürfnisse bezieht".[547]

Hegel fasst schließlich die Rolle der Leidenschaften und die Bedeutung der Staatlichkeit folgendermaßen zusammen:

> Der subjektive Wille, die Leidenschaft ist das Betätigende, Verwirklichende; die Idee ist das Innere; der Staat ist das vorhandene, wirklich sittliche Leben. Denn er ist die Einheit des allgemeinen, wesentlichen Wollens und des Subjektiven, und das ist die Sittlichkeit.[548]

Zusammenfassend kann man sagen, dass die natürlichen Leidenschaften laut Hegel die zentrale energische Kraft der Geschichte sind. Sie motivieren die historischen Taten und bilden dadurch den wesentlichen Inhalt der Geschichte – um es mit Ranke zu sagen: „wie es wirklich gewesen". Die Leidenschaften sind andererseits irrational und zufällig, wenn sie nur egoistische Bedürfnisse der Individuen verwirklichen. Aber soweit die Individuen vernünftig handeln und größeren weltgeschichtlichen Interessen folgen oder diese umsetzen, wirken die Leidenschaften positiv auf die entscheidenden welthistorischen Taten der schaffenden Persönlichkeiten ein. Diese Tätigkeit ist staatlich: Sie entwickelt die allgemeinen, vernünftigen Interessen von Nationen oder der gesamten Menschheit.

In diesem Sinne spielt die Natur als aktive materielle Kraft eine wichtige Rolle in der geschichtlichen Wirklichkeit. So auch auf höchstem, „staatlichem" Niveau. Hegel verbindet die geschichtliche Tätigkeit über die Leidenschaften ziemlich einseitig mit weltgeschichtlich einflussreichen Persönlichkeiten, „weltgeschichtlichen Individuen", aber man könnte Staatlichkeit auch umfassender auffassen. Wenn man sich erinnert, dass das ethische Fundament des Staates schon in der Familie angelegt war, ließe sich argumentieren, dass z. B. eine leidenschaftliche Verteidigung der Rechte eigener Kinder oder der eigenen Gattin ein allgemeingültiger, „staatlicher" Akt wäre. Ähnlich wäre die leidenschaftliche Verteidigung der Rechte von Arbeitern in kollektiven Aktionen in Korporationen, z. B. durch Demonstrationen oder Streiks zu

---

547 Ibid., S. 56. Wie oben erwähnt, behandelt Hegel am Anfang seiner Rechtsphilosophie diese Frage der wirklichen Freiheit ziemlich gründlich.

548 Ibid.

betrachten – dies wären ebenso typisch „staatliche" Handlungen. Hegels Geschichtsauffassung ist in dieser Hinsicht zu individualistisch und wiederholt unkritisch die alte Tradition der Geschichte von „großen Männern".

Ich behandle zum Schluss das zweite Beispiel der Art, wie die Natur auf die Geschichte einwirkt. Geographische Faktoren wirken sich nach Hegel oft auf die geschichtlichen Möglichkeiten aus. Er setzt hier die traditionellen klimatheoretischen Auffassungen von Montesquieu und Herder fort, mit eigenständigen dialektischen Betonungen. Diese Problematik hat heute erneute Aktualität gewonnen durch die Umweltgeschichte, die z. B. die Rolle des Klimas in verschiedenen Zeiten hervorgehoben hat. Es ist in dieser Hinsicht gewinnbringend, auch die Auffassungen von Hegel neu zu interpretieren und auf ihre mögliche Aktualität hin zu prüfen.

Geographische Grundlagen der Geschichte

Die geographische Geschichtsauffassung ist eine sehr alte Tradition der Geschichtsschreibung. Schon *Das Geschichtswerk* von Herodot kombinierte Geschichte mit geographischen und kulturanthropologischen Betrachtungen. Am bedeutendsten wurde diese Kombination von Geographie und Geschichte aber in der Aufklärung. Vor allem Montesquieu, Kant und Herder waren zentrale Vertreter der sogenannten Klimatheorie. Hegel wird gewöhnlich nicht zu dieser Tradition gerechnet, aber auch bei ihm sind die geographische Grundlagen der Geschichte ein wichtiger Teil der theoretischen Einleitung seiner *Vorlesungen über die Philosophie der Geschichte*.[549] In der neueren Geschichtsforschung wird dieser Tradition in der Umweltgeschichte zu neuer Bedeutung verholfen, angefangen mit dem generellen Interesse an der Umwelt in den Gesellschaftswissenschaften und Humaniora seit dem Ende der 1960er-Jahre.[550] Auch die Analysen Hegels müssen aus dieser Perspektive neu betrachtet werden. Dies ist leider noch nicht geschehen: Clarence Glackens bahnbrechendes Werk *Traces on the Rhodian Shore* zum Beispiel analysiert umfassend die milieuhistorische

---

[549] Hegel untersucht die Rolle der Geographie im Abschnitt „Geographische Grundlage der Weltgeschichte", *Werke 12*, S. 105–133.

[550] Ich habe diese theoretische Wende der Geschichtsschreibung gemeinsam mit Esa Ruuskanen genauer analysiert in: Ruuskanen, Esa/Väyrynen, Kari: „Theory and Prospects of Environmental History". In: *Rethinking History*, Bd. 21, 2017, S. 456–473.

Tradition der Aufklärung aus der Umweltperspektive, hat Hegel aber gar nicht mit einbezogen.[551] Die vorliegende Analyse stellt in dieser Hinsicht nur einen Anfang dar.

Hegel stellt in diesem Zusammenhang zuerst die theoretische Grundfrage über die wechselseitige Abhängigkeit von Natur und Geist. Bei der Betrachtung der Geschichte ist es ihm zufolge wichtig zu unterscheiden zwischen der „Allgemeinheit des sittlichen Ganzen" und dem „Naturzusammenhang des Volksgeistes". Obwohl dieser Naturzusammenhang etwas Äußerliches ist, „insofern wir ihn als Boden, auf welchem sich der Geist bewegt, betrachten müssen, ist er wesentlich und notwendig eine Grundlage". Alle welthistorischen Völker sind dadurch in ihrem „besonderen Prinzip" an natürliche Unterschiede gebunden. Diese Naturbestimmtheit der Völker muss positiv als „besondere Möglichkeiten angesehen werden, aus welchen sich der Geist hervortreibt".[552] Die Besonderheit der Völker bereichert also die Entwicklung des Geistes. Man bewegt sich hier noch zum Teil im Feld der „Vorgeschichte", weil die Völker noch keinen Staat begründet haben.

Worin besteht dann, genauer betrachtet, die Bedeutung der Natur – und praktisch gesehen eines spezifischen Bodens – für die Entwicklung der verschiedenen Völker als Manifestationen des Geistes? Ist der Boden nur eine äußerliche Sache oder hat er ein inneres Verhältnis zum Geist (in diesem Fall zum Volksgeist)? Hegel zufolge handelt es sich um ein inneres Verhältnis. Er schreibt: „Es ist uns nicht darum zu tun, den Boden als äußeres Lokal kennenzulernen, sondern den Naturtypus der Lokalität, welcher genau zusammenhängt mit dem Typus und Charakter des Volkes, das der Sohn solchen Bodens ist."[553] Hegel referiert hier die Theorien von Montesquieu und Herder (wie damals üblich, ohne ihre Namen zu nennen), aber verbindet sie mit dem allgemeinen Rahmen seiner Philosophie des Geistes so, dass der Weltgeist sich notwendig durch den Geist der jeweiligen Völker besondert und damit in einem inneren Verhältnis zu einer bestimmten Lokalität

---

551 Glacken, Clarence J.: *Traces on the Rhodian Shore. Nature and Culture in Western Thought from Ancient Times to the End of the Eighteenth Century.* University of California Press: Berkeley/Los Angeles/London 1976 (1967), S. 551–622.

552 *Werke 12*, S. 105–106.

553 *Werke 12*, S. 106.

als Boden steht. Diese naturgebundene Entwicklung ist notwendig zur Realisierung der Möglichkeiten und des wirklichen Reichtums des Geistes.

Wie bei Montesquieu und Herder wird dieses Verhältnis, das den Geist über den Boden mit der Natur verbindet, nicht deterministisch gedacht. Hegel warnt in diesem Zusammenhang deutlich vor einer Überbetonung der Rolle der Natur:

> Die Natur darf nicht zu hoch und nicht zu niedrig angeschlagen werden; der milde ionische Himmel hat sicherlich viel zur Anmut der Homerischen Gedichte beigetragen, doch kann er allein keine Homere erzeugen; auch erzeugt er sie nicht immer; unter türkischer Botmäßigkeit erhoben sich keine Sänger.[554]

Hegel folgt in dieser Hinsicht eher Herder als Montesquieu. Auch Herders Lehrer Kant betonte in seinen *Vorlesungen über die physische Geographie* die kulturellen und sozialen Unterschiede, die innerhalb eines gleichartigen Klimas bestehen.[555]

Wie Montesquieu, Kant und Herder hebt Hegel jedoch häufig die großen Vorteile des mediterranen Klimas für die Entwicklung einer höheren Kultur hervor. Weiter im Norden oder Süden, „in den äußeren Zonen", muss der Mensch gegen übermäßige Kälte oder Hitze stärker um seine Existenz kämpfen. Es bleibt dann nicht genug Freizeit für die Entwicklung einer höheren Kultur. Dagegen ist „der wahre Schauplatz für die Weltgeschichte [...] die gemäßigte Zone, und zwar ist es der nördliche Teil derselben, weil die Erde sich hier kontinental verhält und eine breite Brust hat, wie die Griechen sagen." Im Süden dagegen „verteilt sie sich und läuft in mannigfache Spitzen auseinander".[556] Der letztere Aspekt, die kontinentale Geographie, scheint also zum Beispiel Frankreich und Deutschland eine bessere Stellung als Italien und Griechenland zuzuweisen. Hegel scheint hier innerhalb des europäischen

---

554 Ibid.

555 Väyrynen, Kari: „Philosophie, Geographie, Geschichte: eine ‚kosmopolitische' Vermittlung von Natur und Freiheit bei Kant." In: Violetta L. Wabel et al. (Hrsg.): *Natur und Freiheit. Akten des XII. internationalen Kant-Kongresses*. De Gruyter: Berlin und Boston 2018.

556 *Werke 12*, S. 107.

Rahmens dasselbe Argument vorzubringen, wie es Jared Diamond in der heutigen Umweltgeschichte im weiteren Umfang für ganz Eurasien tut.[557]

Andererseits ist diese „kontinentale" Auffassung Hegels widersprüchlich, weil er die Vorteile der Verkehrsverbindungen des Meeres betont. Er stellt fest, dass vor allem das Mittelmeer „das Vereinigende und der Mittelpunkt der Weltgeschichte" ist. Es ist „das Herz der Alten Welt, denn es ist das Bedingende und Belebende derselben". Ohne das Mittelmeer „ließe sich die Weltgeschichte nicht vorstellen, sie wäre wie das alte Rom oder Athen ohne das Forum, wo alles zusammenkam". Das Meer und auch die Ströme sind leichte „Mittel der Kommunikation" und sollten daher vielmehr als vereinend denn als „dirimierend" betrachtet werden. Nordsee und Ostsee haben die gleiche Bedeutung: „England und die Bretagne, Norwegen und Dänemark, Schweden und Livland waren verbunden."[558]

Für die Entwicklung der abendländischen Kultur sind diese Meeresverbindungen ohne Weiteres wichtiger gewesen, sowohl im antiken Griechenland als auch in der mittelalterlichen Hanse und für die neuzeitlichen Kolonialmächte (Spanien, England). Außerhalb des abendländischen Kulturkreises haben natürlich auch China und Indien weite koloniale Verbindungen schon früh entwickelt. Für Hegel ist das Mittelmeer aber zentral. „Das weite östliche Asien" und „ebenso das nördliche Europa" sind in dieser Hinsicht seiner Meinung nach marginal für die Weltgeschichte geblieben.[559]

Die geographischen Verhältnisse teilt Hegel in drei Typen: erstens „das wasserlose Hochland", zweitens „die Talebenen", die „von großen Strömen durchschnitten und bewässert werden", und drittens „das Uferland, das in unmittelbarem Verhältnisse mit dem Meere steht".[560] Das Uferland ist für die Entwicklung der Kultur am wichtigsten. Gegen den Glauben, dass das Wasser trennt, muss man nach Hegel einwenden, dass „nichts so sehr vereinigt als das Wasser". Das gilt für die Meere genauso wie für die Ströme.[561] Die Meere

557 In seinem mit dem Pulitzer-Preis ausgezeichneten Buch *Guns, Germs and Steel* (1997) argumentierte Jared Diamonds, die besondere geographische Stellung Eurasiens würde die schnelle Verbreitung von Innovationen fördern und zur kulturellen und militärischen Herrschaft führen. Die neuere Forschung konnte diese These nicht eindeutig bestätigen.

558 *Werke 12*, S. 115.

559 Ibid.

560 Ibid., S. 116.

561 Ibid., S. 118.

sind aber schwieriger zu beherrschen und fordern mehr Innovationen. Sie sind daher ein vielseitiger Impuls für die Entwicklung der Kultur.

Hegel beschreibt diesen kulturellen Impuls der Meere umfassend. Ich zitiere hier ziemlich umfangreich, weil dieser Punkt sehr wichtig ist:

> Das Meer lädt den Menschen zur Eroberung, zum Raub, aber ebenso zum Gewinn und zum Erwerbe ein. Das Land, die Talebene, fixiert den Menschen an den Boden, er kommt dadurch in eine unendliche Menge von Abhängigkeiten; aber das Meer führt ihn über diese beschränkten Kreise hinaus. Die das Meer befahren, wollen auch gewinnen, erwerben; aber ihr Mittel ist in der Weise verkehrt, daß sie ihr Eigentum und Leben selbst in Gefahr des Verlustes setzen. [...] Mut muß nun innerhalb des Gewerbes eintreten, und Tapferkeit ist zugleich mit der Klugheit verbunden. Denn die Tapferkeit gegen das Meer muß zugleich List sein, da sie es mit dem Listigen, dem unsichersten und lügenhaftesten Element, zu tun hat. [...] gerade diese Nachgiebigkeit ist es, die das Meer in das gefahrvollste und gewaltigste Element verkehrt. Solcher Täuschung und Gewalt setzt der Mensch lediglich ein einfaches Stück Holz entgegen [...]. Das Schiff, dieser Schwan der See [...] ist ein Werkzeug, dessen Erfindung ebenso der Kühnheit des Menschen als seinem Verstande die größte Ehre macht.[562]

Hier bildet die listige Natur eine Herausforderung für den Menschen, für seine eigene Listigkeit und seinen Verstand. Das Meer lockt zur intellektuellen Tätigkeit und fördert auch die Entwicklung vieler nützlicher Tugenden: Tapferkeit, Klugheit, Listigkeit, Gewinnsucht. Das Meer öffnet die weite Welt, befreit den Menschen aus seinen lokalen Abhängigkeiten. Auch die kontinentale nomadische Lebensweise erweitert sich hier zu neuen Dimensionen, und das Schiff ermöglicht noch umfangreicheres Handeln als das Kamel, das Schiff der Wüste. Die Herausforderung des Meeres und unsere Antwort darauf verändern daher wesentlich Kultur und Geschichte. Man kann vielleicht sogar sagen, dass die neuere Geschichte des Abendlands eine Geschichte dieser listigen Antwort ist.[563]

---

[562] Ibid., S. 118–119.

[563] Heute bildet das Element Klima ein noch viel ernsthafteres Problem für die Menschheit als das Meer. Die globale Erwärmung wird auch die Geschichte wesentlich verändern, aber wahrscheinlich nicht so positiv und progressiv wie das Meer. Die Herausforderung der Klimaveränderung produziert auch viele neue Innovationen, verändert das Technosystem und vielleicht auch die Ökonomie, aber fordert ebenso unzählige Opfer von der Menschheit und noch mehr von anderen Gattungen und den Ökosystemen.

Andererseits können auch „kontinentale“ Aspekte wesentlich auf den Geschichtsablauf einwirken. Hegel hebt in diesem Zusammenhang die unterschiedliche Entwicklung von Europa und Nordamerika hervor. Die geographischen Faktoren beeinflussen, wie sich die bürgerliche Gesellschaft und der Staat in beiden Kontinenten formieren. Der engere geographische Rahmen Europas führte dazu, so Hegel, dass sich das Problem der Armut in Europa nicht so leicht durch Kolonisation lösen ließ wie in Amerika. Das potenzielle Lebensraum sei in Amerika praktisch unendlich, und daher könne man die Verschärfung des Gegensatzes von Armut und Reichtum leichter vermeiden. In Europa müsse man dazu einen „wirklichen Staat“ entwickeln, der diesen Gegensatz einigermaßen versöhnen könne. In Amerika sei das noch nicht nötig: „Aber Amerika geht dieser Spannung noch nicht entgegen, denn es hat unaufhörlich den Ausweg der Kolonisation in hohem Grade offen, und es strömen beständig eine Menge Menschen in die Ebenen des Mississippi.“ Diese Möglichkeit führe auch dazu, dass die Unzufriedenheit mit der bürgerlichen Gesellschaft in Amerika weniger groß als in Europa sei. Obwohl Auswanderung auch in Europa existiere, gebe es „die Wälder Germaniens“ nicht mehr, die kolonisiert werden könnten. Diese Enge wirke auf die Geschichte sehr konkret ein. Hegel meint sogar, „hätten die Wälder Germaniens noch existiert, so wäre freilich die Französische Revolution nicht ins Leben getreten“.[564] Die Kolonialisierung solcher endlosen Wälder hätte also die Armut und ihre politischen Konsequenzen bis hin zur Revolution verhindern können.

Zukünftig müsse man jedoch annehmen, dass auch Amerika voll kolonialisiert wird und es zur Entwicklung einer bürgerlichen Gesellschaft mit ihren inneren Problemen komme. Heute ist Nordamerika, so Hegel, aber noch „auf dem Standpunkt, das Land anzubauen“. Erst später werden die Städte dominant und die Bewohner werden „ein kompaktes System bürgerlicher Gesellschaft bilden“. Dann entsteht auch das Bedürfnis „eines organischen Staates“. Heute sind sie aber noch nicht so weit, daher ist Amerika „das Land der Zukunft“, und als solches „geht es uns überhaupt hier nichts an“, weil sich die Geschichtsbetrachtung auf die Vergangenheit und den heutigen Zustand begrenzen muss.[565] Die Geschichtsphilosophie bringt also keine genaueren Prophetien hervor.

---

564 *Werke 12*, S. 113.
565 Ibid., S. 113–114.

Ob es sich hier um ein „Ende der Geschichte" handelt, wie Francis Fukuyama vorgeschlagen hat, ist strittig. Meiner Meinung nach handelt es sich um kein „Ende", weil (a) Hegel die genauere Betrachtung der Zukunft explizit verneint und keine genauere „Prophetien" tätigt und (b) weil auch in Europa kein „Ende der Geschichte" entstehen kann, denn das Problem der Armut bleibt ein immanentes Problem der bürgerlichen Gesellschaft und die staatlichen Lösungsversuche dieses Problems müssen offenbar neue Formen entwickeln, weil die Kolonisation nicht endlos fortgesetzt werden kann. Leider kann ich meine Position zu dieser Frage in diesem kurzen Artikel nicht genauer begründen.

Ein kurzes Schlusswort: die geistige Bedeutung der Natur

Das Verhältnis von Natur und Geist ist für Hegel dialektisch, sowohl identisch als auch unterschiedlich. Hegel kritisiert die romantische Bewunderung der Natur, insbesondere die Suche nach der harmonischen Identität mit der Natur. Er diskutiert in den *Vorlesungen über die Philosophie der Religion* diese harmonische Identität kritisch: „Die *Einheit des Menschen mit der Natur* ist ein beliebter, wohlklingender Ausdruck", die jedoch richtig gefasst „die Einheit des Menschen mit *seiner* Natur" meint. Nur die Pflanze befindet sich in einer ungebrochenen Einheit mit der Natur. Das Geistige dagegen muss seine eigene Identität „durch seine unendliche Entzweiung hindurch" suchen und kann erst dadurch die Versöhnung erringen, „sie ist kein Versöhntsein von Hause aus".[566] Der dialektische Prozess mit der Natur eröffnet also den Weg zu unserer eigenen „Natur" – also zur synthetischen Einheit der äußeren und inneren Natur. Die unmittelbare Identität, die die Romantik bevorzugte, erschien z. B. in ihrem Glauben an die Unschuld von Kindern und Ureinwohnern oder an die Weisheit der Instinkte der Tiere (siehe oben den Artikel „Identität mit der Natur"). Hegel dagegen sieht die Natur in relativem Gegensatz zum Geist, und ihre positive Bedeutung liegt darin, dass sie eine Quelle und Herausforderung für unsere Bildung gerade durch diesen Gegensatz ist. Unsere „natürliche" Identität ist also eine offene Lernaufgabe.

Was ist aber die eigentliche Würde der Natur in dieser Hinsicht? Hegel betrachtet diese Frage kurz am Ende der *Naturphilosophie*. Die Natur erschafft

---

[566] *Werke 16*, S. 267.

im Gattungsprozess unsere höchste Identität, in dem die individuelle Sterblichkeit in der Natur aufgehoben wird. Die Natur erneuert sich dadurch immer wieder wie ein Phönix, um Geist zu werden. Die innerste Natur ist unsterblich und erbaut unsere geistige Identität. Es ist daher fruchtbar, immer wieder reflektierend zu ihr zurückzukehren. Hegel schreibt:

> Der Geist, der sich erfaßt hat, will sich auch in der Natur erkennen, den Verlust seiner wieder aufheben. Diese Versöhnung des Geistes mit der Natur und der Wirklichkeit ist allein seine wahrhafte Befreiung, worin er seine besondere Denk- und Anschauungsweise abtut.[567]

Die Natur lehrt uns also immer wieder, unsere besonderen Denkgewohnheiten oder einseitigen theoretischen Positionen zu korrigieren. Sie ist in dieser Hinsicht eine unendlich tiefe Herausforderung der Bildung.

Die Natur ist für Hegel ebenso wie für die Romantiker eine befreiende Instanz. Wenn wir durch die Natur unsere „besondere Denk- und Anschauungsweise" korrigieren und die wahrhafte Identität mit unserer *eigenen* Natur (siehe oben) erreichen können, bedeutet dies auch eine Neubewertung unserer Werte und Moral. Wie nach Hegel insbesondere Feuerbach und der junge Marx betonten, kann man durch unser wahrhaftes Gattungswesen die Entfremdungsformen der bürgerlichen Gesellschaft, insbesondere ihre egoistische Auffassung über den Menschen, aufheben. Wie wir sahen, war für Hegel die naturwüchsige Moral der Familie und des Staats grundlegend. Unsere wahrhafte Identität mit der Natur begründet also konkret, was die positive Freiheit in der Gesellschaft meint. Die Freiheit als das Ziel der Geschichte hat durch diese institutionelle Entwicklung also auch die Natur zu ihrer ursprünglichen Grundlage.

Literaturverzeichnis

Aristoteles: *Metaphysik. Schriften zur ersten Philosophie*. Übersetzt und hrsg. von Franz F. Schwarz. Reclam: Stuttgart 1970.

Buhof, Johannes: „What if? Modality and History". In: *History and Theory* 38, 1999, S. 145–168.

[567] *Werke* 9, S. 539.

Danto, Arthur C.: *Analytical Philosophy of History*. Cambridge University Press: London 1965.

Ferguson, Niall (Hrsg.): *Virtual History. Alternatives and Counterfactuals*. Picador: London 1997.

Foster, John Bellamy: *Marx's Ecology. Materialism and Nature*. Monthly Review Press: New York 2000.

Glacken, Clarence J.: *Traces on the Rhodian Shore. Nature and Culture in Western Thought from Ancient Times to the End of the Eighteenth Century*. University of California Press: Berkeley/Los Angeles/London 1967.

Hartmann, Nicolai: *Der Aufbau der realen Welt. Grundriss der allgemeinen Kategorienlehre*. De Gruyter: Berlin 1964.

Hartmann, Nicolai: *Teleologisches Denken*. De Gruyter: Berlin 1951.

Hegel, Georg Wilhelm Friedrich: *Werke in zwanzig Bänden*. Suhrkamp Verlag: Frankfurt am Main 1969–1971.

Kuukkanen, Jouni-Matti: *Postnarrativist Philosophy of Historiography*. Palgrave Macmillan: Hampshire 2015.

Ruuskanen, Esa/Väyrynen, Kari: „Theory and Prospects of Environmental History". *Rethinking History* 21, 2017, S. 456–473.

Väyrynen, Kari: „Zur Dialektik der geschichtlichen Erklärungen bei Hegel: Kausalität, Wechselwirkung, Begriff". In: *Hegel-Jahrbuch* 2019. Dunker & Humblot: Berlin 2020, S. 528–537.

Winter, Max: *Hegels formale Geschichtsphilosophie*. Mohr Siebeck: Tübingen 2015.

Der junge Engels und Marx: Kapitalismus und Umwelt

Der junge Engels und die Entstehung der marxistischen Ökologie[568]

Im Folgenden wird der spezielle Beitrag des jungen Friedrich Engels bei der Entstehung der marxistischen Ökologie und Philosophie der Umwelt untersucht. Engels wird oft nur als ein Mitarbeiter von Marx betrachtet, der die Theorien von Marx popularisierte und seine Ideen später zu einer Theorie des „wissenschaftlichen Sozialismus“ entwickelte. Ich möchte zeigen, dass insbesondere der junge Engels eine wichtige Rolle in der Entwicklung von Marx' Kapitalismuskritik und insbesondere seiner umweltphilosophischen Ansichten innehatte. Dabei soll vor allem der Anteil des jungen Engels an der Ausformierung der zentralen Ideen der marxistischen Ökologie genauer betrachtet werden.

Engels war zu Anfang seiner wissenschaftlichen Betätigung ein Ästhetiker, der insbesondere die Landschaftsästhetik analysierte. Seine frühe Naturauffassung war pantheistisch. Gleichzeitig war er an der Lage der arbeitenden Klasse interessiert, zuerst in Deutschland und bald auch in England. Er diagnostizierte dabei die Rolle der Umwelt, insbesondere die Verunreinigung des Wassers und der Luft für die Gesundheit der Arbeiter. Engels begann bereits vor Marx mit Forschungen zur politischen Ökonomie. Insbesondere seine *Kritik der Nationalökonomie* (1843–1844) erweckte Marx' Interesse an ökonomischen Fragen. Schon in dieser Arbeit hatte Engels die

---

568 Zuvor veröffentlicht in: *Beiträge zur Marx-Engels-Forschung. Neue Folge* 2011. Argument Verlag: Hamburg 2013, S. 137–163.

Bedeutung der Natur als eine wichtige Voraussetzung der Ökonomie hervorgehoben und erste Skizzen zur ökologischen Kritik der kapitalistischen Nutzung der Natur entwickelt.

Die Forschungen auf dem Gebiet der marxistischen Ökologie haben bereits die Grundzüge der umweltphilosophischen Thematik im Denken von Marx und Engels herausgearbeitet.[569] Die konkrete Entwicklungsgeschichte der ökologischen und umweltphilosophischen Thematik, insbesondere die Entstehung der umweltphilosophischen Fragestellung im Marxismus, ist aber noch weitgehend offen geblieben. Man hat die Genesis dieser Fragen vorrangig beim jungen Marx gesucht, zunächst in den *Ökonomisch-philosophischen Manuskripten* (von Mitte März 1843 bis August 1844[570]), auch in seiner Dissertation *Differenz der demokritischen und epikureischen Naturphilosophie* (1841) und den Vorarbeiten dazu, vor allem in den *Heften zur epikureischen Philosophie*.[571] Obwohl Engels später eigentlich häufiger als Marx direkt zu ökologischen Fragen schrieb, z. B. in der *Dialektik der Natur*, hat man jedoch nicht die historische Herausbildung der Engels'schen Auffassungen dazu genauer untersucht. Warum? Man ist offenbar stillschweigend davon ausgegangen, dass insbesondere Marx' *Ökonomisch-philosophische Manuskripte* die umweltphilosophische Problematik grundlegend darstellen und Engels frühe Schriften in dieser Hinsicht nicht einer Analyse wert seien. Man hat offenbar auch die minderwertigere „Hilfsarbeiterrolle" von Engels nicht hinterfragt. Engels selbst hat diese Betrachtungsweise durch seine Bescheidenheit unterstützt.

Das Forscherduo Marx-Engels ist in der Geschichte der Philosophie eine seltene Figur. Die Duos sind meistens Mann-Frau-Kombinationen, in denen die Frauen mehr oder weniger untergeordnete Partnerinnen sind. Sogar bei solchen Radikalen wie John Stuart Mill und Harriet Taylor oder Jean-Paul

---

569 Siehe u. a. Forster, John Bellamy: *Marx's Ecology. Materialism and Nature*. Monthly Review Press: New York 2000. Vgl. Auch Väyrynen, Kari: „Ökologische Wende der Geschichte: Marx, Engels und die naturwissenschaftliche Diskussion über die Bodenfruchtbarkeit". In: Losurdo, Domenico (Hrsg.): *Geschichtsphilosophie und Ethik*. Peter Lang Verlag: Frankfurt am Main 1998, S. 357–366.

570 *Marx-Engels-Gesamtausgabe* (MEGA) I/2, editorische Hinweise, S. 57.

571 MEGA I/1, I/2; vgl. Foster 2000 und Heiskanen, Jukka: *Nuoren Marxin luonnonfilosofia ja sen ekologiset seuraukset* (*Die Philosophie der Natur beim jungen Marx und ihre ökologischen Folgen. Mit englischem Abstrakt*). Demokraattinen sivistysliitto: Helsinki 2010.

Sartre und Simone de Beauvoir zeigt sich dieses Machtverhältnis. In der untergeordneten Stellung von Engels handelt es sich aber um etwas anderes. Einerseits spielt die spätere Rezeptionsgeschichte eine Rolle, andererseits ist diese Stellung eine von Engels selbst gewollte Rollenwahl. Beides erschwert aber eine sachgemäße Beurteilung der historischen Wahrheit.

Man hat nach den grundlegenden Biographien von Gustav Mayer (1919) und Horst Ullrich (1961, 1966) nicht mehr gründlich die ersten Schriften von Engels studiert. Mit der neuesten Renaissance des Marxismus in den letzten Jahren gibt es auch einige neue Biographien über Engels[572] und sogar speziell über seine Bremer Zeit (1839–1841)[573] – aber noch keine genaueren inhaltlich-thematischen Forschungen. Insbesondere seine Jugendschriften haben kaum ein theoretisches Interesse erweckt. Die Jugendschriften von Marx wurden sofort eifrig nach dem Erscheinen seiner Jugendschriften untersucht, Marx als ein eigenständiger Philosoph entdeckt.[574] Engels' frühe Schriften erweckten kein entsprechendes Interesse. Die Quellenlage konnte einer genaueren Untersuchung über die schöpferische Rolle des jungen Engels bei der Formung des Marxismus nicht hinderlich sein: Schon die Bände der Werkausgabe von 1956 zeigen die eigenständigen Interessen von Engels (z. B. die Ästhetik). Auch die für die Entstehung der marxistischen Ökonomie wichtige Schrift *Umrisse zu einer Kritik der Nationalökonomie* (1843/44) war in Band 1 der MEW 1956 erschienen und sogar im *Vorwort* der Herausgeber mit einem Leninzitat und einer respektvollen Bemerkung gepriesen worden („legte Engels den Grundstein zur Kritik der bürgerlichen politischen Ökonomie“[575]). Auch Marx hatte diese Schrift als genial beurteilt.[576] Wie wir sehen werden, hatte Engels aber neben der ökonomischen Theorie auch in

572 Green, John: *Engels. A Revolutionary Life*. Artery Publications: London 2008. Hunt, Tristram: *Friedrich Engels. Der Mann, der den Marxismus erfand*. Propyläen: Berlin 2012.

573 König, Johann-Günther: *Friedrich Engels. Die Bremer Jahre 1838 bis 1841*. Kellner: Bremen 2008.

574 Es gab sogar ziemlich früh in Finnland ein Buch über den jungen Marx: Wilenius, Reijo: *Marx ennen Marxia. Marxin ajattelun ensimmäinen vaihe*. (*Marx vor Marx. Die erste Phase von Marx' Denken*). Weilin & Göös: Helsinki 1966.

575 *Werke* (MEW) 1, S. XXX.

576 Wheen, Francis: *Karl Marx*. Bertelsmann: München 2001, S. 80. Vgl. Bleuel, Hans Peter: *Friedrich Engels. Bürger und Revolutionär. Die zeitrechte Biographie eines großen Deutschen*. Scherz: Bern und München 1981, S. 140–141.

der Naturauffassung eine grundlegende Bedeutung für den entstehenden Marxismus. Dieser Aspekt wird schon in verschiedenen Schriften vor den *Umrissen* entwickelt, bildet aber in ihnen und in dem Buch *Die Lage der arbeitenden Klasse in England* (1845) einen wichtigen Teil der Kapitalismuskritik.

Die wichtige Rolle von Engels für die Entstehung der marxistischen Ökonomie wird in der gegenwärtigen Marx-Forschung anerkannt. Zum Beispiel betont Francis Wheen, dass es gerade Engels war, der sich zuerst für die Theorie und Praxis des Kapitalismus interessierte. Engels hatte von Herbst 1842 an im Kontor von Ermen & Engels in Manchester gearbeitet und diese Zeit hauptsächlich für die Erforschung der Lage der arbeitenden Klasse benutzt.[577] Dadurch hatte er einen spürbaren Einfluss auf Marx' Wende aus den junghegelianischen Diskussionen zu ökonomischen Fragen genommen.

Mit der marxistischen Ökologie ist die Lage jedoch anders. Die eigenständige Rolle von Engels in diesem Bereich wird kaum gewürdigt. Engels spätere ökologische Kapitalismuskritik wird oft zitiert, seine früheren Arbeiten aber nicht daraufhin analysiert. Damit wird also die Auffassung genährt, die ganze Problematik wäre eine Idee von Marx, vor allem durch Feuerbach inspiriert und in den *Ökonomisch-philosophischen Manuskripten* niedergelegt.

Mit seinem beinahe romantischen Urteil über die Genialität von Marx ist er teilweise an einer solchen Einschätzung mitschuldig, aber er verkennt dabei den Charakter der wissenschaftlichen Arbeit, auch wenn Marx selbst Engels' *Umrisse zu einer Kritik der Nationalökonomie* für genial hielt. Wir müssen aber diesen Mythos der Genialität aufgeben und das wirkliche Zusammenspiel von Marx und Engels genauer untersuchen. Wichtige Hinweise dazu gibt schon die Redaktionsarbeit der neuen MEGA, in der der genaue Diskussionsprozess zum Beispiel zur *Deutschen Ideologie* erkennbar wird.[578] Ich betrachte nunmehr die Entwicklung der frühen umweltphilosophischen Ideen von Engels in ihre Hauptphasen genauer.

Der frühe Pantheismus und die Landschaftsästhetik

Die frühe Naturauffassung von Engels um 1839–1841 ist vorrangig ästhetisch und nähert sich dem Pantheismus an. Engels schreibt viel über

---

[577] Wheen 2001, S. 102.

[578] Koivisto, Juha/Oittinen, Vesa (Hrsg.): *MEGA-Marx. Johdatus uuteen Marxiin*. (*Mega-Marx. Einleitung zu neuem Marx*). Vastapaino: Tampere 2010.

die Landschaftsästhetik und berücksichtigt schon in Deutschland die Verschmutzung der Natur durch die Industrie. In den *Briefen aus dem Wuppertal* (1839) beschreibt er die „purpurnen Wogen" des schmalen Wupper-Flusses als ein Resultat des industriellen Färbens. Anmutiger sind dagegen die „bald sanft steigenden, bald schroffen Berge, über und über waldig", und die grünen Wiesen. Bei schönem Wetter „läßt der blaue, in der Wupper sich spiegelnde Himmel ihre rothe Farbe ganz verschwinden".[579] Engels würdigt neben der Anmut auch die Diversität der Landschaft. Höher im Tal der „hier noch klaren" Wupper ist die Landschaft mannigfaltiger: „das ewige Einerlei" wird durch „mannichfaltige Abwechselung von Wäldern, Wiesen und Gärten", bald durch „eine frische Bleiche, bald ein modernes Haus, bald ein Stückchen vom Fluß, bald eine Reihe Gärten" unterbrochen.[580] Engels ist auch an Architektur interessiert. Insgesamt gesehen sind seine ästhetischen Auffassungen ziemlich konservativ, er schildert eine typische Bilderbuchlandschaft. Nur die Bemerkung über die Verschmutzung des Flusses ist zukunftweisend: in seiner späteren Analyse der Industriestädte Englands[581] hebt er die Verschmutzung des Wassers und der Luft im Zusammenhang mit den Gesundheitsproblemen der Industriearbeiter umfassend hervor. Wie einige Jahre später in Manchester wird auch in den *Briefen aus dem Wuppertal* die soziale Lage der Arbeiter analysiert, ihre Gesundheitsprobleme und der Alkoholismus geschildert und insbesondere die Nutzung der Kinderarbeit kritisiert.[582] Der Zusammenhang zwischen der Verschmutzung der Umwelt und der Gesundheitslage wird aber noch nicht hervorgehoben, das geschieht erst 1845.

Die kurze Schrift *Landschaften* (Juli 1840) schildert die Bedeutung der verschiedenen Landschaften für die Entstehung der Religionen. Wie schon Schiller und andere frühromantische Ästhetiker vor ihm, hebt Engels die gelungene Einheit der griechischen Landschaft und Religion hervor.[583] Er schreibt am Anfang seines Artikels:

---

[579] MEGA I/3, S. 32.

[580] Ibid., S. 33.

[581] Engels, Friedrich: *Die Lage der arbeitenden Klasse in England* (1845). MEW Bd. 2, S. 225–506.

[582] MEGA I/3, S. 34–35.

[583] Über die Klassiker hinaus ist Engels hier auch durch die Poesie von Annette Elisabeth von Droste-Hülshoff (*Gedichte* 1838) inspiriert. Er pries ihre „originellen und zarten Naturbilder". König 2008, S. 180.

> Hellas hatte das Glück, seinen landschaftlichen Charakter in der Religion seiner Bewohner zum Bewußtseyn gebracht zu sehen. Hellas ist ein Land des Pantheismus; alle seinen Landschaften sind – oder waren es wenigstens – in den Rahmen der Harmonie gefaßt.

Andere Gegenden waren nicht so glücklich, „sie dienten keinem Volke zur Grundlage seines Glaubens".[584] Hellas wird hier also idealisiert, keine andere Religion hätte ein so inniges Verhältnis zu Landschaften. Es ist aber interessant, dass Engels hier die schon in seiner Zeit kahlgeschlagene Landschaft des modernen Griechenlands mittelbar kritisiert. Er kehrte später zu dieser Kritik umfassender in der *Dialektik der Natur* zurück, dabei die Resultate von Karl Fraas' vegetationsgeschichtlichen Analysen benutzend. Fraas war ihm zu Anfang der 1840er-Jahre noch nicht bekannt. Dessen Werk *Klima und Pflanzenwelt in der Zeit* erschien 1847, und Engels rezipierte es offenbar erst um 1868.[585]

Engels setzt seine ästhetischen Betrachtungen fort mit einer Analyse der verschiedenen Formen des Christentums und letzten Endes des hegelianischen Pantheismus in ihrem Verhältnis zur Landschaft. Das Rheintal zum Beispiel mit seinen „fernen blauen Bergen", „vom Golde der Sonne übergossen, das Blau des Himmels widerstrahlend aus dem Strom" ist wie „der Geist versenkt sich in die Materie". Das alles ist wie „verkörpertes Christentum". Demgegenüber repräsentieren die sonnengebrannten und kahlen, unfruchtbaren Sande der norddeutschen Heide „die jüdische Weltanschauung". Diese „norddeutsche Sahara" kann aber hinter ihrer abschreckenden und trostlosen Oberfläche endlich auch schön erscheinen für Leute, die „auf Bergshöhen und waldigen Felsenkronen" aufgewachsen sind.[586] Das Gefühl des Schönen ist also selbst sozial und landschaftlich bedingt.

Auch der Calvinismus hat für Engels einen klaren landschaftlichen Hintergrund: „Die *holländischen* Landschaften (sind) wesentlich calvinistisch". Die holländische Landschaft wird durch „die totale Prosa, die Unmöglichkeit einer Vergeistigung" belastet. „Der graue Himmel" über dieser Eintönigkeit erweckt in uns „denselben Eindruck, den die unfehlbaren Beschlüsse der Dordrechter Synode" hervorrufen. Das einzig Bewegende

---

584 MEGA I/3, S. 127.
585 Vgl. MEGA IV/31, S. 512–515. Apparat, S. 892–893.
586 MEGA I/3, S. 127–128.

in dieser Landschaft, die Windmühlen, „erinnern an die Erwählten der Prädestination". Alles andere ist geistig tot. Sogar der Rhein, ein Symbol der strömenden, lebendigen Geist des Christentums (vgl. oben), „verliert in dieser dürren Orthodoxie seine befruchtende Kraft und muss ganz und gar versanden" in seinen holländischen Ufern.[587] Engels' Analyse hat einen romantischen Ton: die ökonomisch intensiv genutzte, eintönige Landschaft Hollands erweckt keine positiven Gefühle. Sogar die Sandböden der norddeutschen Heide sind schöner.

Die höchste Stufe bei der Suche nach einer geistigen Einheit von Landschaft und Religion wird aber nicht durch die existierenden Formen des Christentums erreicht. Sie ist eine Sache der Philosophie. Die gegenwärtigen Erfordernisse des „stolzen Bewußtsein[s] des freien, unendlichen Geistes" entsprechen am besten die Ideen des hegelianischen Pantheismus.[588] Hegel wird hier jedoch nicht explizit genannt. Engels spricht aber über „die Gottesidee des letzten Philosophen", die der „riesenhafteste Gedanke des neunzehnten Jahrhunderts" ist.[589] Um Schelling handelt es sich sicherlich nicht, obwohl er noch lebte und also chronologisch der „letzte Philosoph" war (Engels verteidigte in seiner frühen Schelling-Kritik heftig Hegel gegen Schelling).

Was für eine Naturauffassung vereinigt sich mit dem hegelianischen Pantheismus? Engels spricht in diesem Zusammenhang über den folgenden Eindruck:

> da wehte es mich an, wie frische Meerluft, die vom reinsten Himmel herniederhaucht; die Tiefen der Spekulation lagen vor mir wie die unergründliche Meerflut, von der das zum Boden strebende Auge sich nicht abwenden kann; in Gott leben, weben und sind wir!

---

587 Ibid., S. 129.

588 Man spricht bei Hegel häufiger über einen Panentheismus als über Pantheismus. Dieser Unterschied ist aber in diesem Zusammenhang ohne Bedeutung.

589 MEGA I/3, S. 130–131. Auch Tristram Hunt nennt in diesem Zusammenhang Hegel und bezeichnet die Vorteile seiner Position dem Pietismus gegenüber folgendermaßen: „What Engels took from this was an idea of modern Pantheism (or rather, Pandeism) which dissolved the pietist ethos of religious alienation and, instead, merged divinity and humanity together. God and reason became one in the unfolding of freedom and progress (Hunt, Tristram: *The frockcoated communist. The life and times of the original champagne socialist*. Penguin Books: London 2010, S. 44–45).

Auf dieser Weise ist

> die ganze Natur [...] uns so verwandt, die Wellen winken uns so vertraut zu, der Himmel breitet sich so liebeselig um die Erde, und das Licht der Sonne hat einen so unbeschreiblichen Glanz, daß man meint, es mit Händen greifen zu können.[590]

Die pantheistische Naturauffassung *à la* Hegel entsprach damals am besten der Naturauffassung des jungen Engels, jedoch stand er von Anfang an dem orthodoxen Hegelianismus auch kritisch gegenüber. Wie Horst Ullrich festgestellt hat, war seine Aneignung von Hegel von Anfang an (in seinem Artikel *Die deutschen Volksbücher*, November 1839) durch David Friedrich Strauss' Religionskritik vermittelt.[591] Eine breitere Bekanntschaft mit den Junghegelianern machte er offenbar erst im Frühling 1841, als er nach Berlin reiste, um die Wehrpflicht abzuleisten.[592]

Die pantheistische Anschauungsweise von Engels offenbart sich sehr deutlich in dem Gedicht *Ein Abend*, das im August 1840 publiziert wurde.[593] Das Gedicht ist ein politisches Lob der Freiheit[594] mit vielen aus der Natur genommenen Metaphern. Das höchste Symbol der Freiheit ist die göttliche Allheit, mit der der selbstbewusste Mensch sich vereinigt:

> Ein rein'rer Glaube, d'rauf die Menschen dreister
> Zum Himmel geh'n, demütig-stolz zu blicken
> Ins Aug' dem ew'gen Urbild aller Geister.
> Aus seinem Schosse sind sie ausgegangen,
> Zu seinem Schosse kehren sie hinwieder,
> Sich fühlend als der Geisteskette Glieder
> Die ewig die Materie umfangen.

---

590 MEGA I/3, S. 131.

591 Ullrich, Horst: *Der junge Engels 1–2*. Deutscher Verlag der Wissenschaften: Berlin 1961, 1966, Band 1, S. 117–119.

592 Wheen 2001, S. 102, Euchner 1991, S. 157.

593 MEGA I/3, S. 120–124. Georg Lukács bemerkt, dass Engels Poesie mehr als Prosa würdigte. In dieser Hinsicht kritisierte er die jungdeutsche Literaturauffassung, nach der die Prosa die einzig berechtigte Ausdrucksweise für moderne Gefühle sei. Lukács sieht hier „die urwüchsige Dialektik" von Engels, er ist „beweglich und vielseitig" (zitiert in König 2008, S. 178).

594 Horst Ullrich legt es einseitig nur politisch aus, als ein Zeugnis von Engels' „Drang zur Tat" (Ullrich 1, S. 179–180). Es handelt sich aber vielmehr um eine Liebes- und Friedensutopie, wie schon Gustav Mayer festgestellt hat (Mayer, Gustav: *Friedrich Engels. Eine Biographie*, Bd. 1–2 [1919]. Ullstein: Frankfurt am Main 1975; hier Bd. 1, S. 49–50).

Engels weist auf die unendliche Ganzheit der Natur hin mit den Termini „Melodie der Sphären", „Äthermeer der Freiheit", in dem der Mensch segelt. Die pantheistische und harmonische Natur wird auch als Analogie zu demokratischen Freiheitsbestrebungen aufgefasst:

> [...] plötzlich, laut erkrachend, bricht hervor
> Durch jedes Hemmnis eine lichte Blüte,
> Die Freiheitsflamme, die verborgen glühte,
> Den Duft verhauchend, der zu Gott mag dringen
> Eh' als der Weihrauch, den ihm Heuchler bringen.

Engels wäre lieber ein freier Sperling als eine Nachtigall im Käfig, der „mit dem Liede einem Fürsten dienen" soll.

Diese politische Freiheiten befördernde Benutzung des Begriffs „Natur" ist in dessen Begriffsgeschichte sehr verbreitet: die Natur, die Natur des Menschen und der Naturzustand werden den verschiedenen Zwängen der Gesellschaft und Kultur entgegengesetzt und als Modelle eines nicht entfremdeten und freien Zustandes konzipiert. Für Engels ist die Natur ein Symbol der demokratischen Gesellschaft: eine Sphäre des gewaltlosen Zusammenlebens, der Diversität, der ästhetischen und intellektuellen Werte, die die Ökonomisierung des Lebens in der konkurrierenden Gesellschaft (er sprach damals noch nicht von Kapitalismus) aufheben kann.

Der letztgenannte Aspekt geht klar hervor zum Beispiel aus seinem Reisebericht über die Schweizer Alpen (*Lombardische Streifzüge I, Über die Alpen!*).[595] Unsere pantheistische Einheit mit der Natur eröffnet hier kritische Horizonte zu ökonomischen Zwängen des Kapitalismus und bürgerlichen Werten. Er blättert ein Gästebuch in einer Berghütte durch und sieht in diesen Eintragungen verschiedene soziale Konstruktionen der Natur repräsentiert. Er schreibt:

> Kaufleute wollen beweisen, dass neben Kaffee, Thran oder Baumwolle auch die schöne Natur, die das alles und sogar das Gold erzeugt hat, noch ein Plätzchen in ihrem Herzen besitzt; Frauenzimmer lassen ihr übersprudelndes Gefühl, Studenten ihre Heiterkeit und Spottsucht darin aus, und weise Schulmeister geben der Natur ein schwülstiges Maturitätszeugnis.[596]

---

[595] MEGA I/3, S. 244–255.
[596] Ibid., S. 246.

Engels hebt also die konstruktive Rolle der Gefühle, des Geschlechts und des Berufs für die Naturauffassung hervor. Die Rolle der Gesellschaftsklassen ist ihm jedoch noch nicht klar, und seine Kritik stimmt weitgehend mit der romantischen Tradition und Hegel überein.

Schon Hegel betonte, dass die Natur wesentlich ein Spiegel des Menschen selbst ist. Besonders die romantische Landschaftsmalerei ist nach ihm keine direkte Nachahmung der Natur, sondern konstruiert die Natur auf eine bestimmte Weise, die verschiedenen Gefühlen und Gemütszuständen entspricht. So sind

> die verschiedenen Zustände der landschaftlichen Natur in ihrer milden Heiterkeit, ihrer duftigen Ruhe, ihrer Frühlingsfrische, ihrer winterlichen Erstarrung, ihrem Erwachen am Morgen, ihrer Abendruhe usf. bestimmten Gemütszuständen gemäß. Die ruhige Tiefe des Meeres, die Möglichkeit einer unendlichen Macht des Aufruhrs hat ein Verhältnis zur Seele, wie umgekehrt Gewitter, das Brausen, Heranschwellen, Überschäumen, Brechen der sturmgepeitschten Wellen die Seele zu einem sympathetischen Tönen bewegen. Diese Innigkeit hat die Malerei auch zu ihrem Gegenstande. Deshalb dürfen nun aber nicht die Naturobjekte als solche in ihrer bloß äußerlichen Form und Zusammenstellung den eigentlichen Inhalt ausmachen, so daß die Malerei zu einer bloßen Nachahmung wird [...].[597]

Hegel ist aber nicht ein radikaler Konstruktivist, sondern vielmehr ein kritischer Realist, der anerkennt, dass unsere Gefühle auch den wesentlichen Aspekten der Natur entsprechen. Hegel bemerkt in diesem Sinne, dass die „freie Lebendigkeit der Natur" durch diese Gefühle zum Ausdruck kommt. Das fühlende Subjekt stimmt mit diesen Aspekten der Natur überein, weil er selbst lebendig ist.[598]

Hegel betrachtet noch nicht die sozialen Konstruktionen der Natur, obwohl auch dieser Aspekt schon in der romantischen Ästhetik vorhanden war. Unter anderem heben Herder, Novalis und Schlegel verschiedene sozial konstruierte Naturauffassungen hervor und kritisieren die bürgerliche Ökonomisierung der Natur. Sogar die Rolle der Geschlechter für die Konstruktion der Natur

---

[597] Hegel, Georg Wilhelm Friedrich: Ästhetik 2, Aufbau Verlag: Berlin & Weimar 1976, S. 206–207.

[598] Ibid., S. 206.

wird damals – durch Schlegel – analysiert.[599] Für Engels ist dieser Aspekt der sozialen Konstruktion auch zentral, aber seine Analyse geht noch nicht weiter zu einer Klassenanalyse der Naturauffassungen. Er hebt zum Beispiel noch nicht die aristokratische oder proletarische Naturauffassung hervor, sondern kritisiert wie schon die Romantiker lediglich die bürgerliche Naturauffassung.

Engels schätzt insbesondere Hegels Analysen. Obwohl Ludwig Feuerbach sowohl für Marx und Engels als ein anthropologischer Materialist ein sehr wichtiger Denker in der Formung ihres Naturbegriffs war, hatte auch die Hegel'sche Dialektik einen bleibenden Wert. Engels preist Feuerbach beinahe mit den gleichen Worten wie Hegel: Die Natur ist für uns nicht mehr fremd, sie ist unseres „innerstes, eigenstes Wesen" und die Welt „ist wieder ein Ganzes, selbständig und frei".[600] Horst Ullrich betont ganz richtig, dass der von Feuerbach inspirierte Engels „den Idealismus insgesamt nicht verwarf und schon gar nicht sich schlagartig von Hegel distanzierte". Im Gegenteil: Engels verteidigt Hegel gegen seinen „jüngsten Nachfolger Feuerbach" als einen geschichtlichen und gesellschaftlichen Denker. Der Materialismus Feuerbachs war begrenzt, er bezog den Materialismus nicht auf die Gesellschaft und Geschichte. Er bestimmte, wie Ullrich treffend bemerkt, „das Wesen des Menschen [...] abstrakt, losgelöst von den gesellschaftlich-historischen Existenzbedingungen des Menschen".[601] Feuerbach war Materialist, aber noch kein historischer Materialist. In dieser Hinsicht war die Hegel'sche Dialektik lehrreicher.

Natur und Ökonomie in Engels' Skizze „Umrisse zu einer Kritik der Nationalökonomie"

Der wesentliche Punkt in der marxistischen Ökologie ist die sozialökologische Kritik der kapitalistischen Nutzung der Natur und der Versuch, eine ökologisch nachhaltige Entwicklung zu skizzieren. Diese Thematik wurde schon Ende des 18. Jahrhunderts durch die Zivilisationskritik des utopistischen Sozialisten Charles Fourier (1772–1837) vorweggenommen. Er

---

599 Väyrynen, Kari: *Ympäristöfilosofian historia maaäitimyytistä Marxiin.* (*Geschichte der Philosophie der Umwelt von Mutter Erde zu Marx*). Niin & näin: Tampere 2006, S. 284–286.

600 Zitiert nach Ullrich 1, S. 267.

601 Ullrich 1, S. 269–270.

schilderte als einer der ersten Sozialisten ökologische Probleme seiner Zeit. Verglichen mit der Natur, wie sie in der Periode der zukünftigen „Harmonie" sein wird, herrsche heute, in der unglücklichsten Periode der „Zivilisation", Chaos und Zerstörung. Nach ihm stehen wir „sogar weit unter den Wilden" in unserer Nutzung von Wasser und Wäldern, zum Beispiel rücken wir den Wäldern „mit Keilen zu Leibe und verwüsten sie, woraus Bergrutsche und Klimaverschlechterungen resultieren". Wir zerstören dadurch auch die Quellen der Flüsse und wirken an Überschwemmungen mit. Fourier fasst zusammen: „Wir sind also völlig barbarisch in unserem Umgang mit Wäldern und Gewässern".[602] Nach Iring Fetscher ist der zentrale Gedanke Fouriers richtungsweisend, dass man die Produktion so zu gestalten versuchen müsse, dass „Natur nicht vergewaltigt, sondern ihrer produktiven Potentialitäten entbunden wird".[603] Diese Diagnose der zeitgenössischen Situation durch Fourier wird später in der marxistischen Ökologie akzeptiert, aber durch eine genauere Analyse des Kapitalismus bereichert. Engels geht als erster in Richtung einer konkreten umweltökonomischen Kapitalismuskritik in seiner kurzen Skizze *Umrisse zu einer Kritik der Nationalökonomie*, die er 1843/44 schrieb. Er kannte den Fourierismus schon 1843,[604] hob aber in dieser kurzen Analyse die ökologische Thematik nicht hervor. Er verweist aber auf Fourier auch in *Umrisse*,[605] und es kann daher sein, dass dieser ihm wichtige ökologische Anregungen gab.

Vor einer genaueren Analyse der Skizze *Umrisse* muss aber noch ein anderer Denker hervorgehoben werden, der wesentlich die Entstehung und Entwicklung der marxistischen Ökologie beeinflusst hat. Es ist der deutsche Chemiker Justus von Liebig (1803–1873), einer der berühmtesten Chemiker des 19. Jahrhunderts. Seine Untersuchungen über die Agrarchemie haben die moderne chemische Düngung vorweggenommen, aber sie sind auch ökologisch interessant. Er kritisiert scharf die Methoden der Landwirtschaft seiner Zeit und hebt die ökologischen Probleme der damals immer stärker

---

602 Fetscher, Iring: „Charles Fourier". In: Euchner, Walter (Hrsg.): *Klassiker des Sozialismus 1. Von Babeuf bis Plechanow*. C. H. Beck: München 1991, S. 72–73.

603 Ibid., S. 60.

604 In der Schrift „Progress of Social Reform on the Continent", MEGA I/3, S. 495–510, über Fourier, S. 499–500.

605 Ibid., S. 485.

werdenden Urbanisierung hervor. Die großen Städte benutzen die Produkte des Landes, bringen aber die Abfälle nicht als Dünger zurück auf die Felder. Liebig hebt auch im Allgemeinen die Bedeutung der ökologischen Zusammenhänge hervor. Er nahm einen großen Einfluss auf Marx und Engels seit den 1850er Jahren.[606] Er ist aber Engels schon 1843/44 bekannt, wie in den *Umrissen* deutlich wird. Die Agrarchemie von Liebig hat also von Beginn an eine wichtige Bedeutung bei der Entwicklung der marxistischen Ökologie. Soweit mir bekannt, hat man diesen frühen Einfluss Liebigs auf Engels in der Forschung noch nicht genauer analysiert. John Bellamy Foster nennt Liebig in seiner Analyse der *Umrisse*, konzentriert sich aber eingehender auf Engels Kritik an Thomas Malthus.[607] Der junge Marx kannte Liebig offenbar nicht: Zum Beispiel in den *Ökonomisch-philosophischen Manuskripten* wird Liebig gar nicht erwähnt.[608]

Die von Marx als genial charakterisierte Skizze von Engels ist ein vielseitiges Werk. Sie ist vor allem ein kritischer Überblick der klassischen nationalökonomischen Theorien von Adam Smith, James Mill, Jean Say, David Ricardo und Robert Malthus. Vor allem die Bevölkerungstheorie von Malthus, „das rauhste barbarischste System, das je existierte",[609] wird heftig kritisiert. Aber auch die ganze Nationalökonomie, „ein ausgebildetes System des erlaubten Betrugs, eine komplette Bereicherungswissenschaft",[610] wird in ihren theoretischen Grundvoraussetzungen in Frage gestellt. Der Standpunkt seiner Kritik ist sozialistisch: Er hebt insbesondere die Alleinherrschaft des Privateigentums, den Handel als einen legalen Betrug und das Konkurrenzverhältnis hervor. Aber auch das Verhältnis der konkurrierenden Gesellschaft (Engels benutzt noch nicht den Terminus Kapitalismus) zum Boden wird umfassend analysiert. Daher skizziert die Schrift auch eine ökologische Kritik des Kapitalismus.

---

606 Väyrynen 1998, Foster 2000. Die allgemeine Bedeutung von Liebig als Chemiker für Marx und Engels wird schon durch Sven-Eric Liedman hervorgehoben (Liedman, Sven-Eric: *Motsatsernas spel. Friedrich engels' filosofi och 1800-talets vetenskap 1–2*. Bo Cavefors Bokförlag: Lund 1977, Del 1, S. 165–171, passim), ohne aber seine ökologische Bedeutung zu nennen. Liedman erwähnt in seinem umfangreichen Buch die Umweltproblematik nur einmal nebenbei (Liedman, Bd. 2, S. 161).

607 Foster 2000, S. 105–108.

608 MEGA I/2, Apparat.

609 MEGA I/3, S. 471.

610 Ibid., S. 467.

Engels allgemeine Kritik der Konkurrenzgesellschaft ist sicherlich durch seine neue Bekanntschaft mit den Owenisten und Chartisten in Manchester inspiriert, aber auch die romantische Kapitalismuskritik von Thomas Carlyle spielt dabei sicherlich eine Rolle. Thomas Hunt fasst die neuen theoretischen Quellen von Engels in England zusammen: „Carlyle's denunciations of „the mechanical age", the Owenites' call for moral renewal, the six points of the Charter, and Watts and Leach's attacks on competition were all instrumental to Engels's ideological evolution". Aber vielleicht noch wichtiger waren die praktischen Erfahrungen über der Lage des Proletariats in Manchester, die seine proletarische Geliebte Mary Burns Engels nahebrachte.[611]

Das kleine Werk von Engels legte den Grund für die marxistische Kritik der Nationalökonomie und des Kapitalismus – Marx folgte bald Engels' Spuren in seinen Pariser ökonomischen Exzerpten. Wie die Redakteure von MEGA schreiben, bekam Marx durch Engels' Arbeit „einen besonderen Anstoß, sich mit Ökonomie zu befassen". Es befindet sich in einem seiner Pariser Hefte auch ein kurzer Konspekt zu dieser Arbeit von Engels.[612] Es wurde offensichtlich erst im Sommer 1844 angelegt, also ein halbes Jahr, nachdem ihm die Arbeit bekannt geworden war. Offenbar wollte sich Marx zuerst mit den Arbeiten jener Ökonomen vertraut machen, gegen die Engels polemisierte, um Engels' Werk auf einer neuen Stufe der eigenen Erkenntnisse einzuschätzen.[613] Es ist aber klar, dass sein Urteil über die Nationalökonomie den zentralen Ideen von Engels folgt, insbesondere in der Frage über die Legitimation des Privateigentums.[614] Teilweise geht Marx auch weiter als Engels, insbesondere in den zu gleicher Zeit entstandenen *Ökonomisch-philosophischen Manuskripten*. Für unsere Thematik ist aber bemerkenswert, dass Marx in diesem kurzen (kaum eine Seite langen) Konspekt über die Arbeit von Engels die „Spaltung zwischen Boden und Mensch" als ein Thema hervorhebt.[615] Ich begrenze meine Darstellung weitgehend auf diese Thematik und betrachte nicht genauer Engels' Kritik der klassischen politischen Ökonomie. Ich zeige auch einige wichtige Parallelen

---

611 Hunt 2010, S. 98.
612 MEGA IV/2, S. 485–486.
613 Ibid., Einleitung, S. 29.
614 Ibid., S. 31.
615 Ibid., S. 486.

mit den *Ökonomisch-philosophischen Manuskripten* von Marx bei dieser Thematik, die vielleicht die Hypothese von einem direkten Einfluss durch Engels unterstützen können.[616]

Die Natur ist für Engels vor allem ein wesentlicher Teil der Produktion, ein Konstituent des ökonomischen Werts, aber auch allgemein eine wesentliche Voraussetzung der menschlichen Existenz. Engels nennt in dieser Untersuchung nicht den ästhetischen Wert der Natur, aber seine späteren Untersuchungen zeigen klar, dass diese geistige Seite beibehalten wird und unser Naturverhältnis nicht ökonomisiert wird. Die Natur als eine Existenzbedingung des Menschen schließt das ästhetische Verhältnis ein.

Engels sieht das Verhältnis des Menschen zur Natur als ein wichtiges Moment des gesellschaftlichen Fortschritts an. Die Ökonomen haben das aber nicht anerkannt. Sie wissen überhaupt nicht, dass sogar ihre egoistischen Argumentationen „doch nur ein Glied in der Kette des allgemeinen Fortschrittes der Menschheit bildet". Und sie verstehen darüber hinaus nicht, dass sie den Weg bahnen „für den großen Umschwung, dem das Jahrhundert entgegengeht, der Versöhnung der Menschheit mit der Natur und mit sich selbst".[617] Diese Behauptung ist eigentlich eine Variante der „unsichtbaren Hand" von Adam Smith oder der „List der Vernunft" Hegels, aber das Ziel ist neu. Smith und Hegel dachten vor allem an die Möglichkeiten einer sozialen Versöhnung der Einzelinteressen, aber für Engels ist die Versöhnung mit der Natur ebenso wichtig.[618] Obwohl die Versöhnung mit der Natur hier als ebenbürtig mit der sozialen Versöhnung erscheint, ist sie sowohl in dieser Untersuchung als auch später zweitrangig. Die Versöhnung mit der Natur bleibt im Marxismus immer programmatisch. Die theoretischen Skizzen zu diesem Thema sind aber heuristisch sehr wichtig, so auch in dieser Untersuchung von Engels.

Das ökologische Hauptthema der *Umrisse* ist das Verhältnis der Ökonomie zum Boden. Das Verhältnis zur Natur ist durch die Verhältnisse des Privateigentums pervertiert: Der Boden wird durch die Grundbesitzer

---

[616] Man muss aber daran erinnern, dass man in solchen Fällen, wenn keine direkten Hinweise oder Zitate existieren, immer nur von Wahrscheinlichkeiten sprechen kann.

[617] MEGA I/3, S. 475.

[618] Eigentlich ist eine Versöhnung mit der Natur auch für Hegel wichtig, wenn auch keine unmittelbare Einheit mit der Natur im Sinne der Romantiker. Vgl. Väyrynen 2010.

monopolisiert und beraubt. Adam Smith bestimmt nach Engels den Grundzins einseitig, weil er neben der Konkurrenz nur die Quantität des Bodens beachtet. Nach Engels schließt aber diese Erklärung „die verschiedene Fruchtbarkeit des Bodens aus“. Man sollte genauer die Rolle des Bodens analysieren und den Grundzins folgendermaßen bestimmen:

> Der Grundzins ist das Verhältnis zwischen der Ertragsfähigkeit des Bodens, der natürlichen Seite (die wiederum aus der *natürlichen* Anlage und der *menschlichen* Bebauung, der zur Verbesserung angewandten Arbeit besteht) – und der menschlichen Seite, der Konkurrenz.[619]

Es ist hier besonders bemerkenswert, dass die „natürliche Seite“ auch die *menschliche* Bebauung einschließt. Das meint, dass eine konkurrenzfreie Landarbeit besser die ökologischen Voraussetzungen beachten kann. Diese werden nicht mehr als überflüssige Kosten betrachtet, sondern als notwendige Voraussetzungen einer gesunden und tragfähigen Bebauung. Die menschliche Seite wird mit der Konkurrenz identifiziert. Diese Seite ist eigentlich eine entfremdete Form der Menschlichkeit, um mit dem jungen Marx zu sprechen.[620] Dieser ein wenig vage Unterschied macht aber zureichend klar, dass Engels hier zwei verschiedene Weisen, den Boden zu bebauen, unterscheiden will.

Die Grundbesitzer beseitigen durch die Verpachtung des Bodens einen Teil dieser menschlichen Bebauung des Landes. Aber die Konkurrenz führt auch zu einer immer höheren Intensivierung der Bodenbenutzung, die eine gefährliche Entwicklungstendenz ist. Engels beschreibt diese Entwicklung wie folgt:

> Es war der letzte Schritt zur Selbstverschacherung, die Erde zu verschachern, die unser Eins und Alles, die erste Bedingung unsrer Existenz ist; es war und

---

619 MEGA I/3, S. 480.

620 Tristram Hunt sieht „the Young Hegelian notion of alienation“ als grundlegend für Engels' Kritik der kapitalistischen Konkurrenzgesellschaft im *Umriss*: „competitive capitalism, through its system of property, money and exchange, involved an equally disfiguring process of alienation from the authentic human essence“ (Hunt 2010, S. 101–102). Falls diese Auslegung stimmt, kann man sagen, dass Engels schon hier die Feuerbach'sche Konzeption der religiösen Entfremdung aufhebt und die für den Marxismus zentrale ökonomische Entfremdung skizziert.

> ist bis auf den heutigen Tag eine Unsittlichkeit, die nur von der Unsittlichkeit der Selbstveräußerung übertroffen wird. Und die ursprüngliche Appropriation, die Monopolisierung der Erde durch eine kleine Anzahl, die Ausschließung der Uebrigen von der Bedingung ihres Lebens, gibt der spätern Verschacherung des Bodens an Unsittlichkeit nichts nach.[621]

Der Besitznahme der Erde durch die Individuen und die Bildung des Privateigentums bedeutet ein Ausschließen der anderen und die Verhinderung eines vielseitigen Naturverhältnisses der Mehrheit. Die Erde wird hier als ein wesentliches Moment unserer Existenz, unseres Selbsts begriffen – daher ist die Ökonomisierung der Erde letzten Endes gleichbedeutend mit der Ökonomisierung eines wesentlichen Moments unserer Selbstseins. Der Konkurrenzgesellschaft verschachert alles und zerbricht unsere ursprüngliche Identität mit der Erde.[622]

Die Erde, die für uns „Eins und Alles, die erste Bedingung unsrer Existenz", ist eine wesentliche Voraussetzung unseres unveräußerten Selbsts. Neben den ökonomischen und ästhetischen Aspekten eines vielseitigen Naturverhältnisses, die schon hervorgehoben wurden, sind auch die gesundheitlichen und erholsamen Aspekte der Natur für den jungen Engels wichtig. Diese Aspekte werden insbesondere in seinem umfangreichsten Frühwerk *Die Lage der arbeitenden Klasse in England* (1845) hervorgehoben. In der modernen, entfremdeten Fabrikarbeit bleibt dem Arbeiter „kaum Zeit zum Essen und Schlafen, nicht einmal zu körperlicher Bewegung in freier Luft, zum Genuss der Natur".[623] Aber auch auf dem Lande wurde die Lage am Anfang des 19. Jahrhunderts immer schlechter: Es entstand durch die Einführung des Taglohns das Ackerbauproletariat. Dessen Stellung wurde sogar schlimmer als die des Industrieproletariats durch die Einführung von Maschinen und die Arbeit von Frauen und Kindern im Ackerbau. Dadurch wurde die

---

621 MEGA I/3, S. 480. Vgl. *Ökonomisch-philosophische Manuskripte*, in denen die Natur als ein immanentes Moment unseres Gattungswesens geschildert und die Entfremdung von ihr kritisiert wird, MEGA I/2, S. 239–243.

622 Vgl. auch die *Ökonomisch-philosophischen Manuskripte*: Durch das Privateigentum „[sinkt] die Erde ebenso zum Schacherwerth herab [...], wie der Mensch" (MEGA I/2, S. 231).

623 MEW 2, S. 347.

„latente Überflussbevölkerung entbunden“ und „von dieser Zeit an wurden die Ackerbaudistrikte die Hauptsitze des *permanenten*, wie die Fabrikdistrikte die des *wechselnden* Pauperismus“. Die Stellung der „Übervölkerung“ war aber im Lande nicht durch vermehrte Produktion zu beseitigen, da „neues Land konnte nicht geschafft werden“ (wie in den Industriebezirken neue Fabriken).[624] Auch die freie Benutzung der Naturressource wird immer schwieriger: Die Jagdgesetze bestrafen die Wilddieberei, die „nach alter Sitte und Gewohnheit“ eine „noble Äußerung des Mutes und der Verwegenheit“ war, durch lange Gefängnisstrafen (beim Wiederholungsfall mindestens sieben Jahre).[625]

Demgegenüber war die frühere Stellung der Bauern und Landarbeiter sogar idyllisch. Vor der industriellen Revolution, die in England in der letzten Hälfte des 18. Jahrhunderts begann, „vegetierten die Arbeiter in einer ganz behaglichen Existenz“. Ihre materielle Stellung war viel besser als die ihrer Nachfolger. Sie „brauchten sich nicht zu überarbeiten, sie machten nicht mehr, als sie Lust hatten, und verdienten doch, was sie brauchten“. Sie hatten auch genug erfrischende Freizeit in der Natur: „sie hatten Muße für gesunde Arbeit in ihrem Garten oder Felde, eine Arbeit, die ihnen selbst schon Erholung war“. Ihre Kinder „wuchsen in der freien Landluft auf“ und halfen ihren Eltern nur dann und wann bei der Arbeit: „von einer acht-oder zwölfstündigen täglichen Arbeitszeit war keine Rede“. Diese Idylle hatte aber ihre Kehrseite. Die Landarbeiter „standen [...] auf der moralischen und intellektuellen Stufe der Landleute“. Das patriarchalische Familienverhältnis blieb ungestört, die Leute konnten selten lesen und schreiben, sie „politisierten nicht, konspirierten nicht, dachten nicht“. Sie waren also „geistig tot“ und „fühlten sich behaglich in ihrem stillen Pflanzenleben“. Ohne industrielle Revolution wären sie „aus dieser allerdings sehr romantisch-gemütlichen, aber doch eines Menschen unwürdigen Existenz“ nie herausgetreten. Erst die Wirkungen der industriellen Revolution brachten den Arbeitern ihre Klassenlage zum Bewusstsein und trieben sie „zum Denken und zur Forderung einer menschlichen Stellung“.[626]

---

[624] Ibid., S. 474–475.
[625] Ibid., S. 477.
[626] Ibid., S. 238–239.

Auch hier denkt Engels wesentlich mit Hegels Schemata: Hegel dachte, dass die moderne Entwicklung eine notwendige Antithese der unmittelbaren Idylle der antiken Verhältnisse bildet, durch die erst ein höheres Selbstbewusstsein möglich wird. Oder mit den Begriffen der Hegelschen *Rechtsphilosophie* ausgedrückt: Die bürgerliche Gesellschaft hebt die familienähnlichen Verhältnisse der traditionellen Gesellschaft (Familie/Staat) auf und ist daher eine notwendige Voraussetzung des modernen Staats. Der moderne Staat synthetisiert daher das liebende Prinzip der traditionellen Familie/des vormodernen Staats und die moderne, individuelle Freiheit miteinander. Engels gestaltet die Stellung des Proletariats durch dasselbe Muster: Die unmittelbare Idylle der vorindustriellen Gesellschaft wird durch den industriellen Kapitalismus zerrissen, das Klassenbewusstsein des Proletariats wird durch die Verelendung erweckt und dadurch ein höherer menschenwürdiger Zustand im zukünftigen Kommunismus politisch vorbereitet. Das Verhältnis zur Natur muss auch dadurch gestaltet werden: Der Mensch hat das Recht, die Natur zu benutzen und – in vernünftigen Grenzen – zu beherrschen, aber das Ideal eines harmonischen Verhältnisses zur Natur wird als ein notwendiges Moment im Kommunismus beibehalten werden. Wir müssen nicht „zurück zur Natur", wenn damit das „stille Pflanzenleben" (vgl. oben) gemeint wird, aber wir können auch nicht ohne vielseitige Naturerlebnisse leben. Daher ist das zukünftige Naturverhältnis eine Kombination des idyllischen und gesunden Landlebens und des geistig reicheren Stadtlebens (mit seinen neuen technisch-wissenschaftlichen Möglichkeiten zur ökologisch nachhaltigen Entwicklung). Marx und Engels sehen auch später die Versöhnung des Gegensatzes Stadt/Land als eine zentrale Aufgabe der marxistischen Ökologie an.[627]

Aber zurück zu Engels' *Umrissen*. Die Rolle der Natur in der politischen Ökonomie wird auch genauer analysiert. Engels hebt zunächst die allgemeine Rolle der Natur in der Produktion hervor. Es gibt nach ihm „zwei Elemente der Produktion, die Natur und den Menschen". Das erste ist das „natürliche, objektive, der Boden" und das „menschliche, subjektive, die Arbeit, die das Kapital einschließt". Die Ökonomen haben aber ein drittes Element vergessen, das nach Engels insbesondere zukünftig immer wichtiger wird:

[627] Väyrynen 1998, S. 359–361.

„das geistige Element der Erfindung, des Gedankens". Die Fortschritte der modernen Wissenschaft – hier nennt Engels das erste Mal den Namen Justus von Liebigs – nehmen die Ökonomen also nicht auf. Die Formulierung von Engels weist darauf hin, dass die Rolle der Wissenschaft erst in der Zukunft ebenso wichtig wie andere Elemente der Produktion wird. Er sagt:

> Aber für einen vernünftigen Zustand, der über die Teilung der Interessen, wie sie beim Oekonomen stattfindet, hinaus ist, gehört das geistige Element allerdings mit zu den Elementen der Produktion und wird auch in der Oekonomie seine Stelle unter den Produktionskosten finden.[628]

Engels betont später, dass im Sozialismus die Wissenschaft eine immer stärkere Rolle in der Produktion haben wird.

Was ist aber das genauere Verhältnis zwischen Arbeit, Kapital und Boden im Kapitalismus? Engels bemerkt zuerst:

> Es ist durchaus nicht zu bestimmen, wieviel der Anteil des Bodens, des Kapitals und der Arbeit an einem bestimmten Erzeugnisse betrage. Die drei Größen sind inkommensurabel. Der Boden schafft das rohe Material, aber nicht ohne Kapital und Arbeit, das Kapital setzt Boden und Arbeit voraus, und die Arbeit setzt *wenigstens* den Boden, meistens auch Kapital voraus.[629]

Hier wird klar, was für eine wichtige Rolle Engels dem Boden unter den Produktionselementen beimisst. Wir müssen in diesem Zusammenhang auch daran erinnern, dass die Rolle des Bodens nicht nur die des rohen Materials ist, sondern auch die wichtigen ästhetischen, erfrischenden und die Gesundheit fördernden Funktionen für die Arbeiter hat. Die beinahe allgemein akzeptierte Auffassung, dass die marxistische Werttheorie wesentlich nur die klassische Arbeitswerttheorie repräsentiere, wird schon hier problematisch. Hier scheint eigentlich der Boden das wichtigste Produktionselement zu sein – wie bei den Physiokraten.[630] Engels betrachtet hier die Rolle der Produktionselemente aber vorrangig im Kapitalismus – es ist also schwer zu sagen, wie er ihr mögliches Verhältnis im Zustand der nachhaltigen Entwicklung im Kommunismus gestalten würde.

---

[628] MEGA I/3, S. 478–479.
[629] Ibid., S. 481–482.
[630] Väyrynen 2006, S. 332–335.

Der Kapitalismus – oder die Konkurrenzgesellschaft, um Engels' damalige Terminologie zu benutzen – kehrt durch das Privateigentum das Verhältnis jener drei Elemente um. Das System des Privateigentums spaltet zuerst das ursprünglich identische Verhältnis von Arbeit und Kapital. Die Vollendung dieser Trennung ist die „Spaltung der Menschheit in Kapitalisten und Arbeiter". Die oben genannte Trennung des Bodens von Kapital und Arbeit ist eine weitere Folge des Privateigentums. Diese Spaltungen sind aber nach Engels „unnatürlich" und werden fallen, „wenn wir das Privateigentum fallenlassen".[631] Die Kritik am Privateigentum ist ein Thema, das Engels von den meisten utopistischen Kommunisten (Owenisten, Chartisten und Fourieristen) unterscheidet. Er stützt sich in seiner Kritik vor allem auf Pierre-Joseph Proudhons Schrift *Was ist das Eigentum?* von 1840.[632]

Wie ist aber die Rolle des Bodens in dieser Spaltung? Engels beschreibt seine Rolle genauer im Prozess der Konkurrenz, die gewissermaßen den Kern des Systems des Privateigentums ausmacht. Er schreibt:

> Die nächste Folge des Privateigenthums war die Spaltung der Produktion in zwei entgegengesetzte Seiten, die natürliche und menschliche; den Boden, der ohne die Befruchtung des Menschen tot und steril ist, und die menschliche Tätigkeit, deren erste Bedingung eben der Boden ist. Wir sahen ferner, wie sich die menschliche Tätigkeit wieder in die Arbeit und das Kapital auflöste und wie diese Seiten sich wieder feindselig gegenübertraten. Wir hatten also schon den Kampf der drei Elemente gegeneinander, anstatt der gegenseitigen Unterstützung der drei; jetzt kommt noch dazu, dass das Privateigenthum die Zersplitterung jedes dieser Elemente mit sich bringt.[633]

Die Konkurrenzgesellschaft setzt die Produktionselemente gegeneinander, d. h. behindert ihre harmonische und einander stützende Entwicklung. Zum Beispiel die Produktionskraft des Bodens wird kurzsichtig benutzt, ohne über die langfristigen ökologischen Zusammenhänge nachzudenken. Oder die Arbeit wird ausgebeutet, um das Kapital kurzfristig zu vermehren. Nach Engels ist dieser Kampf der Produktionselemente unvernünftig und man sollte eine solche Gesellschaft begründen, in dem diese Elemente dauerhaft einander unterstützen können.

---

631 MEGA I/3, S. 481–482.
632 Hunt, S. 102.
633 MEGA I/3, S. 482–483.

Die Gegeneinandersetzung der Produktionselemente ist aber nicht alles: die Wirkungen der Konkurrenz sind noch tiefer. Die Konkurrenz dringt in die einzelnen Elemente hinein und zersplittert auch diese. Engels beschreibt diesen Prozess folgendermaßen:

> Der Kampf von Kapital gegen Kapital, Arbeit gegen Arbeit, Boden gegen Boden treibt die Produktion in eine Fieberhitze hinein, in der sie alle natürlichen und vernünftigen Verhältnisse auf den Kopf stellt. Kein Kapital kann die Konkurrenz des andern aushalten, wenn es nicht auf die höchste Stufe der Tätigkeit gebracht wird. Kein Grundstück kann mit Nutzen bebaut werden, wenn es nicht seine Produktionskraft stets steigert. Kein Arbeiter kann sich gegen seine Konkurrenten halten, wenn er nicht seine ganzen Kräfte der Arbeit widmet. Überhaupt keiner, der sich in den Kampf der Konkurrenz einläßt, kann ihn ohne die höchste Anstrengung seiner Kräfte, ohne die Aufgebung aller wahrhaft menschlichen Zwecke aushalten.[634]

Die immer schneller konkurrierende Produktion stellt also „alle natürlichen und vernünftigen Verhältnisse auf den Kopf". Was bedeutet das im Falle der Natur und des Bodens? Man versucht, die Produktion der Natur und des Bodens stets zu steigern. Das ist aber gegen die natürlichen und vernünftigen Verhältnisse gerichtet. Diese Verhältnisse müssen jedoch ökologische Verhältnisse sein, die eine langfristige Produktivität des Bodens garantieren. Die „Fieberhitze" der Produktion führt zu einer kurzfristigen Gewinnsucht, die keine Zeit hat, die komplexen Voraussetzungen einer gesunden und nachhaltigen Produktivität der Natur und des Bodens zu untersuchen. Die „wahrhaft menschlichen Zwecke" spielen hier auch eine Rolle: Die Arbeiter brauchen eine gesunde und schöne Umgebung. Daher muss auch die Gesundheit und Schönheit der Natur gefördert werden. Die sowohl biologische als auch kulturelle Diversität der Natur wird dazu notwendig.

Es ist umweltphilosophisch sehr interessant, dass Engels in diesem Zusammenhang die inhärenten Werte der Sachen prinzipiell verteidigt. Die Konkurrenz behandelt alle Werte nur als Preise, sie ökonomisiert das Wertbewusstsein. Engels beschreibt die Nebenfolgen der Preisschwankungen:

---

[634] Ibid., S. 486.

> Von *Werth* ist keine Rede mehr; dasselbe System, das auf den Werth soviel Gewicht zu legen scheint, das der Abstraktion des Werthes im Gelde die Ehre einer besondern Existenz gibt – dies selbe System zerstört durch die Konkurrenz allen inhärenten Werth und verändert das Werthverhältnis aller Dinge gegeneinander täglich und stündlich.[635]

Hier wird vor allem die Unsittlichkeit des Austausches, in dem jeder ein Spekulant werden muss, kritisiert.

Das Zitat hebt aber klar auch das prinzipielle Problem der Selbstwerte hervor. Engels weist auf die inhärenten Werte der Dinge hin und spricht an dieser Stelle gar nicht über den Wert für den Menschen. Gemeint sind also die Selbstwerte der Dinge, der Naturgegenstände. Der junge Engels sieht also die Werte der Natur nicht allein anthropozentrisch. Es gibt auch später einige Hinweise in dieser Richtung bei Marx und Engels, die zeigen, dass die marxistische Ökologie die Umwelt nicht nur als eine ökonomische Frage behandelt. Die Natur hat auch ästhetische und intellektuelle, vielleicht auch biologische und ökologische Werte, die respektiert werden müssen. Wie John Bellamy Foster bemerkt hat, hebt die marxistische Ökologie den im Grunde genommen dualistischen Gegensatz von Anthropozentrismus / Ökozentrismus auf, die eigentlich nur eine neue Erscheinungsform des älteren Gegensatzes Humanität vs. Natur ist. Viel fruchtbarer, als irgendeinen Denker oder die Kultur als „anthropozentrisch" zu verurteilen, ist es, die komplexe Dialektik dieses interaktiven Verhältnisses zwischen Mensch und Natur zu betonen.[636] Dialektische Denker wie Hegel, Engels und Marx verstehen immer den Menschen sowohl unterschiedlich als auch identisch mit der Natur, im interaktiven Prozess, in dem beide Momente in Wechselwirkung stehen.

Die Konkurrenz führt auch zu ökonomischen Krisen mit ihren sozialen und ökologischen Nebenfolgen. Die für die klassische politische Ökonomie schwer erklärbare „Abwechslung von Blüthe und Krisis, Ueberproduktion und Stockung" tritt ein.[637] In der Ökonomie herrscht nie „ein gesunder Zustand", und die Handelskrisen kehren so regelmäßig „wie die Kometen" wieder.[638] Was bedeutet das mit Rücksicht auf den Boden? Eine Krise führt

---

635 Ibid., S. 485.
636 Foster 2000, S. 18.
637 MEGA I/3, S. 486.
638 Ibid., S. 484.

dazu, dass „ein Theil des Landes [...] aufs beste kultiviert [wird], während ein andrer – in Großbritannien und Irland 30 Millionen Acres gutes Land – wüst daliegt.“[639] Engels sieht aber schon jetzt die Krisen als eine Möglichkeit der sozialen Umgestaltung, die letzten Endes zur Aufhebung des Privateigentums führt.[640] Die Krisen machen auch klar, dass eine kollektive Planung der Wirtschaft notwendig ist.[641] Seine konkreten Vorschläge dazu sind auch ökologisch interessant. Es ist im Allgemeinen interessant, dass der junge Marx zur Zeit der *Ökonomisch-philosophischen Manuskripte* nicht über die Krisen spricht[642] – diese frühe „Krisentheorie“ (oder vielmehr einige Bemerkungen über die Krisen) ist eine Innovation von Engels.

Wie sollte man die Ökonomie „in einem der Menschheit würdigen Zustande“, d. h. im Kommunismus, verändern? Die entscheidende Frage ist, wie man „das Verhältnis der Consumptionskraft zur Produktionskraft“ kollektiv bestimmen wird.[643] Die „Gemeinde“ kann die Handelskrisen vermeiden, wenn die Produktion vernünftig danach organisiert wird, wie viel die Konsumenten wirklich verbrauchen. Die bewusste Produktion setzt eine Perspektive des „Gattungsbewusstseins“ voraus, das die Menschen nicht „als zersplitterte Atome“ behandelt.[644] In diesem „der Menschheit würdigen Zustande“ wird das Niveau der Konsumption durch den Zustand der Produktionskräfte bestimmt:

> Die Gemeinde wird zu berechnen haben, was sie mit den ihr zu Gebote stehenden Mitteln erzeugen kann, und nach dem Verhältnis dieser Produktionskraft zur Masse der Consumenten bestimmen, inwieweit sie dem Luxus nachzugeben oder ihn zu beschränken hat.[645]

Engels erwartet im Allgemeinen eine Steigerung der Produktionskraft, weil die Schwankungen einen bedeutenden Teil der Produktivkräfte periodisch ungenutzt lassen. Er erwartet auch eine bedeutende Steigerung der

---

639 Ibid., S. 487.
640 Ibid., S. 491.
641 Ibid., S. 485.
642 MEGA I/2, Apparat. Nur in einem Ricardo-Zitat werden Handelskrisen erwähnt (ibid., S. 221, 348).
643 MEGA I/3, S. 485.
644 Ibid., S. 484.
645 Ibid., S. 485.

Produktivität durch die Wissenschaft – das ist eine der zentralen Thesen seiner Schrift, in der er insbesondere die Populationstheorie von Malthus attackiert.[646] Es ist aber – wie das letzte Zitat bestätigt – durchaus auch möglich, dass man die Konsumption planmäßig begrenzen muss, vor allem durch Vermeidung vom Luxus.

Die Aufhebung der Populationstheorie von Malthus

Obwohl John Bellamy Foster Engels' Kritik an Malthus schon ziemlich gründlich behandelt hat, fasse ich am Ende meines Beitrags die Thesen von Engels kurz zusammen, weil er hier die wissenschaftlich-technischen Lösungsmöglichkeiten von Umweltfragen skizziert, die auch später für die marxistische Ökologie wichtig waren. Insbesondere die Agrarchemie von Justus von Liebig wird hier hervorgehoben.

Die für die Umweltforschung wichtigste einzelne ökonomische Theorie, die Engels in seiner Schrift behandelt, ist die Populationstheorie von Malthus. Obwohl er seine Theorie einerseits heftig kritisiert, ist sie für ihn andererseits ein „durchaus notwendiger Durchgangspunkt [...], der uns unendlich weitergebracht hat". Warum? Weil Engels vor allem durch sie einerseits „auf die Produktionskraft der Erde und der Menschheit aufmerksam geworden" ist und andererseits sich durch ihre Kritik „vor der Furcht der Übervölkerung für immer gesichert" fühlt. Seine Theorie hat Engels wesentlich inspiriert, „aus ihr die stärksten ökonomischen Argumente für eine soziale Umgestaltung" zu ziehen. Durch die Malthus'sche Theorie hat Engels „die tiefste Erniedrigung der Menschheit, ihre Abhängigkeit vom Konkurrenzverhältnisse kennengelernt". Seine Theorie hat weiter gezeigt, „wie in letzter Instanz das Privateigentum den Menschen zu einer Ware gemacht hat, deren Erzeugung und Vernichtung auch nur von der Nachfrage abhängt".[647] Schon Gustav Mayer hat betont, dass gerade Malthus „die gleißende Philanthropie, zu der die neue Ökonomie sich bekannte", als nur Trugwerk bloßlegt. Seine Bevölkerungstheorie „schlug zu Boden [...] alle jene schönen Redensarten von Menschenliebe und Weltbürgertum", die Adam Smith und andere bürgerliche Ökonomen

[646] Foster 2000, S. 105–108, analysiert genauer Engels' Kritik an Malthus in den *Umrissen* und hebt die Frage der Natur in diesem Kontext hervor. Er analysiert aber nicht andere ökologisch interessante Aspekte von Engels' Schrift.

[647] MEGA I/3, S. 490.

geglaubt hatten.[648] Malthus hilft also wesentlich, die Voraussetzungen und Probleme des frühen Kapitalismus kritisch zu analysieren. Seine Lehre hat der Menschheit „ihre Abhängigkeit vom Konkurrenzverhältnis" bewiesen und bloßgelegt, „wie das Privateigentum den Menschen zu einer Ware mache".[649]

Die Malthus'sche Theorie öffnet also für Engels vor allem die grundlegende sozialökologische Fragestellung und stellt ihn vor die Herausforderung, positive Lösungsversuche zum Populations- und Produktivitätsproblem zu entwickeln. Der Pessimismus von Malthus ist nicht haltbar, weil der Kommunismus solche sozialen und wissenschaftlich-technischen Möglichkeiten eröffnet, die konstruktiv das Problem von Malthus lösen können. Malthus ist ein Naturalist, der die menschliche Tätigkeit letzten Endes als durch Naturgesetze determiniert sieht, und versteht daher nicht die Möglichkeiten, durch die Neuorganisierung der Gesellschaft das Populationsproblem zu lösen.[650] Die Aufhebung des Privateigentums, bewusste Planung der Ökonomie im Interesse aller und die planmäßige Anwendung der Wissenschaft und Technik sind dazu die sozialen Mitteln, von die schon dem jungen Engels bewusst waren.

Der philosophische Hauptmangel der Theorie von Malthus besteht in einer statischen Auffassung sowohl über die Natur als auch über die Gesellschaft. Die Theorie von Malthus ist eigentlich ein Erbe der christlichen Naturauffassung: Sie „ist nur der ökonomische Ausdruck für das religiöse Dogma von dem Widerspruch des Geistes und der Natur und der daraus folgenden Verdorbenheit beider". Die „christliche Ökonomie" von Malthus wird dadurch aufgehoben, dass man einerseits den sozialen Gegensatz „zwischen Übervölkerung hier und Überreichtum dort" durch gesellschaftliche Neuorganisierung auflöst. Andererseits muss man „die wahnsinnige Behauptung, dass die Erde nicht die Kraft habe, die Menschen zu ernähren", als falsch bezeichnen.[651] Malthus sieht also erstens nicht die sozialen Möglichkeiten, die Populationsfrage zu lösen, und er sieht zweitens nicht die wissenschaftlich-technischen Möglichkeiten, die Produktivität der

---

648 Mayer, Gustav: *Friedrich Engels. Eine Biographie*, Bd. 1–2. Ullstein: Frankfurt am Main 1975 (1919), Bd. 1, S. 160.

649 Ibid., S. 167.

650 Vgl. Väyrynen 2006, S. 337–338.

651 MEGA I/3, S. 489.

Erde zu vermehren. „Die Verdorbenheit" von Natur und Geist sieht er als allzu statisch an: Der christliche Dualismus erkennt nicht die immanenten Produktionsmöglichkeiten von Natur und Geist. Insbesondere die neuen wissenschaftlichen Techniken zeigen, dass die Produktivität der Erde vernünftig gesteigert werden kann.

Die bekannte Formulierung von Malthus war, dass die Bevölkerung sich in geometrischer Progression vermehrt und die Produktionskraft des Bodens in arithmetischer. Ist diese These nach Engels richtig? Teilweise ja: Die Ausdehnung des Bodens ist beschränkt. Die Arbeitskraft steigt mit der Bevölkerung. Malthus aber nimmt noch an, dass „die Vermehrung des Ertrags durch Vermehrung der Arbeit nicht immer im Verhältnis der Arbeit steigt" – dann entstehen Probleme. Malthus aber vergisst – wie andere Ökonomen auch – dass heutzutage auch ein drittes Element immer stärker mitspielt: die Wissenschaft. Ihr Fortschritt kann die Situation wesentlich verändern, weil „deren Fortschritt ist so unendlich und wenigstens ebenso rasch als der der Bevölkerung". Insbesondere die Agrikultur wird durch die Wissenschaft wesentlich produktiver als früher: „Welchen Fortschritt verdankt die Agrikultur dieses Jahrhunderts allein der Chemie, ja allein zwei Männern – Sir Humphrey Davy und Justus Liebig?".[652] Die christliche These über die Verdorbenheit des Geistes, seiner Unfähigkeit, die Lage der Menschheit zu verbessern, ist also nicht haltbar.

Vor allem die Agrikulturchemie von Justus Liebig wird später für die marxistische Ökologie wichtig. Bei Marx kommt diese Problematik in ihren ersten Anfängen 1851 in seinen Londoner Heften vor. Wie Anneliese Griese bemerkt, hatte Marx damals erkannt, dass eine „gründliche Beschäftigung mit Fragen der Agrikultur für die Untersuchung des Phänomens der Grundrente unerlässlich sei". Er studierte die Schriften von Liebig und Johnston und würdigte ihre Erkenntnisse in seiner Auseinandersetzung mit dem „Gesetz vom abnehmenden Bodenertrag".[653] Wie ich andernorts gezeigt habe, war vor allem Justus Liebig neben seiner Arbeit zur Agrikulturchemie auch allgemein

[652] Ibid., S. 490.

[653] Griese, Anneliese: „Die geologischen, mineralogischen und agrochemischen Exzerpte von Marx im Vergleich mit seinen chemischen Manuskripten. Ein Beitrag zu ihrer wissenschaftshistorischen Einordnung". In: *Beiträge zur Marx-Engels-Forschung. Neue Folge*. Argument Verlag: Berlin 2006, S. 31–48, hier S. 44.

ökologisch gesehen ein bedeutender Denker, der zum Beispiel scharf die europäische „Raubwirtschaft" kritisierte, die ökologischen Schwierigkeiten der Düngung betonte (sie hat vielmehr eine heilende, aber nicht die Produktion wesentlich vermehrende Funktion) und allgemein die ökologische Rolle der reichen Vegetation (insbesondere der tropischen Wälder) für das globale Klima betonte.[654] Er hatte also eine viel umfassendere Bedeutung für die Entwicklung der marxistischen Ökologie als nur in der Agrikulturchemie. Der junge Engels war als „Entdecker" von Liebig beinahe zehn Jahre vor Marx tätig.

Andererseits ist bei Malthus die christliche These über die Verdorbenheit der Natur als ein begrenzender Faktor der Produktion gleichermaßen übergespitzt. Es ist nach Engels

> lächerlich, von Übervölkerung zu reden, solange „das Tal des Mississippi wüsten Boden genug besitzt, um die ganze Bevölkerung von Europa dorthin verpflanzen zu können", solange überhaupt erst ein Drittel der Erde für bebaut angesehen werden und die Produktion dieses Drittels selbst durch die Anwendung jetzt schon bekannter Verbesserungen um das Sechsfache und mehr gesteigert werden kann.[655]

Malthus sieht also nach Engels die geographischen und geschichtlichen Begrenzungen seines Populationsprinzips nicht. Er macht die besondere Lage Englands (und auch Hollands) zu einem globalen Muster und Gesetz und sieht nicht konkret die lokalen Möglichkeiten andernorts. Man kann natürlich fragen, ob seine Thesen sich doch zukünftig bestätigen – viele ernste Indizien weisen heute darauf hin. Dessen ungeachtet muss man aber die Kritik des jungen Engels als zutreffend beachten, weil damals fast keine Spuren einer globalen ökologischen Krise zu sehen waren. Die konkrete geschichtlich-geographische Kritik von Engels war damals also wesentlich richtig. Andererseits muss man daran erinnern, dass der spätere Engels (in der *Dialektik der Natur*) auch globale ökologische Beispiele gegen die kapitalistische Agrikultur hervorhob, insbesondere den Kahlschlag der Wälder in den Tropen. Die Bedeutung der Wälder für das globale Klima wurde neben

---

654 Väyrynen 1998, S. 363–364.
655 MEGA I/3, S. 491.

Liebig von dem Botaniker Carl Fraas (*Klima und Pflanzenwelt in der Zeit* 1847) hervorgehoben.[656]

Fazit: Die Bedeutung der „Umrisse"

Engels' *Umrisse zu einer Kritik der Nationalökonomie* greifen viele Themen auf, die für die spätere marxistische Ökologie typisch sind. Sie behandeln die Natur als wesentlichen Teil der Produktion und als notwendigen Bestandteil des ökonomischen Werts. Engels gibt aber auch in dieser vorrangig ökonomischen Skizze Hinweise dazu, dass die Natur nicht nur ökonomisch wichtig ist, sondern eine umfassende existenzielle Voraussetzung des menschlichen Wohlbefindens ist. Daher sind zum Beispiel ästhetische Selbstwerte ein wichtiger Teil der menschlichen Naturbeziehung. Als eine ökonomische Studie wird in den *Umrissen* genauer das kapitalistische Verhältnis zur Natur und zum Boden analysiert. Das Privateigentum und die Konkurrenz als ökonomische Grundlagen des Kapitalismus trennen den Boden von den anderen Produktionselementen, Arbeit und Kapital, und ermöglichen dadurch für den Kapitalismus typische kurzsichtige Ausnutzung der Natur. Die kapitalistische Konkurrenzgesellschaft fordert in der „Fieberhitze" der Konkurrenz eine Überanstrengung der Kräfte von Boden und Arbeiter und zerstört daher alle wahrhaft menschlichen und natürlichen Zwecke. Alles hat im Kapitalismus nur einen ökonomischen Wert, menschliche und natürliche Selbstwerte (Gesundheit, ästhetischer Genuss, vielseitige Entwicklung, Diversität u. a.) werden nicht respektiert. Daher stellt die immer schneller konkurrierende Produktion „alle natürlichen und vernünftigen Verhältnisse auf den Kopf". Die periodisch entstehenden Krisen des Kapitalismus verschlechtern noch die Folgen.

Es ist prinzipiell aber im Kommunismus möglich, die Produktion sowohl sozial als ökologisch vernünftig zu organisieren. Engels spricht noch junghegelianisch über eine Perspektive des Gattungsbewusstseins, die fähig wäre, die „atomistische" Position des Menschen im Kapitalismus aufzuheben. Diese Kritik trifft auch die Behandlung des Bodens und weist dadurch auf ökologisch/holistische Zusammenhänge. Es ist ökologisch gesehen wichtig, dass im Kommunismus auch die Konsumption (und die Möglichkeit des

---

[656] Väyrynen 1998, S. 364–365.

Luxus) durch den Zustand der Produktionskräfte bestimmt wird. Es ist ökonomisch vernünftig, auch die ökologischen Voraussetzungen, vor allem die langfristige Bodenfruchtbarkeit, zu erhalten. Die immer rascher werdende Entwicklung der Wissenschaft und Technik vermehrt die sozialökologischen Möglichkeiten und daher wird das Malthus'sche Populationsproblem im Kommunismus prinzipiell lösbar. Engels glaubt auch später in der *Dialektik der Natur*, dass man wenigstens die wichtigsten ökologisch problematischen Nebenfolgen der Produktion im Kommunismus beherrschen könnte. Dieser relativer Optimismus ist verständlich, er lebte ja noch nicht in einer modernen „Risikogesellschaft" (Ulrich Beck), in dem das wesentlich schwerer geworden ist.

Literaturverzeichnis

Bleuel, Hans Peter: *Friedrich Engels. Bürger und Revolutionär. Die zeitrechte Biographie eines großen Deutschen*. Scherz: Bern und München 1981.

Euchner, Walter: „Friedrich Engels". In: Euchner, Walter (Hrsg.): *Klassiker des Sozialismus I. Von Babeuf bis Plechanow*. C.H. Beck: München 1991.

Fetscher, Iring: „Charles Fourier". In: Euchner, Walter (Hrsg.): *Klassiker des Sozialismus I. Von Babeuf bis Plechanow*. C.H. Beck: München 1991.

Foster, John Bellamy: *Marx's Ecology. Materialism and Nature*. Monthly Review Press: New York 2000.

Green, John: *Engels. A Revolutionary Life*. Artery Publications: London 2008.

Griese, Anneliese: „Die geologischen, mineralogischen und agrochemischen Exzerpte von Marx im Vergleich mit seinen chemischen Manuskripten. Ein Beitrag zu ihrer wissenschaftshistorischen Einordnung". In: *Beiträge zur Marx-Engels-Forschung. Neue Folge* 2006. Argument Verlag: Berlin 2006, S. 31–48.

Hegel, Georg Wilhelm Friedrich: *Ästhetik 2*. Aufbau Verlag: Berlin & Weimar 1976.

Heinrich, Michael: *Kritik der politischen Ökonomie. Eine Einführung*. Schmetterling Verlag: Stuttgart 2005.

Heiskanen, Jukka: *Nuoren Marxin luonnonfilosofia ja sen ekologiset seuraukset. (Die Philosophie der Natur beim jungen Marx und ihre ökologischen Folgen. Mit englischem Abstrakt*). Demokraattinen sivistysliitto: Helsinki 2010.

Hoff, Jan: *Marx global. Zur Entwicklung des internationalen Marx-Diskurses seit 1965*. Akademie Verlag: Berlin 2009.

Hunt, Tristram: *The frock-coated communist. The life and times of the original champagne socialist*. Penguin Books: London 2010.

Jones, G. Stedman: „Engels and the Genesis of Marxism". In: Jessop, Bob/Malcolm-Brown, Charlie (Hrsg.): *Karl Marx's Social and Political Thought. Critical assessments*. Bd. I. Routledge: London 1990, S. 787–816.

Klein, Matthäus/Ley, Hermann (Hrsg.): *Friedrich Engels und moderne Probleme der Philosophie des Marxismus*. Akademie Verlag: Berlin 1971.

Koivisto, Juha/Oittinen, Vesa (Hrsg.): *MEGA-Marx. Johdatus uuteen Marxiin*. (*MEGA-Marx. Einleitung zu neuem Marx*). Vastapaino: Tampere 2010.

König, Johann-Günther: *Friedrich Engels. Die Bremer Jahre 1838 bis 1841*. Kellner: Bremen 2008.

Liedman, Sven-Eric: *Motsatsernas spel. Friedrich Engels' filosofi och 1800-talets vetenskap* 1–2. Bo Cavefors Bokförlag: Lund 1977.

Marx, Karl/Engels, Friedrich: *Gesamtausgabe*. (MEGA). Dietz Verlag: Berlin 1981–.

Marx, Karl/Engels, Friedrich: *Werke* (MEW). Dietz Verlag: Berlin 1977–.

Mayer, Gustav: *Friedrich Engels. Eine Biographie* 1–2. (1919). Ullstein: Frankfurt am Main 1975.

McLellan, David: *Engels*. Fontana/Collins: Glasgow 1977.

Schmieder, Falko: „Historischer Materialismus und Historische Epistemologie. Friedrich Engels' Naturdialektik zwischen den wissenschaftlichen Revolutionen". In: *Beiträge zur Marx-Engels-Forschung. Neue Folge* 2008. Argument Verlag: Hamburg 2008, S. 190–209.

Ullrich, Horst: *Der junge Engels*, Bd. 1–2. Deutscher Verlag der Wissenschaften: Berlin 1961, 1966.

Vranicki, Predrag: *Geschichte des Marxismus* 1–2. Suhrkamp Verlag: Frankfurt am Main 1972.

Väyrynen, Kari: „Identität mit der Natur – kritische Perspektiven in Hegels ‚Vorlesungen über die Philosophie der Religion'". In: *Geist? Erster Teil. Hegel-Jahrbuch 2010*. Akademie Verlag: Berlin 2010, S. 359–364.

Väyrynen, Kari: *Ympäristöfilosofian historia maaäitimyytistä Marxiin*. (*Geschichte der Philosophie der Umwelt von Mutter Erde zu Marx*). Niin & näin: Tampere 2006.

Väyrynen, Kari: „Ökologische Wende der Geschichte: Marx, Engels und die naturwissenschaftliche Diskussion über die Bodenfruchtbarkeit". In: Losurdo, Domenico (Hrsg.): *Geschichtsphilosophie und Ethik*. Peter Lang Verlag: Frankfurt am Main 1998, S. 357–366.

Wheen, Francis: *Karl Marx*. Otava: Helsinki 2000.

Wilenius, Reijo: *Marx ennen Marxia. Marxin ajattelun ensimmäinen vaihe*. (*Marx vor Marx. Die erste Phase von Marx' Denken*). Weilin & Göös: Helsinki 1966.

Ökologische Wende der Geschichte: Marx, Engels und die naturwissenschaftliche Diskussion über die Bodenfruchtbarkeit[657]

Über die Rolle der Natur in der Geschichtsauffassung von Marx und Engels werden immer wieder ganz gegensätzliche Auslegungen aufgeführt: Die einen stellen sie in die utilistisch-optimistische Hauptströmung des neuzeitlichen politischen und ökonomischen Denkens, andere betonen die Rolle ihrer kritischen Bemerkungen hinsichtlich der totalen Beherrschbarkeit der Natur. Die erste Auslegung scheint noch heute vorherrschend zu sein. Wir lesen zum Beispiel in einem zentralen Lehrbuch der Umweltgeschichte, Clive Pontings *A Green History of the World*, dass

> Marx adopted the common European view that nature only had meaning in terms of human requirements [...]. In his later works Marx argues that the „great civilising influence of capital" is that it rejects the „deification of nature" so that „nature becomes, for the first time, simply an object for mankind, purely a matter of utility". Engels took the same view [...] [they] rejected any of the more libertarian socialist ideas that increased happiness might be obtained by reducing the amount of consumption in society and seeking a simpler, more harmonious life [...]. The general optimism of Marxism, which specifically rejected the pessimism of writers like Malthus [...] is well summed up by Engels when he declared that „the productivity of the land can be infinitely increased by the application of capital, labour and science".[658]

Dieses Bild stützt sich oberflächlich gesehen auf die Aussagen von Marx und Engels, aber es berücksichtigt nicht die Tatsache, dass an den meisten solchen Stellen das kapitalistische Verhältnis zur Natur analysiert und kritisiert wird – jene Frage, was für ein Verhältnis zwischen Mensch und Natur im Sozialismus oder Kommunismus erstrebenswert wäre, wird gar nicht so einfach durch denselben Wachstumsoptimismus bestimmt.

Meine erste These ist, dass das bei Marx und Engels relativ spät erwachte Interesse an den Naturwissenschaften genauer als früher analysiert werden muss, um die Bedeutung der sozialökologischen Skizzen von Marx und

[657] Zuvor veröffentlicht in: Losurdo, Domenico (Hrsg.): *Geschichtsphilosophie und Ethik*. Peter Lang Verlag: Frankfurt am Main 1998, S. 357–366.

[658] Ponting, Clive: *A Green History of the World. The Environment and the Collapse of Great Civilisations*. Penguin Books: New York 1993, S. 157–158.

Engels zu verstehen. Man hat schon oft bemerkt, dass vor allem die Rolle der Agrarchemie (Justus Liebig) und Botanik (Carl Fraas) wichtig für die ökologischen Auffassungen des älteren Marx und des älteren Engels sind.

Meine zweite These betont die Forderung nach einer qualitativen Erneuerung der Gesellschaft und ihres Verhältnisses zur Natur bei Marx und Engels. Im Allgemeinen wird dieser Punkt u. a. von Reiner Grundmann hervorgehoben.[659] Er betont die ethischen und sozialen Ziele Marx' und kritisiert eine einseitig ökonomistische Auslegung: „Marx defines ‚real wealth' in terms of individual self-realisation, a process which includes an increasing domination of nature". Hier spielen die ethischen Ideale der Antike eine wichtige Rolle:

> Socialist society would synthesize the moral level of ancient societies with the achievements of modernity; it would combine the concern for use-value production (Quality of products) of antique society with the general availability of commodities in modern capitalist society (Quantity).[660]

Grundmann entwickelt seine These nicht genauer, aber es ist klar, dass vor allem Aristoteles – der für Marx wichtig war – der ökonomischen Tätigkeit nur eine vorwiegend nutritive Rolle gab, sodass die Ökonomie nur eine marginale Rolle für eine freie Entfaltung des wahrhaft menschlichen „guten Lebens" hatte. Das war eine klare ethische Begrenzung der ökonomischen Tätigkeit, nicht allein eine Folge des Sklavensystems. Die Ökonomie war kein Selbstwert, sondern nur ein Mittel für höhere Zwecke.[661]

Die qualitative Erneuerung des gesellschaftlichen „Stoffwechsels" mit der Natur aber bleibt nach Grundmann bei Marx ohne eine entsprechend positive

---

[659] Er schreibt: „Marxism, interpreted in such a scheme of productive forces/relations of production, loses all of its critical impetus [...] it is crucial for such an [critical – KV] approach to incorporate non-economic criteria into our standards of measuring progress. Since Marx did so, we have the possibility of endorsing this dimension in judging how successful a mode of production is in transforming nature". Grundmann, Reiner: *Marxism and Ecology*. Clarendon Press: Oxford 1991, S. 223.

[660] Ibid., S. 226–227.

[661] Vgl. dazu Väyrynen, Kari: „Ympäristöeettisiä teemoja antiikin moraalifilosofiassa" (Umweltethische Themen in der antiken Moralphilosophie). In: Jokisalo, Jouko/ Väyrynen, Kari (Hrsg.): *Ympäristökysymyksen yhteiskunnallisia ja eettisiä näkökulmia*. Oulun yliopisto: Oulu 1993, S. 92–170.

Definierung. Marx glaubt nach ihm zu viel an die Möglichkeiten einer sozialen Herrschaft über die Natur in der modernen Gesellschaft: „we may doubt whether Marx's own position offers a perspective here". Einerseits fordert Marx eine höhere Synthese von Agrikultur und Industrie, eine Vereinigung von Stadt und Land – das würde die Störungen des „Stoffwechsels" verhindern. Andererseits scheint er nur die kapitalistische Produktion aufheben zu wollen, ohne die Natur der Produktivkräfte qualitativ zu verändern. Daher bleibt nach Grundmann Marx' Analyse Ambiguitäten verhaftet.[662] Hier sollte man aber einen Schritt weiter gehen und fragen, was für eine „Herrschaft" über die Natur im aufgehobenen Gegensatz von Industrie und Agrikultur für einen gelungenen „Stoffwechsel" maßgebend ist? Es gibt klare Anzeichen, dass es sich bei Marx und Engels gar nicht um eine Herrschaft über die Natur im traditionellen Sinne handelt, sondern vielmehr um eine ökologisch haltbare und respektierende Zusammenarbeit mit der Natur. Diesen qualitativen Unterschied im Verhältnis Mensch-Natur sieht Grundmann offenbar gar nicht, weil er nur über das Dominieren („increasing domination", vgl. oben) spricht.[663] Diese qualitativ neue Einstellung respektiert bei Marx und Engels einerseits also sowohl die physische und psychische Gesundheit des Menschen als auch die ökologische Gesundheit der Natur im Acker und Wald. Um aber Klarheit über diese sehr wichtige Frage zu erreichen, müssen wir zuerst gründlicher auf meine erste These eingehen und analysieren, was für einen Einfluss die Agrarchemie Liebigs und die ökologische Botanik Fraas' auf Marx und Engels hatten.

Die entscheidenden Stellen hinsichtlich unserer Fragestellung findet man in den ökonomischen Arbeiten von Marx zur Zeit des *Kapital*. Meines Erachtens hielt der „reife Marx" an seinen frühen philosophischen Thesen über den Menschen und die Natur prinzipiell fest, vertiefte aber wesentlich ihren ökologischen Inhalt durch die Bekanntschaft mit Liebigs und Fraas'

---

[662] Grundmann 1991, S. 230.

[663] Diesen Herrschaftsbegriff formuliert schon Alfred Schmidt (*Der Begriff der Natur in der Lehre von Marx. Überarbeitete Neuausgabe*. Europäische Verlagsanstalt: Frankfurt am Main 1971, S. 159) sehr schroff: „Zugute kommen soll die neue Gesellschaft allein den Menschen, und zwar eindeutig auf Kosten der äußeren Natur. Sie soll mit gigantischen technologischen Mitteln bei geringstem Arbeits- und Zeitaufwand beherrscht werden und als materielles Substrat aller nur erdenklichen Gebrauchsgüter allen Menschen dienen".

Arbeiten. Die Auffassungen von Marx werden im *Kapital* im Kapitel „Große Industrie und Agrikultur" kurz zusammengefasst – leider sind diese nur „vorweggenommene Resultate" einer späteren Darstellung jener Revolution, „welche die große Industrie im Ackerbau und den sozialen Verhältnissen seiner Produktionsagenten hervorruft".[664] Im Allgemeinen scheint Marx diese Thematik für eine sehr wichtige zu halten, die man später speziell untersuchen sollte.[665] Es lohnt sich also, zentrale Stellen ziemlich genau zu „buchstabieren" und mit der naturwissenschaftlichen Diskussion von Liebig und Fraas tiefer zu vergleichen.

Die Wirkung der großen Industrie in der Sphäre der Agrikultur vernichtet die alte Gesellschaft, treibt die Landarbeiter zur Stadt und investiert in die technologische Anwendung der Wissenschaft. Dieser Prozess geschieht aber im Kapitalismus unbeherrscht und produziert wichtige negative Folgen sowohl für die Arbeiter als auch für das Land. Einerseits schafft das „stets wachsende Übergewicht der städtischen Bevölkerung [...] die geschichtliche Bewegungskraft der Gesellschaft", aber andererseits „stört sie [...] den Stoffwechsel zwischen Mensch und Erde, d. h. die Rückkehr der von Menschen in der Form von Nahrungs- und Kleidungsmitteln vernutzten Bodenbestandteile zum Boden, also die ewige Naturbedingung dauernder Bodenfruchtbarkeit". Der gesellschaftliche und technische Fortschritt geschieht im Kapitalismus auf sozial und ökologisch unbeherrschte Weise:

> Jeder Fortschritt der kapitalistischen Agrikultur ist nicht nur ein Fortschritt in der Kunst, den Arbeiter, sondern zugleich in der Kunst, den Boden zu berauben, jeder Fortschritt in der Steigerung seiner Fruchtbarkeit für eine gegebene Zeitfrist zugleich ein Fortschritt im Ruin der dauernden Quellen dieser Fruchtbarkeit.

Die Entwicklung des Kapitalismus zentriert also einseitig auf die kurzfristige technische und ökonomische Effektivität: „Die kapitalistische Produktion entwickelt daher nur die Technik und Kombination des gesellschaftlichen

---

[664] Marx, Karl/Engels, Friedrich: *Das Kapital. Erster Band. Marx-Engels-Werke* (MEW), Bd. 23. Dietz Verlag: Berlin 1962, S. 527.

[665] Vgl. ibid., S. 373: „Die Grundlage aller entwickelten und durch Warenaustausch vermittelten Teilung der Arbeit ist die Scheidung von Stadt und Land. Man kann sagen, daß die ganze ökonomische Geschichte der Gesellschaft sich in der Bewegung dieses Gegensatzes resümiert, auf den wir jedoch hier nicht weiter eingehn".

Produktionsprozesses, indem sie zugleich die Springquellen allen Reichtums untergräbt: die Erde und den Arbeiter."[666]

Im dritten Teil des *Kapital* werden die Schranken und Widersprüche des Kapitalismus gerade in dieser einseitigen Effektivität gesehen. Marx sagt:

> Der Widerspruch dieser kapitalistischen Produktionsweise besteht aber gerade in ihrer Tendenz zur absoluten Entwicklung der Produktivkräfte, die beständig in Konflikt gerät mit den spezifischen Produktionsbedingungen, worin sich das Kapital bewegt und allein bewegen kann.

Die krisenhafte Entwicklung des Kapitalismus und das widersprüchliche Verhältnis der Produktion zu den gesellschaftlichen Bedürfnissen der Bevölkerung werden hier hervorgehoben.[667] Aber auch die Natur – als eine wichtige Produktionsbedingung – ist das Opfer derselben gewinnsüchtigen Effektivität. Der Kapitalismus entwickelt auch hier nur immer effektivere Mittel für das Nutzbarmachen – das ist seine „historische Aufgabe und Berechtigung". Er schafft damit „unbewußt die materiellen Bedingungen einer höhern Produktionsform".[668] Diese Kräfte müssen aber sozial und ökologisch beherrschbar werden, und das kann nicht im Rahmen der kurzfristigen und egoistischen Gewinnsucht geschehen, sondern fordert eine rationale Kontrolle.

Was muss aber dann ein qualitativ neues produktives Verhältnis zur Natur berücksichtigen? Marx definiert diesen Übergang mit einer knappen Bemerkung:

> [Die kapitalistische Produktionsweise] zwingt zugleich durch die Zerstörung der bloß naturwüchsig entstandenen Umstände jenes Stoffwechsels, ihn systematisch als regelndes Gesetz der gesellschaftlichen Produktion und in einer der vollen menschlichen Entwicklung adäquaten Form herzustellen.[669]

Marx fordert hier explizit, dass man (im Sozialismus und Kommunismus) den durch Kapitalismus gestörten Stoffwechsel zwischen Mensch und Erde als eine regelnde Voraussetzung des Produktionsprozesses respektieren muss.

---

666 Ibid., S. 528–530.
667 *Das Kapital. Dritter Band.* MEW 25, S. 268–270.
668 Ibid., S. 269.
669 MEW 23, S. 528.

Das meint praktisch, dass die durch die große Industrie und kapitalistische Agrikultur gestörte „dauernde Bodenfruchtbarkeit" als ein regulierendes Prinzip für die Produktion gelten soll. Diese Ökologisierung der Gesellschaft hebt auch den scharfen Gegensatz von Agrikultur und Industrie, Land und Staat auf und garantiert wieder „die physische Gesundheit der Stadtarbeiter und das geistige Leben der Landarbeiter".[670]

In den *Theorien über den Mehrwert* spricht Marx über die dauernde Erhaltung der *dynamis* von Arbeiter und Land. Das geschieht durch eine notwendige Balance zwischen ökologischer Ausgabe und ökonomischer Einnahme.[671] Die ökologische Ausgabe meint, wie besonders im dritten Teil des *Kapital* gezeigt wird, eine Nutzbarmachung der „Exkremente" (Abfälle der Industrie und Agrikultur) der Produktion und Konsumption. In diesen Fragen herrscht nach Marx noch „eine kolossale Verschwendung". Marx glaubt wie Liebig, dass in der Zukunft besonders die Chemie „die nutzbaren Eigenschaften solcher Abfälle" entdecken und nutzbar machen wird. Andererseits fordert Marx „die Reduktion der Produktionsexkremente auf ihr Minimum". Dies sei besonders „durch die Güte der angewandten Maschinerie bedingt".[672] Diese Forderungen sind sehr aktuell: daher hat man bei Marx sogar über „‚an economy of the prevention of waste' that reused all waste to the maximum" gesprochen.[673]

Was ist die Bedeutung dieser Skizzen? Fordern sie wirklich eine ökologische Neuorientierung oder wird die Entwicklung der Technik und Wissenschaft diese Probleme relativ automatisch lösen? Beide Auslegungen können – rein textimmanent betrachtet – Unterstützung finden. Eine tiefere Auslegung muss aber die Quellen von Marx genauer prüfen – danach kann man meines Erachtens nur die erste Auslegung akzeptieren. Die ökonomische Produktion muss weitblickend die komplexen ökologischen Verknüpfungen der gesunden Vegetation im Acker und Wald erkennen und respektieren. Sowohl Liebig als auch Fraas sind in dieser Frage eindeutig, und Marx und Engels heben gerade diese Seite ihres Denkens positiv hervor. Der Glaube Liebigs,

---

670 Ibid.

671 *Theorien über den Mehrwert. Marx-Engels-Gesamtausgabe* (MEGA) II, 3–4. Dietz Verlag: Berlin 1979, S. 1445.

672 MEW 25, S. 110–112.

673 Merchant, Carolyn: *Radical Ecology. The Search for a Livable World.* Routledge: New York 1992, S. 140.

im Zukunft durch Chemikalien diese Aufgabe zu lösen,[674] wird nicht bei Marx und Engels als solcher akzeptiert, sondern die Chemie soll nur die „Produktionsexkremente" weiter zu nutzbaren Formen (vgl. oben) bearbeiten. Heute würde Marx offenbar die biologischen Methoden der Säuberung hervorheben.

Die oben dargestellte Kritik an dem Verhältnis des Kapitalismus zur Erde stützt sich direkt auf Liebig: „Die Entwicklung der negativen Seite der modernen Agrikultur, vom naturwissenschaftlichen Standpunkt, ist eins der unsterblichen Verdienste Liebigs".[675] Liebig kritisiert in der Tat scharf die europäische (er spricht nicht über den Kapitalismus) Agrikultur. Er schildert die Praxis der „Raubwirtschaft" folgendermaßen:

> Das Ziel des europäischen Landwirthes und die Hauptaufgabe, die er seiner Kunst stellt, ist, seinem Felde so viel als nur möglich Korn und Fleisch abzugewinnen und so wenig als möglich Geld auszugeben, um die ausgeführten Bedingungen seiner Ernten zurückzukaufen [...] Kein vernünftiger Mensch kann einen solchen Betrieb für dauernd halten.

Diese kurzsichtige Tätigkeit bereitet nach Liebig viel Elend für unsere Nachkommen.[676] Er kontrastiert die europäische Praxis mit China, wo die Kunst der Düngung sowohl durch staatliche Legislation als auch durch wissenschaftliche Experimente seines Erachtens ein sehr hohes Niveau erreicht hat.[677]

Was ist aber nach Liebig eine ökologisch rationale Praxis? Er formuliert so: „Man gebe dem Felde, was ihm genommen wurde, weder mehr noch weniger, sondern genau soviel."[678] Es ist interessant, dass Liebig die Schwierigkeit dieses Zieles betont, zum Beispiel können die lokalen Verhältnisse eine positive

674 Liebig, Justus: *Organic chemistry in its applications to agriculture and physiology*. London 1840, S. 187–188.

675 MEW 23, S. 529.

676 Zitiert nach Schramm, Engelbert (Hrsg.): Ökologie-Lesebuch. Ausgewählte Texte zur Entwicklung ökologischen Denkens. Fischer: Frankfurt am Main 1984, S. 118–119.

677 Er schreibt: „But how infinitely inferior is the agriculture of Europe to that of China! [...] yet we know not what manure is!" Liebig 1840, S. 195–197. Man gebraucht zum Beispiel in Paris Exkremente des Menschen, aber die Methoden sind weitgehend unentwickelt, ibid., S. 197–199.

678 Liebig, Justus: *Die Grundsätze der Agricultur-Chemie mit Rücksicht auf die in England angestellten Untersuchungen*. Braunschweig 1855, S. 49.

Wirkung der wissenschaftlichen Agrikultur verhindern. Man kann auch auf Kosten der dauernden Bodenfruchtbarkeit nur kurzfristige Gewinne erreichen: Zum Beispiel hat das Benutzen des Guano in den Kartoffelackern kurzfristig die Ernten vermehrt, aber führt langfristig zur Erschöpfung.[679] Auch Marx hebt dieses Beispiel Liebigs warnend hervor: Das Benutzen des Guano ist ein Beispiel der „blinden Raubgier, die [...] die Erde erschöpft".[680]

Warum ist aber eine wesentliche Effektivierung der Landwirtschaft so schwierig? Liebig ist sich über die komplexen ökologischen Verhältnisse, die das Wachsen der Pflanzen fördern, gut bewusst. Die wichtigsten Voraussetzungen sind Boden, Atmosphäre und Feuchtigkeit, deren Wirkung lokal variiert.[681] Im Allgemeinen kann durch „den Dünger, den Stallmist, die Excremente der Thiere und Menschen" die verlorene Fruchtbarkeit wiederhergestellt werden.[682] Mit Düngemitteln wie Ammoniak oder Humus kann eine Steigerung gelingen.[683] Die chemische Industrie kann zukünftig eine heilende Funktion haben – wie eine Medizin wirken –, aber sie kann nicht wesentlich die Fruchtbarkeit vermehren.[684]

Liebig war ein ökologisch bewusster Denker auch in jener Hinsicht, dass er die sehr wichtige globale Rolle einer reichen Vegetation unterstrich. Er betonte u. a. das notwendige Zusammenwirken von Pflanzen und Tieren, die Bedeutung der Wälder für das Klima und unterstrich insbesondere die Bedeutung der tropischen Wälder als ein zentraler Produzent des Sauerstoffes. Er sagte: „plants thus improve the air [...] Vegetable culture heightens the healthy state of a country".[685] Diese Aspekte wurden besonders durch Engels hervorgehoben. Er nennt positiv Liebigs These über die Zusammenarbeit zwischen Pflanzen und Tieren in seinem Brief vom 12. 11. 1875 als eine wichtige Gegenthese zu dem Begriff des Kampfes ums Dasein.[686] Auch die Ökologie der

679 Ibid., S. 37–38.
680 MEW 23, S. 253.
681 Liebig 1855, S. 11–12.
682 Ibid., S. 13.
683 Ibid., S. 25.
684 Liebig 1840, S. 187–188.
685 Ibid., S. 21–24.
686 MEW 34, S. 169. Engels eigene Auffassung sieht diese theoretischen Alternativen der Evolutionstheorie (Kampf/Zusammenarbeit) als komplementär: „Beide Auffassungen haben ihre gewisse Berechtigung innerhalb gewisser Grenzen."

Wälder und ihre globale Bedeutung wird von Engels in der *Dialektik der Natur* hervorgehoben. Das geschieht nicht nur durch die Einwirkung Liebigs, sondern noch mehr durch den Botaniker Carl Fraas. Diese Diskussion zeigt klar, dass das Problem des „Stoffwechsels" bei Marx und Engels nicht nur anthropozentrisch bestimmt wird, sondern auch ökologische Zusammenhänge und ihre Gesetzmäßigkeiten ernsthaft mitberücksichtigt.[687]

Fraas schrieb in seinem Buch *Klima und Pflanzenwelt in der Zeit* (1847) u. a. über die Gefahren des Kahlschlags der Wälder. Die moderne Kultur wird durch dieselbe Veränderung bedroht, die schon im antiken Griechenland geschah. Die negativen Folgen des Kahlschlags sind oft nicht reparierbar und betreffen auch das Klima:

> Die Einmal zerstörte Waldvegetation eines größeren Landes [...] lässt sich nicht wieder herstellen, ökonomisch nicht und das ist das Wesen der Frage. Mit der Zerstörung der massenhaften natürlichen Vegetation wird das Klima, vorzüglich in Bezug auf die atmosphärische Feuchtigkeit [...] so verändert, dass der geographische Bezirk der Florkonstituenten völlig aus seinen Grenzen verrückt wird.

Die Veränderung der Natur durch den Menschen in Europa beinhaltet in dieser Hinsicht viele Gefahrenmomente, die man ernsthaft beachten sollte:

> Civilisirte stark bevölkerte Staaten brauchen nothwendig jenen die Natur eben so sehr verletzenden Schmuck an Wiese und Wald, brauchen Ackerfelder statt Wälder, trocknen Sümpfe und Moore aus, verbrennen den feuchtigkeithaltenden Torf und die Wälder [...] – Doch aber sollten niemals ohne Noth solche Aenderungen des Naturzustandes, so lange er nicht schädlich wirkt – vorgenommen werden, namentlich niemals Gebirge als am einflussreichsten, ohne höchste Noth entwaldet werden. [...] Würden unsere höhern Gebirge kahl gemacht, so müssten jene schädlichen Folgen der häufigeren Erscheinung der Witterungsextreme eine viel grössere Störung unserer klimatischen und Vegetationsverhältnisse in Mitteleuropa verursachen [...] als im Süden [...].[688]

---

[687] Engels sah es als einen wesentlichen Mangel der damaligen Naturwissenschaften, dass diese nicht „die allseitige Bewegung und Wechselwirkung" in der Natur verstehen (*Dialektik der Natur*, MEW 20, S. 451).

[688] Zitiert nach Schramm 1984, S. 112–113.

Engels kommentiert diese Thesen sehr positiv in der *Dialektik der Natur* und bewertet dabei kritisch besonders die Möglichkeiten einer totalen Herrschaft über die Natur. Ein rationales Verhältnis zur Natur muss respektvoll sein: Eine äußere Herrschaft über die Natur kann nicht langfristig gelingen, weil wir selbst nur ein Teil der Natur sind. Die moderne Naturwissenschaft – für Engels also Liebig und Fraas – hebt nicht das Gefühl der Einheit mit der Natur auf, sondern gibt ihr eine rationale Begründung.[689] Die Bedeutung der Herrschaft verändert sich so, dass man die nicht intendierten, unvorhergesehenen Wirkungen der Produktion hinsichtlich der „dauernden Bodenfruchtbarkeit" im Acker und Wald ökologisch beherrschen lernen muss.

Engels glaubte wohl optimistisch, dass dies wenigstens hinsichtlich „unserer gewöhnlichsten Produktionshandlungen" möglich sei.[690] Heute ist die Lage jedoch viel schwieriger: Die ökologischen Zusammenhänge sind komplexer, als man damals glaubte, und die oft sehr lange zeitliche Perspektive macht die ökologischen Folgen und Kosten oft undurchsichtig. Der Wissenschaftsoptimismus von Marx und Engels scheint daher heute viel schwieriger begründbar zu sein. Auch die „Produktionshandlungen" werden immer noch nach der kurzsichtigen ökonomischen Logik des Kapitalismus ohne soziale und ökologische Verantwortung entwickelt. Die qualitative Veränderung der Produktionsprozesse ist nach dieser Logik immer dann schwierig, sogar unmöglich, wenn man durch diese Veränderungen unmittelbar nicht profitieren kann. Die Internalisierung äußerer Kosten u. a. umweltökonomische Lösungen werden erst dann wirklich effektiv, wenn man einen globalen politischen Konsens über die ökologischen Grenzen der Wirtschaft erreichen kann. Das ist jedoch nicht möglich ohne eine kritische Diskussion über den Kapitalismus und Neoliberalismus und ihre sozialen und ökologischen Wirkungen. In dieser Hinsicht bleibt die Arbeit von Marx und Engels noch heute ein wichtiger Ausgangspunkt.

---

689 MEW 20, S. 453.
690 Ibid.

Literaturverzeichnis

Grundmann, Reiner: *Marxism and Ecology*. Clarendon Press: Oxford 1991.

Liebig, Justus: *Die Grundsätze der Agricultur-Chemie mit Rücksicht auf die in England angestellten Untersuchungen*. Braunschweig 1855.

Liebig, Justus: *Organic chemistry in its applications to agriculture and physiology*. London 1840.

Liedman, Sven-Eric: *Motsatsernas spel. Friedrich Engels' filosofi och 1800-talets vetenskap* 1–2. Bo Cavefors Bokförlag: Lund 1977.

Marx, Karl/Engels, Friedrich: Zur Kritik der politischen Ökonomie. Manuskript 1861–1863. Theorien *über* den Mehrwert, Teil 4.4. In: *Marx-Engels-Gesamtausgabe* (MEGA) II/3.4. Dietz Verlag: Berlin 1979.

Marx, Karl/Engels, Friedrich: *Werke* (MEW). Dietz Verlag: Berlin 1968–.

Merchant, Carolyn: *Radical Ecology. The Search for a Livable World*. Routledge: New York 1992.

Ponting, Clive: *A Green History of the World. The Environment and the Collapse of Great Civilisations*. Penguin Books: New York 1993.

Schmidt, Alfred: *Der Begriff der Natur in der Lehre von Marx*. Überarbeitete *Nauausgabe*. Europäische Verlagsanstalt: Frankfurt am Main 1971.

Schramm, E. (Hrsg.): *Ökologie-Lesebuch. Ausgewählte Texte zur Entwicklung ökologischen Denkens*. Fischer: Frankfurt am Main 1984.

Väyrynen, Kari: „Ympäristöeettisiä teemoja antiikin moraalifilosofiassa". (Umweltethische Themen in der antiken Moralphilosophie). In: Jokisalo, Jouko/Väyrynen, Kari (Hrsg.): *Ympäristökysymysten yhteiskunnallisia ja eettisiä näkökulmia*. Oulun yliopisto: Oulu 1993, S. 92–170.

Stadt-Land-Antagonismus als eine Kategorie der marxistischen Ökologie und des historischen Materialismus[691]

Die Umweltprobleme der ersten Industriestädte wurden Anfang des 19. Jahrhunderts manifest. In seinem frühen Werk *Die Lage der arbeitenden Klasse in England* (1845) untersuchte Friedrich Engels neben den sozialen Problemen der Arbeiter auch die Umweltprobleme in Manchester. In dieser Zeit analysierte er auch die ökonomischen Ursachen dieser Probleme, insbesondere in seiner kleinen, aber sehr bedeutenden *Kritik der Nationalökonomie* (1844), die auch Marx' Interesse an ökonomischen Fragen erweckte. Engels betrachtete hier vor allem die Bedeutung der Natur, die er als eine wichtige Voraussetzung der Ökonomie ansah, und skizzierte bereits eine ökologische Kritik der kapitalistischen Konkurrenz. Auch der Stadt-Land-Antagonismus wird kurz erwähnt. Man kann daher den jungen Engels sogar für den eigentlichen Vater der marxistischen Ökologie halten (siehe oben Kapitel 4.1).

Als theoretische Kategorie des historischen Materialismus wurde der Stadt-Land-Antagonismus zum ersten Mal in der *Deutschen Ideologie* (1845–46) definiert. Die Umweltprobleme spielten in diesem Zusammenhang keine Rolle. Als Kategorie der marxistischen Ökologie hat Marx diesen Antagonismus aber später im *Kapital* und seinen Vorarbeiten zu diesem Werk entwickelt. Dabei konnte er sich auf seine umfangreichen naturwissenschaftlichen Studien stützen, insbesondere auf die bahnbrechende Agrarchemie des großen deutschen Chemikers Justus Liebig. Dieser analysiert den „Stoffwechsel" zwischen Stadt und Land und kritisiert Städte als ökologisch schädliche Formationen, die die dauerhafte Fruchtbarkeit von Acker und Wald ruinieren können. Die ökologische Kritik des Kapitalismus bei Marx stützt sich weitgehend auf Liebigs Analyse: Die großen Städte haben den natürlichen Kreislauf der Stoffe in die Agrarwirtschaft gebrochen, und es ist in der Zukunft eine wichtige Aufgabe, diesen ökologischen Antagonismus zum Beispiel durch umfassende Wiederverwertung (Recycling) aufzuheben (siehe voriges Kapitel).

Einleitung

Die Urbanisierung und ihre Auswirkungen auf die Umwelt sind ein zentrales Thema der Umweltgeschichte. Die traditionelle Auffassung von

[691] Vortrag auf dem XXIII. Deutschen Kongress der Philosophie, Münster, 30.9.2014.

Urbanisierung als positiver Entwicklung der Verwaltung und Ökonomie, Kultur und Wissenschaft samt Verbesserung der Versorgung mit Gütern und Dienstleistungen wird heute ernsthaft in Frage gestellt. Schon die traditionelle Auffassung erkannte die Kehrseiten der Urbanisierung: soziale und politische Spannungen, Wohnungsnot sowie unhygienische Lebensverhältnisse und Kriminalität. Man glaubte jedoch, mit der Zeit würden sie allmählich aufgehoben. Die Bilanz der Umweltgeschichte fällt dagegen pessimistischer aus: Laut Clive Ponting zum Beispiel lebten bereits die vorindustriellen Großstädte wie Rom und Peking aufgrund einer immer intensiveren Nutzung der Äcker und Wälder ein „parasitisches" Leben.[692] Einige Städte gingen durch die unhaltbaren Praktiken sogar unter, zum Beispiel die Städte der Mayas.[693] Mit der Industrialisierung intensivierte sich die Umweltbelastung noch, und mit dem Imperialismus wurden die ökologischen Folgen der Aktivitäten von Großstädten wie London schließlich global.[694]

Allerdings gibt es auch Beispiele für positive ökologische Auswirkungen von Städten, auch wenn diese in der Umweltgeschichte in der Minderheit sind. Joachim Radkau zum Beispiel bemerkte, dass insbesondere in den vormodernen europäischen Städten schon relativ früh eine umsichtige Waldwirtschaft betrieben wurde, weil die Probleme der Holzversorgung etwa für die Salinenstädte zentral waren. Es gab sogar Vorschriften für nachhaltige Waldwirtschaft: Die alpinen Salinenstädte zum Beispiel verfochten den Grundsatz „Wald muss Wald bleiben" gegen die expandierende Almwirtschaft der Bergbauern. Ökologisch problematischer war die Rolle der Bergbaustädte: Insbesondere die Eisengewinnung benötigte viel Holz und verstärkte die „sich über ganz Europa verbreitende Furcht vor Holznot". Diese Situation hatte weitreichende Konsequenzen: „Die drohende Holzkatastrophe gehört zur Gründungssaga des Zeitalters der Kohle."[695]

In der Geschichte der Philosophie wurde die Urbanisierung gleichzeitig mit der Modernisierung ein Problem. Aufklärung und Romantik vertraten

---

692 Ponting, Clive: *A Green History of the World. The Environment and the Collapse of Great Civilisations.*Penguin Books: New York 1991, S. 295–314.

693 Diamond, Jared: *Romahdus. Miten yhteiskunnat päättävät tuhoutua tai menestyä.* Terra Cognita: Helsinki 2005, S. 174–194.

694 Hughes, Donald J.: *Maailman ympäristöhistoria.* Vastapaino: Tampere 2008, S. 188–201.

695 Radkau, Joachim: *Natur und Macht. Eine Weltgeschichte der Umwelt.* C. H. Beck: München 2000, S. 177–179.

gegensätzliche Positionen: Die Urbanisierung war für die Aufklärer vorrangig ein positives Phänomen, für die Romantiker meistens ein krankhaftes Symptom der negativen Seiten der Modernisierung. Im Marxismus werden die beiden Aspekte synthetisiert. Ich untersuche die aufklärerischen und romantischen Auffassungen zuerst kurz am Beispiel von Adam Smith und Jean-Jacques Rousseau.

Urbanisierung im politischen Denken: Adam Smith und die Romantiker

Die Städte sind schon in der Antike ein Thema des politischen Denkens. Platon zum Beispiel behandelt das Thema ausführlich, weil es mit dem Problem des idealen Staats in der griechischen *Polis* natürlich eng verwandt war. Im Römischen Reich setzt sich diese Tradition fort. Erst in der neueren Zeit wird die Problematik der Städte von Fragen der Staatsgewalt getrennt, weil Herrschaft im Feudalismus und später in der Monarchie vorrangig regional bestimmt wurde und die Städte eher eine ökonomische als eine politische Rolle innehatten. Nach der Entstehung des Kapitalismus erhielten die Städte dann allmählich erneut eine politische Rolle und wurden wieder Zentren der Herrschaft. Industrialisierung und verstärkte Urbanisierung im 19. Jahrhundert verstärkten diese politische Bedeutung natürlich noch.

Die sich verändernde Rolle der Städte spiegelt sich auch im politischen Denken der späten Aufklärung und frühen Romantik wider. Adam Smith behandelt sowohl die ökonomische als auch die politische Rolle der Städte in der modernen Entwicklung. Die Romantiker kritisieren die Entfremdungsphänomene bei der Urbanisierung und idealisieren das traditionelle Leben auf dem Lande. Im Marxismus werden diese beiden Positionen synthetisiert und eine Versöhnung des Stadt- und Landlebens konzipiert. Zum ersten Mal wird auch die ökologische Rolle der kapitalistischen Städte analysiert und kritisiert.

In seinem Hauptwerk *Reichtum der Nationen* betrachtete Adam Smith die Urbanisierung ökonomisch und politisch als eine positive Entwicklung. Er schrieb: „Der wichtigste Verkehr jeder zivilisierten Gesellschaft ist der Verkehr zwischen den Bewohnern der Stadt und denen des Landes. Er besteht in dem Austausch der rohen gegen die verarbeiteten Produkte."[696]

[696] Smith, Adam: *Reichtum der Nationen*. Voltmedia: Paderborn, S. 386.

Es ist also eine „Win-Win-Situation“ für die Stadt- und Landbewohner. Bei der Beschreibung dieser positiven Wechselwirkung bringt Smith auch die Frage der Lebensqualität mit ein, wenn er betont, dass das Kapital des Grundeigentümers viel sicherer sei, „weniger Unglücksfällen ausgesetzt als das des gewerbetätigen Mannes“. Auch die Genüsse des Landlebens seien für den Menschen wichtig:

> Die Schönheit der Natur, die Freuden des Landlebens, die Ruhe des Gemütes und [...] die Unabhängigkeit, welche das Land gewährt, sind Reize, die einen jeden mehr oder weniger anziehen; und wie es die ursprüngliche Bestimmung des Menschen war, den Boden zu bebauen, so scheint er auf jeder Stufe seines Daseins eine Vorliebe für jene primitive Beschäftigung behalten zu haben.[697]

Die Lebensqualität werde also durch das Landleben erhöht. Dieses biete eine Möglichkeit, die ursprünglichen Neigungen des Menschen immer wieder zu erneuern – einfache Landarbeit ohne drückende Konkurrenz, ästhetische und spirituelle Werte der natürlichen Umgebung sorgen ursprünglich für sinnvolle Erfahrungen im Leben. Hier kommt Adam Smith sogar den Auffassungen von Rousseau nahe.

Von dem positiven Gesamtbild der Städte gebe es aber eine wichtige Ausnahme, und Smith sieht damit eigentlich schon die zukünftige Entwicklung voraus: Die Städte, die an der Meeresküste oder an den Ufern eines schiffbaren Flusses liegen, seien „nicht notwendig darauf beschränkt, alles aus der Umgegend zu beziehen. Sie haben einen viel weiteren Spielraum.“ Dadurch kann ein scharfer Gegensatz zwischen Stadt und Land entstehen: „Auf solche Weise kann eine Stadt zu großem Wohlstand und Glanz gelangen, während nicht nur das Land in ihrer Nähe, sondern auch alle Länder, wohin sie Handel treibt, in Armut und Kümmerlichkeit verbleiben.“[698] Zur Zeit von Adam Smith war dies offenbar eine Ausnahme, doch heute, zur Zeit der Globalisierung, ist es beinahe eine normale Situation, die ihrerseits die Urbanisierung noch befördert. Die städtische Bevölkerung nimmt viel schneller zu als die Weltbevölkerung. Nach dem Jahr 2010 sind die meisten Menschen weltweit Stadtbewohner.[699]

---

697 Ibid., S. 388.
698 Ibid., S. 410.
699 Schön, Lennart: *Maailman taloushistoria. Teollinen aika*. Vastapaino: Tempere 2013, S. 401.

Ein zweiter positiver Aspekt der Urbanisierung, der auch für die marxistische Auffassung wichtig war, ist die politische Bedeutung der Städte für die demokratische Entwicklung Europas. Schon Adam Smith hebt diesen Aspekt hervor. Unmittelbar nach dem Falle des Römischen Reiches war das Leben ihm zufolge in den Städten nicht besser als auf dem Lande: „Die Städte wurden hauptsächlich von Handelsleuten und Handwerkern bewohnt, die damals zu dem Stande der Sklaven gehörten oder nicht viel über denselben erhaben waren.“[700] Allmählich nahm aber die Freiheit der Städte zu: Es entstanden die ersten „Freistädte“, deren Einwohner „Freibürger oder Freihändler genannt worden waren“. Den Stadtbürgern wurden wichtige Privilegien erteilt, unter anderem „dass sie ihre Töchter nach eigenem Gefallen verheiraten dürften, dass ihre Kinder ihnen im Erbe folgen sollten und dass sie über ihr bewegliches Vermögen letztwillig verfügen könnten“. So wurden die Stadtbürger „wirklich frei im heutigen Sinne des Wortes Freiheit“.[701]

Auch machtpolitische Konstellationen – und die Erweiterung der Urbanisierung überhaupt – verstärkten die demokratische Entwicklung der Städte. Die Einwohner der einzelnen Städte waren meistens nicht stark genug, um sich gegen „die großen Herren“ (also den Hochadel) zu verteidigen. Sie hatten nur die Wahl, die „Sklaven oder Vasallen“ dieser Herren zu werden oder untereinander „ein gemeinsames Schutz- und Trutzbündnis“ gegen die Adelsherren zu schließen, so Smith. Die Stadtbürger waren zugleich geneigt, den König zu unterstützen, und entsprechend war dieser geneigt, „ihnen gegen die Großen zu helfen“.[702] Aufgrund dieser Entwicklung wurden die Städte zunächst in Italien und in der Schweiz „in der Regel unabhängige Republiken und unterjochten den ganzen Adel in ihrer Gegend; sie zwangen ihn, seine Schlösser auf dem Lande niederzureißen und gleich anderen friedlichen Leuten in der Stadt zu wohnen“.[703]

Der Antagonismus zwischen Land und Stadt war damals nach Smith weitgehend gleich mit dem Gegensatz von Sklaverei und Freiheit: Während auf dem Lande „die Bewohner [...] noch jeder Art von Gewalttätigkeit bloßgestellt waren, [wurden] in den Städten Ordnung und eine gute Regierung

700 Smith, S. 404.
701 Ibid., S. 406.
702 Ibid., S. 407–408.
703 Ibid., S. 409.

und mit diesen zugleich Freiheit und Sicherheit der Individuen gegründet". Diese Freiheit und Sicherheit machte die höhere ökonomische und kulturelle Entwicklung der Städte erst möglich. In einem „verteidigungslosen Zustande" auf dem Lande begnügten sich die Menschen nur mit ihrem notwendigen Unterhalt, weil sie keine Sicherheit über die Zukunft hatten. In den Städten „sind sie hingegen sicher, die Früchte ihres Fleißes zu genießen" und strengen sich natürlich an, „ihre Lage zu verbessern und nicht nur das Notwendige, sondern auch die Bequemlichkeiten und feineren Genüsse des Lebens zu erwerben".[704] Die Städte werden dadurch zum Schoß der bürgerlichen Gewerbetätigkeit und Kultur, während die Entwicklung auf dem Lande zurückbleibt.

Die romantische Kritik der Zivilisation – und damit der Städte – wurde bereits durch Rousseau initiiert; in der deutschen Romantik verschärfte sie sich später weiter. Im Gegensatz zu Adam Smiths bürgerlichem Optimismus restaurieren die Denker der Romantik die traditionellen Werte der Bauern (Rousseau) oder des Adels (Novalis, Schelling). Wie schon Norbert Elias gezeigt hat,[705] werden im größtenteils noch feudalen Deutschland die Kulturwerte scharf von der Entwicklung der bürgerlichen Zivilisation unterschieden. Daher werden das Land und die natürliche Verbundenheit des Menschen mit dem Boden verherrlicht. Diese deutsche Tradition der Zivilisationskritik erstreckt sich bis zur „Blut und Boden"-Ideologie des Nationalsozialismus und sieht die demokratischen und kosmopolitischen Großstädte nur als Entfremdungsphänomen.

Ich kann in diesem Artikel nicht tiefer auf die romantische Kritik eingehen, weil sich die marxistische Analyse stärker an den Auffassungen von Adam Smith orientiert. Im Gegensatz zur Romantik sieht der Marxismus die Entwicklung der Städte als notwendig und positiv: Die Städte stimulieren die Entwicklung der Produktivkräfte und Produktionsverhältnisse. Andererseits entwickeln sich die Klassenkämpfe meistens im Zusammenhang mit der Urbanisierung, schon in der ersten großen Städten des Nahen Ostens. Noch größere politische Bedeutung gewinnen die Städte in der Neuzeit durch den Aufstieg des Bürgertums. Wie schon Adam Smith zeigte, konzentrierte sich der Klassenkampf von Adel und Bürgertum in der Verstärkung und Befreiung

---

704 Ibid., S. 410.

705 Elias, Norbert: Über den Prozess der Zivilisation. Suhrkamp Verlag: Frankfurt am Main 1976. Passim.

der Städte. Diese politische Entwicklung setzt sich durch die Entstehung des Proletariats fort. Engels stellt in seiner *Lage der arbeitenden Klassen in England* (1845) fest, dass gerade die neuen industriellen Städte in England der politische Schoß der Arbeiterklasse und ihrer Kampf sind. Ebenso wie Adam Smith betont er auch die kulturelle Bedeutung der Städte im Gegensatz zum „Idiotismus des Landes". Ich untersuche im Folgenden genauer, wie der Stadt-Land-Gegensatz um 1844/45 ein wichtiges Thema des historischen Materialismus und der marxistischen Ökologie gerade beim jungen Engels wurde. Marx und Engels gingen dieser Frage 1845 gemeinsam im Manuskript der *Deutschen Ideologie* nach.

Urbanisierung, Kapitalismus und Umwelt: der Stadt-Land-Antagonismus in den frühen Skizzen des historischen Materialismus bei Friedrich Engels

Adam Smith konnte noch nicht ahnen, welche ernsthaften Probleme die industrielle Entwicklung und beschleunigte Urbanisierung am Anfang des 19. Jahrhunderts aufwerfen würde. Diese Entwicklung begann in England, wo im Jahr 1800 23 Prozent der Bevölkerung in Städten wohnten; 1850 waren es bereits 45 Prozent. Der Bevölkerungszuwachs überstieg die Beschäftigungsmöglichkeiten in der Agrararbeit, daher zogen Menschen vom Land in die Städte, um dort einer Lohnarbeit nachzugehen (industrielle Arbeit und Dienstleistungsgewerbe). Die Infrastruktur der frühen industriellen Städte wie Manchester konnte mit der Produktionssteigerung aber nicht mithalten; entsprechend entstanden massive Hygiene- und Umweltprobleme.[706] Die marxistische Analyse spiegelt diese konkreten Probleme wider, geht in der Analyse des prinzipiellen Problems des „Stoffwechsels" zwischen Gesellschaft und Natur jedoch theoretisch viel weiter. Kapitalistische Konkurrenz und kurzsichtige Gewinngier sind die grundlegende Ursache der genannten Probleme, doch im natürlichen Kreislauf der Stoffe zwischen Mensch und Natur bedeutet auch die Urbanisierung einen prinzipiellen Bruch. In der Agrargesellschaft war dieser Kreislauf noch weitgehend unproblematisch, weil die dem Boden entnommenen Stoffe wiederverwendet (also recycelt) wurden. Die Städte durchbrachen hingegen diesen Kreislauf: Die Stoffe

[706] Schön 2013, S. 109–117.

gelangten nicht in den Boden zurück, sondern bildeten nicht weiter verwerteten Abfall; die in Industriestädten anfallenden Schadstoffe verursachten erhebliche Umweltverschmutzung.[707]

Bei der Entstehung der marxistischen Ökologie spielte Friedrich Engels eine zentrale Rolle. Er beschrieb als Erster den Stadt-Land-Antagonismus sowohl als ökologisches als auch als geschichtlich-materialistisches Problem. Marx stützte sich in seinen späteren Analysen – vor allem im *Kapital* – auf die Gedanken von Engels. Dieser war schon als junger Schriftsteller an Landschaftsästhetik interessiert (*Briefe aus dem Wuppertal 1839*). Das Interesse an der natürlichen Umgebung spiegelt sich auch in seinen frühen Analysen des industriellen Kapitalismus in Großbritannien. In seiner ersten Skizze zur politischen Ökonomie, der *Kritik der Nationalökonomie* (1844/45) – die Marx' Interesse an ökonomischen Fragen erweckte und später von diesem als „genial" bewertet wurde –, betrachtete Engels die Natur als wichtige Voraussetzung der Ökonomie. In dieser Untersuchung kritisiert er auch bereits die kapitalistische Nutzung der Natur.[708] Noch wichtiger für unser Thema „Stadt-Land-Antagonismus" ist Engels' Beschreibung und Analyse der englischen Verhältnisse in seinem ersten Buch, *Die Lage der arbeitenden Klasse in England* (1845).

Der junge Engels betrachtet die Entstehung der Industriestädte als tiefgreifende Veränderung, auch für die Bodennutzung und die sozialen Verhältnisse auf dem Lande. In der *Kritik der Nationalökonomie* bemerkt er, dass die Entstehung des Privateigentums am Boden und insbesondere die kapitalistische Konkurrenz (Engels spricht damals noch nicht von „Kapitalismus", sondern von „Konkurrenzgesellschaft") die Bodennutzung intensiviert und krankhafte Folgen hat. Es ist laut Engels „der letzte Schritt zur Selbstverschacherung, die Erde zu verschachern, die unser Eins und Alles, die erste Bedingung unsrer Existenz ist". Die Privatisierung des Bodens bereitet diese „Verschacherung" vor:

> Und die ursprüngliche Appropriation, die Monopolisierung der Erde durch eine kleine Anzahl, die Ausschließung der Uebrigen von der Bedingung ihres Lebens, gibt der spätern Verschacherung des Bodens an Unsittlichkeit nichts nach.[709]

---

[707] Burkett, Paul: *Marxism and Ecological Economics. Towards a Red and Green Political Economy*. Haymarket Books: Chicago 2009, S. 183.

[708] Väyrynen 2013.

[709] *Marx-Engels Gesamtausgabe* (MEGA). Dietz Verlag: Berlin 1979 ff. MEGA I/3, S. 480.

Die Natur wird eine private ökonomische Ressource, und ihre vielseitigen traditionellen Nutzungsweisen – das Sammeln von Beeren, Pilzen, nachhaltiges Jagen und Fischen, Erholung in der Natur usw. – werden von den Grundeigentümern allmählich verboten.

Die kapitalistische Konkurrenz erfordert schnelle Gewinne, und ihre innere Logik interessiert sich nicht für die langsamen Prozesse der Natur oder der menschlichen Entwicklung. Engels schildert diese Problematik sehr treffend, wenn er schreibt:

> Der Kampf von Kapital gegen Kapital, Arbeit gegen Arbeit, Boden gegen Boden treibt die Produktion in eine Fieberhitze hinein, in der sie alle natürlichen und vernünftige Verhältnisse auf den Kopf stellt. Kein Kapital kann die Konkurrenz des andern aushalten, wenn es nicht auf die höchste Stufe der Thätigkeit gebracht wird. Kein Grundstück kann mit Nutzen bebaut werden, wenn es nicht seine Produktionskraft stets steigert. Kein Arbeiter kann sich gegen seine Konkurrenten halten, wenn er nicht seine ganzen Kräfte der Arbeit widmet. Ueberhaupt keiner, der sich in den Kampf der Konkurrenz einlässt, kann ihn ohne die höchste Anstrengung seiner Kräfte, ohne die Aufgebung aller wahrhaft menschlichen Zwecke aushalten.[710]

Die Konkurrenz ist eine krankhafte Erscheinung (Fieberhitze), die die Produktionselemente, sowohl den Arbeiter als den Boden, überanstrengt und sich nicht um den langfristigen Erhalt ihrer Produktivkraft kümmert. Die „Fieberhitze" der kurzfristigen Gewinnsucht hat keine Zeit, sich zu den komplexen Voraussetzungen einer gesunden und nachhaltigen Produktivität von Natur und Boden Gedanken zu machen. Es scheint kurzfristig zu teuer, nachhaltig in sie zu investieren. Es ist interessant, dass der junge Engels gegen die Forderungen der ökonomischen Effektivität einige soziale und ökologische Grundwerte klar verteidigt – „wahrhaft menschliche Zwecke", in diesem Zusammenhang vor allem die Gesundheit, aber auch ästhetische und erholsame Aspekte der Naturbeziehung.

Die vielseitige Bedeutung und der Wert der Natur für den Menschen wird noch deutlicher im gleichzeitig entstandenen Werk *Die Lage der arbeitenden Klasse in England* (1845) hervorgehoben. Die industriellen Städte zerstören die traditionelle Grundlage der menschlichen Existenz durch die entfremdete

---

[710] Ibid., S. 486.

Fabrikarbeit. Dem Arbeiter bleibt „kaum Zeit zum Essen und Schlafen, nicht einmal zu körperlicher Bewegung in freier Luft, zum Genuss der Natur". Aber auch auf dem Lande hat sich die Lage des Ackerbauproletariats verschlechtert – durch die Einführung des Taglohns, von Maschinen und die Arbeit von Frauen und Kindern. So entstand in den Ackerbauregionen ein Zustand „des *permanenten* [...] Pauperismus", der sogar schlimmer ist als der „*wechselnde* Pauperismus" der Fabrikdistrikte. Die schlechte Lage der „Übervölkerung" auf dem Lande war dort nicht „durch vermehrte Produktion zu beseitigen": Neue Fabriken in den Industriebezirken „konnten immer angelegt werden, [...] aber neues Land konnte nicht geschafft werden."[711]

Im Vergleich dazu war die Stellung der Bauern und Landarbeiter vor der industriellen Revolution fast idyllisch. Damals „vegetierten die Arbeiter in einer ganz behaglichen Existenz". Sie „brauchten sich nicht zu überarbeiten, sie machten nicht mehr, als sie Lust hatten, und verdienten doch, was sie brauchten". Sie hatten auch genug erfrischende Freizeit in der Natur: „sie hatten Muße für gesunde Arbeit in ihrem Garten oder Felde, eine Arbeit, die ihnen selbst schon Erholung war". Ihre Kinder „wuchsen in der freien Landluft auf" und halfen ihren Eltern nur dann und wann bei der Arbeit. Die Arbeit war nicht zu anstrengend: „von einer acht- oder zwölfstündigen täglichen Arbeitszeit war keine Rede". Diese ländliche Idylle hatte jedoch ihre Kehrseite: Die Möglichkeiten zu persönlicher Entwicklung und individueller Lebensgestaltung waren im Vergleich mit denen in den Städten begrenzt. Das patriarchalische Familienverhältnis blieb ungestört, die Leute konnten selten lesen und schreiben, sie „politisierten nicht, konspirierten nicht, dachten nicht". Sie waren „geistig tot" und „fühlten sich behaglich in ihrem stillen Pflanzenleben". Ohne industrielle Revolution wären sie nie „aus dieser allerdings sehr romantisch-gemütlichen, aber doch eines Menschen unwürdigen Existenz" herausgetreten. Erst die Wirkungen der industriellen Revolution brachten den Arbeitern ihre Klassenlage zum Bewusstsein und trieben sie „zum Denken und zur Forderung einer menschlichen Stellung".[712]

Wie bei Adam Smith sind die Städte auch bei Engels die eigentliche Geburtsstätte der Politik – und auch anderer menschlicher Möglichkeiten. Das vegetierende Leben auf dem Lande bleibt traditionell, also letzten Endes

[711] *Marx-Engels-Werke* (MEW) 2, S. 474–475.
[712] Ibid., S. 238–239.

gebunden und unfrei. Diese positive Seite der Städte wird auch in der (in Zusammenarbeit mit Marx verfassten) *Deutschen Ideologie* hervorgehoben, die die Urbanisierung in einem größeren geschichtlichen Kontext analysiert. Die Politik – und auch die umfassendere Kultur – ist von Anfang an die Sache der Städte. Daher ist die Trennung von Stadt und Land ein zentrales Thema des in der *Deutschen Ideologie* systematisch skizzierten historischen Materialismus.[713]

Engels und Marx beschreiben die geschichtliche Bedeutung der Urbanisierung folgendermaßen:

> Die größte Teilung der materiellen und geistigen Arbeit ist die Trennung von Stadt und Land. Der Gegensatz zwischen Stadt und Land fängt an mit dem Übergange aus der Barbarei in die Zivilisation [...] und zieht sich durch die ganze Geschichte der Zivilisation bis auf den heutigen Tag [...] hindurch. – Mit der Stadt ist zugleich die Notwendigkeit der Administration, der Polizei, der Steuern usw., kurz des Gemeindewesens und damit der Politik überhaupt gegeben.[714]

In der Stadt konzentrieren sich die Bevölkerung, die Produktionsinstrumente und das Kapital, aber auch Genüsse und Bedürfnisse, während das Land „gerade die entgegengesetzte Tatsache, die Isolierung und Vereinzelung, zur Anschauung bringt". Der Gegensatz zwischen Land und Stadt setzt nach Engels und Marx schon das Privateigentum und die Arbeitsteilung voraus. Daher kann die Trennung von Land und Stadt

> auch gefaßt werden als die Trennung von Kapital und Grundeigentum, als der Anfang einer vom Grundeigentum unabhängigen Existenz und Entwicklung des Kapitals, eines Eigentums, das bloß in der Arbeit und im Austausch seine Basis hat.[715]

In diesem Zusammenhang erheben Engels und Marx auch programmatisch die – für die spätere marxistische Politik zentrale – Forderung einer „Aufhebung des Gegensatzes von Stadt und Land". Sie ist eine „der ersten Bedingungen der Gemeinschaft".[716]

---

[713] MEW 3, S. 22–25, 50–57.
[714] Ibid., S. 50.
[715] Ibid.
[716] Ibid.

Die ökologische Problematik des „Stoffwechsels" in den Städten

In der historischen Analyse des Gegensatzes von Stadt und Land in der *Deutschen Ideologie* werden ökologische Aspekte der Urbanisierung nicht behandelt. Die Frage des Verhältnisses zum Boden ist jedoch nicht verschwunden – sie wird in diesem Werk offenbar nur vorläufig vernachlässigt, um die sozialen und ökonomischen Grundlagen des historischen Materialismus eingehender zu skizzieren. Engels und Marx betonen jedoch, dass die historischen Naturbedingungen ein Teil jener „wirklichen Voraussetzungen" sind, „mit denen wir beginnen". Die materiellen Lebensbedingungen der „wirklichen Individuen", „sowohl die vorgefundenen wie die durch ihre eigne Aktion erzeugten", sind die Voraussetzungen der Geschichte. Die „vorgefundenen" Aspekte sind neben der physischen Beschaffenheit der Menschen auch die „vorgefundenen Naturbedingungen, die geologischen, orohydrographischen, klimatischen und andern Verhältnisse". Diese Aspekte sind für die Geschichtsforschung sehr wichtig: „Alle Geschichtschreibung muß von diesen natürlichen Grundlagen und ihrer Modifikation im Lauf der Geschichte durch die Aktion der Menschen ausgehen." Diese Seite der Geschichte wird im Manuskript allerdings nicht behandelt: „Wir können hier natürlich [auf diese Bedingungen] [...] nicht eingehen."[717] Diese umweltgeschichtlichen Aspekte des historischen Materialismus bleiben also späteren Untersuchungen vorbehalten.

Marx und Engels kehren zu diesen Themen immer wieder zurück, ohne sie jemals systematisch und gründlich zu behandeln. Marx widmete sich der Naturgebundenheit des Menschen und der menschlichen Gesellschaft in seinen ökonomischen Manuskripten und im *Kapital* und entwickelte eine vielseitige ökologische Kapitalismuskritik; mit dieser antizipierte er bereits viele Themen, die erst in unserer Zeit gründlich erforscht worden sind. Ich habe Marx' Kritik in einer früheren Publikation analysiert und dabei insbesondere die Rolle des deutschen Agrarchemikers Justus Liebig hervorgehoben.[718]

Engels kehrte vor allem in seiner *Dialektik der Natur* zu diesen Themen zurück und diskutierte viele konkrete Umweltprobleme, die die kapitalistische Nutzung der Natur zum Beispiel in den Tropen verursacht. Der

---

717 Ibid., S. 20–21.

718 Väyrynen 1998, S. 358–364.

Kahlschlag der Wälder in den Tropen oder auch in den Alpen verursacht, so Engels, sowohl Erosionsprobleme als auch Klimaveränderungen und könnte zu umfassenden Verwüstungen führen. Auch Engels stützte sich hier auf die naturwissenschaftliche Grundlagenforschung, vor allem auf das Buch des deutschen Botanikers Karl Fraas, *Klima und Pflanzenwelt in der Zeit* (1847), in der dieser die Gefahren des Kahlschlags analysiert hatte.[719] Engels fasst in seinen Exzerpten aus diesem Buch die generelle Bedeutung der Thesen von Fraas folgendermaßen zusammen:

> Hauptnachweis daß die Civilisation ein antagonistischer Prozeß ist, der in seiner bisherigen Form das Land erschöpft, den Wald verwüstet, den Boden für seine ursprünglichen Produkte unfruchtbar macht & das Klima verschlechtert. Steppenboden & erhöhte Wärme & Trockenheit des Klimas seien die Folgen der Kultur. In Deutschland & Italien sei es jetzt 5–6° R. wärmer als zur Waldzeit [...] *Es läßt die fortschreitende Völkerkultur eine ziemliche Wüste hinter sich* [...][720]

Für unser Thema der Urbanisierung waren vor allem die Analysen von Marx im *Kapital* und seinen Vorarbeiten wichtig. Marx hebt im *Kapital* den Gegensatz von Stadt und Land überhaupt als ein sehr wichtiges Thema der materialistischen Geschichtsauffassung hervor. Er schreibt:

> Die Grundlage aller entwickelten und durch Warenaustausch vermittelten Teilung der Arbeit ist die Scheidung von Stadt und Land. Man kann sagen, daß die ganze ökonomische Geschichte der Gesellschaft sich in der Bewegung dieses Gegensatzes resümiert.[721]

Marx fasst seine Auffassung über die „Scheidung von Stadt und Land" und ihre ökologischen Folgen im kurzen Kapitel „Große Industrie und Agrikultur" zusammen. Leider werden hier, so der Autor, nur „vorweggenommene Resultate" einer späteren Darstellung kurz zusammengefasst[722] – ein Projekt, das nie vollständig durchgeführt wurde, das Marx aber offenbar für sehr wichtig hielt, weil er zum Beispiel umfassende (agrar)chemische

---

719 Ibid., S. 364–365.
720 MEGA IV/31, S. 512/515.
721 MEW 23, S. 373.
722 Ibid., S. 527.

und andere naturwissenschaftliche Studien betrieb – vermutlich, um solche Untersuchungen weiterzuführen.

Wie wirkt sich die industrielle Revolution auf dem Lande aus? Die große Industrie vernichtet die alte Agrargesellschaft, treibt die Landarbeiter zur Stadt. Dieser Prozess geschieht im Kapitalismus unbeherrscht und hat sowohl für die Arbeiter als auch für das Land eine Reihe gewichtiger negativer Folgen. Es entsteht eine „stets wachsende[s] Übergewicht der städtischen Bevölkerung", die ein revolutionäres Potenzial – „Bewegungskraft der Gesellschaft" – bildet. Hinzu kommen unhaltbare ökologische Folgen. Die kapitalistische Produktion, so Marx, „stört [...] den Stoffwechsel zwischen Mensch und Erde, d. h. die Rückkehr der vom Menschen in der Form von Nahrungs- und Kleidungsmitteln vernutzten Bodenbestandteile zum Boden, also die ewige Naturbedingung dauernder Bodenfruchtbarkeit".[723] Der kapitalistische Fortschritt hat also ökologisch unhaltbare Nebenwirkungen, weil der Kapitalist nur am unmittelbaren Gewinn interessiert ist, nicht am Erhalt der Gesundheit der Erde und der Arbeiter.

Literaturverzeichnis

Burkett, Paul: *Marxism and Ecological Economics. Toward a Red and Green Political Economy*. Haymarket Books: Chicago 2009.

Diamond, Jared: *Romahdus. Miten yhteiskunnat päättävät tuhoutua tai menestyä* (*Collapse: How Societies Choose to Fail or Succeed*, Viking Press 2005). Terra Cognita: Helsinki 2005.

Elias, Norbert: *Über den Prozess der Zivilisation*. Suhrkamp Verlag: Frankfurt am Main 1976.

Hughes, Donald J.: *Maailman ympäristöhistoria*. Vastapaino: Tampere 2008. Englische Ausgabe: *An Environmental History of the World*, Psychology Press: New York 2001.

Marx, Karl/Engels, Friedrich: *Marx-Engels Gesamtausgabe (MEGA)*. Akademie Verlag: Berlin 1975–.

Marx, Karl/Engels, Friedrich: *Werke* (MEW). Dietz Verlag: Berlin 1968–.

---

723 Ibid., S. 528.

Ponting, Clive: *A Green History of the World. The Environment and the Collapse of Great Civilisations*. Penguin Books: New York 1993.

Radkau, Joachim: *Natur und Macht. Eine Weltgeschichte der Umwelt*. C.H. Beck: München 2000.

Schön, Lennart: *Maailman taloushistoria. Teollinen aika*. Vastapaino: Tampere 2013.

Smith, Adam: *Reichtum der Nationen*. Voltmedia: Paderborn (kein Erscheinungsjahr).

Tierethik und Ökophilosophie in Skandinavien

Edvard Westermarck und die Tierrechte[724]

Edvard Westermarcks evolutionäre Soziologie und Anthropologie ist in vielerlei Hinsicht nach wie vor aktuell: Insbesondere durch die Entwicklung der Soziobiologie und Evolutionspsychologie ist sein Denken zu einem aktuellen Diskussionsthema geworden. Er war auch ein Umwelttheoretiker, insbesondere ein Kritiker des anthropozentrischen Weltbildes im Christentum und ein Verfechter der Tierrechte. Dieser Aspekt seines Denkens ist kaum erforscht. Sein Hauptwerk, *The Origin and Development of the Moral Ideas* (1906/1908), untersucht ausführlich die verschiedenen Haltungen gegenüber Tieren in der Menschheitsgeschichte. Auch in seinem letzten Werk, *Christianity and Morals* (1939), spielt diese Frage eine wichtige Rolle. Westermarck nimmt Lynn Whites berühmte Kritik am christlichen Naturbild von 1967 vorweg und kritisiert den Anthropozentrismus des Christentums. Andere große Weltreligionen (zum Beispiel Jainismus, Buddhismus und Taoismus) vertreten laut Westermarck eine mitfühlendere Haltung gegenüber Natur und Tieren. Wie für Lynn White ist auch für Westermarck das Christentum die anthropozentrischste Religion. Westermarcks eigener Standpunkt betont die Ethik des Mitgefühls und folgt neben den antiken Traditionen den ethischen Ansichten von Hume, Smith und Darwin sowie der Tierschutzbewegung des 19. Jahrhunderts.

---

[724] Zuvor veröffentlicht auf Englisch: „Edvard Westermarck and Animal rights". In: *Faravid* 36. Pohjois-Suomen historiallinen yhdistys: Rovaniemi 2012, S. 119–132.

Einführung

Edvard Westermarck (1862–1939) ist wahrscheinlich der international bekannteste Klassiker der finnischen Wissenschaft – und das nicht ohne Grund. Er war ein Mann von umfassender Bildung; ein Soziologe, Kulturanthropologe und Philosoph, ein hervorragender Schriftsteller und origineller Denker, sowohl Theoretiker als auch empirischer Wissenschaftler, sowie ein radikaler Gesellschaftskommentator. Sowohl als Soziologe als auch als Philosoph ist Westermarck noch heute relevant. In den letzten zehn Jahren hat Westermarck zunehmend an Popularität gewonnen, da insbesondere die Soziobiologie und die Evolutionspsychologie Fortschritte gemacht haben.[725]

Westermarck führte jedoch auch eine Reihe weniger bekannter Ideen ein, die aus Sicht der modernen Wissenschaft interessant sind. Es ist naheliegend, dass sich Westermarck als Kulturanthropologe und sozial verantwortlicher Ethiker für die Rechte verschiedener unterdrückter Gruppen wie Frauen und Homosexuelle interessierte – ein Thema, das in neueren Studien immer wieder thematisiert wird. Westermarcks Ansichten zu Natur und Tieren und seine entsprechende Kritik am anthropozentrischen Denken wurden bisher weniger beachtet. Da diese Themen in Westermarcks gesamtem Werk immer wieder auftauchen, gibt es gute Gründe, ihn als interessanten Klassiker der Umweltphilosophie und -soziologie zu betrachten, der für Wissenschaftler dieser Disziplinen eine genauere Betrachtung wert ist. Tatsächlich gibt es eine Reihe von Denkern, die sich auf weniger fundierter Grundlage als Klassiker der Umweltforschung etabliert haben. In der Umweltsoziologie widmen beispielsweise Marx, Weber und Durkheim[726] der Natur und den Tieren deutlich weniger Aufmerksamkeit als Westermarck. Auch auf internationaler Ebene verdient er den Status eines klassischen Umweltdenkers.

Tatsächlich ist die einzige Studie, die – wenn auch nur kurz – Westermarck als bemerkenswerten Umweltdenker erwähnt, ein recht kurzer Artikel von

---

[725] Allardt, Erik: „Edvard Westermarck: A Sociologist Relating Nature and Culture“. In: *Acta Sociologica* 2000, S. 43. Siehe auch Wilson, Edward O.: *Konsilienssi. Tiedon yhtenäisyys*. Terra Cognita: Helsinki 2001, S. 198–204.

[726] Dunlap, Riley et al. (Hrsg.): *Sociological Theory and the Environment. Classical Foundations, Contemporary Insights*. Rowman/Littlefield: Lanham 2002.

Erik Allardt.[727] In meinen eigenen Studien habe ich Westermarck einleitend als Gelehrten mit Expertise in Tierethik und verschiedenen Ansichten über Tiere in der Geschichte religiöser und philosophischer Ideen diskutiert.[728] Tatsächlich sind Tierrechte wahrscheinlich das zentralste Thema in Westermarcks Werk zur Umweltphilosophie und sicherlich einer genaueren Betrachtung wert. Westermarck diskutierte auch andere naturbezogene Fragen (z. B. Kritik am christlichen Verhältnis zur Natur und am anthropozentrischen Denken), die eng mit diesem Thema verbunden sind. In Studien zur Geschichte des finnischen Umweltdenkens wurde Westermarck nicht ausführlich behandelt[729], und Studien zu Westermarck selbst[730] haben diesen Fragen nicht die nötige Aufmerksamkeit geschenkt. Luoma spielt die Bedeutung des Themas Tierrechte sogar herunter und betrachtet es „vor allem als eine historische Kuriosität“[731], obwohl er die Tatsache betont, dass Westermarck schon früh eine Liebe zur Natur und zum Leben im Freien entwickelte, die sich später sogar auf einige pantheistische Nuancen ausweitete.[732] In Luomas Studie wird die christliche Sicht auf Tiere nur kurz in einigen Absätzen erwähnt.[733] Dasselbe

---

727 Allardt 2000.

728 Väyrynen, Kari: *Ympäristöfilosofian historia maaäitimyytistä Marxiin*. Eurooppalaisen filosofian seura: Tampere 2006, S. 202, 209, 212, 388–389.

729 Maria Suutalas bahnbrechende Forschung zur Naturauffassung bestimmter finnischer Nationalklassiker beschränkt sich auf das Denken des 19. Jahrhunderts (Runeberg, Topelius, Lönnrot, Snellman). Westermarck war allerdings nicht der erste finnische Denker, der sich mit Tierrechten befasste. Einer seiner Vorgänger war Zacharias Topelius, der 1870 eine Vereinigung zum Schutz kleiner Vögel gründete. Dessen Vorstellung von Tierrechten war aber sehr begrenzt: Reptilien und Raubtiere hielt er nicht für schützenswert, sondern betrachtete sie – Bären ausgenommen – als gemein und böse. (Suutala, Maria: „Luonto ja kansallinen itsekäsitys“. In: Manninen, Juha/Patoluoto, Ilkka (Hrsg.): *Hyöty, sivistys, kansakunta. Suomalaista aatehistoriaa*. Pohjoinen: Oulu 1986, S. 243–244).

730 Luoma, Matti: *Kristinuskon moraalikritiikki Edvard Westermarckin elämässä ja ajattelussa*. Tampereen yliopisto: Tampere 1967; Stroup, Timothy: *Westermarck's Ethics*. Åbo Akademi: Åbo 1982; Ihanus, Juhani: *Kadonneet alkuperät. Edvard Westermarckin sosiaalipsykologinen ajattelu*. Kirjayhtymä: Helsinki 1990; Salmela, Mikko: *Suomalaisen kulttuurifilosofian vuosisata*. Otava: Helsinki 1998.

731 Luoma 1967, S. 156.

732 Ibid., S. 18–19. Vgl. auch Salmela 1998, S. 24–26, 72–73, 95.

733 Luoma 1967, S. 40, 156–157.

gilt für andere entsprechende Studien: Die Frage der Tierrechte wird nur oberflächlich erörtert.[734]

Westermarcks Interesse an Tierrechten rührte von seinem intellektuellen Hintergrund und den Umständen seiner Zeit her. Seine wichtigsten Einflüsse waren die Philosophie des englischen Empirismus und Darwins Evolutionstheorie. Neben David Hume (1711–1776), Frances Hutcheson (1694–1746) und Jeremy Bentham (1748–1832), die das Thema der Tierrechte bereits im 18. Jahrhundert diskutierten, erkannte auch Charles Darwin (1809–1882) dessen ethische Bedeutung. Schon vor Darwin neigten Empiristen dazu, den Unterschied zwischen Mensch und Tier als rein relativ und nicht kategorisch zu betrachten: Hume beispielsweise erkannte an, dass auch Tiere Vernunft besitzen. Darüber hinaus waren die frühen 1800er-Jahre durch die Entstehung der Tierrechtsbewegung in England gekennzeichnet.[735] Westermarck machte sich bereits als Doktorand mit der Philosophie des englischen Empirismus und der Evolutionstheorie vertraut, bevor er in England im Herbst 1887 seine Postdoc-Studien begann. Mit der Veröffentlichung seiner Studie *The History of Human Marriage* im Jahr 1891 wurde er bald weltberühmt.[736] Es ist auch wahrscheinlich, dass Westermarck schon sehr früh mit der Tierschutzbewegung in Berührung kam. Gegen Ende des 19. Jahrhunderts hatte die Bewegung außer in England auch in Finnland Fuß gefasst. Nach der Gründung des Kleinvogelschutzvereins von Sakari Topelius im Jahr 1870 entstanden in vielen Städten Tierschutzvereine. Zwischen 1871 und 1907 gab es in Finnland insgesamt 90 aktive Tierschutzvereine.[737]

Evolutionismus und moralische Emotionen

Es ist klar, dass die Evolutionstheorie eine breite historische Sicht auf die Menschheit voraussetzt. Westermarcks Forschungsansatz war von Anfang an historisch, global und komparativ-interkulturell. Westermarck wollte das Studium der Geschichte mithilfe der Evolutionstheorie wissenschaftlicher

---

[734] Stroup 1982, S. 266–267; Pietarinen, Juhani: „Edvard Westermarck, moraalifilosofian dinosauri“. In: *Tieteessä tapahtuu* 7, 1997, S. 12–16; Salmela 1998, S. 90.

[735] Väyrynen 2006, S. 194–214.

[736] Salmela 1998, S. 25–29.

[737] Helminen, Katri: „Eläinsuojelua tsaarinajan Suomessa“. In: *Suomen eläinlääkärilehti* 9, 2006, S. 410–414.

gestalten: Schon in seiner Doktorarbeit stellte er fest, dass die „Geschichte der menschlichen Zivilisation“ ebenso wissenschaftlich behandelt werden sollte wie die „Geschichte der belebten Natur“. Georg Henrik von Wright hat diese Idee einer Naturgeschichte der menschlichen Zivilisation als die wichtigste Idee in Westermarcks akademischer Laufbahn gepriesen.[738] Westermarcks Ansatz zur Evolutionstheorie war jedoch weder mechanisch noch einseitig: Er vertrat eine ähnliche Ansicht wie der von ihm bewunderte Anthropologe Edward Tylor (1832–1917), demzufolge die Evolutionsprinzipien nur einen groben Rahmen für das Verständnis der Natur kultureller Entwicklung bieten. Statt auf der Biologie lag sein Schwerpunkt also eher auf der Psychologie. Wie Tylor betonte Westermarck die Bedeutung psychologischer Erklärungen bei der Analyse kultureller Phänomene – einschließlich der Annahme, dass alle Kulturen auf einer Art psychischer Einheit der Menschheit beruhen. So kann beispielsweise argumentiert werden, dass Magie und Religion eigentlich aus dem Bedürfnis entstehen, verschiedene unbekannte Naturkräfte durch Personifizierung zu kontrollieren. Auch hierbei handelt es sich nicht um ein mechanisches Phänomen, da aufgrund kultureller Einflüsse keine direkte parallele Beziehung zwischen Umweltfaktoren und kulturellen Phänomenen besteht.[739]

Was den klassischen Positivismus betrifft, so hatte John Stuart Mill in seinem Buch *A System of Logic* (1843) die zentrale Rolle solcher psychologischer Erklärungen und sogar der „Gesetze des Geistes“ bei der Verwissenschaftlichung sozialer und historischer Fragen bereits angesprochen.[740] Tatsächlich wurde die Psychologie im späten 19. Jahrhundert zu einem sehr populären Wissenschaftszweig und beeinflusste das kontinentale Denken, beispielsweise Wilhelm Diltheys neukantianisches Projekt, den wissenschaftlichen Status der historischen Forschung durch psychologische Erkenntnisse zu klären.[741] Westermarck war natürlich mit dem klassischen Positivismus vertraut und von ihm beeinflusst, auch wenn er dessen Tendenz zu mechanistischen Erklärungen ablehnte.

---

738 Ihanus 1990, S. 40.
739 Ibid., S. 51–61.
740 Juntunen, Matti/Mehtonen, Lauri: *Ihmistieteiden filosofiset perusteet*. Gummerus: Jyväskylä 1977, S. 76–81.
741 Ibid., S. 98–101.

Westermarck wandte diese theoretischen Ansätze auch auf die Erforschung von Tierrechten an. Einerseits sei es wichtig, die Vielfalt kultureller Perspektiven möglichst vollständig zu beschreiben, andererseits müssten wir auch nach verschiedenen psychischen Faktoren suchen, die – relativ unabhängig von diesen kulturellen Unterschieden – unsere Haltung gegenüber Tieren beeinflussen. Daher sei es wichtig, neben Ideologien auch verschiedene alltägliche Überlegungen zum Nutzen sowie Emotionen zu berücksichtigen. Von besonderer Bedeutung seien die grundlegenden Emotionen, die moralische Urteile beeinflussen. Laut Westermarck „basieren moralische Konzepte auf Emotionen", und diese Emotionen sind „von zweierlei Art: Missbilligung oder Empörung und Zustimmung". Sie haben einen tieferen, nicht-moralischen, natürlichen Grund in den Emotionen von Wut und Rache (Missbilligung) und „freundlichen Emotionen, die in ihrer ausgeprägtesten Form Dankbarkeit sind".[742] Westermarck stützt sich in seiner Theorie der moralischen Emotionen auf David Hume und Adam Smith.[743]

Verschiedene praktische Erwartungen an Emotionen haben wiederum einen evolutionären Hintergrund: Beim Anblick einer Schlange empfinden wir instinktiv Angst, während der Anblick eines Welpen oder eines Schweinchens uns mitfühlend macht. Unsere Vorstellungen von Tieren spiegeln somit unsere Evolutionsgeschichte wider: Tiere, die für uns einen positiven emotionalen Wert haben, waren uns meist nützlich, sei es als Beute oder als Kooperationspartner. Dieser evolutionäre Hintergrund manifestiert sich am deutlichsten in unserer alltäglichen Sympathie für Tiere. Verschiedene religiöse und philosophische Ideologien können jedoch völlig gegenteilige Auswirkungen auf uns haben – insbesondere die relativ negative Sicht des Christentums auf Tiere und unsere eigenen „tierischen" Aspekte zeigt, dass die im Laufe der Evolution entwickelten Emotionen nicht immer unsere moralischen Urteile bestimmen. Unser alltägliches Handeln wird sowohl von unserem Intellekt als auch von Emotionen beeinflusst, und die Kultur bestimmt, welche Seite wichtiger ist. Tatsächlich neigen Emotionen in den meisten Fällen dazu, solche metaphysischen und intellektuellen Ideen, die

---

742 Westermarck, Edvard: *The Origin and Development of the Moral Ideas I.* Macmillan and Co.: London 1924, S. 21.

743 Salmela 1998, S. 45.

naturgemäß weniger stabil sind, zu überwiegen. Dies zeigt auch Westermarcks Analyse unserer Haltung gegenüber Tieren.

Westermarck lieferte in seinem Hauptwerk der Moralphilosophie, *The Origin and Development of the Moral Ideas* (ursprünglich 1906/1908; ich verwende die zweite Auflage 1924/1926), eine sorgfältige Analyse der Geschichte moralischer Ideen auf Grundlage einer Vielzahl von Quellen – von Volksmärchen und Mythen bis hin zu philosophischen Lehren. Obwohl er vom Geist der Aufklärung inspiriert war, war er theoretisch sehr tolerant und strebte danach, die Ansichten verschiedener Kulturen gleichermaßen zu verstehen – einschließlich des alltäglichen Denkens, das sich in Märchen und Sprichwörtern manifestiert, sowie verschiedener religiöser und mythischer Ansichten. Westermarck kann jedoch nicht als extrem relativistischer Denker angesehen werden, für den jede Ansicht gleichermaßen wahr ist. Sein ethischer Relativismus ist gemäßigt: Moral kann sich als Ergebnis intellektueller und emotionaler Entwicklung entwickeln. Moralischer Fortschritt ist daher möglich, wenn auch nicht notwendig und linear. Er verknüpfte zudem verschiedene Themen der Moralgeschichte mit der Moderne und beteiligte sich kritisch an den moralischen Diskussionen seiner Zeit. Dies galt auch hinsichtlich unserer Einstellung gegenüber Tieren.

Obwohl Westermarck vom Geist der Aufklärung inspiriert war, waren seine Schriften nicht von einem naiv-optimistischen Fortschrittsglauben geprägt. Seine Ansichten unterschieden sich daher vom klassischen Positivismus, der von Denkern wie Saint-Simon und Auguste Comte entwickelt wurde, die die Geschichte als einen Fortschritt von der Theologie über die Metaphysik zur positivistischen Wissenschaft betrachteten.[744] Westermarck meinte beispielsweise, dass die Moral, was unsere Einstellung gegenüber Tieren betrifft, aufgrund des dem Christentum innewohnenden Anthropozentrismus sogar abgenommen habe – zumindest im Westen. Erst das Aufkommen der Tierschutzbewegung im 19. Jahrhundert könne als Rückkehr zu der positiveren vorchristlichen Einstellung gegenüber Tieren gewertet werden. Als nächstes werde ich die zentralen Phasen der menschlichen Denkweise über Tierrechte aus Westermarcks Sicht vorstellen.

---

744 Zum klassischen Positivismus siehe Juntunen/Mehtonen 1977, S. 72–76.

Ansichten über Tiere in der Geschichte des moralischen Denkens

Westermarcks monumentales Hauptwerk *The Origin and Development of the Moral Ideas* bietet eine ausführliche Darstellung der Haltung des Menschen gegenüber Tieren im Laufe der Geschichte, insbesondere in Kapitel 44 mit dem Titel „Regard for the Lower Animals".[745] Es gibt auch eine Reihe weiterer Kapitel, die sich teilweise mit dem Umgang mit Tieren befassen. Von besonderem Interesse sind in dieser Hinsicht Kapitel 10 („Agents Under Intellectual Disability"), Kapitel 47 („The Belief in Supernatural Beings") und Kapitel 48–49 („Duties to Gods"). In Übereinstimmung mit der Evolutionstheorie wendet Westermarck die Analyse einer Reihe moralisch bedeutsamer Emotionen auch auf Tiere an. Obwohl dieser Aspekt interessant und für die Moralphilosophie nicht ohne Bedeutung ist, geht er über den Rahmen dieser Abhandlung hinaus. Andererseits wird die Frage der Tierrechte auch in einem eigenen Kapitel von Westermarcks letztem Werk *Christianity and Morals* (1939) erörtert. Obwohl dieses Buch bereits während des Zweiten Weltkriegs ins Finnische übersetzt wurde, wurde es erst 1984 auf Finnisch veröffentlicht. Erik Allardt vermutet, dass sich die Veröffentlichung der Übersetzung wegen der abnehmenden Popularität von Westermarcks Ideen verzögerte.[746] In den Jahrzehnten nach dem Zweiten Weltkrieg geriet Westermarcks Werk fast in Vergessenheit und wurde erst um die Jahrtausendwende wiederentdeckt.[747] Werfen wir nun einen Blick auf die wichtigsten Entwicklungen in der menschlich-moralischen Haltung gegenüber Tieren aus Westermarcks Sicht.

Im Allgemeinen respektierten die Ureinwohner[748] Tiere und behandelten sie gut, was teilweise auf religiöse Ansichten und teilweise auf praktische Aspekte des Lebens zurückzuführen war. Insbesondere Totem- und Göttertiere wurden mit Respekt behandelt. Westermarck erörtert diese Frage ausführlich in den Kapiteln 48–49 („Duties to Gods"). Laut Westermarck ist es für Menschen typisch, übernatürlichen Wesen menschliche Eigenschaften zuzuschreiben

---

[745] Westermarck II 1926, S. 490–514.

[746] Allardts Vorwort in Westermarck, Edward: *Kristinusko ja moraali*. Otava: Helsinki 1984, S. 8.

[747] Allardt 2000, S. 305.

[748] Westermarck verwendet, wie es für seine Zeit typisch ist, den Ausdruck *the savage* („der Wilde") oder *uncultured people* („unkultivierte Menschen"), nennt allerdings in den meisten Fällen den tatsächlichen Namen des betreffenden Volkes oder Stammes.

und Götter mit menschlichen Merkmalen und Rechten auszustatten. Götter haben „das Recht auf Leben und körperliche Unversehrtheit" (hier und im Folgenden: meine Übersetzung). Das bedeutet, dass sie nicht unbedingt unverwundbar oder unsterblich sind. Für übernatürliche Götter bestehe keine wirkliche Gefahr, getötet zu werden, während dies für verschiedene Götter und Geister in sichtbarer Gestalt sehr wohl der Fall sei. Totemtiere seien tatsächlich ein typisches Beispiel für Letzteres: Aus Respekt und Furcht sollten sie freundlich behandelt werden. Der Respekt vor Totemtieren lässt sich nicht immer mit der engen Verwandtschaft des Menschen zu ihnen erklären. Tatsächlich neigten Menschen auch dazu, bestimmte gefährliche Totemtiere wie Löwen und Bären zu töten.[749] Auch Götter haben Eigentumsrechte, was oft zum Schutz der Wohnstätten von Geistern geführt hat, beispielsweise durch das Verbot des Fällens von Bäumen und der Jagd in diesen Gebieten. Westermarck zufolge ist allerdings unklar, ob es sich dabei um Eigentumsschutz im modernen Sinne handelt:

> Das Vergehen richtet sich aber nicht ausschließlich gegen das Eigentum, und es darf bezweifelt werden, ob ursprünglich überhaupt eine klare Idee von Eigentum damit verbunden war. An einem heiligen Ort sind alle Gegenstände mit übernatürlicher Energie ausgestattet und können daher gleichsam selbst an ihnen begangene Verletzungen rächen.[750]

Diese Tradition heiliger Stätten spiegelte sich, so Westermarck, auch im Christentum wider: Im Mittelalter wurde Verbrechern, die in eine Kirche flohen, sogar Straffreiheit gewährt, obwohl dieses Recht bald eingeschränkt wurde.[751] In der Antike und im Mittelalter beruhte dieses allgemeine Privileg des Zufluchtsortes in heiligen Stätten und Tempeln offenbar auf der Achtung der Regeln der Gastfreundschaft in Bezug auf Gottes Wohnstätte.[752]

Neben dem Respekt vor Totemtieren dient die weit verbreitete Reinkarnationslehre als eine weitere Erklärung für die frühe Ablehnung

---

[749] Westermarck II 1926, S. 603–604. Der von Westermarck verwendete Relativismus schließt selbstverständlich auch Ausnahmen von derartigen allgemeinen Tendenzen ein.

[750] Ibid., S. 627.

[751] Ibid., S. 632–634.

[752] Ibid., S. 636.

des Tötens von Tieren. Diese Lehre impliziert entweder (a) die Vertreter bestimmter Tierarten seien Behältnisse für die Seelen Verstorbener oder (b) die jeweilige Tierart sei durch die Verwandlung von Menschen in Tiere entstanden. Die Dajaks auf Borneo beispielsweise betrachteten das Töten von Orang-Utans als falsch, da sie davon ausgingen, Orang-Utans seien in Wirklichkeit Menschen, die im Wald leben und sich weigern zu sprechen, um keine Steuern zahlen zu müssen. Auch die Maoris glaubten, Affen seien einst Menschen gewesen.[753] Obwohl Westermarck dies nicht erörtert, ist es erwähnenswert, dass sich diese Idee in leicht abgewandelter Form in Platons Reinkarnationslehre findet, die in seinem Dialog *Timaios* erörtert wird. Nach dieser Auffassung sind Tiere Reinkarnationen moralisch schlechter Menschen: So werden beispielsweise eitle und leichtsinnige Menschen als Vögel wiedergeboren.[754] Man könnte auch vermuten, dass das Gesetz des Karma im Buddhismus diese alte Vorstellung von der Verwandlung von Menschen in Tiere widerspiegelt.[755]

Neben religiösen Ansichten hat die Abneigung gegen das Töten von Tieren verschiedene praktische und emotionale Gründe, die die damit verbundenen moralischen Fragen aufgeworfen haben. Normalerweise wurde das Töten von Haustieren vermieden, aus abergläubischer Angst vor Rache (wie im Fall der Eskimos) oder, häufiger, aus Gründen des Eigentumsschutzes und aus Mitgefühl, vor allem bei Nomaden und Bauern. Eine emotionale Beziehung zu Tieren ist aus Sicht der moralischen Entwicklung besonders wichtig: Westermarck vermutet, dass ungeachtet wirtschaftlicher Überlegungen davon ausgegangen werden kann, dass „Gefühle echter Sympathie sie auch dazu bewegen, ihre Tiere freundlich zu behandeln". Das altruistische Gefühl „bezieht sich also nicht unbedingt nur auf Mitglieder derselben Art". Laut Westermarck neigt „der Wilde" dazu, Tieren gegenüber eine mitfühlendere und altruistischere Haltung einzunehmen als „seine zivilisierten Mitgeschöpfe", da der Wilde „alle Tiere als praktisch gleichberechtigt mit sich selbst betrachtet".[756] Dies zeigt sich daran, dass neben Menschen auch Tiere als Akteure betrachtet wurden, die für ihre Handlungen verantwortlich sind. Derartige

---

[753] Ibid., S. 490.
[754] Väyrynen 2006, S. 98–99.
[755] Ibid., S. 75–76.
[756] Westermarck II 1926, S. 494.

Ansichten waren unter den indigenen Völkern, aber auch in der Antike, im Islam und im Christentum weit verbreitet. Die Tierprozesse des Mittelalters sind ein typisches Beispiel: Sie waren zwischen dem 13. und 17. Jahrhundert üblich, einige Fälle ereigneten sich noch bis ins 19. Jahrhundert.[757] Außerdem wurden „in den früheren Stadien der Zivilisation" sogar unbelebte Dinge behandelt, als wären sie Akteure, die für ihre Handlungen verantwortlich sind. Diese Ansicht war in der Antike weit verbreitet, und Platon war einer derjenigen, die in seinen *Gesetzen* entsprechende Praktiken beschrieb.[758] Es muss auch erwähnt werden, dass die Sympathie der indigenen Völker für Tiere in manchen Fällen nicht auf Haustiere beschränkt war. In diesem Zusammenhang bezieht sich Westermarck auf einen Stamm, der „es als ein Merkmal eines guten Menschen ansieht, freundlich zu Tieren im Allgemeinen zu sein".[759]

Als bemerkenswerte Ausnahme von der allgemeinen Tendenz zu einer mitfühlenden Haltung gegenüber Tieren erwähnt Westermarck die Neukaledonier, die Tiere grausam behandelten. Gründe dafür könnten unter anderem darin liegen, dass die moralischen Gefühle der Menschen auf die Grenzen ihrer eigenen Gemeinschaft beschränkt blieben, dass sie sich des von ihnen verursachten Schmerzes nicht bewusst waren oder dass sie einfach nur kindliche Neugierde hatten, die Reaktionen eines leidenden Tieres zu beobachten.[760] Dieses Beispiel zeigt auch, wie Westermarck Ausnahmen zu beachten pflegte – eine Praxis, die charakteristisch für seinen gemäßigten Relativismus und seine wissenschaftliche Haltung ist. Dies bedeutet jedoch nicht, dass er die mitfühlende Haltung gegenüber Tieren nicht moralisch fortschrittlicher fand als die spielerische und intellektuell unzulängliche Grausamkeit der Neukaledonier. Sein ethischer Relativismus bedeutet also nicht, dass „alles ist erlaubt" als moralische Regel gilt, wie viele Kritiker Westermarcks behauptet haben. Im Gegenteil: Sein Relativismus unterstützt die aufgeklärte Vernunft in moralischen Fragen.[761]

---

[757] Westermarck I 1924, S. 254–256.
[758] Ibid., S. 260–261.
[759] Westermarck II 1926, S. 494.
[760] Ibid., S. 496.
[761] Pietarinen 1997.

Die alte, mitfühlende Haltung der Ureinwohner gegenüber Tieren fand ihre ideologische Formulierung in verschiedenen Weltreligionen und Philosophien. Im Hinblick auf Indien und China erwähnt Westermarck den Brahmanismus, Jainismus, Taoismus und Konfuzianismus als Beispiele religiös-philosophischer Lehren mit strengen Regeln zum Schutz von Tieren. Die Lehren dieser östlichen Religionen sind von den alten Glaubensvorstellungen beeinflusst, die einerseits an die mögliche Rache von Tierseelen und die Seelenwanderung denken, andererseits an echtes Mitgefühl und Erbarmen. Westermarck führt auch verschiedene Beispiele aus dem Zoroastrismus, dem Islam und der Tierethik in der griechischen Philosophie an.[762]

Mit dem Christentum befasst sich Westermarck ausführlicher in seinem späteren Werk *Christianity and Morals*, auf das später in diesem Artikel noch näher eingegangen wird. Erwähnenswert ist jedoch, dass Westermarcks negative Haltung gegenüber der christlichen Sicht auf Tiere bereits in seinem frühen Hauptwerk deutlich sichtbar ist. Auch wenn das Alte Testament teilweise die sanftmütige Haltung der Nomaden und Hirten gegenüber den Tieren widerspiegele, basiere es grundlegend auf der Idee des Menschen als „Mittelpunkt der Schöpfung" und seinem Recht auf uneingeschränkte Kontrolle über die Natur. Diese „anthropozentrische Lehre" werde durch die doktrinäre Entwicklung des Christentums weiter gefestigt.[763] Bei seiner Verurteilung des christlichen Anthropozentrismus verwendet Westermarck tatsächlich Worte und Argumente, die Ende der der 1960er-und Anfang der 1970er-Jahre in der umfassenden umweltphilosophischen Diskussion über die Sicht des Christentums auf die Natur ganz ähnlich auftauchten.[764] Schon diese Übereinstimmung macht Westermarck zu einem unbestrittenen Klassiker der Umweltphilosophie (auch wenn seine Kritik am Christentum denjenigen, die an der oben erwähnten Diskussion beteiligt waren, unbekannt blieb). In der Praxis scheint Westermarck – auch wenn er dies nicht explizit betont – das Christentum als die naturfeindlichste Weltreligion zu betrachten, genau wie Lynn White dies später in ihrem berühmten

---

762 Westermarck II 1926, S. 497–504.

763 Ibid., S. 505–506.

764 Siehe den Bericht über diese Diskussion in Oksanen, Markku/Rauhala-Hayes, Marjo (Hrsg.): *Ympäristöfilosofia. Kirjoituksia ympäristönsuojelun eettisistä perusteista*. Gaudeamus: Helsinki 1997, S. 15–72.

Artikel *The Historical Roots of Our Ecological Crisis* (1967) tat, der die jüngste Diskussion auslöste.[765]

In diesem Zusammenhang kommentiert Westermarck auch die zeitgenössische Diskussion über Tierrechte, wie er es auch bei einer Reihe anderer moralischer Fragen tat. Dies war naheliegend, da er im Geiste der Aufklärung stets die wichtige Rolle wissenschaftlichen Denkens für die moralische Entwicklung betonte. Schließlich hat sich selbst die wohl wichtigste metaphysische Frage in der Geschichte der Ethik – die Idee der Menschenrechte – durch den zunehmenden Einfluss wissenschaftlicher Erkenntnisse auf unser Menschenbild verändert. Wir wissen beispielsweise, dass die intellektuellen Fähigkeiten von Männern und Frauen oder von Menschen verschiedener „Rassen" sehr ähnlich sind, sodass es keinen Grund für eine Ungleichbehandlung gibt. In dieser Hinsicht ist es tatsächlich nicht legitim, Westermarck für seinen aufklärerischen Geist zu kritisieren, wie ihn unter anderem Mikko Salmela im Geiste des postmodernen moralischen Relativismus praktiziert hat.[766] Aufgrund der Aufklärung beeinflussten auch verschiedene wissenschaftliche Ansichten über Mensch und Tier die Vorstellung ihrer ethischen Beziehung. Basierend auf der Evolutionstheorie hat sich die Sichtweise der modernen Wissenschaft hinsichtlich der relativen Ähnlichkeit zwischen Mensch und Tier der Sichtweise der indigenen Völkern angenähert (auch wenn diese Ähnlichkeit naturgemäß unterschiedlich interpretiert wird). Moralisch gesehen führte dies zu einer allmählichen Rückkehr zur ursprünglichen mitfühlenden Haltung. Interessanterweise dachte bereits Darwin selbst, dass dies aufgrund der wachsenden Sympathiegefühle und ihrer Ausweitung über die menschliche Spezies hinaus bald geschehen würde.[767]

Westermarck weist darauf hin, dass die Entwicklung der Gesetzgebung zur Humanisierung der Behandlung von Tieren im 19. Jahrhundert vor allem auf der christlichen Moraltheologie und der anthropozentrischen Argumentation einiger Philosophen wie Kant beruhte. Der angeführte Hauptgrund waren das Wohl des Menschen und seine moralische Entwicklung: Die brutale Behandlung von Tieren könnte demnach zur brutalen Behandlung der eigenen

[765] White, Lynn: „The Historical Roots of Our Ecological Crisis". In: *Science* 155(3767), March 1967, S. 1203–1207.

[766] Salmela 1998, S. 69–70.

[767] Väyrynen 2006, S. 212–214.

Mitmenschen führen oder deren Gefühle verletzen. Im 19. Jahrhundert gab es beispielsweise Versuche in England, Frankreich und Deutschland, Tierquälerei und Tierkämpfe zu verbieten und Vivisektionen einzuschränken.[768] Auch wenn diese Gesetze größtenteils auf anthropozentrischen Argumenten basierten, gibt es laut Westermarck dennoch gute Gründe für die Annahme, dass auch das tatsächliche Leiden der Tiere zunehmend ernst genommen wurde: „Es kann keinen Zweifel daran geben, dass die Gesetze dagegen hauptsächlich auf einem stärkeren und allgemeiner empfundenen Mitgefühl für das Leiden der Tiere beruhen."[769] Westermarck zufolge wurde die anthropozentrische Exklusivität des Christentums durch die im Volk verbreiteten Gefühle gegenüber Tieren ausgeglichen, selbst wenn beide Gedankenwelten miteinander konkurrierten. Dies zeige sich beispielsweise in europäischen Volksmärchen, in denen der Mensch nicht über den Tieren steht. Auch Denker wie der heilige Franz von Assisi, Montaigne, Mandeville und Bentham, die sich mit dem Leiden von Tieren befassten, trugen zur Entstehung der Tierschutzbewegung bei.[770] Westermarck steht den Ideen und Zielen der Tierschutzbewegung jedoch nicht völlig unkritisch gegenüber. So behauptet er beispielsweise, die Tierschutzbewegung befasse sich nur mit höheren Tieren, die sich besser ausdrücken können, während das Leiden von Tieren wie Flusskrebsen, Austern und Fischen in unseren Küchen sie nicht interessiere. Tatsächlich sei die Variationsbreite der moralischen Ansichten über die Behandlung von Tieren im Vergleich zu vielen anderen ethischen Fragen besonders groß, da „das Mitgefühl mit der Tierwelt ein Gefühl ist, das bei verschiedenen Individuen extrem unterschiedlich ausgeprägt ist".[771] Selbst wenn dies der Fall sein sollte, muss die Frage dennoch ernst genommen werden, und Westermarck betont, dass es keine Rückkehr zur anthropozentrischen Ethik gibt.

Kritik des christlichen Anthropozentrismus

Eine der bekanntesten theoretischen Grundlagen der in den 1960er-Jahren entstandenen Umweltbewegung waren Lynn Whites Aussagen aus dem Jahr

---

[768] Westermarck II 1926, S. 508–510.
[769] Ibid., S. 510.
[770] Ibid., S. 510–512.
[771] Ibid., S. 513–514.

1967 über die wichtige Rolle des christlichen Naturbildes bei der Entstehung ökologischer Probleme im Westen. Das christliche Naturbild war anthropozentrisch: Es betrachtete, so White, die Natur als bloßes Werkzeug zur Steigerung des menschlichen Wohlbefindens. Dieser christlichen Auffassung zufolge hat die Natur keinen Wert an sich und damit auch keine moralische Bedeutung. Diese Idee wurde bereits im Mittelalter populär und hatte tiefgreifenden Einfluss auf die gesamte westliche Kultur, insbesondere auf die grundlegenden Einstellungen zur Natur, wie sie sich in Wissenschaft und Technik manifestieren. Aufgrund des dem Christentum innewohnenden Anthropozentrismus ist auch unser wissenschaftliches Weltbild offen anthropozentrisch geworden. Dies ist ein Problem, das insbesondere die westliche Kultur betrifft, denn „das Christentum ist die anthropozentrischste Religion, die die Welt je gesehen hat". White ist überzeugt, dass zur Lösung der westlichen ökologischen Krise ein Wandel auf ideologischer Ebene erforderlich sei: „Da die Wurzeln unserer Probleme größtenteils religiöser Natur sind, muss auch das Heilmittel im Wesentlichen religiös sein, ob wir es nun so nennen oder nicht." Daher schlägt er ein Modell vor, das der „Demokratie aller Geschöpfe Gottes" ähnelt, wie sie der heilige Franz von Assisi eingeführt hatte.[772] Whites Aufruf wurde tatsächlich erhört. Die Umweltideologie wurde von verschiedenen neuen Religionen sowie der christlichen Ökotheologie eifrig übernommen und spiegelt sich auch in den Versuchen wider, verschiedene pantheistische Formen einheimischer und östlicher Religionen wiederzubeleben. Dennoch ist die Sichtweise von White und seinen Vertretern hoffnungslos idealistisch und hat zur Lösung unserer ökologischen Probleme kaum beigetragen.

White war nicht der erste, der dem christlichen Anthropozentrismus kritisch gegenüberstand. Schon Baruch Spinoza kritisierte das christliche Gottesbild des *Anthropomorphismus*, die Zuschreibung menschlicher Eigenschaften an Gott. Die spätere Kritik des Christentums durch Feuerbach und Marx war ebenfalls stark von Spinoza beeinflusst. *Anthropomorphismus* bedeutet jedoch nicht unbedingt dasselbe wie *Anthropozentrismus* – die Ansicht, dass der Mensch der Mittelpunkt der Welt ist und über allem anderen in der Natur steht. In diesem Zusammenhang können wir nicht näher auf

---

[772] White 1967.

die Frage eingehen, ob der Begriff *Anthropozentrismus* 1939 von Westermarck geprägt wurde. Zuvor, in *The Origin* [...] II (1908), verwendete er in seiner Analyse verschiedener Ansichten über übernatürliche Wesen nur den Begriff *Anthropomorphismus*.[773] Interessant ist jedoch, dass Westermarck in seiner Kritik am christlichen Naturbild von 1939 den Begriff *Anthropozentrismus* verwendet. Sein Ansatz sollte daher in der späteren Umweltphilosophie eine große Bedeutung erlangen. Nach Lynn White wurde das christliche Naturbild unter anderem von Philosophen wie John Passmore und Robin Attfield analysiert.

Das 19. Kapitel von Westermarcks letztem Werk *Christianity and Morals* (1939) mit dem Titel „Christianity and the Regard for the Lower animals" ist teilweise fast wortgleich mit den in seinem moralphilosophischen Hauptwerk *The Origin* [...] I–II (1906–1908) beschriebenen Ideen. Was das Christentum betrifft, ist seine Darstellung jedoch etwas tiefgründiger als in seinem Hauptwerk. Sein Ausgangspunkt ist die Behauptung des Theologen A. E. Garvie (1861–1945), wonach Jesus nicht weniger Sympathie für Tiere hegte als Buddha. Westermarck teilt diese Ansicht nicht und verweist auf die strengen buddhistischen Regeln selbst im Umgang mit Insekten und auf die Tatsache, dass diese Regeln tatsächlich weitgehend befolgt werden.[774] Anschließend geht er, wie schon in seinem moralphilosophischen Hauptwerk, kurz auf die moralischen Ansichten der Jainisten, Taoisten, Konfuzianer, Zoroastrier, Islamisten und antiken Griechen ein. Auf diese Fragen werde ich in diesem Zusammenhang jedoch nicht näher eingehen.

Westermarck beginnt seine Abhandlung über das Christentum mit einer Analyse des *Alten Testaments*. Ihm zufolge enthält dieses mehrere Beispiele für Liebe zu Tieren – Gott sorgt für ihr Wohlergehen. Andererseits war die grundlegende metaphysische Vorstellung vom Menschen als Mittelpunkt des Universums bereits im *Alten Testament* vorherrschend. In Westermarcks Worten: „Der Mensch ist der Mittelpunkt der Schöpfung, ein von allen anderen fühlenden Geschöpfen abgesondertes Wesen als Gottes besonderer Liebling, um dessentwillen alles andere im Dasein geschaffen wurde."

---

[773] Westermarck II 1926, S. 595–600.

[774] Westermarck, Edvard: *Christianity and Morals*. Kegan Paul, Trench, Trubner/Co.: London 1939, S. 379–380.

Der besondere Status des Menschen wurde bereits in der *Genesis* anerkannt, und nach der Sintflut wurden ihm dieselben Privilegien erneut gewährt: „Furcht vor dem Menschen und Schrecken vor dem Menschen soll über alles Lebendige kommen, in seine Hände sollen sie alle gegeben werden, sie sollen ihm alle zur Speise dienen."[775] Wie im Fall des Alten Testaments sind die Lehren Jesu in Bezug auf die Frage der Tierrechte ambivalent. Während einige seiner Aussagen zärtliche Gefühle für Tiere zum Ausdruck bringen, betonte er auch den besonderen Wert des Menschen. Die wahre Haltung Jesu gegenüber Tieren zeigt sich in der Begebenheit, die Westermarck als den einzigen Fall bezeichnet, bei dem Jesus direkten Kontakt mit Tieren hatte: Er trieb Dämonen aus einem besessenen Mann aus und schickte sie in eine Herde von zweitausend Schweinen, die daraufhin einen Abhang hinunter ins Meer stürzten und im Wasser ertranken. Westermarck kommentiert: „Niemand konnte sagen, dass dies freundlich zu den Schweinen war."[776]

Laut Westermarck resultiert die innere Ambivalenz des Christentums in Bezug auf die Frage der Tierrechte einerseits aus der Sympathie, die ein Hirten- und Bauernvolk natürlicherweise für seine Haustiere empfindet, und andererseits aus der ausschließlichen Bedeutung, die dem spirituellen Seelenheil des Menschen beigemessen wird, was ihn vom Rest der fühlenden Wesen trennt.[777] Im Zuge der Entwicklung der christlichen Lehre wird immer mehr Wert auf die anthropozentrische Dimension gelegt, da „kein Glaubensbekenntnis in der Christenheit Güte gegenüber Tieren als religiöses Dogma lehrt". Westermarck weist darauf hin, dass einige Geistliche beispielsweise die Sportjagd nachdrücklich unterstützen und sie mit dem Argument verteidigen, dass „der Mensch die göttliche Autorität besitzt, zum Vergnügen zu töten", um einen Pfarrer zu zitieren. Die Fuchsjagd beispielsweise wird von T. Fowler damit gerechtfertigt, dass „das dem Fuchs zugefügte Leid [...] durch die positiven Auswirkungen auf Gesundheit und Freude für den Jäger bei Weitem aufgewogen wird". Ein katholischer Autor habe sogar erklärt, es sei nicht nur gerechtfertigt, einem Tier Leid zuzufügen, sondern eine Pflicht, wenn dem Menschen

---

775 Ibid., S. 386–387.

776 Ibid., S. 387.

777 Ibidem.

dadurch ein Nutzen entstünde, wie gering dieser auch sei.[778] Der christliche Anthropozentrismus wird also häufig mit plumpen utilitaristischen Argumenten gestützt. Tatsächlich scheint Westermarck in seiner Analyse des Einflusses des Christentums der kritischen Sichtweise von Lynn White näher zu stehen als der von John Passmore vertretenen Treuhänderethik,[779] in der der Mensch als eine Art „guter Hirte" gilt.

Einige Heilige stellen in der oft düsteren Geschichte des Christentums eine Ausnahme dar. Der heilige Franz von Assisi beispielsweise sorgte sich um das Schicksal seiner „Vogelbrüder" und sogar der Würmer. Ähnliche Ideen wurden auch von der heiligen Birgitta geäußert.[780] Diese Ansichten sind jedoch im Christentum die Ausnahme, und die Tierrechtsbewegung sowie die Gesetze gegen Tierquälerei entstanden im 19. Jahrhundert tatsächlich nicht wegen des Christentums, sondern unabhängig von diesem. Man könnte sagen, dass ein Grund für die zunehmende Sorge um die Tierrechte „der Niedergang der anthropozentrischen Lehre" und der damit einhergehende zunehmende Einfluss des Darwinismus war – also seiner Idee, Menschen seien eigentlich mit Tieren verwandt. Andererseits muss auch die wachsende Sympathie für Tiere berücksichtigt werden. Dieses Phänomen ist nicht auf die ideologische Ebene beschränkt.[781]

Insgesamt betrachtet Westermarck die Haltung des Christentums gegenüber Tieren sehr differenziert und widmet sich sowohl den anthropozentrischen Dimensionen als auch den respektvollen Naturansichten. Verglichen beispielsweise mit der Analyse von Lynn White ist seine Darstellung weniger tendenziös. Westermarck diskutiert nicht nur die von White betonte anthropozentrische Sichtweise, sondern auch die Idee der sogenannten *Stewardship*-Ethik (ohne diesen Begriff exakt zu verwenden), die später von John Passmore wiederbelebt wurde. Letztlich beurteilte Westermarck die christliche Natursicht aufgrund der zunehmenden Dominanz anthropozentrischer Aspekte in der späteren Entwicklung des Christentums als negativ.

---

778 Ibid., S. 388–389.
779 Oksanen/Rauhala-Hayes 1997, S. 70.
780 Westermarck 1939, S. 392.
781 Ibid., S. 393.

Literaturverzeichnis

Allardt, Erik: „Edvard Westermarck: A Sociologist Relating Nature and Culture“. In: *Acta Sociologica*, 2000, S. 43.

Dunlap, Riley et al. (Hrsg.): *Sociological Theory and the Environment. Classical Foundations, Contemporary Insights*. Rowman/Littlefield: Lanham 2002.

Helminen, Katri: „Eläinsuojelua tsaarinajan Suomessa“. In: *Suomen eläinlääkärilehti* 9/2006, S. 410–414.

Ihanus, Juhani: *Kadonneet alkuperät. Edvard Westermarckin sosiopsykologinen ajattelu*. Kirjayhtymä: Helsinki 1990.

Juntunen, Matti/Mehtonen, Lauri: *Ihmistieteiden filosofiset perusteet*. Gummerus: Jyväskylä 1977.

Luoma, Matti: *Kristinuskon moraalikritiikki Edvard Westermarckin elämässä ja ajattelussa*. Tampereen yliopisto: Tampere 1967.

Oksanen, Markku/Rauhala-Hayes, Marjo (Hrsg.): *Ympäristöfilosofia. Kirjoituksia ympäristönsuojelun eettisistä perusteista*. Gaudeamus: Helsinki 1997.

Pietarinen, Juhani: „Edvard Westermarck, moraalifilosofian Dinosauri“. In: *Tieteessä Tapahtuu* 7/1997, S. 12–16.

Salmela, Mikko: *Suomalaisen kulttuurifilosofian vuosisata*. Otava: Helsinki 1998.

Stroup, Timothy: *Westermarck's Ethics*. Åbo Akademi: Åbo 1982.

Suutala, Maria: „Luonto ja kansallinen itsekäsitys. Runeberg, Topelius, Lönnrot und Snellman suomalaisten luontosuhteen kuvaajina“. In: Manninen, Juha/Patoluoto, Ilkka (Hrsg.): *Hyöty, sivistys, kansakunta. Suomalaista aatehistoriaa*. Pohjoinen: Oulu 1986, S. 237–270.

Westermarck, Edvard: *Christianity and Morals*. Kegan Paul, Trench, Trubner/Co.: London 1939.

Westermarck, Edvard: *Kristinusko ja moraali*. Otava: Helsinki 1984.

Westermarck, Edvard: *The Origin and Development of the Moral Ideas* I–II. Macmillan and Co.: London 1924 (Bd. I), 1926 (Bd. II).

White, Lynn: „The Historical Roots of Our Ecological Crisis“. In: *Science* 155(3767), March 1967, S. 1203–1207.

Wilson, Edward O.: *Konsilienssi. Tiedon yhtenäisyys*. Terra Cognita: Helsinki 2001.

Väyrynen, Kari: *Ympäristöfilosofian historia maaäitimyytistä Marxiin*. Eurooppalaisen filosofian seura: Tampere 2006.

Zur Spinoza-Deutung von Arne Næss[782]

Spinoza in der Ökophilosophie

Einer der führenden Ökophilosophen von heute, der Norweger Arne Næss, stützt sich in seinem Denken stark auf Spinoza. Næss ist einer der Pioniere dieser ökophilosophischen Spinoza-Deutung, die – neben ihm – durch George Sessions, Freya Mathews u. a. einflussreich geworden ist. Man kann wohl noch heute sagen, dass die Deutung von Næss in dieser Richtung die systematisch gründlichste wegen seiner lebenslangen Beschäftigung mit Spinoza ist.[783] Als ein Begründer der sogenannten Tiefenökologie (*deep ecology*), einer besonders in den Vereinigten Staaten wichtigen ökophilosophischen Richtung, hat Næss auch weltweiten Ruhm erreicht. Seine ausgewählten Schriften werden bald in einer elfbändigen englischen Ausgabe erscheinen[784], viele wichtige Schriften aber auch danach nur in norwegischer Sprache zugänglich bleiben.[785]

Seit der Philosophie der Romantik ist Spinoza eine zentrale Inspirationsquelle für die ökologisch bewusste Philosophie gewesen. Die noch nicht gründlich erforschte frühromantische Naturphilosophie und das frühe Naturschutzdenken lehnten sich stark an Spinoza an: Zum Beispiel Goethe, Herder und Schelling sind in dieser Hinsicht eine Untersuchung wert. Man war sich schon damals klar bewusst, dass der Pantheismus Spinozas die traditionelle anthropozentrische Ontologie ernsthaft infrage stellt und der unendlichen, unerforschbaren und unbeherrschbaren Natur eine neue Würde gibt. Einige begannen schon damals positive Verbindungen des Menschen und der Kultur zur Natur zu skizzieren, zuerst vor allem geschichtsphilosophisch und ästhetisch. Aber auch neue, umweltfreundliche Werte wurden in der romantischen Polemik gegen die technische und ökonomische Naturbeherrschung hervorgehoben.

---

782 Zuvor veröffentlicht in: Oittinen, Vesa (Hrsg.): *Spinoza in Nordic Countries. Spinoza im Norden. Philosophical Studies from the University of Helsinki.* Helsinki 2004, S. 113–140.

783 Næss berichtet, dass er die *Ethik* von Spinoza schon als Siebzehnjähriger zum ersten Mal gelesen hat (Næss, Arne: *Livsfilosofi. Ett personligt bidrag om känslor och förnuft.* Natur och kultur: Stockholm 2001, S. 19–20).

784 Næss, Arne: *The Selected Works of Arne Naess*, hrsg. von Harold Glasser, Kluwer Academic: Dordrecht 2003–. Glasser 2002, S. XXVIII–XXIX.

785 Zum Beispiel Næss, Arne: *Filosofiens historie* 1–2. Universitetsforlaget: Oslo 1967. *Anklagene mot vitenskapen*. Universitetsforlaget: Oslo 1980.

In dieser Hinsicht ist der Spinozismus von Næss nichts ganz Neues. In der heutigen ökophilosophischen Diskussion aber hat die romantische Naturphilosophie als Inspirationsquelle leider kaum Bedeutung; sie ist besonders in der angloamerikanischen Diskussion eine vergessene Tradition. Spinoza wird daher viel höher gewürdigt als z. B. Goethe, Herder und Schelling, obwohl jene eine ökophilosophisch höchst relevante Vertiefung und Problematisierung spinozistischer Motive leisten. Meines Erachtens ist also die Heroisierung Spinozas philosophiegeschichtlich nicht in solchem Maße begründbar, wie Næss und seine Nachfolger glauben.[786] Die philosophiegeschichtliche Erforschung dieses Themenbereichs steckt aber noch in den Anfängen.[787]

Das fundamentale Problem bei Næss und der „Tiefenökologie" scheint zu sein, dass sie die transzendentale Wende von Kant und der nachkantischen Philosophie bis Hegel nicht ernsthaft reflektiert haben. In der Spinoza-Deutung von Næss wird daher die Spinoza-Kritik von Kant, Schelling oder Hegel nie betrachtet. Seine Auslegung bleibt teilweise in den Bahnen der „Substanz-Metaphysik": Er versucht nicht, die Positionen von Subjekt und Substanz zu vermitteln (wie Hegel[788] die Aufgabenstellung der nachkantischen Philosophie bezeichnete). Wie wir sehen werden, ist u. a. die Tendenz zum Wertobjektivismus bei Næss eine Konsequenz dieser substanzmetaphysischen Orientierung. In seiner Geschichte der Philosophie (1967) wird Kant zwar hervorgehoben (nicht so umfassend wie Spinoza!), aber Fichte und Schelling gar nicht und Hegel in gleichem Umfang wie Kierkegaard. Der Neukantianismus wird nicht behandelt, und das 20. Jahrhundert wird einerseits durch die analytische Philosophie, andererseits durch die Phänomenologie und den

[786] Næss behauptet oft (zum Beispiel in „Spinoza and Ecology", in: Hessing, Siegfried (Hrsg.): *Speculum Spinozanum 1677–1977*, Routledge: London 1977, S. 423), dass Spinoza der für die Ökophilosophie wichtigste klassische Philosoph ist. Persönlich hat Spinoza Næss überhaupt mehr inspiriert als „Platon, Aristoteles und die großen Denker der späteren Zeiten" (Næss 2001, S. 204).

[787] Zum Beispiel ist das Bild der griechischen Philosophie in dieser Hinsicht sehr oberflächlich. Die erste tiefgehende Untersuchung wurde erst 1997 publiziert (siehe Westra, Laura/Robinson, Thomas M. [Hrsg.]: *The Greeks and the Environment*. Lanham 1997).

[788] Hegel, Georg Wilhelm Friedrich: *Phänomenologie des Geistes*. Suhrkamp Verlag: Frankfurt am Main 1973, S. 22–23.

Existentialismus dominiert (Mao Tse-tung als einzige Ausnahme). Ich komme aber am Ende meines Artikels auf die Kritik von Næss gründlicher zurück.

Die Spinoza-Deutung von Næss orientiert sich vorwiegend an einer rationalistischen Rekonstruktion, in der die Bedeutung Spinozas für das moderne ökologische und ökophilosophische Bewusstsein hervorgehoben wird. Er unterstreicht auch die großen Schwierigkeiten einer historischen Rekonstruktion.[789] Næss versucht also, aus der Philosophie Spinozas fruchtbare Anregungen insbesondere für das gegenwärtige ökologische und ökophilosophische Denken zu gewinnen.

Ich konzentriere mich in diesem Zusammenhang vor allem auf die metaphysische Diskussion von Næss. Diese begründet seine praktischen Ansichten, die sich auch oft direkt an die Gedanken Spinozas anlehnen: Zum Beispiel kommentieren seine neuesten Untersuchungen über die Gefühle eingehend die Affektenlehre Spinozas.[790] Die Brücke von der Metaphysik zur praktischen Philosophie schlägt ein Schlüsselbegriff der Philosophie von Næss, „Selbstverwirklichung" (*selvrealisering*),[791] – ein Begriff, der sachlich mit dem Begriff *conatus* bei Spinoza gleichzusetzen ist.[792] Gerade dadurch wird die bloß intellektuelle Forderung eines *amor Dei intellectualis* zu einer ethisch und politisch konkreten Forderung nach Naturschutz. Der Mensch muss die aktive Selbstrealisierung nicht nur seiner selbst, sondern auch anderer (nicht menschlichen) Individuen in der Natur befördern.[793] Das schaffende Potenzial der Natur (*natura naturans*) muss in allen seinen Aspekten freigelegt werden. Das meint *amor Dei* praktisch.

---

789 Næss, Arne: *Freedom, Emotion and Self-subsistence. The Structure of a Central Part of Spinoza's Ethics*. Universitetsforlaget: Oslo 1975, Preface; Næss, Arne: „Spinoza's Finite God". In: *Revue internationale de philosophie* 35, 1981, S. 121–122, passim.

790 Næss 2001, S. 90–111, passim.

791 Næss, Arne: Ökologi, *samfunn og livsstil. Utkast til en* ökosofi. Universitetsforlaget: Oslo 1976, S. 312–313.

792 Spinoza, Baruch: *Die Ethik*. Lateinisch und Deutsch. Revidierte Übersetzung von Jakob Stern. Reclam: Stuttgart 1980, III.6, III.7.

793 Næss 2001, S. 138: „Alla levande varelser försöker realisera sig själva [...] vår maximala självrealisering är beroende av deras för att vi har potential till att se alla levande varelser som del av oss själva." („Alle Lebewesen versuchen, sich selbst zu verwirklichen [...] unsere größtmögliche Selbstverwirklichung hängt von ihrer Selbstverwirklichung ab, weil wir das Potenzial haben, alle Lebewesen als Teil von uns selbst zu sehen." Meine Übersetzung.)

Die Selbstverwirklichung ist nach Næss primär aber eine individuelle Sache: er spricht nicht über die Selbstrealisierung einer Gattung. Das ist echt spinozistisch, und Næss verhält sich hier nicht kritisch:[794] Auch er betont einerseits die individuellen Momente der Natur, andererseits die Natur als Ganzes. Diese metaphysische Grundwahl ist für das Denken von Næss grundlegend und begründet weitgehend zum Beispiel seine ethischen Einsichten. Seine Position ist aber zugleich sehr problematisch, insbesondere wenn man sich den biologisch und ökologisch wichtigen Gattungsbegriff überlegt. Die Fragestellung von Næss scheint von Anfang an im Bann der Substanzmetaphysik des siebzehnten Jahrhunderts zu sein: Die Vermittlung vom Einzelnen zum Ganzen ist direkt und alle Individuen (sei es ein Insekt oder ein Mensch) sind gleichrangige Teile des göttlichen Ganzen, nicht eines gattungsmäßig oder ökologisch begrenzten Ganzen. Næss fasst am Ende seiner gründlichsten Spinoza-Untersuchung diese Position zusammen: „All particular things are expressions of God [...] There is no hierarchy [...] There is an ontological democracy or equalitarianism – which, incidentally, greatly offended his [Spinoza's – KV] contemporaries, but of which *ecology* makes us more tolerant today."[795] Schauen wir uns jetzt genauer an, wie dieser Grundstein seines Denkens mit Hilfe Spinozas gelegt wird.

Die metaphysische Begründung

Næss betont den immanenten und individuellen Charakter des Gottes von Spinoza. Ein einflussreicher Trend der Spinoza-Auslegung hat seiner Meinung nach die Rolle des Individuellen im System Spinozas nicht genug gewürdigt: Nach dieser Auffassung „verschmilzt" das Individuelle mit der zeitlosen Substanz. Dieser Trend der Spinoza-Auslegung geht nach Næss auf Fichte und Hegel zurück. Eine Voraussetzung dieser Auslegungsweise ist, dass „man den ersten Teil der *Ethik* regulativ für andere Teile nimmt". Demgegenüber will Næss die gleichrangige Rolle aller Teile der *Ethik* behaupten. Daraus folgt vor allem, dass es möglich ist, „Einzeldingen einen hohen ontologischen Status zuzuweisen, insbesondere dem Menschen".[796] Næss wendet sich gegen die

---

794 Næss 1975, S. 61.

795 Ibid., S. 118–119.

796 Næss 1981, S. 120 („to attribute a high ontological status to particular things and especially to the human person").

herrschende „atomistische Interpretation" des Dingbegriffs und betont, dass „alle individuellen Dinge ‚in verschiedenen Graden beseelt sind' (II.13 schol.)" (alle Übersetzungen von mir)[797]. Gemäß seiner eigenen, „finitistischen" oder „radikal immanenten" Interpretation, kann Gott nur durch die Einzeldinge existieren. „Die Existenz, Operationen und das Wesen Gottes sind *abhängig* von denen der einzelnen Dinge".[798]

Mir scheint, dass in der Auslegung von Næss das Einzelding (*res*)[799] zu einem dialektischen Kern des ganzen Systems Spinozas wird. Diesen Systemaspekt hebt Næss hervor, als er den Naturbegriff dadurch interpretiert. Ich zitiere seine zwei zentralen Thesen:

> The Latin word for „thing" should here be *res*, not *modus*. The totality of things, *Natura*, would constitute the medal [...], *Natura naturans* and *Natura naturata* would constitute the two faces [of the medal – KV].[800]

> It is tempting from a certain nominalistic point of view to identify *Natura naturata* with the class of particular things and to limit (real) existence to them. One remains closer to the text, however, taking *Natura naturans* to an aspect of the particular things, which all have in common, and *Natura naturata* as an aspect which separates each thing from all others. The aspects may be given various names in addition to the above: the substance and the mode-aspect, the in itself (*in se*) and the in another (*in alio*) aspect, the active and the passive aspect, the self-determined and the other-determined aspect.[801]

Das einzelne Ding – der Mensch als ein paradigmatischer Fall – repräsentiert dadurch in seiner Totalität die zentralen Aspekte der Natur: einerseits den schaffenden, aktiven, selbstdeterminierten Substanzaspekt und andererseits

---

[797] Ibid., S. 122 („all individual things are ‚animated in various degrees'").

[798] Ibid. („The existence, operations and essence of God *is dependent upon* that of the particular things").

[799] Meine Übersetzung „Einzelding" für *res* versucht sinngemäß die spezifische Interpretation von Næss wiederzugeben. Er ist sich bewusst über das weite Spektrum der Bedeutungen von *res*, aber hebt gerade „particular, singular, concrete, finite thing" hervor. In der Terminologie Spinozas sind *res particularis/singularis* entsprechende Ausdrücke (Næss 1975, S. 60, vgl. auch ibid., S. 30, 37, 43, 95).

[800] Næss 1981, S. 122. Næss referiert hier das Beispiel von Martial Gueroult, indem er über eine Medaille mit zwei Seiten spricht, um die schaffende und geschaffte Natur zu unterscheiden.

[801] Ibid., S. 124.

den statischen, passiven und fremddeterminierten Modusaspekt. Die wirkliche Dynamik der Natur wird durch diese Dialektik begriffen, soweit es für das menschliche Denk- und Gefühlsvermögen möglich ist. Das intuitive Begreifen Gottes schwebt also vermittelnd zwischen und über diesen abstrakten Gegensätzen. Næss selbst spricht nicht über die Dialektik, aber er betont das Bedürfnis einer „Gradualisierung" (*grading*) gegensätzlicher Begriffe bei Spinoza. Seine wichtigste Untersuchung über Spinoza[802] besteht weitgehend aus dieser Gradualisierung zentraler Begriffe der *Ethik*.

Somit hebt Næss auf diese Weise den dialektischen Charakter der Erkenntnis Gottes hervor. Er bemerkt, dass die Sprache der *Ethik* sich im Niveau des rationalen Erkennens (Erkenntnis zweiten Grades) bewegt, aber das höchste intuitive Erkennen (Erkenntnis dritten Grades) ist durch ihre Terminologie nicht adäquat ausdrückbar: „Die Terminologie der Ethik sollte nicht als ein adäquater Ausdruck der Intuitionen Spinozas genommen werden".[803] Nach Næss handelt es sich hier eigentlich um eine besondere implizite Dynamik des spinozistischen *conceptus*. Ontologie und Epistemologie sind gleichrangige Aspekte seiner Terminologie. Næss nennt daher den Erkenntnisbegriff Spinozas „lambanologisch", weil dadurch besser die wirkliche Dynamik der Erkenntnis hervorkommt als durch die statische „epistemologische" (zum Beispiel platonistische) Terminologie. Das griechische Verb λαμβανω (ergreifen) hebt den aktiven Charakter der Erkenntnis hervor:

> To be active or to act and to understand cannot be systematically distinguished in the „Ethics". […] In Spinoza's system cognition has more to do with „causing", „consuming", „freeing" and „grasping" knowledge, than with „possessing" it.[804]

Nebenbei bemerkt haben auch das deutsche Verb „begreifen" und das finnische „käsittää" einen gleichartigen aktiven Kern. In der *Ethik* ist nach Næss die Terminologie in dieser Hinsicht nicht ganz konsistent. Im ersten Teil herrschen noch dualistische Distinktionen. Vor allem der Mensch wird scharf als unfrei begriffen gemäß der fundamentalen dualen Distinktion „in sich selbst" (*in se*) und „in (durch) einem anderen" (*in alio*).[805] Erst später, in den Teilen III,

[802] Næss 1975.
[803] Næss 1981, S. 125.
[804] Næss 1975, S. 12.
[805] Ibid., S. 12, 16–17.

IV und V wird diese Unterscheidung in der Diskussion über die menschliche Freiheit gemildert. Dann werden nach Næss mehr „graduelle“ Ausdrücke angewandt.[806] Die Stellung des Menschen entspricht hier eigentlich der Stellung aller Einzeldinge in ihrer fundamentalen Vermittlung zu Gott. Es gibt nämlich zwei grundlegende Verhältnisse des Andersseins (*esse in alio*): „the (universal) relation of things in God, and the chain relations parallel to the cause-effect relations of being in something else“.[807] Das ist die fundamentale Dialektik aller Einzeldinge und des Menschen: Beide haben in einem verschiedenen Grad die Möglichkeit der freien Selbstbestimmung (d. h. Substanzähnlichkeit: „Ursache seiner selbst“ zu sein, ein aktiver Teil der „schaffenden Natur“ zu sein), ohne jemals ganz frei von einer Fremdbestimmung werden zu können.

Diese Interpretationen von Næss scheinen meiner Meinung nach gut den Hauptintentionen der Philosophie Spinozas zu entsprechen: Er bestimmt ja schon im *Tractatus de intellectus emendatione* als die wichtigste Aufgabe der Wissenschaft, die „höchste menschliche Vollkommenheit“ zu erreichen.[808] Schon in diesem Traktat wird diese Vollkommenheit als ein liebendes Begreifen der Naturtotalität verstanden: „die Liebe zu dem, was ewig und unendlich ist, nährt die Seele mit reiner Lust [...] was gar wünschenswert [ist] und mit ganzer Kraft gesucht werden muss“.[809] Analog zu Kant kann man hier von einem Primat der praktischen Vernunft sprechen: Die metaphysische Begründung im ersten Teil der *Ethik* ist notwendigerweise eine anthropomorphe Begründung, gebunden an die Grenzen unserer Körperlichkeit und des Intellekts und ihrer aktiven Tätigkeit. Daher ist das Problem des Menschen in den Teilen III–V der *Ethik* der Schlüssel zu – oder um es mit Næss vorsichtiger zu sagen: gleichrangig mit – den ersten zwei Teilen.

Die Idee eines „Leibapriori der Erkenntnis“[810] bezeichnet meines Erachtens ebenfalls gut die tiefsten Intentionen Spinozas. Leib, Emotionen und Intellekt

---

[806] Ibid., S. 17.

[807] Ibid., S. 22, vgl, S. 24.

[808] Spinoza, Baruch: *Werke* 2, Wissenschaftliche Buchgesellschaft: Darmstadt 1980, S. 15.

[809] Ibid., S. 11.

[810] Karl Otto Apel hat diese Idee im Zusammenhang mit Leibniz betrachtet („Das Leibapriori der Erkenntnis. Eine erkenntnisanthropologische Betrachtung im Anschluss an Leibnizens Monadenlehre“. In: Gadamer, Hans-Georg/Vogler, Paul (Hrsg.): *Neue Anthropologie*. Band 7. Deutscher Taschenbuch Verlag: Stuttgart 1974, S. 264–288). Meines Erachtens ist Spinoza der eigentliche neuzeitliche Vater dieser Idee.

funktionieren zusammen und bilden die für den Menschen eigentümliche Totalerfahrung der Natur. Diese Erfahrung hat aber auch „gattungsmäßige" Grenzen, die nicht ganz überspringbar sind. Daher werden wir uns immer nur teilweise über die Naturtotalität bewusst, obwohl zum Beispiel die Technologie die Reichweite unserer Körperlichkeit vermehrt. Andererseits stiftet unsere Körperlichkeit eine *positive Verbindung*, eigentlich eine kommunikative Brücke, zur Natur. Spinoza unterstreicht die aktive Selbstrealisierung unserer körperlichen, emotionalen und intellektuellen Möglichkeiten nicht nur in uns selbst, sondern zweitens auch im kollektiven Niveau, mit anderen Menschen (und möglicherweise auch mit Tieren, die uns mehr oder weniger gleich sind) – und drittens mit der Natur, durch die intellektuelle Anerkennung der Selbstrealisierung Gottes (göttlicher Möglichkeiten). Die letzte Forderung begründet Tugenden gegenüber die Natur: ihre Diversität – als ein Zeichen „gelungener" Selbstrealisierung möglichst vieler Einzeldinge – vermehrt unsere Freude. In dieser Hinsicht ist meines Erachtens die Auslegung von Næss in seinen Hauptlinien haltbar und produktiv. Die Thematik der Körperlichkeit ist in seiner Auslegung jedoch nicht wichtig genug (vgl. genauer die Kritik am Ende dieses Artikels).

In der Auslegung von Næss trägt besonders die zentrale Stellung des Einzeldinges zur Möglichkeit bei, Spinoza als einen ökophilosophischen Denker darzustellen. Wenn alle Einzeldinge einen aktiven, göttlichen Aspekt in sich haben, konstituieren sie auch durch ihre Aktivität die göttliche Vollkommenheit und Würde mit. Sie drücken diese göttliche Würde in ihrer eigenen Weise aus. Wenn der Mensch *amor Dei intellectualis* betreiben soll, wird es daher problematisch, wenn er ohne zwingende Gründe auch die winzigsten und machtlosesten Einzeldinge der Natur zerstört. Der Bioegalitarismus von Næss lässt sich also durch seine Spinoza-Interpretation verteidigen. Es ist jedoch zweifelhaft, ob Spinoza selbst diese Konsequenzen klar gezogen hätte: Er hat ja auch viele „anthropozentrische" Bemerkungen vor allem über die Tiere gemacht.[811] Es gab schon damals radikalere Möglichkeiten, den traditionell scharfen Unterschied zwischen den Menschen und Tieren in Richtung eines Bioegalitarismus zu relativieren. Neben Franz von Assisi u. a. muss man

---

[811] Besonders Genevieve Lloyd („Spinoza's Environmental Ethics", in: *Inquiry* 23(3), 1980, S. 293–312) hat solche Bemerkungen gegen die Interpretation von Næss hervorgehoben. Siehe auch Næss' Antwort im Gleichen *Inquiry*.

hier besonders den jüdischen Philosophen Moses Maimonides nennen, weil er Spinoza bekannt war. Der relative Anthropozentrismus von Spinoza ist also offenbar eine bewusste Wahl gewesen, keine Nebenerscheinung einer ökologisch unbewussten Zeit.

Mensch, Natur und ökologische Tugenden

Wie nach der Auslegung von Næss die individuellen Entitäten der Natur als aktive Realisationen Gottes verstanden wurden, kommt auch dem Menschen diese Charakteristik in einem noch höheren Maße zu. Die Freiheit des Menschen besteht nach Næss in der aktiven Realisierung der in ihm vorhandenen göttlichen Komponente: „Der Weg zur Freiheit ist der Weg zum Maximum der göttlichen Komponente".[812] Das meint praktisch eine tiefe Identifizierung mit der lebendigen Natur: Die aktive Realisierung der menschlichen *potentia* bedeutet nicht die Maximierung unserer Gewalt über andere Menschen und die Natur, sondern eine positive Kooperation mit jenen. *Potentia* kommt vom Verb *posse*, d. h. es handelt sich also vielmehr um die Möglichkeiten der Kooperation (eine Offenheit für Möglichkeiten, Potentialitäten) als um eine einseitige, die kooperativen Möglichkeiten ausschließende Gewalt. Die spinozistische *Potentia* muss daher nach Næss als ein symbiotisches Verhältnis ausgelegt werden: „the establishment of symbiosis, ‚living together', rather than cut-throat competition marks a gain in power". Die individuelle Freiheit setzt daher die kollektive Freiheit voraus.[813]

Potentia meint also nicht nur individuelle Möglichkeiten, sondern weist auf den Gattungsbegriff Mensch hin: Hier werden dann vor allem soziale und kulturelle Möglichkeiten wichtig. Jene muss man auch in ihrer Vermittlung mit der Natur betrachten. Næss betont unsere Kontinuität mit der lebendigen Natur.[814] Im besten Fall wird in dieser Hinsicht eine möglichst hohe Pluralität und Possibilität der Natur und Kultur praktisch durch diese *potentia* verwirklicht. *Potentia* maximiert die Freiheit aller selbstdeterminierungsfähigen Entitäten (also nicht nur Individuen, sondern zum Beispiel auch Kulturen) und minimiert die äußere Determination. Pluralismus und Possibilismus sind für die Philosophie von Næss zwei grundlegende Ausgangspunkte, zuerst

---

812 Næss 1981, S. 126. Vgl. auch Næss 2001, S. 101–102.
813 Næss 1977, S. 420.
814 Ibid., S. 423.

vor allem durch den pyrrhonischen Skeptizismus inspiriert.[815] Beide sind natürlich auch ökologisch (Biodiversität) und ökopolitisch wichtige Begriffe.

Spinoza selbst spricht aber explizit mehr über die Kooperation mit anderen Menschen als mit der Natur. Seine Ethik scheint direkt nur eine Gattungssolidarität anzuerkennen.[816] Diese Betonungen richten sich explizit gegen solche theologische Lehren, in denen einige Tiere verherrlicht werden:[817] So beschrieb zum Beispiel Agrippa von Nettesheim in seinem Buch *Declamatio de vanitate et incertitudine scientiarum* (1530) die Tiere, vor allem den „unschuldigen" und „reinherzigen", kräftigen und „gutmütigen" Esel. Der Esel war für ihn ein treffendes Symbol einer nicht zu hohen Geistesstellung – also vorbildhaft für einen frommen Gläubigen.[818] Es kann sein, dass sich die Polemik Spinozas in diesem Zusammenhang mehr gegen die religiöse Verherrlichung der Unbelehrbarkeit und Irrationalität richtet als gegen eine vernünftige Anerkennung der Natur. Spinoza will also mehr eine vernünftige Kooperation mit der Natur als Ganzes betonen als ein durch die Affekte bestimmtes Verhältnis zu einem einzigen, unmittelbar nutzbaren oder vorbildlichen Einzelwesen.

Auch Næss hat sich explizit diesem Problem des Anthropozentrismus bei Spinoza gewidmet. In seiner Antwort auf Genevieve Lloyds Kritik hebt er besonders hervor, dass die anthropozentrischen Stellen der *Ethik* sich in der Affektenlehre befinden, die hauptsächlich noch nicht die volle vernünftige Freiheit des Menschen betrachtet. Dort wird die Selbstrealisierung des Menschen vorwiegend im Sinn von Hobbes verstanden, also als konfliktbeladen und egoistisch, in der Sklaverei der blinden Affekte. Bei Spinoza sind aber solche Menschen „low on the scale of freedom". Die wahrhafte Selbstrealisierung ist vielmehr eine liebende Anerkennung des Wertes aller Expressionen Gottes. Es bedeutet „die Stärkung von aktiven (positiven) Emotionen, Erweiterung und Vertiefung des liebenden Verstehens". Dann

---

815 Næss 2001, S. 13–14. Glassers Einleitung zur englischen Übersetzung, Næss 2002, S. XVII–XVIII.

816 Spinoza: *Die Ethik* IV, caput VII–XIII. Genevieve Lloyd (1980) stützt sich auf solche Stellen, wenn sie Spinoza als einen Anthropozentriker deuten will.

817 Ibid., IV, Prop. XXXV coroll 2 schol; ibid., IV, caput XIII.

818 Von Nettesheim, Agrippa: *Ungewissheit und Eitelkeit aller Künste und Wissenschaften*. In: Hansen, Frank-Peter (Hrsg.): *Philosophie von Platon bis Nietzsche*. CD-ROM. Directmedia Publishing: Berlin 1998, S. 650.

ist die Selbsterhaltung nicht mehr „ein blindes Treiben, um zu überleben (*survive*) oder um über die anderen zu dominieren".[819] Die spinozistische Tugend hat also mit dem Egoismus nichts zu tun. Das Hauptargument für den ökologischen Wert der Philosophie Spinozas liegt für Næss aber in dem holistischen Gesamtbild der Natur in der *Ethik*.

Das fünfte Teil der *Ethik* hebt in der Tat den Wert der Natur als Ganzes viel klarer hervor. Es ist für Næss der Ausgangspunkt seiner ökophilosophischen Auslegung. U. a. deuten folgende Stellen da auf eine hohe Achtung der Natur als Ganzes hin: „Je mehr wir die einzelnen Dinge (*res singulares*) erkennen, um so mehr erkennen wir Gott."[820] Ihre Erkenntnis nach der dritten Art ist „das höchste Bestreben [*conatus*] des Geistes und die höchste Tugend".[821] Selbsterkenntnis und Naturerkenntnis fallen durch Liebe zusammen:

> Diese Liebe des Geistes [intellektuelle Liebe zu Gott – KV] [...] ist eine Handlung, durch die der Geist sich selbst betrachtet, verbunden mit der Idee Gottes als Ursache [...] d. h. [...] eine Handlung, durch die Gott, insofern er durch den menschlichen Geist ausgedrückt werden kann, sich selbst betrachtet, verbunden mit der Idee seiner selbst. Mithin ist [...] diese Liebe des Geistes ein Teil der unendlichen Liebe, womit Gott sich selbst liebt.[822]

Diese Liebe durchdringt die ganze Natur: „Es gibt in der Natur nichts, was dieser intellektuellen Liebe entgegengesetzt wäre oder sie aufheben könnte".[823] Solche Stellen legitimieren eine holistische Auslegung des Werts der Natur, die der Mensch als ein integraler Teil derselben respektieren soll, wenn er volle Selbstrealisierung erreichen will. Im Menschen wird sich die Natur ihrer selbst bewusst, ihrer göttlichen Natur als ein aktives, schaffendes und ihre Teile positiv vereinigendes Prinzip. Dadurch erreicht auch der Mensch sein wahrhaftes Selbstbewusstsein als kooperativer Teil des Naturganzen.

Das Verhältnis des Menschen zur Natur muss also primär nicht ein Konfliktverhältnis sein, sondern kann – durch eine vernünftige Anerkennung der Naturnotwendigkeiten – zu einem positiven, kooperativen Verhältnis

---

[819] Næss 1980, S. 320–322.
[820] Spinoza: *Die Ethik* V.24.
[821] Ibid., V.25.
[822] Ibid., V.36 dem.
[823] Ibid., V.37.

werden. Das geschieht wie bei Spinoza „naturgemäß", die wirkliche Tugend und tugendhaftes Handeln setzen also ein vernünftiges Bewusstsein über die kooperative *potentia* sowohl der Natur als auch des Menschen voraus. Freiheit und Tugend realisieren die vernünftigen Möglichkeiten, die schon im Begriff der Naturnotwendigkeit stecken. Notwendigkeit und Freiheit sind nicht einander ausschließende Gegensätze, sondern Freiheit ist durch die Natur möglich, und die Natur wird erst durch die Freiheit ihr volles göttliches Potenzial erreichen (ihre wesentliche *potentia* als schaffende Natur, *natura naturans*, realisieren).

Dieses holistische Bild über die Natur, den Menschen und das tugendhafte Handeln halte ich für fruchtbar auch für die gegenwärtige Philosophie der Umwelt. Næss' Verdienst ist, diesen Holismus als eine theoretische Ressource rehabilitiert zu haben. Wie schon erwähnt, bleibt die Auslegung von Næss aber noch zu stark im Rahmen der rationalistischen Substanzmetaphysik. Daher sind einige kritische Schlusskommentare notwendig.

Kritische Schlusskommentare

Ich konzentriere mich hier besonders auf die Frage, ob Spinoza wirklich der ökophilosophisch fruchtbarste klassische Philosoph ist, und gehe nicht weiter auf die Einzelheiten der Spinoza-Deutung von Næss ein. Wie schon erwähnt, ist besonders der Anthropozentrismus Spinozas eine Streitfrage gewesen.[824] Die ökophilosophische Fruchtbarkeit von Spinozas allgemeiner Naturauffassung ist jedoch eine für die heutige Ökophilosophie noch zentralere Frage, weil sie einige Voraussetzungen der sog. Tiefökologie sowohl erleuchtet als auch infrage stellt. Darüber hinaus hebe ich noch zwei andere allgemeine Probleme hervor, die besonders das Denken von Næss im Verhältnis zu Spinoza betreffen.

Dynamik der lebendigen Natur?

Das Problem des Organismus war in der Übergangszeit vom Mittelalter zur Neuzeit in eine Krise gelangt. Das aristotelische und neuplatonistische Erbe eines beseelten Lebens war u. a. durch Descartes und Hobbes gebrochen

---

[824] Siehe Lloyd 1980, vgl. auch Boscherini, E. Giancotti: „Man as a part of nature". In: Wetlesen, Jon (Hrsg.): *Spinoza's Philosophy of Man. Proceedings of the Scandinavian Spinoza Symposium 1977*. Universitetsforlaget: Oslo 1978.

und durch die neue Physik als herrschendes Paradigma erledigt worden. Organismen wurden jetzt physikalistisch ausgelegt: als Automaten, die im Grunde genommen den Gesetzen der Mechanik folgten. Die aristotelische Tradition wurde erst durch Leibniz teilweise rehabilitiert und eine neue Diskussion zwischen Mechanisten und Vitalisten eröffnet.

Die Naturauffassung Spinozas wurde durch diesen Krisenzustand bestimmt: einerseits sind die Einzeldinge (*res*) determinierte Teile der Kausalketten, andererseits haben sie – als Teile Gottes – eine schaffende aktive Potenzialität in sich (*conatus*). Die *organische* Natur hat aber keine besondere Stellung in diesem Spannungsfeld. Das Tier zum Beispiel ist für Spinoza ein offenes Problem. Einerseits ist es ihm klar, dass die Tiere Wesen mit Seele sind und Affekte haben[825], andererseits ist aber insbesondere das Wesen des Körpers in seinem aktiven Verhältnis zum Bewusstsein für die menschliche Weisheit ein unlösbares Problem – beim Tier oder Schlafwandler noch schwieriger zu lösen als beim Menschen.[826] Drittens ist das Verhältnis zu Gott für die Einzeldinge zweideutig. Einige sind unmittelbar durch ihn produziert, einige erst durch die Vermittlung anderer Einzeldinge. Daher muss man sagen, dass Gott jene Dinge unmittelbar produziert, nicht aber „ihrer Gattung nach".[827] Die Vermittlung der Einzeldinge miteinander ist in der *Ethik* aber nicht als ein selbständiges Produzieren behandelt worden. Die Verhältnisse der Einzeldinge miteinander sind vorrangig kausal und repressiv.[828] Es ist daher nicht klar, ob es bei Spinoza überhaupt ein selbständiges, also von Gott unabhängiges, organisches Produzieren gibt. Alle Einzeldinge werden mehr oder weniger direkt durch die schaffende Natur selbst produziert. Wie wir sahen, interpretiert auch Næss den Status der Einzeldinge so.

Das Problem des Organismus wurde erst in der Philosophie des klassischen deutschen Idealismus zentral. Der Substanz von Spinoza wurde dort als zu undifferenziert kritisiert: Daher folgte zum Beispiel Schelling eher Leibniz in dieser Frage.[829] Leibniz skizzierte nach dem aristotelischen Modell der

---

[825] Spinoza: *Die Ethik*, III.57 schol; IV.37 schol. 1.

[826] Ibid., III.2 schol.

[827] Ibid., I.28 schol.

[828] Die Stellung der Menschen untereinander ist hier eine Ausnahme.

[829] Schelling, Friedrich Wilhelm Joseph: *Ideen zu einer Philosophie der Natur als Einleitung in das Studium dieser Wissenschaft. Frühschriften. Erster Band*. Berlin 1971, S. 196–197, 204–205.

Seelenlehre die allmähliche Entwicklung der Subjektivität durch die organische Natur. Schelling folgte seinem Vorbild: Durch die Entwicklung der Natur wird sich der Geist allmählich in qualitativ verschiedenen Potenzen seiner selbst bewusst. Schon die kritische Philosophie Kants hatte die Grundlegung für diese subjektphilosophische Auslegung geschaffen: Der Pantheismus Spinozas war eine vorkritische Position, dessen Bestimmungen eigentlich als subjektive Konstruktionen begriffen werden müssen. Wie Hegel in der *Phänomenologie des Geistes* nachher diese philosophische Wende bezeichnete, musste im Idealismus die Substanz in seiner Wahrheit als Subjekt begriffen werden.[830]

Næss modernisiert stillschweigend das Denken Spinozas in dieser Hinsicht. Er spricht meistens über die Selbstrealisation der *lebendigen* Wesen.[831] Dadurch wird aber das Problem nicht gelöst: die lebendigen Wesen bleiben bei ihm wesentlich Individuen und organisieren sich nicht als Gattungen. Daher scheint Næss auch in seinem eigenen Denken im Bann der Substanzmetaphysik zu bleiben. Am klarsten kommt diese Tendenz in seiner bioegalitaristischen Ethik zum Vorschein. Wenn alle Einzeldinge ein Verhältnis zu Gott, zur schaffenden Natur haben (s. o.), haben sie auch Anteil am höchsten Wertinhalt der Natur. Daher wird verständlich, dass zum Beispiel Berge Werte und Rechte haben, oder dass man sie sogar als lebendige Wesen auslegen kann.[832] Næss hat in seinem letzten Buch auch selbst anerkannt, dass seine Auffassung über das Leben „zu einheitsorientiert ist".[833] Besonders sein Bioegalitarismus bildet hier ein ernsthaftes Problem: Alle lebendigen Wesen scheinen eine gleiche Würde zu haben. „Das Recht des Lebens zur Entwicklung [*utfoldelse*] ist ein einheitliches Recht und kann nicht quantifiziert werden. Es ist nicht so, dass eine Gattung lebendiger Wesen ein höheres Recht zum Leben und zur Entwicklung als eine andere Gattung hat".[834] Diese Idee hat klar einen spinozistischen Hintergrund: Alle Einzelwesen hatten ja einen göttlichen Aspekt, und sie hatten dadurch auch Anteil an der göttlichen Würde.

830 Hegel 1973, S. 22–23.

831 Zum Beispiel Næss 2001, S. 81, 138.

832 Man kann die ganze Welt als (objektiv) erfreuend fühlen, zum Beispiel sogar das Nachbarhaus (Næss 2001, S. 204). Auch Freya Mathews (1991) gelangt durch Spinoza zu gleichartigen Resultaten das Wesen der Materie betreffend.

833 Ibid., S. 122–123.

834 Næss 1976, S. 266. Næss 1977, S. 421.

Gattungsunterschiede sind daher nicht von Bedeutung. Heute weiß man aber, dass für das Funktionierung der Ökosysteme oft einige Gattungen wichtiger als andere sind (sog. Schlüsselgattungen). Obwohl Næss anerkennt, dass dieses prinzipielle Recht aller Wesen nicht als solches in der Praxis funktionieren kann,[835] ist nur der Mensch als ethisches Wesen qualitativ einzigartig. Nur der Mensch begreift das Bedürfnis zur Selbstrealisierung anderer lebendiger Wesen und hat daher Verantwortung gegenüber jenen.[836]

Die Hypothese einer gleichen, qualitativ nicht verschiedenen Würde aller lebendigen Wesen hat klar theologische Hintergründe, von denen auch Spinoza nicht ganz frei ist. Einige Denker der jüdisch-christlichen Tradition glaubten, dass Gott nicht ohne wichtige, obwohl für uns nicht erkennbare, Gründe alle – auch für uns nicht nützlichen oder sogar schädlichen – lebendigen Wesen geschaffen hätte; der für Spinoza bedeutende Moses Maimonides zum Beispiel dachte ebenso. Dann gibt es keine Gründe, qualitativ verschiedene *potentiae* bei den lebendigen Wesen zu unterscheiden. Spinoza setzt zum Teil diese Tradition fort, wenn er den Anthropozentrismus kritisiert. Andererseits spricht er aber über die größere *potentia* des Menschen gegenüber den Tieren, bestimmt diesen aber mehr quantitativ als qualitativ. Næss scheint diese alte Tradition der einheitlichen, unteilbaren Würde der Natur fortzusetzen.

Dadurch wird auch der Wertobjektivismus und -intuitionismus von Næss verständlich.[837] Das zentrale Problem ist hier, dass wir nach ihm unmittelbar die objektiven Werte fühlen können. Næss sagt:

> Der Gedanke, dass alle lebenden Wesen einen Selbstwert [*egenvärde*] haben, basiert für mich auf einer Art Intuition. Wenn wir antworten müssen, wozu eine solche Intuition, müssen wir eine breite Palette von Gefühlen mitberücksichtigen. Die Einstellung ist für mich verschieden, wenn es sich um Gattungen oder Geschlechter [*släkter*] von lebendigen Wesen handelt. Sie haben für mich keinen klar erlebten Selbstwert [...].[838]

---

[835] Ibid., S. 267.

[836] Ibid., S. 272.

[837] Zum Beispiel ist die Freude eine objektive Eigenschaft der Welt (förändring av världen), kein nur subjektives Gefühl. Daher kann man zum Beispiel nicht über eine Freude der Arbeit sprechen. Demgegenüber kann man sagen, dass zum Beispiel „eine Blume die Freude *ist*" (Næss 2001, S. 206–208).

[838] Ibid., S. 131. Diese Intuition ist für Næss „offenbar" und „ohne Motive", ibid., S. 81.

Man muss also primär nicht rational begründen, warum gerade die Individuen einen Selbstwert haben. Warum aber denkt Næss so? Wenn man an die Auslegung von Næss über die Einzelwesen bei Spinoza erinnert, haben jene gerade als Individuen einen Anteil an der Gottheit. Auch Spinoza spricht in diesem Zusammenhang nicht über Gattungen. Næss folgt also dogmatisch Spinoza, nicht seinen eigenen reinen Intuitionen …

Diese Betonung der Individualität ist aber sowohl hinsichtlich der Gefühle als auch der Vernunft problematisch. Warum könnte man nicht Gefühle oder Wertintuitionen gegenüber Gattungen oder sogar Ökosystemen haben? Warum gesteht Næss dem Intellekt keine Rolle bei der Bildung solcher Wertintuitionen zu? Es ist offenbar, dass ein erweitertes ökologisches Wissen auch unsere Wertgefühle gegenüber der Natur erweitert. In der Wertphilosophie ist spätestens seit Max Scheler anerkannt worden, dass intellektuelle Ansichten zutiefst die Auffassungen über die Menschenwürde beeinflusst haben. Dasselbe trifft aber auch auf die Naturauffassung zu. Erst das neue ökologische Wissen hat uns gelehrt, zum Beispiel den Bakterien und Insekten gegenüber Wertgefühle zu entwickeln.[839] Andererseits bildete die physikalistische Naturauffassung eine wichtige Voraussetzung für Descartes' Meinung über die Wertlosigkeit der Tiere.

Die metaphysische Grundposition von Næss hat auch weitere ethische Konsequenzen, von denen ich noch zwei kurz hervorhebe. Beide folgen eigentlich aus dem metaphysischen Individualismus von Næss und werden auch – wie sein Bioegalitarismus – durch die Forderungen einer durchsetzbaren Praxis teilweise relativiert. Die erste Konsequenz ist die Auslegung der Emotionen. Wie Spinoza betont er die sogenannten positiven Emotionen (Aktionen) mehr als die negativen Emotionen (Passionen). Die andere Konsequenz ist seine perfektionsethische Position.

a) Die Interpretation der Emotionen

Wenn die Einzeldinge (zum Beispiel der Mensch) ein wesentliches Verhältnis zu der Gottheit haben, also im Verhältnis zu ihr die höchste

---

[839] Eigentlich ist dies bei Leibniz schon so: Die mikroskopischen Studien von Leeuwenhoek u. a. verleiteten ihn zur begeisterten Annahme, dass alles in der Natur voll von Leben ist (Repo, Arto: *Leibniz on Substances and Material Things. Reports from the Department of Philosophy*. Vol. 4. University of Turku: Turku 2001, S. 163.).

aktive Selbstrealisierung erreichen, bleiben die Verhältnisse zu anderen Einzeldingen mehr durch die passiven Affekte behaftet. Aktionen, positive Gefühle entwickeln sich also primär durch die Maximierung unserer individuellen göttlichen *potentia*. Die intellektuelle Liebe Gottes ist die höchste Erscheinungsform dieser Potenzialität. Emotionstheoretisch betrachtet verwirklicht sich diese Liebe *erstens* durch die Verwandlung der negativen Gefühle in positive. Die negativen Gefühle sind nach Næss notwendig und wichtig in diesem Prozess, haben aber letzten Endes nur einen instrumentalen Wert im Prozess zu den positiven Gefühlen, die allein Selbstwert haben.[840] Negative Gefühle zeigen uns soziale und ökologische Probleme und bilden dadurch die Basis für ihre aktive Überwindung. *Zweitens* wird die emotionelle Reife des Menschen durch eine intellektuelle Freude bezeichnet. Es gibt bei Spinoza zwei Formen der Freude: *titillatio* und *hilaritas*. Die erste ist eine partielle Freude, die nur einen Teil des Körpers und der Seele betrifft, die andere aber, so Næss, „verändert *alles*, was wir um uns auffassen". Bei *hilaritas* kann es kein Zuviel geben wie bei den unteren Formen der Freude. Diese höchste Form der Freude ist nicht nur eine innere Ruhe des Menschen, sondern ist auch „vereinbar mit einem starken äußeren Aktivitätsbedürfnis und einer Ausdruckslust". Die höchste Form der *hilaritas* scheint aber für Næss eine meditative Hingebung zur Welt zu sein: Die ganze Welt erscheint als Freude. Im Vergleich mit diesem erscheint zum Beispiel die Freude an der Arbeit als ein Spezialfall. Die ganzheitliche und gestalthafte Identifizierung von Ich und Welt in der gemeinsamen Freude scheint die reinste Form zu sein.[841]

Es ist bemerkenswert, dass diese Selbstrealisierung eine primär individuelle Selbstrealisierung meint. Ein ich mit kleinem i ist für Næss ein soziales ich. Ein Ich mit großem I ist das „große Ich", das eine Identifikation mit etwas meint. Das Beispiel dieser höheren Identifikation ist bezeichnend: „Vielleicht ist die Lebenskraft, oder Gott, der in allen Lebendigem wohnt – das schaffende Prinzip?". Die höchste Form der Selbstrealisierung ist eine Identifizierung mit allem Lebendigen.[842] Die höchsten positiven Gefühle richten sich also auf die Natur als Ganzes und auf individuelle Wesen als ihre Repräsentanten.

---

[840] Næss 2001, S. 95–97. Er kritisiert Spinozas „schematische und absolute" Auffassung der negativen Gefühle – sie haben keine positive Funktion.

[841] Ibid., S. 204–208.

[842] Ibid., S. 136–138.

Gattungen, Ökosysteme, soziale Systeme scheinen im Bereich einer partiellen Freude zu bleiben. Næss versucht jedoch auch hier, die Gefahr des Elitismus zu vermeiden: „ein Künstler des Lebens (levnadskonstnär) zu sein ist nichts Elitistisches.“[843] Im neuen Nachwort erkennt er aber an, dass Stein Rokkans Kritik in dieser Hinsicht zutreffend gewesen ist. Rokkan hatte gesagt: „Du vergisst, dass das Leben für die meisten nicht so reich an Möglichkeiten ist, wie du zu glauben scheinst. *Du* schreibst immer aus einer privilegierten Situation heraus.“[844] In der Tat: Næss' Mahnungen zu positivem Denken, sein starker Optimismus, sein Glaube an die existentiellen Möglichkeiten der Individuen usw. werden der Situation und den realen Möglichkeiten der meisten Menschen nicht gerecht. Die äußeren Verhältnisse behindern das prinzipielle Selbstrealisierungspotential so umfassend, dass die Realisierung dieser Forderungen von Næss nur für eine kleine Elite möglich ist.

In dieser Hinsicht muss man auch fragen, ob Næss die Sphäre der positiven Gefühle als zu eng begreift. Schon Spinoza betonte mehr die Rolle der sozialen Gefühle als Næss.[845] Man kann auch einen gewissen Intellektualismus in der Auslegung von Næss über die positiven Gefühle spüren. Die wichtige Rolle der Körperlichkeit bei Spinoza bleibt in Næss' Deutung beinahe außer Acht. Man konnte Spinoza so auslegen, dass schon die körperliche Selbstrealisierung einen positiven Kontakt mit der Natur (also nicht nur „partielle Freude“, wie Næss schreibt) bildet. Durch sie wird die Natur auch für die meisten Menschen eine Realität. Reines Wasser zum Trinken, reine Luft zum Atmen: Ist das doch nicht schon etwas Positives? Ein meditatives Naturverhältnis ist in dieser Hinsicht ein Privileg: Die elementare Gesundheit der Ökosysteme und damit unsere eigene Gesundheit betrifft konkret die Selbstrealisierung der meisten. Auch Spinoza betont, dass unser Wohlbefinden als Ganzes etwas mehr ist als nur eine partielle Freude.[846] Der Elitismusverdacht gegenüber Næss ist gerade in dieser Hinsicht gut begründbar. Die körperliche Selbstrealisierung ist auch wichtig für die Identifikation mit der Natur überhaupt, sie ist nicht so stark die Sache der „intellektuellen Liebe“, wie Spinoza selbst und Næss

---

843 Ibid., S. 192.

844 Ibid., S. 216. Das neue Nachwort gibt es in der englischen Übersetzung des Buches nicht.

845 *Die Ethik*, IV.35, IV.40, IV.51, IV.73, passim.

846 Ibid., IV.60 schol.

mit ihm glaubt. Die Frische des Waldes sinnlich erleben zu können, bildet eine wichtige Grundlage sowohl der ästhetischen als auch der intellektuellen Naturauffassung.

b) Ethischer Elitismus in der Perfektionsethik? Zur Auslegung des Tugendbegriffs Spinozas

Die Tugendlehre Spinozas baut auf der Grundlage der Selbstrealisierungslehre auf. Die Realisierung der menschlichen *potentia* als solcher ist tugendhaftes Handeln.[847] Die Erkenntnis Gottes ist die höchste Tugend (*summa Mentis virtus*).[848] Die Ethik Spinozas ist aber nicht nur Tugendethik: Auch die vernünftigen Pflichten haben eine wichtige Rolle. Wenn die tugendhafte Selbstrealisierung sozial wird, wie sie Spinoza gemäß auch werden muss[849], folgt daraus,

> daß Menschen, die sich von der Vernunft regieren lassen, d. h. Menschen, die unter der Leitung der Vernunft ihren Nutzen suchen, nichts für sich verlangen, was sie nicht auch für andere Menschen begehren, und daß sie also gerecht, treu und ehrenhaft sind.[850]

Daher ist zum Beispiel das Lügen sogar in Todesgefahr verboten, weil die sozialen Konsequenzen absurd würden, wenn man daraus eine allgemeine Regel machte.[851] Vernünftige Regeln sind auch vonnöten, um die Affekte dann zu kontrollieren, wenn wir noch keine vollständige Erkenntnis über sie haben.[852] Wie man leicht sieht, kommt Spinoza hier der Ethik Kants nahe.

Die Ethik von Næss betont ziemlich einseitig nur die Bedeutung von Tugenden. Auch seine Spinoza-Deutung ist in dieser Hinsicht einseitig. Seine eigene ethische Position ist einerseits durch Spinoza, andererseits durch den Existentialismus inspiriert worden. In seinen Ideen über die Grundnormen (oder die höchsten Normen) trennt er drei Auffassungen über die höchsten

---

847 Ibid., IV.22, IV.24.
848 Ibid., IV.28.
849 „Der Mensch, der von Vernunft geleitet wird, ist freier in einem Staate, wo er nach gemeinsamem Beschlusse lebt, als in der Einsamkeit, wo er sich allein gehorcht." Ibid., IV.73.
850 Ibid., IV.18 schol.
851 Ibid., IV.72 schol.
852 Ibid., V.10 schol.

Ziele eines guten Lebens: 1) Lustgefühl (*lystfornemmelse*), 2) Glück (*lykke, trivsel, glede*) und 3) Perfektion (*perfeksjon*). Die erste Alternative wird durch den Utilitarismus und „Pessimisten" (zum Beispiel Schopenhauer) repräsentiert, die zweite durch Spinoza und die dritte durch Spinoza und den Existentialismus. Seine Auffassung über den Utilitarismus ist sehr negativ. Er sagt: „Lust (oder Schmerz) als klare und isolierbare Wahrnehmungen (*fornemmelse*) scheinen meistens mit sehr begrenzten körperlichen und seelischen Funktionen verknüpft zu sein". Daher sind nach ihm zum Beispiel die Bestrebungen der modernen Medizin, durch technische Hilfsmittel den Schmerz zu vermindern, „zu weit gegangen". Demgegenüber scheinen Glücks- und Perfektionsethik besser den ganzen Menschen und seine ganze Situation (*totalsituasjonen*) zu berücksichtigen. „Gestaltdenken" führt notwendigerweise von den Lustnormen zu Glücksnormen, weil unserer Leben „ein Komplex (ist) und Dauer hat (*har varighet*) und nicht aus Wahrnehmungen (*fornemmelser*) besteht". Die spinozistische Freude bezeichnet gut diese Ganzheit. Die Perfektionsnormen beinhalten eigentlich zentrale Tugenden: Handlungen aus Generosität, Liebe, Rechtmäßigkeit, gute Arbeitsmoral. Sowohl die Glücksnormen als auch Perfektionsnormen können als Ganzes quantitativ mehr schmerzhafte Eindrücke haben, aber das Totalerlebnis des aktiven Lebens ist positiv. Die beiden letzteren Normen vereinigen sich in der Forderung nach einer guten Lebensqualität, die in der ökologischen Bewegung typisch ist.[853] Auch die deontologische Ethik wird durch Næss kritisiert.[854] Wie oben gezeigt, weicht er von Spinoza in dieser Hinsicht ab.

Ich möchte die ethische Position von Næss eigentlich als Tugendethik bezeichnen, obwohl er selbst diesen Ausdruck nicht benutzt. Man kann die Tugendethik hinsichtlich ihrer Universalität verschieden interpretieren: Martha Nussbaum zum Beispiel repräsentiert eine universalistische Tugendethik, die sich auf gemeinsame Grunderfahrungen aller Menschen stützt. Næss neigt geschichtlich gesehen zu dieser Richtung,[855] aber repräsentiert in der sozialen Dimension eine mehr relativistische Position. Seine

[853] Næss 1976, S. 77–82.
[854] Siehe zum Beispiel Næss 2001, S. 98, 153.
[855] Næss 2001, S. 163.

Position könnte man treffend mit dem Hegel'schen, die Tugendethik kritisierenden Ausdruck als eine „ethische Virtuosität" bezeichnen.[856] Næss betont die intellektuellen Tugenden mehr als die sozialen Tugenden. Pflichtmoral ist nach seiner Ansicht dann vonnöten, wenn passive Gefühle und Unfreiheit dominieren.[857] Erst dann, wenn es um eine „schöne Handlung" (Kant) geht, also das Moralgesetz mit positiven Gefühlen (besonders Mitgefühl) und natürlichen Neigungen übereinstimmt, wird die Motivation zum Handeln stärker und konstanter als im Fall eines äußeren Befehls.[858]

Die höchsten Tugenden sind aber nicht soziale, sondern intellektuelle Tugenden. Næss betont die individuelle Perfektibilität, mit Spinoza *perfectio* des Menschen, also Handlung „im Pakt mit der innersten Natur seiner Selbst".[859] Die Kunst des Lebens besteht nicht erstrangig darin, „für *was* man seine Zeit verwendet", sondern auf welche Weise: „Die Kunst des Lebens ist, mit kleinen Sachen auf eine großartige Weise zu handeln".[860] Klassische intellektuelle Tugenden, tiefes Bewundern, Weisheit, spielerisches Handeln, Kreativität und Phantasie[861] spielen dabei eine zentrale Rolle – neben dem intellektuellen, ästhetischen und meditativen Naturbewundern,[862] das für Næss selbstverständlich sehr wichtig ist. Seine Tugendlehre baut also auch auf jener individualistischen Basis auf, die für seine Spinoza-Deutung von Anfang an typisch war. Auch in dieser Frage möchte ich selbst die oben genannten Aspekte der Körperlichkeit und Soziabilität mehr betonen. Sie sind sowohl umweltethisch als hinsichtlich der Spinoza-Auslegung wichtige Ausgangspunkte, die beiden Disziplinen näher in unsere kollektiven Probleme einzubeziehen.

---

856 Über Nussbaum, Hegel und Tugendethik vgl. Väyrynen, Kari: „Virtue Ethics and the Material Values of Nature". In: *Philosophy in the Contemporary World* 8(2), 2001, S. 137–148.

857 Næss 2001, S. 98.

858 Ibid., S. 153–154.

859 Ibid., S. 206–207.

860 Ibid., S. 190. „Livskonst är att kunna hålla på med små saker på ett stort sätt".

861 Ibid., S. 28–29, 36, 61–62, 87–89, 172, 177.

862 Ibid., S. 32–34, 112–133, passim.

Literaturverzeichnis

Apel, Karl Otto: „Das Leibapriori der Erkenntnis. Eine erkenntnisanthropologische Betrachtung im Anschluss an Leibnizens Monadenlehre“. In: Gadamer, Hans-Georg/Vogler, Paul (Hrsg.): *Neue Anthropologie*, Bd. 7. Deutscher Taschenbuch Verlag: Stuttgart 1974, S. 264–288.

Boscherini, E. Giancotti: „Man as a part of nature“. In: Wetlesen, Jon (Hrsg.): *Spinoza's Philosophy of Man. Proceedings of The Scandinavian Spinoza Symposium 1977*. Universitetsforlaget: Oslo 1978, S. 85–96.

Glasser, Harold: „Introduction“. In: Næss 2002.

Hegel, Georg Wilhelm Friedrich: *Phänomenologie des Geistes*. Suhrkamp Verlag: Frankfurt am Main 1973.

Lloyd, Genevieve: „Spinoza's Environmental Ethics“. In: *Inquiry* 23(3), 1980, S. 293–312.

Mathews, Freya: *The Ecological Self*. Routledge: London 1991.

Næss, Arne: *Anklagene mot vitenskapen*. Universitetsforlaget: Oslo 1980.

Næss, Arne: „Environmental Ethics and Spinoza's Ethics. Comments on Genevieve Lloyd's Article“. In: *Inquiry* 23(3), 1980, S. 313–326.

Næss, Arne: *Filosofiens historie* 1–2.Universitetsforlaget: Oslo 1967.

Næss, Arne: *Freedom, Emotion and Self-subsistence. The Structure of a Central Part of Spinoza's Ethics*. Universitetsforlaget: Oslo 1975.

Næss, Arne: „Is Freedom consistent with Spinoza's Determinism?“. In: Schwebe, Engstler/Engstler, Achim (Hrsg.): *Spinoza*. Peter Lang Verlag: Frankfurt am Main 1990, S. 227–247.

Næss, Arne: *Life's Philosophy. Reason and Feeling in a Deeper World*. University of Georgia Press: Athens 2002.

Næss, Arne: *Livsfilosofi. Ett personligt bidrag om känslor och förnuft*. Natur och Kultur: Stockholm 2001.

Næss, Arne: „Spinoza and Attitudes Towards Nature“. In: Rotestreich, Nathan/Schneider, Norma (Hrsg.): *Spinoza. His Thought and Work*. The Israel Academy of Sciences and Humanities: Jerusalem 1983, S. 160–175.

Næss, Arne: „Spinoza and Ecology“. In: Hessing, Siegfried (Hrsg.): *Speculum Spinozanum 1677–1977*. Routledge: London 1977, S. 418–425.

Næss, Arne: *Spinoza and the Deep Ecology Movement*. Mededelingen vanwege het Spinozahuis 67. Eburon: Delft 1993.

Næss, Arne: „Spinoza's Finite God". In: *Revue internationale de philosophie* 35, 1981, S. 120–126.

Næss, Arne: „Through Spinoza to Mahãyãna Buddhism or through Mahãyãna Buddhism to Spinoza". In: Wetlesen, Jon (Hrsg.): *Spinoza's Philosophy of Man. Proceedings of The Scandinavian Spinoza Symposium 1977*. Universitetsforlaget: Oslo 1978, S. 136–158.

Næss, Arne: Ökologi, *samfunn og livsstil. Utkast til en* ökosofi. Universitetsforlaget: Oslo 1976.

Reed, Peter/Rothenberg, David (Hrsg.): *Wisdom in the Open Air. The Norwegian Roots of Deep Ecology*. University of Minnesota Press: Minneapolis 1993.

Repo, Arto: *Leibniz on Substances and Material Things. Reports from the Department of Philosophy*. Vol. 4. University of Turku: Turku 2001.

Rothenberg, David: *Is it Painful to Think? Conversations with Arne Næss*. University of Minnesota Press: Minneapolis 1993.

Schelling, Friedrich Wilhelm Joseph: „Ideen zu einer Philosophie der Natur als Einleitung in das Studium dieser Wissenschaft". In: *Frühschriften*. Erster Band. Akademie Verlag: Berlin 1971.

Spinoza, Baruch: *Die Ethik*. Lateinisch und Deutsch. Reclam: Stuttgart 1980.

Spinoza, Baruch: „Theologisch-politischer Traktat". In: Hansen, Frank-Peter (Hrsg.): *Philosophie von Platon bis Nietzsche*. CD-ROM. Digitale Bibliothek. DIRECTMEDIA Publishing GmbH. Berlin 1998.

Spinoza, Baruch: „Tractatus de intellectus emendatione". In: *Opera – Werke* 2. Lateinisch und Deutsch. Wissenschaftliche Buchgesellschaft: Darmstadt 1980.

Von Nettesheim, Agrippa: „Ungewissheit und Eitelkeit aller Künste und Wissenschaften". In: Hansen, Frank-Peter (Hrsg.): *Philosophie von Platon bis Nietzsche*. CD-ROM. Digitale Bibliothek. DIRECTMEDIA Publishing GmbH. Berlin 1998.

Väyrynen, Kari: „Virtue Ethics and the Material Values of Nature". In: *Philosophy in the Contemporary World* 8(2), 2001, S. 137–148.

Westra, Laura/Robinson, Thomas M. (Hrsg.): *The Greeks and the Environment*. Rowman/Littlefield: Lanham 1997.

Georg Henrik von Wright und das Umweltproblem: Auf dem Weg zu einem kritischen Gesamtbild[863]

Georg Henrik von Wright (1916–2003) war neben Edvard Westermarck und Jaakko Hintikka der bedeutendste finnische Philosoph des 20. Jahrhunderts. Als Logiker, von Wittgenstein inspirierter analytischer Hermeneutiker und Herausgeber seiner Werke machte er eine in vielerlei Hinsicht bahnbrechende internationale Karriere. Seit seiner Studienzeit war von Wright auch ein debattierender Philosoph, ein zeitgenössischer politischer und kritischer Intellektueller, dessen Einfluss in allen nordischen Ländern spürbar war. Die Erforschung der Themen von Wrights historischem, politischem und zeitkritischem Denken hat erst seit seinem hundertsten Geburtstag im Jahr 2016 an Bedeutung gewonnen und bereits zu mehreren bedeutenden Anthologien geführt. Eines dieser zeitkritischen Themen ist sein Umweltdenken, dessen Entwicklung und Problematik bislang nicht näher erforscht wurde.

In meinem Artikel untersuche ich die Entwicklung Georg Henrik von Wrights von einem theoretischen Philosophen, der sich auf Logik und Wissenschaftsphilosophie konzentrierte, zu einem partizipativen Philosophen, der weltanschauliche Fragen und praktische Philosophie im Bereich des Umweltdenkens betont. Obwohl sich von Wright schon seit Langem mit den inneren Widersprüchen des westlichen Naturkonzepts auseinandergesetzt hatte, rückten Umweltprobleme ab den 1980er-Jahren immer stärker in den Mittelpunkt seiner Zeitdiagnose und Kritik. In meinem Artikel beschreibe ich die Hauptmerkmale seiner Umweltphilosophie, konzentriere mich jedoch mehr auf die Kritik von Wrights ökologischem Humanismus und „provokativem Pessimismus“ aus der Perspektive der Umweltphilosophie und Umweltforschung des späten 20. Jahrhunderts.[864] Es muss allerdings betont werden, dass viele der zentralen Themen von Wrights auch weiterhin eine Betrachtung wert sind und seine Werke eine gute allgemeine Einführung in die Geschichte des westlichen Naturbegriffs und seiner Probleme bieten.

---

[863] Zuvor veröffentlicht auf Finnisch: „Georg Henrik von Wright ja ympäristökysymys. Kohti kriittistä kokonaiskuvaa“. In: *Niin/näin* 3, 2024, S. 45–62.

[864] Mein eigener Ansatz ist eine von Hegel und Marx inspirierte dialektische Umweltforschung, die den Gegensatz zwischen Anthropozentrismus und Naturzentrismus zu überwinden sucht. Ich bin ein ökologischer Humanist, lege aber auch Wert auf die gesellschaftliche und historische Umweltforschung.

Von Wrights philosophische Position und der Weg zur Umweltphilosophie

Für das Verständnis von Wrights Umweltdenken ist es hilfreich, zunächst die spezifischen Merkmale seiner Philosophie zu charakterisieren. Sowohl er selbst als auch viele, die sein Denken studiert haben, erklärten, dass sein philosophisches Denken zweifach geprägt war: einerseits von der analytischen Philosophie, die dem Ethos der westlichen Wissenschaft folgte, andererseits von einer essayistischen Zivilisations- und Gegenwartskritik.[865] Seine erste akademische Ausbildung erhielt er bei Eino Kaila. Kailas Denken basierte auf dem logischen Empirismus im Sinne der Erkenntnistheorie, er entwickelte jedoch auch eine naturalistische Psychologie. Unter Kailas Anleitung konzentrierte von Wright seine Studien auf die Logik, die seine frühe theoretische Ausrichtung weitgehend prägte.

Von Wright akzeptierte jedoch nicht die radikalsten Ansichten des logischen Positivismus, sondern ließ Raum für eine wissenschaftlich fundierte Metaphysik. Schon vor der Anleitung durch Kaila war er mit der deutschen Philosophie vertraut, insbesondere mit der Kulturgeschichte Jacob Burkhardts und der Geschichtsphilosophie Oswald Spenglers, wobei letztere auch umweltphilosophische Bedeutung erlangen sollte. Von Burkhardt wiederum übernahm er das universelle Menschenideal der Renaissance, das er in seinem Humanismus zu verwirklichen suchte.[866]

Für von Wright blieb der Humanismus nicht von der theoretischen Philosophie getrennt, sondern bildete die Grundlage für seine spätere Ansicht vom Vorrang der praktischen gegenüber der theoretischen Philosophie. Er versuchte auch, die oft scharfen schulphilosophischen Unterscheidungen des 20. Jahrhunderts zwischen analytischer Philosophie, Phänomenologie, Hermeneutik und Neomarxismus zu überwinden. Die Überwindung von Meinungsverschiedenheiten zwischen den Denkschulen bezeichnete er bereits 1966 in seiner Gesamtbeurteilung der internationalen Lage der

---

[865] Wright, Georg Henrik von: „Intellectual Autobiography". In: Paul Schlipp/Lewis Hahn (Hrsg.): *The Philosophy of Georg Henrik von Wright. The Library of Living Philosophers*, Vol. XIX. Open Court: La Salle 1989, S. 54; Wright, Georg Henrik von: *Myten om framsteget. Tankar 1987–1992 med en intellektuell självbiografi*. Söderströms: Falun 1993, S. 164–165.

[866] Zur Kulturphilosophie von Wrights siehe Salmela, Mikko: *Suomalaisen kulttuurifilosofian vuosisata*. Otava: Helsinki 1998.

Philosophie als notwendig[867] und setzte sich später konsequent für einen offenen Austausch ein.

Die neuesten Forschungen zu von Wrights wenig bekannten journalistischen Schriften haben gezeigt, dass er bereits in jungen Jahren politisch aktiv war und sich besonders für Geschichte als Schlüssel zum Verständnis der Situation seiner Zeit interessierte.[868] Von Wrights historisches Bewusstsein zieht sich wie ein roter Faden durch seine gesamte Karriere und begründet seine humanistischen Positionen theoretisch. Obwohl er selbst die philosophische Bedeutung dieses Aspekts seines Denkens oft herunterspielte,[869] wird dessen Relevanz deutlich, wenn wir die traditionelle Forderung der Philosophie „Erkenne dich selbst" (Sokrates) oder Kants Auffassung des Menschen als Kernproblem der Philosophie betrachten. Diese begründen die Bedeutung der historischen Selbsterkenntnis als Kernaufgabe der Philosophie.

Es ist wichtig, diese über die analytische Philosophie hinausgehenden Ansichten zu verstehen, wenn man sich fragt, welche Merkmale von von Wrights Denken den Weg zur Umweltphilosophie eröffneten. Neben dem Geschichtsbewusstsein ist der Bezug zur Metaphysik und zur praktischen Philosophie entscheidend. Ich werde zunächst von Wrights frühe, recht tolerante Haltung gegenüber der Metaphysik untersuchen und danach analysieren, wie die praktische Philosophie ab den 1960er Jahren in den Mittelpunkt seines philosophischen Denkens rückte. So lässt sich zeigen, dass seine philosophische Persönlichkeit nicht so stark gespalten war, wie oft angenommen wird.

Von Wright definierte sein theoretisches Verhältnis zur Metaphysik in seinem Frühwerk zum logischen Empirismus im Jahr 1943 wie folgt:

> [Die Kritik am] logischen Empirismus betrifft vor allem das, was wir *Vulgärmetaphysik* nennen könnten, d. h. eine Art emotionalen, obskuren Denkens, das von philosophierenden Dilettanten praktiziert wird. [...] Ein großer Teil der Spekulation, die in der Geschichte des Denkens unter dem Namen Metaphysik bekannt ist, fällt

---

867 Von Wright, Georg Henrik: „Tilanne filosofiassa". In: Hintikka, Jaakko/Routila, Lauri (Hrsg.): *Filosofian tila ja tulevaisuus*. Weilin/Göös: Helsinki 1970, S. 11–12, 28–29.

868 Backström, Joel/Wallgren, Thomas (Hrsg.): *Den okände von Wright. Tidskritik och andra texter av Georg Henrik von Wright 1926–1997*. Svenska litteratursällskapet I Finland: Helsingfors 2023.

869 Zum Beispiel von Wright 1993, S. 164–165.

> jedoch nicht unter den neopositivistischen Ansturm. Viel fruchtbarer als *die Kritik* an der Struktur der von den Klassikern der Metaphysik geschaffenen Systeme ist der Versuch, ihren metaphysischen Sprachgebrauch in zeitgenössischeren Begriffen *zu interpretieren*. Eine solche Interpretation zeigt, dass die sogenannte Metaphysik teils eine spekulativ betriebene Realwissenschaft war, die spätere empirische Forschungsergebnisse oft auf überraschende Weise vorwegnahm [...], und teils lediglich eine erkenntnislogische Sprachkritik.[870]

Zuvor weist von Wright in derselben Arbeit darauf hin, dass man unter anderem Platon, Spinoza, Leibniz, Berkeley, Hume, Kant, Hegel und Schopenhauer als Sprachkritiker betrachten kann, dank deren Arbeit „viele große Fortschritte in der Entwicklung des Denkens ganz natürlich als ein vertieftes Verständnis sprachlicher Zusammenhänge interpretiert werden können [...] als Versuche, die Alltagssprache zu korrigieren".[871] Daher erschien ihm die Metaphysik bereits in diesem Stadium als eine legitime Art, kritische und wissenschaftliche Philosophie zu betreiben.

Die Akzeptanz der kritischen Metaphysik zeigt sich beispielsweise in von Wrights späteren Bewertungen der Geschichtsphilosophie Oswald Spenglers. Wie die analytische Geschichtsphilosophie unterscheidet er zwischen kritischem und spekulativem Denken; er stellt fest, dass Spenglers biologische Analogien und sein Determinismus schwer zu rechtfertigen seien. Stattdessen hält sein kulturmorphologischer Ansatz einer kritischen Prüfung stand, und von Wright wendet ihn umfassend auf die Analyse der aktuellen wissenschaftlich-technologischen Kultur an – des Technosystems. In seinem 1951 erschienenen Aufsatz „Spengler und Toynbee" akzeptiert er Spenglers „morphologisch deskriptiven" Ansatz in der Kulturforschung und findet auch seine Kausalkritik interessant.[872]

Die Bedeutung von Spenglers Kulturtheorie für die Umweltkrise fasst von Wright 1996 im einführenden Kapitel seines Werkes *Ihminen kulttuurin murroksessa* (Der Mensch im kulturellen Wandel) auf überraschend zeitgemäße

---

[870] Von Wright, Georg Henrik: *Looginen empirismi. Eräs nykyisen filosofian pääsuunta*. Otava: Helsinki 1945, S. 112–113. Soweit nicht anders gekennzeichnet, stammen alle Übersetzungen fremdsprachlicher Texte von mir.

[871] Ibid., S. 89.

[872] Von Wright, Georg Henrik: *Ajatus ja julistus*. WSOY: Helsinki 1974, S. 177–186. Vgl. auch Jaakko Hintikkas gleichartige Bewertung Spenglers in Hintikka/Routila 1970, S. 186–194.

Weise zusammen. Laut von Wright wird ein Beobachter, der unsere Zeit verstehen möchte, feststellen, dass „die Menschen zunehmend das Gefühl haben, in den ‚letzten Zeiten' zu leben". Allerdings sei das Gefühl nicht mit der Erwartung eines Weltuntergangs gleichzusetzen, sondern „eher ein instinktives Gefühl, dass eine bestimmte Entwicklungsrichtung, die wir für klar gehalten haben, ihrem Ende entgegengeht und wir an der Schwelle zu einer neuen stehen, deren Verlauf und Ziel wir noch nicht abzuschätzen vermögen". Insbesondere der Glaube an den Fortschritt sei ins Wanken geraten, auch wenn „ein vages Konzept der ‚nachhaltigen Entwicklung' weiterhin die Reden der Politiker und die Planungen der Wirtschaftsführer prägt". Unsere Zeit verlangt daher, dass sich unser Geschichtsbild von einer linearen zu einer zyklischen Sichtweise ändert, ganz im Sinne Spenglers. Letztlich lässt sich die Zukunft nicht vorhersagen: Der „Untergang des Abendlandes" (Spengler) sei ein langfristiger Prozess, „dessen Wesen sich erst im Blick auf Jahrhunderte endgültig beurteilen lässt."[873]

Obwohl auch in von Wrights philosophischen Ansichten Kontinuität besteht, ändert sich seine politische Haltung. Eine neue Studie hat hervorgehoben, dass von Wright in den 1930er-Jahren ein politisch aktiver Konservativer war, der seine Hoffnungen in den Faschismus und den Nationalsozialismus als Kräfte setzte, die die europäische Kultur wiederbeleben würden, obwohl er später versuchte, dies herunterzuspielen und zu vertuschen, insbesondere in seinen 2002 veröffentlichten Memoiren.[874] Während des Krieges war er in der Propaganda tätig, schrieb ausführlich über den jahrhundertealten Gegensatz zwischen Ost und West und versuchte in der Frühphase des Fortsetzungskrieges, Pläne für ein Großfinnland an der Seite Deutschlands zu rechtfertigen. Als sich Deutschlands militärischer Erfolg in eine Niederlage verwandelte, wurden von Wrights Einschätzungen vorsichtiger.[875] Laut Tarmo Kunnas betrachtete von Wright den Eintritt in den Fortsetzungskrieg an der Seite Deutschlands im Jahr 1943 noch immer als einen „befreienden Atemzug", der „die letzte große Abrechnung mit dem

---

873 Von Wright, Georg Henrik: *Ihminen kulttuurin murroksessa*. Otava: Helsinki 1996, S. 8–9.

874 Backström/Wallgren 2023, S. 29, 32, 35. Von Wright, Georg Henrik: *Elämäni niin kuin sen muistan*. Otava: Helsinki 2002.

875 Backström/Wallgren 2023, S. 145–146.

Bolschewismus" einleitete. Auch gegenüber England hatte er eine positive Einstellung, doch aus realpolitischer Sicht zog er es vor, sich mit Deutschland gegen den Bolschewismus zu verbünden. England stand außerdem in einem Militärbündnis mit der Sowjetunion. Kunnas charakterisiert von Wrights politisches Denken dieser Zeit mit der Feststellung, dass er „kein Faschist oder Nationalsozialist war, sondern ein europäischer Kolonialist der Oberschicht und ein finnisch-schwedischer Patriot."[876]

Von Wrights politisches Denken nach dem Zweiten Weltkrieg und insbesondere seit den 1960er-Jahren kann als linksliberal charakterisiert werden. Der Einfluss der Frankfurter Schule radikalisierte sein politisches Denken und führte zu einer vorsichtigen ökologischen Kapitalismuskritik. Von Wright war nie ein Befürworter einer marxistischen Ökologie oder eines Ökosozialismus, sondern sah einen möglichen Wandel in der Erhaltung des kapitalistischen Systems, wenn auch im Rahmen einer stärkeren staatlichen Regulierung. In den 1990er-Jahren verfiel er einem immer stärkeren Pessimismus und glaubte nicht mehr an die Möglichkeit einer Lenkung der internationalen Entwicklung des wachstumsorientierten Kapitalismus in eine ökologisch positivere Richtung.

Die integrative Bedeutung der praktischen Philosophie

Im Hinblick auf den philosophischen Hintergrund des Umweltdenkens von Wrights ist es wichtig, seine ausführliche Beschäftigung mit der praktischen Philosophie hervorzuheben, die an der Wende zu den 1960er-Jahren begann. Sie veränderte seine Sicht auf die Philosophie und untermauerte sein wachsendes Interesse an aktuellen Themen. Man kann argumentieren, dass von Wrights dualistische Sicht der Philosophie durch seinen Fokus auf die praktische Philosophie vereinheitlicht und integriert wurde. Durch die zentrale Bedeutung der praktischen Vernunft in seinem Denken war er in der Lage, die dominante Stellung der analytischen Philosophie als einzige „wissenschaftliche" Philosophie zu kritisieren. Er lernte, sie kritisch zu betrachten, als eine Art theoretischen Überbau der westlichen Wissenschaft, der nicht in der Lage war, moderne wissenschaftliche und technologische Entwicklungen ernsthaft zu kritisieren. Wie ich später zeigen werde, wurde diese Art der

---

[876] Kunnas, Tarmo: *Fasismin lumous. Eurooppalainen* älymystö *Mussolinin ja Hitlerin politiikan tukijana*. Arena: Jyväskylä 2014, S. 49.

Kritik durch seine Ökokritik ab 1970 unterstrichen. In Einschätzungen zum Stand der Philosophie der 1960er-Jahre betonte er noch die Bedeutung der analytischen Philosophie, und erst ab 1968 hob er die Hermeneutik und die neuere Hegelforschung als potenziell revolutionäre Phänomene hervor.[877] Von Wrights internationaler Bestseller *Explanation and Understanding* von 1971, der heute als eines der Grundlagenwerke der analytischen Hermeneutik gilt, zeigt seine Annäherung an die deutsche Hermeneutik.

Wie oben erwähnt, hat von Wright in mehreren seiner autobiografischen Analysen erklärt, seine philosophische Persönlichkeit sei dualistisch. 1980 schreibt er in seiner „Intellectual Autobiography" über den Bruch, der zwischen einer engeren beruflichen Tätigkeit und einem breiteren Bemühen um ein „visionäreres" Verständnis der „Gesamtheit der menschlichen Existenz" besteht.[878] Wie seine Lehrer Eino Kaila und insbesondere Ludwig Wittgenstein betrachtete er die Philosophie einerseits als ein theoretisches Gebiet, das die logischen Grundlagen des menschlichen Denkens untersucht, und andererseits als Suche nach einer grundlegenderen Weltanschauung, die für die existenziellen Probleme[879] des menschlichen Lebens relevant wäre. In dieser Hinsicht war Spengler sowohl für von Wright als auch für Wittgenstein eine wichtige frühe Inspiration.[880] Die spätere Bekanntschaft mit der Frankfurter Schule, insbesondere Max Horkheimers und Theodor W. Adornos *Dialektik der Aufklärung*, war auch aufgrund deren kritischer Sicht auf die westliche Rationalität für ihn von Bedeutung.[881]

Von Wright begann Ende der 1950er-Jahre, Ethik, Handlungsphilosophie und Wertphilosophie zu studieren, was seine Gesamtsicht der Philosophie beeinflusste. Bei der Vorbereitung seiner Vorlesungen zur Werttheorie in St. Andrews schrieb er am 15. Mai 1959 an seinen Freund Göran Schildt:

---

[877] Von Wright 1970, S. 10–11, 23–29.

[878] Von Wright 1989, S. 54.

[879] Von Wright, 1993, S. 2–3.

[880] Guter, Eran: „Wittgenstein, Modern Music and the Myth of Progress". In: Niiniluoto, Ilkka/Wallgren, Thomas (Hrsg.): *On the Human condition. Pilosophical Essays in Honour of the Centennial Anniversary of Georg Henrik von Wright*. Suomen filosofinen yhdistys: Helsinki 2017, S. 181–183.

[881] Siehe zum Beispiel Molander, Bengt: „Vetenskap mellan rationalitet och irrationalitet". In: Strang, Johann/Wallgren, Thomas (Hrsg.): *Tankens utåtvändhet. Georg Henrik von Wright som intellektuell*. SLS/Appell: Helsingfors 2016, S. 155–160.

„Ich beginne erst jetzt zu verstehen, was Philosophie wirklich ist. [...] Philosophie ist eine viel systematischere Tätigkeit, als ich bisher verstanden habe. Deshalb muss ein Philosoph vor allem ein Visionär sein, der ein weites Feld aus einer einzigen Lichtquelle betrachtet."[882] Von Wrights spätere umweltphilosophische Analyse der westlichen wissenschaftlichen Rationalität als einer instrumentellen Rationalität, die die Natur unterjocht, zeigt, dass er insbesondere die praktische Philosophie als eine solche vereinigende Lichtquelle betrachtete.[883] Er betont, dass die Wissenschaft nicht unabhängig von Werten und Interessen sei, weshalb es wichtig sei, ihren interessen- und wertbasierten Charakter offenzulegen. Doch noch in seiner kurzen Phase des Glaubens an Wissenschaft und Technik Mitte der 1960er-Jahre[884] schätzte von Wright, dass die damals aktuelle Logik mithilfe exakter Verhaltensforschung, Spieltheorie und Kybernetik das menschliche Problem meistern könne.[885] Wie oben erwähnt, dominiert bereits bei *Explanation and Understanding* (1971) eine kritischere Sichtweise. Das ökokritische Denken führt diese Linie fort.

Um die praktische Philosophie in den Mittelpunkt der Philosophie zu rücken, war eine Ablehnung des für die frühe analytische Philosophie charakteristischen Wertsubjektivismus erforderlich.[886] Dies hing mit einer umfassenderen Neubewertung der menschlichen Rationalität zusammen. Von Wright schrieb 1985 in seinem Artikel „A Pilgrims Progress", die Rehabilitierung der praktischen Philosophie durchbreche die Mitte des 20. Jahrhunderts herrschende Tendenz, „die exakte Wissenschaft als Paradigma menschlicher Rationalität und als das Wertvollste für philosophische Reflexion zu betrachten". Ein Parallelphänomen zur Tendenz, die exakte Wissenschaft zu überschätzen, sei die Neigung, Normen und Werte herabzusetzen in die „‚subrationale' Sphäre der Emotionen und der Subjektivität". Laut von Wright habe sich die philosophische Situation jedoch aufgrund neuartiger

---

[882] Kruskopf, Erik (Hrsg.): *En livslång vänskap. Brevväxlingen mellan* Göran Schildt och Georg Henrik von Wright 1937–*2001*. Christine och Göran Schildts stiftelse: Ekenäs 2008, S. 336–337.

[883] Vgl. Volanen, Risto: „G. H. von Wright som vegvisare för en samtida". In: Strang/Wallgren 2016, S. 247–248.

[884] Backström/Wallgren 2023, S. 268.

[885] Von Wright 1970, S. 25.

[886] Schon 1945 stellte von Wright im Anschluss an Max Scheler fest, dass die Werturteile sowohl subjektiv als auch objektiv sind. Von Wright 1945, S. 114.

Lebensprobleme geändert, die Fragen nach Werten und Normen immer wichtiger machten. Denn Fragen der „subrationalen“ Grundlage hätten Probleme aufgeworfen, die „die Grundlagen der Zivilisation und sogar die Zukunft der menschlichen Spezies bedrohen“. Fragen nach Werten und Normen hätten somit „eine neue Würde als Objekte philosophischen Denkens“ erlangt.[887] Gerade Umweltprobleme erschienen von Wright damals neben sozialen Problemen wie der Atombombe und der Entfremdung als existenziell wichtig.

Die Bedeutung von Umweltfragen für die Neubewertung der wissenschaftlichen Rationalität lässt sich anhand der 1985 getroffenen Unterscheidung von Wrights zwischen *Rationalität* („rational“) und *Vernünftigkeit* („reasonable“) verdeutlichen. In seinem Artikel „Images of Science and Forms of Rationality“ (1993) beschreibt er diesen Unterschied, indem er feststellt, dass bei der Rationalität die formale Richtigkeit der Argumentation, die Bestätigung und Prüfung von Überzeugungen sowie die Beurteilung der Wirksamkeit von Mitteln zum Erreichen von Zielen im Vordergrund steht. Rationalität ist daher zielorientiert („goal-oriented“). Vernünftigkeit hingegen ist wertorientiertes Denken. Es geht um Gut und Böse für den Menschen und um die richtige Lebensweise. Insbesondere in der klassischen griechischen Wissenschaft und Philosophie kam diese wertbasierte Vernünftigkeit in ihrer Suche nach einer guten natürlichen Ordnung zum Ausdruck, einer *Eunomia*, die Gerechtigkeit und Gesetzmäßigkeit vereint.[888] Um die gerechte Ordnung der Welt zu verstehen, bedarf es „eher der Weisheit als des Wissens – der Anpassung des eigenen Lebens an die natürlichen Bedingungen“.[889] Daher hat das klassische Ideal von Weisheit und Vernünftigkeit eine potenzielle ökologische Bedeutung, wie ich an anderer Stelle dargelegt habe.[890]

In von Wrights Denken müssen also verschiedene Konzepte der Vernunft voneinander unterschieden werden. In vielen Interpretationen wird von „Vernunft“ im selben Sinn gesprochen wie von „Rationalität“, die von Wright oben kritisiert hat, obwohl die Vernunft eine höhere Denkebene

---

887 Von Wright 1993, S. 111–112.

888 *Eunomia* bedeutet wörtlich „gute Ordnung“.

889 Von Wright 1993, S. 172–174. Vgl. auch Molander 2016, S. 159–160.

890 Väyrynen, Kari: *Ympäristöfilosofian historia maaäitimyytistä Marxiin*. Eurooppalaisen filosofian seura: Tampere 2006.

darstellt, auf der die der „Rationalität“ zugrunde liegenden Interessen und Wertvorstellungen einer philosophischen Kritik unterzogen werden.

In diesem Zusammenhang kann man auch auf Arne Næss’ Begriff der *Ökosophie* verwiesen, demzufolge grundlegende Werte und Normen in den ökologischen Gesetzmäßigkeiten zu finden sind, die das menschliche Handeln begrenzen.[891] Ebenso hält von Wright ein ökologisches Bewusstsein der Grenzen unseres Handelns für unerlässlich. Die Grundprinzipien der Wissenschaft müssen Phänomene ganzheitlich betrachten und dabei von der Koevolution von Mensch und Natur ausgehen. Laut von Wright erfordert dies „eine neue Form wissenschaftlicher Rationalität“. Die Wissenschaft muss den traditionellen Drang zur Beherrschung und Unterwerfung der Natur aufgeben: Wir müssen einen Wandel in der Beziehung zwischen Mensch und Natur fördern, „von der Idee der Dominanz hin zur Idee der Koevolution“. Nur dann könne man von der Industriegesellschaft erwarten, dass sie sich „an die biologischen Bedingungen ihres Überlebens anpasst“.[892] Die Natur muss als autonomer Partner anerkannt werden und nicht nur als Material, das wir frei nach unseren eigenen Interessen gestalten können. Dieses Konzept entstand bereits 1962, als von Wright die Idee vorstellte, die externen Auswirkungen menschlicher Aktivitäten zu internalisieren und gleichzeitig das alte Thema der Vermeidung von Hybris auf die Beziehung zwischen Wissenschaft und Natur anzuwenden.[893] Auf diese frühe innovative Idee von Wrights werde ich im folgenden Kapitel näher eingehen.

Recht problematisch setzt von Wright seine Hoffnung, eine neue wissenschaftliche Rationalität zu erreichen, jedoch eher auf die Naturwissenschaften als auf die Ökologie, die Humanökologie oder soziale und humanistische Umweltstudien. Er geht davon aus, dass die „kosmische Ökologie“ (Freeman Dyson), die „die Wechselwirkung des Lebens mit dem Kosmos als Ganzem“ untersucht, diese Aufgabe erfüllen könnte.[894] Betrachtet man jedoch die

---

891 Næss, Arne: Økologi, *samfunn og livsstil. Utkast till en* økosofi. Universitetsförlaget: Oslo 1976, S. 22.

892 Von Wright 1993, S. 187.

893 Von Wright, Georg Henrik: *Essay om naturen, menniskan och den vetenskaplig-tekniska revolutionen*. Scripta minora. Studier utg. Av Kungl. Humanistiska Vetenskapssamfundet I Lund 1961–1962:2. Lund 1963.

894 Von Wright, Georg Henrik: *Vetenskapen och förnuftet. Ett försök till orienteering.* Söderström: Borgå 1986, S. 116.

Umweltwissenschaften als Ganzes, ist es schwer vorstellbar, dass wir „Gesetze für die Organisation einer Entität in Interaktion mit anderen Entitäten“ finden könnten, wie von Wright annimmt. Die von ihm erhoffte „Einheit und Klarheit“, die „eine neue Form wissenschaftlicher Rationalität darstellen würde“,[895] dürfte in der Klimaforschung, wo unter anderem das Schmelzen des Permafrosts oder das Verhalten der Meeresströmungen Unsicherheitsfaktoren darstellen, kaum zu erreichen sein.

Auf die Mängel des umweltwissenschaftlichen Programms von Wrights werde ich am Ende des Artikels zurückkommen. Als Nächstes werde ich einige der zentralen Themen seines Ökohumanismus untersuchen. Ich werde zunächst seine Neubewertung der Geschichte der westlichen Wissenschaft und Technologie hervorheben, die einerseits seinen Pessimismus rechtfertigt, andererseits aber die Möglichkeit eröffnet, über die Möglichkeit einer Rationalität nachzudenken, die Umweltwerte berücksichtigt. Von Wright betont in verschiedenen Zusammenhängen, wie wichtig es sei, sich der historischen Hintergründe unserer Umweltprobleme bewusst zu sein. Historisches Bewusstsein ist ein wichtiger Teil der neuen, umfassenderen Rationalität (oder Vernunft und Weisheit im zuvor erwähnten Sinne), mit der „teuflische“ Umweltprobleme angegangen werden sollten.

Zur Geschichte des westlichen Umweltdenkens

Von Wright interessierte sich schon früh für Mythen rund um Wissen und Wissenschaft, die einerseits die Interessengrundlage des Wissens und andererseits dessen potenzielle Probleme widerspiegeln. Sein besonderes Interesse galt den Wissensmythen der frühesten antiken Philosophie, die auch die Hintergründe der modernen, technologischen Wissenschaft beeinflussen. Von besonderer Bedeutung ist dabei die Idee der *hybris*, der Verletzung der gerechten Grenzen des Kosmos. Schon die Entstehung der theoretischen Haltung kann als ein Schritt in Richtung *hybris* angesehen werden, da die frühe Philosophie die Geheimnisse des in der griechischen Volksreligion vergöttlichten Kosmos enthüllen wollte. In seinem Essay „The tree of knowledge“ (Der Baum der Erkenntnis) aus dem Jahr 1957 beschreibt von Wright die Entwicklung der Idee der *hybris* in der Neuzeit, ausgehend von Francis Bacons

[895] Ibid.

berühmter Aussage „Wissen ist Macht". Die moderne Wissenschaft hat versucht, die Natur technisch zu kontrollieren. Doch während die Technologie die Möglichkeiten des Menschen, seine Wünsche zu befriedigen, erweitert hat, ist sie nach und nach zu seinem Herrn geworden.[896] Die Zunahme der Möglichkeiten zur Bedürfnisbefriedigung ist daher die Grundlage für spätere Umweltprobleme. In seinem Essay verbindet von Wright die Konzepte von *hybris* und *nemesis* mit einer Analyse des modernen, wissenschaftsbasierten Technosystems. In seinem Kommentar zur Geschichte von Prometheus stellt er fest, dass die Entwicklung von Wissenschaft und Technologie eher zu einer „neuen Sklaverei des Menschen" als zu wahrer Freiheit führe. In der christlichen Tradition ist das Thema mit der Geschichte von Faust verknüpft, in der der Teufel möchte, dass der Mensch „der Herr der Schöpfung wird […], der die Geheimnisse der Natur enthüllt und ihre Kräfte beherrscht".[897]

Von Wright ergänzt die Analyse aus umweltphilosophisch bedeutsamer Perspektive in seinem Vortrag „Essay om naturen, menniskan och den vetenskaplig-tekniska revolutionen" am 24. September 1962 an der Universität Lund.[898] Er wiederholt dort die Grundgedanken des Aufsatzes „Baum der Erkenntnis", aber entwickelt sie weiter. Von besonderer Bedeutung sind die ethisch-politischen Schlussfolgerungen zum Verhältnis moderner Wissenschaft und Technik zur Natur, in deren Analyse der Vortrag gipfelt. Man könnte sagen, dass diese Präsentation das wichtigste umweltphilosophische Werk von Wrights vorwegnimmt, *Vetenskapen och förnuftet* (1986). Im Vortrag wirft von Wright allerdings explizit die Frage nach dem Wert der Natur auf, die er später nicht gesondert untersucht.

Von Wrights Analyse geht vom Wertsubjektivismus der neuesten Philosophie aus und untersucht die Rolle der Natur bei der Wertebildung. Ihm zufolge entstand der Wertsubjektivismus während der Barockzeit, und insbesondere Thomas Hobbes war sein klassischer Gestalter. Laut von Wright kam der Wertsubjektivismus in der Barockarchitektur gut zum Ausdruck. Beispielsweise drückt der Schlosspark von Versailles aus, wie die Natur vor dem souveränen Menschen „strammsteht" (*stå i givakt*). Die Natur als solche

---

[896] Von Wright 1993b, S. 127–128.

[897] Ibid., S. 140.

[898] Von Wright 1963. Wie Backström/Wallgren 2023, S. 353 bemerken, bewertete von Wright diesen Vortrag als einen der Schlüsseltexte für seine spätere Zivilisationskritik.

ist nicht mehr Vorbild, sondern der Mensch ist zu ihrem Herrscher geworden. Werte und Zielsetzungen werden nicht durch objektive Wahrheiten der Natur bestimmt. Daher kann man nicht von Wahrheit oder Falschheit der Zielsetzung sprechen.[899]

Laut von Wright ist die Frage nach dem Wert der Natur selbst mit der Frage nach der Rationalität unserer Zielsetzungen verbunden. Er bezieht sich auf das, was die Umweltforschung (ursprünglich Umweltökonomie) bei der Bewertung der umweltethischen Qualität unseres Handelns (oder in der Ökonomie ihrer Kosten) später als Externalitäten bezeichnet.[900] Wenn es um die Rationalität unserer Zielsetzung und unseres Handelns geht, kann man laut von Wright zu Recht behaupten, dass „die Natur die menschliche Zielsetzung kontrolliert". In dieser Hinsicht reicht der Wertsubjektivismus nicht aus: „Dies ist eine bekannte Tatsache, die der Wertsubjektivismus vergessen hat. Dieses Vergessen ist auf unseren stolzen Glauben zurückzuführen, wir könnten die Natur kontrollieren." Laut von Wright ist das Thema aufgrund der Probleme, die die wissenschaftliche und technologische Revolution mit sich bringt, aktuell geworden.[901]

Von Wright zufolge sollte die Rationalität unserer Ziele und Handlungen anhand der zentralen Rolle beurteilt werden, die die „Natur" bei der Bestimmung des Erfolgs unserer Handlungen spielt. Diese Faktoren sind weitgehend unabhängig von subjektiven Zielsetzungen und Bewertungen, bestimmen aber letztendlich den Wert (oder Erfolg) unseres Handelns in der Praxis. Von Wright gibt einige Beispiele. Wenn ein Mitarbeiter beispielsweise eine Führungsposition im Unternehmen anstrebt und seine Ziele erreicht, wird ihm möglicherweise klar, dass er seine Familie vernachlässigt hat. Oder vielleicht bringt eine neue Führungsposition im Beruf unerwartet große Verantwortung und Sorgen mit sich, die die Person bei der Bewerbung um die Stelle nicht vorhersehen konnte. Das Gute, das er ursprünglich anstrebte, war die Mühe nicht wert. Somit erwies sich die ursprüngliche Zielsetzung angesichts neuer Erfahrungen als absurd. Kriterium der Vernunft und

---

899 Von Wright 1963, S. 19.

900 Arthur Pigou (1877–1959) entwickelte den Begriff der Externalität als Erster in der Ökonomie. In Schweden wurde diese Denkweise durch Ezra J. Mishan bekannt (*Ekonomisk tillväxt – till vilket pris?* Wahlström/Widstrand: Lund 1971).

901 Von Wright 1963, S. 19–20.

Irrationalität sind also letztlich „die kausalen Zusammenhänge der objektiven Wirklichkeit, die Ordnung der Natur“. Von Wright betont, dass dieses Beispiel auch auf unsere Bemühungen zutrifft, die Natur wissenschaftlich und technologisch zu kontrollieren.[902]

Subjektive Zielsetzung ist mit egoistischer Kurzsichtigkeit verbunden. Unter Bezugnahme auf Bacons berühmte Worte betont von Wright, dass wir mehr auf die Natur hören sollten, um sie zu beherrschen. Es ist auch besser, dem alten Rat zu folgen und *hybris* zu vermeiden, damit die „Rache der Natur“ (*nemesis naturalis*) vermieden werden kann. Was wäre dann eine vernünftige Vorgehensweise? Von Wright gibt eine grundlegende Definition rationalen Handelns, wenn er sagt:

> Eine rationale, praktische Einstellung zur Realität könnte man als Mäßigung oder Überlegtheit [*besinningsfullhet*] bezeichnen. Ihr Wesen besteht in der Fähigkeit, unsere Zielsetzung so zu gestalten, dass unsere unmittelbaren Wünsche unsere langfristigen Wünsche beeinflussen.

Obwohl uns der Wunsch, in die Kausalketten der Natur einzugreifen, „im Blut liegt“, sollten wir bedenken, dass „die Rationalität unserer Ziele dennoch von der ‚Natur‘ bestimmt wird, d. h. von den kausalen Bedingungen und Folgen unseres Handelns.“[903] Von Wright fasst seine Gedanken in der englischen Zusammenfassung seines Vortrags wie folgt zusammen:

> Die Maßstäbe für die Rationalität menschlicher Wünsche und Ziele werden nicht durch die Launen seines Willens, sondern durch die kausalen Zusammenhänge der Welt gesetzt. Der Autor argumentiert, dass die technologische und industrielle Revolution dem Menschen nur dann langfristig nützen wird, wenn dieser Tatsache genügend Beachtung geschenkt wird.[904]

In seinem Werk *Vetenskapen och förnuftet* führt von Wright seine historischen Analysen der frühen 1960er-Jahre im Hinblick auf die moderne Wissenschaft fort und erweitert sie. Er stellt fest, dass das prometheische Ethos in der modernen Wissenschaft und Philosophie verwirklicht ist. Der neue Naturbegriff, geprägt von Galilei, Kepler, Bacon und Descartes, ist objektivierend und

[902] Ibid., S. 20–21.
[903] Ibid., S. 22–23.
[904] Ibid., S. 25.

dualistisch. Die Natur wird zum Objekt, und der Mensch bricht seine innere Verbindung zu ihr ab, d. h. er entfremdet sich von der Natur. Gleichzeitig werden Fakten und Werte scharf voneinander getrennt. Die Beziehung des Ganzen zu seinen Teilen wird atomistisch definiert, und eine ganzheitliche Sicht der Natur wird aufgegeben. Insbesondere die Philosophie von Descartes bringt diese Themen zusammen.[905] Allmählich wird die moderne Wissenschaft immer enger mit der Technologie verknüpft. Im Kern liegt eine „manipulative Haltung gegenüber der Natur" vor.[906] Die industrielle Revolution vollendete diese Verbindung. Während in ihrer frühen Phase noch keine technisch anspruchsvollen wissenschaftlichen Erkenntnisse erforderlich waren, änderte sich die Situation mit der technischen Anwendung der Elektrizität, als „die Zusammenarbeit von Wissenschaft und Technologie von entscheidender Bedeutung wurde". Auch die Chemie gewann an Bedeutung.[907]

Von Wrights historische Analyse ist in vielerlei Hinsicht vereinfachend. Er geht nicht besonders auf die Multidimensionalität der westlichen Denktraditionen ein, etwa auf die Tatsache, dass es selbst in der antiken Philosophie anthropozentrische Elemente gab, die mit Sokrates und Platon dominant wurden. Andererseits konnte das christliche Naturkonzept nicht nur die Beherrschung der Natur rechtfertigen, sondern auch eine pflegende „Verwalterethik", in der die Natur nicht nur gepflegt, sondern auch geschützt wird. Auch die modernen pantheistischen und humanistischen Traditionen des Umweltdenkens werden nicht analysiert. Auf diese Probleme werde ich am Ende des Artikels noch ausführlicher eingehen.

Umweltprobleme und die Möglichkeit einer Umweltpolitik

Laut von Wright bilden die oben beschriebenen historischen Trends einen wichtigen Hintergrund für die Analyse aktueller Umweltprobleme. Die Industriegesellschaft bringt nicht nur innere soziale Probleme wie Entfremdung mit sich, sondern auch äußere Probleme, insbesondere vom Menschen verursachte Veränderungen der Natur, Umweltverschmutzung, weiträumige Erosion, Artensterben und ökologisches Ungleichgewicht. Darüber hinaus schwinden die für die Menschheit lebenswichtigen

905 Von Wright 1986, S. 45–48. Von Wright 1993, S. 177.
906 Von Wright 1986, S. 50.
907 Ibid., S. 72–73.

erneuerbaren natürlichen Ressourcen, was laut von Wright aufgrund der Bevölkerungsexplosion ein besonders schwerwiegendes Problem darstellt.[908] Von Wright betrachtete 1986 auch den Treibhauseffekt als ernstes Problem, da er „mit den menschlichen Fähigkeiten möglicherweise nicht korrigiert werden kann".[909] Seine Diagnostik der Umweltprobleme entsprach weitgehend dem wissenschaftlichen Konsens der damaligen Zeit. In Finnland beispielsweise hatte Jussi Nuorteva bereits 1971 die globale Erwärmung aufgrund des durch fossile Brennstoffe verursachten Treibhauseffekts als schwerwiegendsten Risikofaktor für eine große ökologische Katastrophe betrachtet.[910] Das große Risiko, das vom Treibhauseffekt ausgeht, wurde der Öffentlichkeit jedoch erst in den 1980er-Jahren bewusst.

Bei der Betrachtung der Ursachen von Umweltproblemen betont von Wright neben den oben beschriebenen ideengeschichtlichen historischen Faktoren auch die Auswirkungen einer wachstumsorientierten Wirtschaft und Technologie. Auch der Lebensstil einer Konsumgesellschaft, insbesondere der Massentourismus, erhöht die Umweltbelastung.[911] In seinem 1989 erschienenen Essay „Reason and Value" hebt von Wright das „unkontrollierte" Bevölkerungswachstum der Entwicklungsländer hervor, das mit den Bemühungen einherginge, den Lebensstandard auf das Niveau der Industrieländer anzuheben.[912] Das Bevölkerungswachstum in den Industrieländern erwähnt er nicht und scheint es auch nicht als problematisch zu betrachten. Insgesamt erscheinen das Bevölkerungswachstum und der daraus resultierende Anstieg des Konsums für von Wright als das schwerwiegendste Umweltproblem. Anders als Nuorteva hält er die Nutzung fossiler Brennstoffe und die daraus resultierende globale Erwärmung für weniger gravierend. In dieser Hinsicht entspricht der aktuelle wissenschaftliche Konsens eher der Linie von Nuorteva.

Andererseits bringt die Klimafrage auch andere Probleme mit sich, wie von Wright in seinem Essay „Reason and Value" hervorhebt. „Kosmische

---

908 Ibid., S. 78–79.

909 Ibid., S. 136–137.

910 Väyrynen, Kari: „Suomalaisen ympäristöajattelun suuntaviivoja valistuksen ajalta 2000-luvulle". In: Ruuskanen, Esa et al. (Hrsg.): *Suomen ympäristöhistoria 1700-luvulta nykyaikaan*. Vastapaino: Tampere 2021, S. 403–404.

911 Von Wright 1986, S. 137.

912 Von Wright 1993, S. 243.

Bedrohungen" wie die Ausdünnung der Ozonschicht und der Treibhauseffekt erweisen sich für die wissenschaftliche Forschung als schwer zu lösende Probleme: Sowohl ihre Ursachen als auch die Vorhersage künftiger Entwicklungen seien umstritten. Dies könne schwerwiegende umweltpolitische Folgen haben: Sie „könnten eine Zurückhaltung schüren, rechtzeitig auf die negativen Folgen zu reagieren, die sie hervorrufen".[913] Von Wright sieht hier einen Anstieg des Umweltskeptizismus voraus und hält diesen für ein gefährliches Phänomen. Das Gesamtbild, das er im genannten Aufsatz von der Schwere unserer Umweltprobleme zeichnet, ist bereits sehr pessimistisch. Von Wright schreibt:

> Es ist keine Übertreibung, die fortschreitende technologische und industrielle Entwicklung – oder vielmehr ihre unbeabsichtigten Folgen – als potenzielle Bedrohung für das Überleben der menschlichen Spezies zu betrachten. [...] Aber es ist erschreckend zu erkennen, [...] dass wenn nicht wir, dann unsere Urenkel in ein oder zwei Jahrhunderten die letzten Menschen sein könnten.[914]

Die optimistische Vorstellung einer Entwicklung, in der sich der Mensch durch die notwendigen Maßnahmen oder eine Änderung seines Lebensstils selbst retten würde, erscheint von Wright als wenig realistisch, da es möglicherweise bereits zu spät sei, „destruktive Prozesse umzukehren".[915] In einem Interview mit der dänischen Zeitschrift *Berlingske Tidende* am 27. November 1994 betonte er andererseits, wie schwierig es sei, die Zukunft vorherzusagen: „Welche Kräfte sich durchsetzen werden, werden wir erst im Laufe der Zeit sehen." Doch es gebe eher Grund zum Pessimismus als zum Optimismus: „Unsere Ära hat ihre Möglichkeiten ausgeschöpft." Die Umweltbelastung halte an, die Bevölkerungszahl „steigt und steigt". Mit dem „Fortschritt" „werden die Ressourcen der Erde immer knapper".[916]

Die letzte Phase der umweltpolitischen Positionen von Wrights fällt in die Zeit der Jahrtausendwende, kurz vor seinem Tod. In seinem Artikel „Det rationellas dialektik" von 1998 sieht er die Bevölkerungsexplosion als

---

[913] Ibid., S. 243–244.
[914] Ibid., S. 244.
[915] Ibid.
[916] Referiert durch Anne-Marie Sondergaard Christensen: „På besok fra hotel afgrund". In: Strang/Wallgren 2016, S. 177.

zentrale Ursache der Umweltprobleme.[917] In dieser Hinsicht scheint er in seinen letzten Jahren den Ansichten von Pentti Linkola gefolgt zu sein. Die von von Wright zuvor kritisierte wachstumsorientierte Ökonomie erscheint ihm als globales Entwicklungsmodell vor allem dann problematisch, wenn man die Bevölkerungsmassen der Entwicklungsländer mit einbezieht. Das Bevölkerungswachstum in den wohlhabenden westlichen Ländern erwähnt er nicht.

In dem Artikel diskutiert von Wright die möglichen Lösungen für Umweltprobleme etwas ausführlicher als zuvor. Die optimistische Ansicht, es handele sich dabei um „Kinderkrankheiten" unserer Zivilisation, die sich durch verstärkte wissenschaftliche Forschung und grüne Technologien sowie durch eine effizientere Gestaltung unserer Aktivitäten beheben ließen, „ohne dass sich unser Lebensstil und unsere Gesellschaftsform entscheidend ändern", findet bei von Wright kein Verständnis. Seiner Meinung nach sei ein solcher Optimismus sogar eine „sorglose und destruktive Vision". Eine bessere Alternative bestehe darin, die Umweltbildung und das allgemeine Wissen über die Umwelt zu verbessern und damit eine Änderung unseres konsumorientierten Lebensstils herbeizuführen. Dies allein reiche nicht aus, es sei auch ein Eingriff in die Marktmechanismen notwendig: Freie Marktkräfte müssten „mit neuen Kontroll- und Lenkungsmechanismen gebunden und gelenkt werden". Laut von Wright kann das derzeit leere Gerede von nachhaltiger Entwicklung nur dann sinnvoll werden, wenn wir unser Verständnis von Bedürfnisbefriedigung und unsere Verantwortung als Mitglieder der Gesellschaft ändern.[918] Umweltpolitik erfordert daher einerseits eine Änderung des individuellen Lebensstils und andererseits ein starkes staatliches Handeln zur Ökologisierung der freien Märkte. Von Wright schlägt jedoch keinen Ökosozialismus vor.

In seiner Autobiographie *Elämäni niin kuin sen muistan* (2002) kommt er auf dieses Thema zurück, vielleicht in einem noch pessimistischeren Ton. Dem parlamentarischen Weg über den Aufstieg der Grünen scheint er nicht zu trauen. Auch Projekte für einen grünen Kapitalismus wecken

---

917 In: Ylimaula, Anna-Maija/von Wright, Georg Henrik (Hrsg.): *Rationality runs amok. Rationaliteten löper amok*. Oulu University Press: Oulu 1998, S. 107–110. Vgl. auch von Wright 2001, S. 8–9.

918 Von Wright 1998, S. 109–110.

bei ihm keinen Optimismus. Das Problem bestehe insbesondere darin, dass der Aufstieg von Entwicklungsländern zu Industriemächten und Konsumgesellschaften (wie früher China, Indien und Russland) den Verbrauch natürlicher Ressourcen so stark steigere, dass diese bald zur Neige gingen. Darüber hinaus fehlten aufgrund der Erosion der Nationalstaaten die Möglichkeiten, diese Entwicklung zu kontrollieren und zu lenken. Um das „freie Spiel der Marktkräfte" auf globaler Ebene zu kontrollieren, bräuchte es eine globale politische Macht, und diese gibt es nicht. Laut Von Wright ist anzunehmen, dass globale politische Macht nur dann entstehen kann, wenn die sozialen und ökologischen Probleme so schwerwiegend sind, dass sie das Leben aller beeinträchtigen.[919]

Von Wright bietet keine einfachen Rezepte zur Lösung dieser komplexen und verzwickten Probleme. Ihre Schwierigkeit und ihre Häufung machen seine Meinung verständlich. Doch dahinter steckt offenbar noch mehr, denn zumindest einmal versucht von Wright, seine pessimistische und nicht-aktionistische Linie theoretisch zu begründen, als er 1993 in der Einleitung zur englischen Übersetzung seiner wichtigsten Essays über die methodologischen Ausgangspunkte seiner eigenen zeitgenössischen Analyse reflektiert.[920]

Er gibt an, dass seine Zeitdiagnose eher beschreibender als revolutionärer Natur sei. Dabei möchte er sich nicht an kontinentalen Vorbildern wie der hegelianisch-marxistischen Dialektik, der neomarxistischen Kritischen Theorie der Frankfurter Schule oder dem französischen Strukturalismus und Poststrukturalismus orientieren. Er beschreibt seinen Ansatz wie folgt:

> Ich konzentriere mich auf bestimmte Merkmale und Trends, die mir zentral und spezifisch für unsere Zeit erscheinen. Dann betrachte ich, wie sich diese Faktoren historisch entwickelt haben. [...] Schließlich versuche ich, diese Trends in meine Zukunftsvorstellung zu projizieren, wobei ich davon ausgehe, dass sie so wie früher weitergehen werden. [...] Ich glaube jedoch nicht, dass sich diese Trends ändern lassen, indem man sich auf die „Manager- Rationalität" verlässt, die maßgeblich für ihre Entstehung verantwortlich war. Dieser Wandel erfordert Kräfte, die ich mir mit meinen intellektuellen Grenzen nicht vorstellen kann.[921]

---

[919] Von Wright 2002, S. 323–324.
[920] Von Wright 1993.
[921] Ibid., S. 4.

Von Wright schließt die Möglichkeit revolutionärer Veränderungen – seien sie wirtschaftlicher, politischer, religiöser oder technologischer Natur – in seiner Umweltpolitik ausdrücklich aus. Dahinter steckt offensichtlich ein recht deterministisches Verständnis vom Lauf der Geschichte.

Wie ich an anderer Stelle dargelegt habe, scheint von Wrights Deskriptivismus dem methodologischen Beispiel Wittgensteins zu folgen, das die Alltagssprache so beschreibt, wie sie funktioniert, ohne die Entstehung, Entwicklung und Veränderung von Sprachspielen zu berücksichtigen.[922] Wittgenstein sagte: „Die Philosophie lässt alles, wie es ist."[923] Ziel der Philosophie sei es nicht, tiefere logische oder metaphysische Strukturen zu analysieren, geschweige denn Theorien zu entwickeln, die etwas erklären würden. Wittgenstein geht davon aus, dass der alltägliche Sprachgebrauch eine solide Grundlage für unsere Beschreibungen bildet.[924] Möglicherweise hat dieses deskriptive Verständnis der Philosophie von Wrights Pessimismus und seine Ablehnung der Möglichkeit radikaler Veränderungen beeinflusst. Vielleicht spielt auch der Geist Spenglers eine Rolle, und das Schicksal der westlichen Entwicklung besteht tatsächlich darin, sich aus historischer Notwendigkeit selbst in den Untergang zu treiben. Wir können nur schauen, beschreiben und staunen.

Ich persönlich bin der Meinung, dass ein gewisses Maß an Optimismus auch in dieser chaotischen Situation unerlässlich ist. Was wir brauchen, ist ein zumindest unvollständiges positives Programm, hinter dem die Bevölkerung stehen kann. So könnten beispielsweise Lösungen nach dem Vorbild des *Green New Deal* einen Ausweg aus der aktuellen Situation darstellen.[925] Andererseits können viele Entwicklungen der ökologischen Modernisierung, wie etwa der derzeitige starke Übergang zu emissionsfreier Energie (Solar-, Wind- und Wasserstoffwirtschaft), ein Beispiel dafür sein, wie ein grüner Übergang auch im Rahmen des Kapitalismus möglich – und sogar wirtschaftlich

---

922 Väyrynen, Kari: „Nemesis Naturae? Georg Henrik von Wright as an Environmental Thinker". In: Niiniluoto/Wallgren 2017, S. 433–447.

923 Wittgenstein, Ludwig: *Philosophische Untersuchungen*. Suhrkamp Verlag: Frankfurt am Main 1971, § 124.

924 Ibid., § 97, 107, 109, 116, 126.

925 Klein, Naomi: *On Fire: The (Burning) Case for a Green New Deal*. Simon & Schuster: New York 2019.

rentabel – sein könnte.[926] Trotz eines solchen „grünen Übergangs" bleibt das Problem des anhaltenden quantitativen Wachstums der Wirtschaft bestehen. Auch wenn die Energieerzeugung nach und nach unabhängig von fossilen Brennstoffen wird, nimmt die Menge der aus der Natur gewonnenen Materialien zu und ständig neue Formen an. Darüber hinaus bleibt das Recycling von Endprodukten, wie Batterien von Elektroautos, oft unvollständig.

Kritik

Abschließend werde ich die bereits oben genannten kritischen Aspekte systematisch zusammenfassen. Ich konzentriere mich auf die unbestreitbaren Probleme von Wrights Umweltdenken, die sich anhand des aktuellen Stands der Umweltforschung und -philosophie aufzeigen lassen. Die Kritik seiner zeitgenössischen Diagnosen ist eine schwierige Aufgabe, weshalb ich mich in diesem Zusammenhang weniger auf umweltpolitische Aspekte als vielmehr auf von Wrights philosophische Grundannahmen konzentrieren werde. Als besonders schwierig haben sich aufgrund der Ereignisse der letzten Jahre (Pandemie, Geopolitik) die politischen Aspekte erwiesen.

Von Wrights Analysen nehmen die Vielschichtigkeit der aktuellen Umweltprobleme, in denen ökologische, soziale und kulturelle Phänomene zu einem komplexen Gewirr miteinander verwoben sind, zum Teil aufschlussreich vorweg. Die Stärke des humanistischen Umweltdenkens liegt darin, dass es die Unzulänglichkeit vereinfachender wissenschaftlicher und technischer Lösungen erkennt. Andererseits kann die traditionelle Distanz der Geisteswissenschaftler zu den Wirtschafts- und Sozialwissenschaften dazu führen, dass die Geisteswissenschaften theoretisch einseitig und politisch unfruchtbar werden. Diese Probleme treten in von Wrights Ökohumanismus deutlich zutage.

Ich werde auf fünf Punkte eingehen, hinsichtlich derer von Wrights Umweltphilosophie und Ökohumanismus besonders problematisch erscheinen. im Einzelnen behandle ich den Geschichtsbegriff, das Verhältnis zu Umweltwissenschaften und -philosophie, die Umweltwerte und -ethik,

[926] Massa, Ilmo: „Arkielämän ympäristöpolitiikan uudet puiteet". In: Laakso, Sonja/Aro, Riikka (Hrsg.): *Planeetan kokoinen arki. Askelia kestävämpään politiikkaan*. Gaudeamus: Helsinki 2022, S. 43–58.

den Pessimismus und die Modalitäten der Politik sowie methodologische Ansatzpunkte.

Geschichtsbegriff

Die Umweltperspektive ist eng mit den zentralen politischen Anliegen der Gegenwart verknüpft. Daher erscheint der Blick des Umweltdenkens auf die Geschichte oft anachronistisch und erinnert an die schlimmstenfalls tendenziösen historischen Analysen des traditionellen Marxismus und Feminismus, in denen etwa Denker je nach ihrer Position als „gut" oder „schlecht" eingeordnet werden. Auch in der Geschichte des Umweltdenkens besteht oft die Tendenz, „gute" und „schlechte" Denker gegenüberzustellen: Beispiele hierfür sind die scharfe Verurteilung des Dualismus von Descartes und die Bewunderung für Spinozas Monismus. Von Wrights Denken ist nicht so einseitig, aber auch nicht völlig frei von diesem Problem.

Wie oben beschrieben, wurzelt von Wrights Umweltdenken in seiner Interpretation der Geschichte der westlichen Wissenschaft und Philosophie in Bezug auf die Wertschätzung der Natur. Er unterscheidet sich von vielen frühen Historikern des Umweltdenkens darin, dass er die Wurzeln eines menschenzentrierten, die Natur dominierenden Denkens nicht in der antiken Philosophie sieht.[927] Für von Wright ist der ideologische Hintergrund der Umweltprobleme eher das *Ethos* der modernen Wissenschaft. In dieser Hinsicht ist von Wrights Interpretation der Antike einseitig. Die idealistische Wende, die insbesondere von Sokrates und Platon repräsentiert wurde, führte zur dualistischen Metaphysik und damit zur Betonung der Sonderstellung des Menschen. Die christliche Theologie führte diese Linie fort, indem sie betonte, dass der Mensch die Krone der Schöpfung sei. Andererseits entwickelte sich im Christentum auch eine sogenannte Verwalterethik, nach der die Natur nicht nur kultiviert, sondern auch geschützt wurde. Von Wright hebt diesen positiven Aspekt des Christentums nicht hervor.

Von Wrights Sicht auf die moderne Wissenschaft und Philosophie ist einseitig negativ. Er ignoriert beispielsweise Spinoza, Rousseau und die romantische Naturphilosophie des frühen 19. Jahrhunderts (zum Beispiel

---

927 Zum Beispiel John Passmore und Robin Attfield. Sieh genauer Oksanen, Markku/ Rauhala-Hayes, Marjo (Hrsg.): *Ympäristöfilosofia. Kirjoituksia ympäristönsuojelun eettisistä perusteista*. Gaudeamus: Helsinki 1997.

Schelling), in der der Mensch in einer engen Beziehung zur Natur gesehen wurde. Seinem Ökohumanismus scheint auch eine ästhetische Dimension zu fehlen, innerhalb derer man ab Ende des 18. Jahrhunderts begann, Landschaft und wilde Natur wertzuschätzen (u. a. Rousseau, Burke, Kant).[928] Insgesamt lässt sich sagen, dass es von Wright an einer vielseitigen Interpretation der Traditionen des westlichen Denkens mangelt, was auch bei vielen anderen Forschern auf diesem Gebiet ein Defizit darstellt. Der Vorwurf eines starken Anthropozentrismus des westlichen Denkens hat dazu beigetragen, dass Denker und Denkrichtungen zu vereinfacht interpretiert wurden.[929] Auch einzelne interessante Themen, wie etwa die Entstehung der Idee der Tierrechte oder die Zusammenhänge zwischen der Unterwerfung der Natur und dem Verständnis der Stellung der Frau, bleiben außerhalb der Reichweite von Wrights Humanismus.

Verhältnis zu Umweltwissenschaften und Umweltphilosophie

Wie bereits erwähnt, hielt es von Wright für ideal, eine einheitliche theoretische Grundlage für die Umweltforschung zu finden, und schlug eine zentrale Rolle für die „kosmische Ökologie" als Fachgebiet vor, das die Wechselbeziehungen ganzheitlicher Entitäten untersucht. Das Feld der Umweltforschung besteht jedoch aus mehreren, nicht auf andere Wissenschaften reduzierbaren Disziplinen, die von den Modellierungswissenschaften (Klimatologie, Ozeanographie, Geologie) und Biowissenschaften (Ökologie, Naturschutzbiologie) bis hin zu den Sozial- und Geisteswissenschaften (Umweltökonomie, Soziologie, Psychologie; Umweltgeschichte, Philosophie, Theologie, Ästhetik) reichen – um nur einige wichtige zu nennen. Die Entwicklung dieser Forschungsfelder begann in den späten 1960er- und frühen 1970er-Jahren, so dass es bereits zu von Wrights Zeiten Material für eine umfassendere Analyse gegeben hätte. Die Umweltforschung hat versucht, die traditionelle Unterscheidung zwischen Naturwissenschaften und Geisteswissenschaften zu überwinden, doch ist es ihr nicht gelungen, eine methodologische Einheit zu erreichen, und meiner Meinung nach ist es auch nicht möglich, diese zu erreichen. Interdisziplinäre Zusammenhänge mögen im Einzelfall bestehen, das gesamte Fachgebiet ist jedoch eher multidisziplinär.

928 Väyrynen 2006.
929 Ibidem.

Von Wright hat die Beziehung zwischen Erklären und Verstehen in seinem Werk *Explanation and Understanding* (1971) untersucht, doch weder dort noch später nimmt er dazu Stellung, wie die verschiedenen Felder der Umweltforschung in diesem Kontext einzuordnen sind. In der humanwissenschaftlichen Umweltforschung wurde oft die Notwendigkeit betont, den methodischen Dualismus zu überwinden und interdisziplinäre Modelle zur Beschreibung der Wechselwirkungen zwischen Mensch und Natur zu entwickeln. So betont etwa die Umweltgeschichte, dass Geschichte nicht nur eine Untersuchung menschlicher Handlungen ist, für die die Natur Material liefert, sondern dass die Natur als aktiver Akteur betrachtet werden sollte, der die Geschichte beeinflusst.[930] Daher müssen Interaktionsprozesse – die auch von von Wright erwähnte Koevolution – in den Mittelpunkt umwelthistorischer Analysen gestellt werden. Die gleiche Problematik besteht auch in der sozialwissenschaftlichen Umweltforschung. Von Wright diskutiert diese wissenschaftstheoretischen Merkmale der Umweltwissenschaften an keiner Stelle.

Umweltwerte und Ethik

Von Wright untersucht die Umweltethik in seinem Umweltdenken nicht theoretisch, obwohl er sich bereits in den frühen 1960er-Jahren in mehreren seiner Werke mit Ethik befasste. So wendet er beispielsweise die Tugendethik, die er in seinem Werk *Varieties of Goodness* untersuchte, nicht auf die Umweltethik an. Der aristotelische Ansatz der Wertevielfalt, der Ausgangspunkt der Arbeit ist, ließe sich durchaus auf die Untersuchung von Umweltwerten übertragen, doch von Wright entwickelt diesen Zusammenhang nicht. So thematisiert er beispielsweise nicht die Rechte von Tieren und der Natur. Auch geht er nicht näher auf unterschiedliche Umweltwerte und ihre Einstufung ein. Seine Aussage, er nehme die Wertrationalität als Ausgangspunkt für eine neue ökologische Rationalität, bleibt abstrakt, denn er geht nicht näher auf die verschiedenen Umweltwerte sowie ihre Zusammenhänge oder die Probleme der situativen Priorisierung ein. Umweltwerte bilden kein einheitliches Ganzes, sondern sind sehr vielfältig; sie reichen von naturzentrierten ökologischen

---

930 Ruuskanen, Esa/Väyrynen, Kari: „Ympäristöhistorian historiankäsityksestä". In: Väyrynen, Kari/Pulkkinen, Jarmo (Hrsg.): *Historian teoria. Lingvistisestä käänteestä mahdolliseen historiaan*. Vastapaino: Tampere 2016, S. 332–365.

Werten bis hin zu anthropozentrischen wirtschaftlichen und ästhetischen Werten. Von Wright geht auf diese Fragen nicht näher ein.

Auch die Grundfrage der Umweltethik, die Frage nach dem anthropozentrischen Charakter der Ethik und ihrer Alternativen, wird nicht gestellt. Von Wright versucht nicht, eine biozentrische oder ökologische Ethik zu entwickeln. Für ihn besteht traditionell ein großer Unterschied zwischen Tier und Mensch. In seinem Artikel „Tarpeesta" (Über das Bedürfnis) erklärt er, Tiere seien „sklavisch abhängig" von ihren Wünschen und man könne bei ihnen nicht von freien Handlungen sprechen. Die menschliche Fähigkeit zur Sprachbeherrschung führe auch dazu, dass „das menschliche Bedürfnisleben unendlich vielfältiger als das eines Tieres" sei. Unsere Fähigkeit zu sprechen macht es möglich, dass der Mensch „der einzige im Tierreich ist, der die Lebensformen entwickelt hat, die wir *Kultur* nennen".[931] Von Wright nimmt keinen Bezug auf die Idee der Tierrechte oder ihre philosophischen Klassiker.

Pessimismus und umweltpolitische Modalitäten

Von Wrights „provokativer Pessimismus"[932] oder „zynischer Realismus"[933] ist nicht nur ein Versuch, das schlummernde Umweltbewusstsein aufzurütteln und zu wecken, sondern er zeigt sich auch in seinen umweltpolitischen Positionen. Sein kritischer Kommentar zum Konzept der „nachhaltigen Entwicklung", der 1987 durch die Brundtlandt- Kommission bekannt wurde, wurde schon oben erwähnt. Obwohl der Begriff der „nachhaltigen Entwicklung" Interpretationsspielraum bietet und dazu dienen kann, den *Status quo* zu rechtfertigen – im Mund vieler Politiker wird er eher zu „nachhaltigem Wachstum" verdreht – werden die darin zum Ausdruck gebrachten grundlegenden Bedenken hinsichtlich der „Nachhaltigkeit" und des Wohlergehens zukünftiger Generationen auch in der radikalen Umweltpolitik geteilt. „Nachhaltige Entwicklung" hat sich auch als politisch notwendiges Konzept erwiesen, da Anstrengungen unternommen

---

931 Von Wright, Georg Henrik: „Tarpeesta". In: *Ajatus* 41, 1984, S. 28–30, 36–37.

932 Von Wright erklärt, dass er den Begriff „provokativen Pessimismus" aus Hartvig Saetras Werk *Jamfikssamfunnet* (1990) übernommen hat, siehe von Wright, Georg Henrik: *Att förstå sin samtid. Tanke och förkunnelse och andra försök 1945–1994*. Bonnier: Viborg 1995, S. 326, 349.

933 Sondergaard Christensen 2016, S. 170.

wurden, seine konkreten Inhalte in verschiedenen Bereichen unseres Lebensstils abzubilden. Das Fachgebiet hat sich zu einer eigenen Disziplin der Nachhaltigkeitsforschung entwickelt, die sich unter anderem mit dem Energieverbrauch im Alltag, nachhaltigem Tourismus, der ökologischen Reform der Ernährungswirtschaft und anderen Formen der Alltagspraxis beschäftigt.[934] Dies ist neben umfassenderen institutionellen Lösungen ein wichtiger Teil der ökologischen Umstrukturierung.

Pasi Heikkurinen erklärte, die umweltpolitische Position von Wrights sei eine kritische Alternative zur sogenannten „ökologischen Modernisierung" und nähere sich den antimodernen Ansichten von Pertti Linkola und Martin Heidegger an.[935] Die Frage ist jedoch komplexer. Von Wrights Kritik an der Technologie und dem „Technosystem" ist in der Tat ziemlich antimodernistisch und pessimistisch und erinnert somit an den pessimistischen technologischen Determinismus sowohl von Heidegger als auch von Linkola. Andererseits ist von Wrights Forderung, auf Umweltprobleme rational und wissenschaftlich zu reagieren, eine typisch moderne Haltung. In seinem kurzen Essay *Mietteitä hämärän aikaan* (*Gedanken in der Zeit der Dämmerung*) von 1994 reflektiert er über die Natur seines eigenen Pessimismus. Er stellt fest: „Hinter den Ruinen früherer Bauarbeiten ist ein neues Feld sichtbar, das es zu kultivieren gilt. Der Gedanke, seine unerprobten Möglichkeiten zu verwirklichen, erfüllt den Geist mit Freude und Begeisterung."[936] Von Wright traute jedoch nicht der Ökologisierung des Technosystems durch grüne Technologie, und in dieser Hinsicht ist sein Technopessimismus recht tiefgreifend.

Von Wright geht noch nicht sehr ausführlich auf die sozialen Mittel zur Kontrolle der Ökokrise ein. Diese sollen heute in politischen Programmen wie dem *Green New Deal* der USA und ähnlichen Programmen der Europäischen Union entwickelt werden. Natürlich wird erst die Zukunft zeigen, ob ein solch umfassender „grüner Wandel" ökologisch ausreicht, um beispielsweise den Verlust von Lebensräumen zu stoppen, und ob er wirksam genug

934 Siehe zum Beispiel Laakso, Senja/Aro, Riikka (Hrsg.): *Planeetan kokoinen arki. Askelia kestävämpään politiikkaan*. Gaudeamus: Helsinki 2022.

935 Heikkurinen, Pasi: „The Relevance of von Wright's Humanism to Contemporary Ecological Thought". In: Niiniluoto/Wallgren 2017, S. 449–463.

936 Von Wright 1995, S. 16.

ist, um die schnellen Veränderungen herbeizuführen, die sowohl für die Bekämpfung des Klimawandels als auch für die Eindämmung des Verlusts von Lebensräumen erforderlich sind. Doch die Notwendigkeit eines positiven Programms liegt auf der Hand. Ein solches Programm sollte in der Lage sein, eine Ökologisierung umzusetzen und gleichzeitig die Umsetzung globaler Gerechtigkeit zu berücksichtigen. Die ärmsten Länder sollten nicht länger die schlimmsten Folgen der Umweltprobleme tragen müssen.[937] Allerdings sind die Herausforderungen enorm und es dürfte unmöglich sein, die Richtung des internationalen Kapitalismus schnell genug zu ändern.

Methodische Ansatzpunkte

Wie bereits erwähnt, lassen sich die oben dargestellten Mängel von Wrights Denken teilweise durch seine methodologischen Ausgangspunkte erklären. Er betont, dass seine Untersuchung von Umweltproblemen eher auf einem beschreibenden als auf einem erklärenden Ansatz beruht. In dieser Hinsicht sehe ich Spenglers Kulturphilosophie einerseits und Wittgensteins Spätphilosophie andererseits als Hintergrundeinflüsse auf das Wesen und die Aufgaben der Philosophie von Wrights. Es ist seiner Meinung nach nicht die Aufgabe der Philosophie, sich an den Aktivitäten der radikalen Politik zur Förderung einer Umweltrevolution zu beteiligen.

Wie Thomas Wallgren bemerkt hat, ist von Wrights politisches Denken von einer eher konservativen intellektuellen Beobachterhaltung geprägt.[938] Diese Art der konservativen Sicht auf das Einflusspotenzial der Philosophie könnte letztlich dazu führen, dass Umweltskepsis und politische Gleichgültigkeit gefördert werden. Von Wright sieht keine Alternative zu vorübergehendem und hypothetischem Engagement und Aktivismus, sondern verharrt in erhabenem Pessimismus und machtloser Beobachtung angesichts immenser Probleme.

Gesamtbewertung der Bedeutung von Wrights

Von Wright ist kein international bedeutender Umweltphilosoph. Auch sein Umweltdenken fand international keine Beachtung, und sein Einfluss beschränkte sich auf die nordischen Länder. Sein zentrales Forschungsthema,

---

[937] Zum Beispiel Klein 2019.

[938] Wallgren 2016, S. 25–30.

die Beziehung zwischen westlicher Wissenschaft und der damit verbundenen Technologie mit der Natur, ist seit den späten 1960er Jahren ein international vielbeachtetes Thema. Besonders erwähnenswert ist Clarence Glackens gründliches und vielseitiges Grundlagenwerk *Traces on the Rhodian Shore*, das bereits 1967 veröffentlicht wurde.[939] Das Thema wurde später von vielen Forschern in verschiedenen Ländern weitergeführt. Von Wright bringt nichts Neues in diese Tradition ein. Dasselbe lässt sich über die Umweltethik und -politik sagen. Von Wrights eher begrenzte Analysen dieser Themen sind im internationalen Vergleich nicht bedeutsam. Im Allgemeinen leidet sein Umweltdenken unter einer mangelnden Kenntnis der umweltphilosophischen Debatte seiner Zeit.

Ich sehe von Wrights Bedeutung vor allem darin, dass er in den nordischen Ländern und in Finnland einen wichtigen Ausgangspunkt für Gespräche darstellte. Als ich Anfang der 1990er-Jahre begann, mich intensiver mit Umweltphilosophie zu beschäftigen, regten mich viele Reden von Wrights zum Nachdenken an und motivierten mich, das Thema eingehender zu untersuchen. Viele Philosophie-Enthusiasten meiner Generation hatten wahrscheinlich eine ähnlich enge Beziehung zu von Wrights Denken. Darüber hinaus war er in Finnland ein Brückenbauer für Kreise, die außerhalb der analytischen Philosophie tätig waren, was in den 1970er Jahren zu Kontakten über recht enge Schulgrenzen hinweg führte.

Literaturverzeichnis

Backström, Joel/Wallgren, Thomas (Hrsg.): *Den okände von Wright. Tidskritik och andra texter av Georg Henrik von Wright 1926–1997.* Svenska litteratursällskapet i Finland: Helsingfors/Appell Förlag: Stockholm 2023.

Danto, Arthur C.: *Analytical Philosophy of History.* Cambridge University Press: London 1965.

939 Glacken, Clarence J.: *Traces on the Rhodian Shore. Nature and Culture in Western Thought from Ancient Times to the End of the Eighteenth Century.* University of California Press: Berkeley/Los Angeles/London 1967.

Egidi, Rosaria (Hrsg.): *In Search of a New Humanism. The Philosophy of Georg Henrik von Wright*. Kluwer: Dordrecht 1999.

Glacken, Clarence J.: *Traces on the Rhodian Shore. Nature and Culture in Western Thought from Ancient Times to the End of the Eighteenth Century*. University of California Press: Berkeley/Los Angeles/London 1967.

Guter, Eran: „Wittgenstein, Modern Music and the Myth of Progress". In: Niiniluoto, Ilkka/Wallgren, Thomas (Hrsg.): *On the Human Condition. Philosophical Essays in Honour of the Centennial Anniversary of Georg Henrik von Wright*. Acta Philosophica Fennica 93. Suomen filosofinen yhdistys: Helsinki 2017, S. 181–200.

Heikkurinen, Pasi: „The Relevance of von Wright's Humanism to Contemporary Ecological Thought". In: Niiniluoto, Ilkka/Wallgren, Thomas (Hrsg.): *On the Human Condition. Philosophical Essays in Honour of the Centennial Anniversary of Georg Henrik von Wright*. Acta Philosophica Fennica 93. Suomen filosofinen yhdistys: Helsinki 2017, S. 449–463.

Hintikka, Jaakko: „Spenglerin itsepetos". In: Hintikka, Jaakko/Routila, Lauri (Hrsg.): *Filosofian tila ja tulevaisuus*. Weilin/Göös: Helsinki 1970, S. 186–194.

Hämäläinen, Nora: „Galilei eller gud eller någon". In: Strang, Johan/Wallgren, Thomas (Hrsg.): *Tankens utåtvändhet. Georg Henrik von Wright som intellektuell*. SLS/Appell: Helsingfors 2016, S. 93–108.

Klein, Naomi: *On Fire: The (Burning) Case for a Green New Deal*. Simon & Schuster: New York 2019.

Kruskopf, Erik (Hrsg.): *En livslång vänskap. Brevväxlingen mellan Göran Schildt och Georg Henrik von Wright 1937–2001*. Christine och Göran Schildts stiftelse: Ekenäs 2008.

Kunnas, Tarmo: *Fasismin lumous. Eurooppalainen älymystö Mussolinin ja Hitlerin politiikan tukijana*. Athena: Jyväskylä 2014.

Laakso, Senja/Aro, Riikka (Hrsg.): *Planeetan kokoinen arki. Askelia kestävämpään politiikkaan*. Gaudeamus, Helsinki 2022.

Marcuse, Herbert: *One-dimensional Man. Studies in the Ideology of Advanced Industrial Society*. Beacon Press: Boston 1966.

Massa, Ilmo: „Arkielämän ympäristöpolitiikan uudet puitteet". In: Laakso, Senja/Aro, Riikka (Hrsg.): *Planeetan kokoinen arki. Askelia kestävämpään politiikkaan*. Gaudeamus: Helsinki 2022, S. 43–58.

Meggle, Georg/Vilkko, Risto (Hrsg.): *Georg Henrik von Wright's Book of Friends*. Acta Philosophica Fennica 92. Suomen filosofinen yhdistys: Helsinki 2016.

Mishan, Ezra J.: *Ekonomisk tillväxt – till vilket pris?* Wahlström/Widstrand: Lund 1971.

Molander, Bengt: „Vetenskap mellan rationalitet och irrationalitet". In: Strang, Johan/Wallgren, Thomas (Hrsg.): *Tankens utåtvändhet. Georg Henrik von Wright som intellektuell*. SLS/Appell, Helsingfors 2016, S. 141–165.

Næss, Arne, Ökologi, *samfunn og livsstil. Utkast till en* ökosofi. Universitetsförlaget: Oslo 1976.

Oksanen, Markku/Rauhala-Hayes, Marjo (Hrsg.): *Ympäristöfilosofia. Kirjoituksia ympäristönsuojelun eettisistä perusteista*. Gaudeamus: Helsinki 1997.

Ruuskanen, Esa/Väyrynen, Kari: „Ympäristöhistorian historiankäsityksestä". In: Väyrynen, Kari/Pulkkinen, Jarmo (Hrsg.): *Historian teoria. Lingvistisestä käänteestä mahdolliseen historiaan*. Vastapaino: Tampere 2016, S. 332–365.

Salmela, Mikko: *Suomalaisen kulttuurifilosofian vuosisata*. Otava: Helsinki 1998.

Sondergaard Christensen, Anne-Marie: „På besok fra hotel afgrund". In: Strang, Johan/Wallgren, Thomas (Hrsg.): *Tankens utåtvändhet. Georg Henrik von Wright som intellektuell*. SLS/Appell: Helsingfors 2016, S. 166–182.

Strang, Johan/Wallgren, Thomas (Hrsg.): *Tankens utåtvändhet. Georg Henrik von Wright som intellektuell*. SLS/Appell: Helsingfors 2016.

Wallgren, Thomas: „A Guide to Philosophy and Life in Our Times". In: Meggle, Georg/Vilkko, Risto (Hrsg.): *Georg Henrik von Wright's Book of Friends*. Acta Philosophica Fennica 92. Suomen filosofinen yhdistys: Helsinki 2016, S. 217–237.

Wallgren, Thomas: „Mitt i 1900-talets brännspegel". In: Strang, Johan/Wallgren, Thomas (Hrsg.): *Tankens utåtvändhet. Georg Henrik von Wright som intellektuell*. SLS/Appell, Helsingfors 2016, 19–38.

Wittgenstein, Ludwig: *Philosophische Untersuchungen* (1953). Suhrkamp Verlag: Frankfurt am Main 1971.

Wright, Georg Henrik von: *Looginen empirismi. Eräs nykyisen filosofian pääsuunta*. Otava: Helsinki 1945.

Wright, Georg Henrik von: *Essay om naturen, menniskan och den vetenskaplig-tekniska revolutionen*. Scripta Minora. Studier utg. av Kungl. Humanistiska Vetenskapssamfundet i Lund 1961–1962:2. Lund 1963.

Wright, Georg Henrik von: „Tilanne filosofiassa". In: Hintikka, Jaakko/ Routila, Lauri (Hrsg.): *Filosofian tila ja tulevaisuus*. Weilin/Göös: Helsinki 1970, S. 9–29.

Wright, Georg Henrik von: *Explanation and Understanding*. Cornell University Press: New York 1971.

Wright, Georg Henrik von: *Ajatus ja julistus*. WSOY: Helsinki 1974.

Wright, Georg Henrik von: „Tarpeesta". *Ajatus* 41, 1984, S. 25–38.

Wright, Georg Henrik von: *Vetenskapen och förnuftet. Ett försök till orienteering*. Söderström: Borgå 1986.

Wright, Georg Henrik von: *Wissenschaft und Vernunft. Reden anlässlich der Verleihung des Forschungspreises der Alexander von Humboldt-Stiftung für ausländische Geisteswissenschaftler an Professor Georg Henrik von Wright am 26. November 1986 in der Westfälischen Wilhelms-Universität Münster*. Regensberg/Biermann: Münster 1988.

Wright, Georg Henrik von: „Intellectual Autobiography". In: Schlipp, Paul Arthur/Hahn, Lewis Edwin (Hrsg.): *The Philosophy of Georg Henrik von Wright*. The Library of Living Philosophers XIX. Open Court: La Salle 1989, S. 1–55.

Wright, Georg Henrik von: „A Reply to my Critics". In: Schlipp, Paul Arthur/ Hahn, Lewis Edwin (Hrsg.): *The Philosophy of Georg Henrik von Wright*. The Library of Living Philosophers XIX. Open Court: La Salle 1989, S. 731–887.

Wright, Georg Henrik von: *Myten om framsteget. Tankar 1987–1992 med en intellektuell sjelvbiografie*. Söderströms: Falun 1993a.

Wright, Georg Henrik von: *The Tree of Knowledge and Other Essays*. Brill: Leiden 1993b.

Wright, Georg Henrik von: *Att förstå sin samtid. Tanke och förkunnelse och andra försök 1945–1994*. Bonnier: Viborg 1995.

Wright, Georg Henrik von: *Ihminen kulttuurin murroksessa*. Otava: Helsinki 1996.

Wright, Georg Henrik von: „Det rationalellas dialektik“. In: Ylimaula, Anna-Maija/Wright, Georg Henrik von (Hrsg.): *Rationality runs amok. Rationaliteten löper amok*. Acta Universitatis Ouluensis, Technica. C 121. Oulu University Press: Oulu 1998, S. 107–110.

Wright, Georg Henrik von: *Hyvän muunnelmat*. Otava: Helsinki 2001.

Wright, Georg Henrik von: *Elämäni niin kuin sen muistan*. Otava: Helsinki 2002.

Väyrynen, Kari: „Hyveet ympäristöetiikassa“. In: Hämäläinen, Nora et al. (Hrsg.): *Hyve*. Filosofisia tutkimuksia Helsingin yliopistosta 45. Helsingin yliopisto: Helsinki 2014, S. 387–399.

Väyrynen, Kari: „Nemesis naturae? Georg Henrik von Wright as an Environmental Thinker“. In: Niiniluoto, Ilkka/Wallgren, Thomas (Hrsg.): *On the Human Condition. Philosophical Essays in Honour of the Centennial Anniversary of Georg Henrik von Wright*. Acta Philosophica Fennica 93. Suomen filosofinen yhdistys: Helsinki 2017, S. 433–447.

Väyrynen, Kari: „Suomalaisen ympäristöajattelun suuntaviivoja valistuksen ajalta 2000-luvulle“. In: Ruuskanen, Esa/Schönach, Paula/Väyrynen, Kari (Hrsg.): *Suomen ympäristöhistoria 1700-luvulta nykyaikaan*. Vastapaino: Tampere 2021, S. 377–409.

Väyrynen, Kari: „Tuntematon von Wright: geopolitiikkaa ja aikalaiskritiikkiä“. *Niin/näin* 2, 2024, S. 138–140.

Väyrynen, Kari: *Viisauden haaste. Metafilosofinen johdatus filosofiaan. SoPhi:* Jyväskylä 2019.

Väyrynen, Kari: Ympäristöfilosofian historia maaäitimyytistä Marxiin. Eurooppalaisen filosofian seura: Tampere 2006.

Väyrynen, Kari: „Zur Geschichtsphilosophie der Umweltgeschichte“. In: Losurdo, Domenico/Tosel, André (Hrsg.): *L'idée d'époque historique / Die Idee der historischen Epoche*. Peter Lang Verlag: Frankfurt am Main 2004, S. 435–447.

Volanen, Risto: „G. H. von Wright som vägvisare för en samtida“. In: Strang, Johan/Wallgren, Thomas (Hrsg.): *Tankens utåtvändhet. Georg Henrik von Wright som Intellektuell*. SLS/Appell: Helsingfors 2016, S. 216–248.

Studies in Literature, Culture, and the Environment
Studien zu Literatur, Kultur und Umwelt

Edited by / Herausgegeben von
Hannes Bergthaller, Gabriele Dürbeck, Robert Emmett, Serenella Iovino, Ulrike Plath

Vol. / Bd. 1 Daniel A. Finch-Race / Stephanie Posthumus (eds): French Ecocriticism. From the Early Modern Period to the Twenty-First Century. 2017.

Vol. / Bd. 2 Alessandro Macilenti: Characterising the Anthropocene. Ecological Degradation in Italian Twenty-First Century Literary Writing. 2017.

Vol. / Bd. 3 Gabriele Dürbeck / Christine Kanz / Ralf Zschachlitz (Hrsg.): Ökologischer Wandel in der deutschsprachigen Literatur des 20. und 21. Jahrhunderts – neue Ansätze und Perspektiven. 2018.

Vol. / Bd. 4 Yi-Peng Lai: Eco *Ulysses*. Nature, Nation, Consumption. 2018.

Vol. / Bd. 5 Gabriele Dürbeck / Jonas Nesselhauf (Hrsg.): Repräsentationsweisen des Anthropozän in Literatur und Medien / Representations of the Anthropocene in Literature and Media. 2019.

Vol. / Bd. 6 José Manuel Marrero Henríquez (ed.): Hispanic Ecocriticism. 2019.

Vol. / Bd. 7 Tina-Karen Pusse / Heike Schwarz / Rebecca Downes (eds.): Madness in the Woods: Representations of the Ecological Uncanny. 2020.

Vol. / Bd. 8 Sébastian Thiltges / Christiane Solte-Gresser (Hrsg. / éds): Kulturökologie und ökologische Kulturen in der Großregion / Écologie culturelle et cultures écologiques dans la Grande Région. 2020.

Vol. / Bd. 9 Aurélie Choné / Philippe Hamman (Hrsg. / éds.): Die Pflanzenwelt im Fokus der Environmental Humanities. Deutsch-französische Perspektiven / Le végétal au défi des Humanités environnementales. Perspectives franco-allemandes. 2021.

Vol. / Bd. 10 Urte Stobbe / Anke Kramer / Berbeli Wanning (Hrsg.): Literaturen und Kulturen des Vegetabilen. Plant Studies – Kulturwissenschaftliche Pflanzenforschung. 2022.

Vol. / Bd. 11 Peggy Karpouzou / Nikoleta Zampaki (Hrsg.): Symbiotic Posthumanist Ecologies in Western Literature, Philosophy and Art. Towards Theory and Practice. 2023.

Vol. / Bd. 12 Linda Kaljundi / Anu Mänd / Ulrike Plath / Kadri Tüür (eds.): Baltic HumanAnimal Histories. Relations, Trading, and Representations. 2023.

Vol. / Bd. 13 Hannes Bergthaller / You-ting Chen (eds.): Foodscapes of the Anthropocene. Literary Perspectives from Asia. 2024.

Vol. / Bd. 14 Kari Väyrynen: Studien zur Frühgeschichte der Umweltphilosophie in Deutschland und Skandinavien. 2026.

www.peterlang.com

www.ingramcontent.com/pod-product-compliance
Ingram Content Group UK Ltd.
Pitfield, Milton Keynes, MK11 3LW, UK
UKHW041826290926
8980IPUK00002B/98

9 783631 937747